Hochschultext

R. de Boer

Vektor- und Tensorrechnung für Ingenieure

Mit 25 Abbildungen

Springer-Verlag
Berlin Heidelberg New York 1982

o. Professor Dr.-Ing. REINT DE BOER

Fachbereich Bauwesen · Fachgebiet Mechanik
Universität Essen · D-4300 Essen 1

CIP-Kurztitelaufnahme der Deutschen Bibliothek. Boer, Reint de: Vektor- und Tensorrechnung für Ingenieure/R. de Boer. – Berlin; Heidelberg; New York: Springer, 1982.

ISBN-13: 978-3-540-11834-3 e-ISBN-13: 978-3-642-81901-8
DOI: 10.1007/978-3-642-81901-8

2060/3020-543210

Vorwort

Das vorliegende Lehrbuch wendet sich in erster Linie an Studenten des konstruktiven Ingenieurwesens sowie an theoretisch interessierte und in der Forschung tätige Ingenieure. Bereits im Studium muß sich der angehende Ingenieur mit der Elastizitäts- und Plastizitätstheorie, den Stab- und Flächentragwerken - zum Teil unter Einschluß großer Formänderungen - sowie mit Sonderkapiteln der Statik und Dynamik befassen. Die Auseinandersetzung mit diesen vom physikalischen Standpunkt aus gewiß nicht einfachen Stoffgebieten wird zum Teil dadurch wesentlich erschwert, daß der zur Beschreibung dieser Gebiete erforderliche mathematische Kalkül dem Problemkreis nicht angepaßt ist. Diese Schwierigkeit läßt sich weitgehend durch die Verwendung des Tensorkalküls vermeiden; er stellt zweifelsohne das wichtigste mathematische Hilfsmittel zur mathematischen Beschreibung physikalischer sowie ingenieurwissenschaftlicher Probleme dar und hellt in vielen Bereichen, vor allem auch bei nichtlinearen Problemen, die physikalischen Zusammenhänge auf. Darüber hinaus kann man feststellen, daß erst die Verwendung des Tensorkalküls die Behandlung der oben genannten umfangreichen Stoffgebiete in verhältnismäßig kurzer Zeit ermöglicht. Dies wirkt sich insofern auch auf die Studienplangestaltung einer modernen Ingenieurausbildung aus, als es z.B. mit diesem Kalkül möglich wird, eine allgemeine technische Schalentheorie in einem Semester abzuhandeln.

Darüber hinaus soll dieses Buch dazu beitragen, den Leser an die grundlegenden Ergebnisse der Kontinuumsmechanik heranzuführen. In den Ingenieurwissenschaften ist es, bedingt durch praktische Problemstellungen, erforderlich geworden, eine genauere Analyse des Spannungs- und Formänderungsverhalten von Strukturen - zum Teil auch unter Einschluß thermischer Beanspruchung - durchzuführen. Es sei in diesem Zusammenhang an die leichten Flächentragwerke und an die Bemessung von Bauteilen im plastischen Bereich erinnert. Bei diesen Problemen reicht es nicht mehr aus, von den Ergebnissen der linearen Elastizitätstheorie auszugehen; vielmehr müssen geometrische und physikalische Nichtlinearitäten in die Betrachtungen einbezogen werden.

Mit diesem Buch soll dem interessierten Leser die Möglichkeit gegeben werden, sich in die Grundbegriffe der Tensorrechnung einzuarbeiten. Vielen Ingenieuren dürfte die Tensorrechnung fremd sein, da an den Technischen Universitäten Vorlesungen über Tensorrechnung erst in den letzten Jahren Eingang in den Studienplan gefunden haben. So ist es für den in der Praxis tätigen Ingenieur äußerst schwer, die für seine Weiterbildung benötigte Spezialliteratur, die oftmals im Tensorkalkül abgefaßt ist, zu lesen und zu verstehen.

Ich habe lange gezögert, als Nichtmathematiker ein Lehrbuch über die Vektor- und Tensorrechnung zu schreiben. Da es zur Zeit jedoch kein Buch gibt, das die vorhin angesprochenen Ziele weitgehend berücksichtigt, und ich von verschiedener Seite oft gedrängt wurde, ein Lehrbuch zu verfassen, habe ich meine Bedenken schließlich zurückgestellt. Ich bitte jedoch um Nachsicht, wenn der Mathematiker unter den Lesern in einigen Gebieten eine zu wenig exakte Darstellung des Vektor- und Tensorkalküls vorfindet. Ich habe in Teilbereichen bewußt auf eine exakte Formulierung verzichtet, da die Vektor- und Tensorrechnung für den Ingenieur nur ein Hilfsmittel darstellt. Daher habe ich alle vom Standpunkt des Ingenieurs nicht erforderlichen Definitionen, Begriffe usw. nicht aufgeführt. Außerdem sind den meisten Ingenieuren die Elemente der modernen Mathematik heute noch fremd, so daß ich weitgehendst darauf verzichten möchte.

Dieses Buch ist aus Vorlesungen und Übungen über die Tensorrechnung für Ingenieure hervorgegangen, die zur Zeit vom Fachgebiet Mechanik der Universität - GH - Essen betreut werden.

Danken möchte ich den Mitarbeitern im Fachgebiet Mechanik für die Durchsicht des Manuskriptes und die Bearbeitung der Übungsaufgaben, insbesondere Herrn Dr.-Ing. W. Walther für wertvolle Verbesserungsvorschläge und Herrn Dr.-Ing. H. Prediger, der an der Erstellung einiger Abschnitte der Algebra und Analysis maßgeblich beteiligt war. Weitere wertvolle Hinweise verdanke ich Herrn Prof. Dr. F. Constantinescu von der Johann Wolfgang Goethe-Universität Frankfurt. Frau H. Schäfer-Elsner fertigte mit Geschick das Manuskript, und Frau V. Jorisch zeichnete sämtliche Abbildungen. Ihnen sage ich herzlichen Dank, der in besonderem Maße auch dem Springer-Verlag für die stets angenehme Zusammenarbeit gilt.

Essen, im Mai 1982 Reint de Boer

Inhaltsverzeichnis

1 Einführung

Die Vektor- und Tensorrechnung eröffnet in vielen Fällen einen direkten Zugang zur Formulierung von physikalischen und ingenieurwissenschaftlichen Zusammenhängen, welche die Größen Vektoren und Tensoren verknüpfen. So sind die Elastizitäts- und Plastizitätstheorie sowie die Theorie der Linien- und Flächentragwerke, überhaupt die gesamte Kontinuumsmechanik, ohne die Verwendung des Tensorkalküls schwer darstellbar.

Der Vektorbegriff ist von jeher koordinatenfrei eingeführt und in symbolischer Schreibweise formuliert worden. Erst die explizite Berechnung von Vektoroperationen erfordert die Festlegung des Vektors in Basis- (Koordinaten-) Systemen. Bezüglich der Darstellung der Tensorrechnung gibt es dagegen im wesentlichen zwei Auffassungen. Zum einen werden als Tensor gewisse indizierte Größen definiert, die bei Koordinatentransformationen bestimmten Transformationsregeln unterliegen. Die Darlegung des Tensorkalküls in diesem Sinne sei als Indexschreibweise bezeichnet. Zum anderen werden Tensoren über Multilinearfunktionen eingeführt; diese Darstellung ermöglicht eine symbolische Schreibweise. Historisch gesehen ist die Entwicklung der Tensorrechnung in folgender Weise verlaufen. Die Untersuchung der Geometrie der gekrümmten Flächen bedeutete den Beginn der Tensorrechnung in der Indexschreibweise. In der Physik ist diese Darstellungsweise dann von Einstein in der Relativitätstheorie angewandt worden. Schließlich hat sie auch ihren Eingang in die Ingenieurwissenschaften, vor allem im Rahmen der Entwicklung der allgemeinen Schalentheorie, gefunden. Hier ist sie bis heute fast ausschließlich gebräuchlich gewesen. Erst in jüngster Zeit ist die symbolische Schreibweise, insbesondere im engen Zusammenhang mit der Entwicklung der Kontinuumsmechanik, in den Vordergrund getreten.

Im vorliegenden Buch fassen wir den Tensor als spezielle lineare Abbildung auf. Diese Betrachtungsweise erscheint mir in der Mechanik und in den Ingenieurwissenschaften besonders nützlich. Gibt es doch hier eine Reihe von Relationen, die solche linearen Verknüpfungen - unabhängig von speziellen Koordinatensystemen - enthalten. Man gelangt mit dieser Auffassung der Tensorrechnung sowohl zu einer koordinatenfreien Darstellung der Tensoren als auch zu einer sehr kompakten Schreibweise der wichtigsten Rechenregeln. In den einzelnen Kapiteln werden die Tensoren und Tensoroperationen in Basissystemen dargestellt, so daß stets ein Vergleich mit der in verschiedenen Büchern verwandten Indexdarstellung ermöglicht wird.

Da die Tensorrechnung als Grundlage für die Ingenieurwissenschaften sich vornehmlich mit physikalischen Problemen unseres Anschauungsraumes befaßt, halte ich es für ausreichend, alle vektoriellen und tensoriellen Überlegungen auf den dreidimensionalen Euklidischen Raum zu beschränken. Man vermeidet mit dieser Beschränkung eine mathematische Überladung des Buches. Außerdem werden viele Beziehungen durchsichtiger, einige sogar erst möglich.

Die ersten Abschnitte bringen die Darstellung der wichtigsten Ergebnisse der Vektor- und Tensoralgebra. Die Vektoralgebra wird auf anschaulichem Weg hergeleitet; diese Vorgehensweise entspricht der Denkungsart des Ingenieurs. In der Tensoralgebra ist dieser Weg nicht gangbar; denn ein Tensor läßt sich anschaulich schwerlich deuten. Um zu einer exakten Darstellung der Tensoralgebra zu gelangen, wird daher der Tensor durch Definitionen axiomatisch eingeführt. Im Rahmen der Vektor- und Tensoralgebra sind einige neuartige Überlegungen über die äußeren Produkte von Vektoren und Tensoren aufgenommen worden. Auch in dem Kapitel über die algebraischen Regeln für Tensoren höherer Stufe sind einige neue Definitionen angegeben, was im Hinblick auf die Behandlung der Vektor- und Tensoranalysis in Abschnitt 5 unbedingt erforderlich ist. In diesem Abschnitt werden zunächst vektor- und tensorwertige Funktionen betrachtet, die von reellen skalaren Parametern abhängen. Breiten Raum nimmt in diesem Zusammenhang die Differentialgeometrie ein. Sie bildet die Grundlage für das Kapitel über die lineare Schalentheorie. Für die Bildung der Ableitungen von Vektoren und Tensoren, die in der Physik vielfach Funktionen von vektor- und tensorwertigen Parametern sind, wird die Vorgehensweise von Fréchet gewählt. Sie ermöglicht eine basisfreie Darstellung der Rechenregeln der Analysis; diese Rechenregeln erlauben eine einfachere Darstellung von mathematischen Aussagen und physikalischen Gesetzen, was in den abschießenden Kapiteln über die Integralsätze und über die Kontinuumsmechanik deutlich wird.

Die nach Sachgebieten geordnete Literaturzusammenstellung ist für ergänzende Studien gedacht.

Um den Einstieg in die Tensorrechnung zu erleichtern, werden zunächst einige Grundbegriffe wie indizierte Größen, Einsteinsche Summationskonvention sowie das Kronecker Symbol vorangestellt. Außerdem werden jedem wichtigen Kapitel Übungsaufgaben beigefügt, deren Lösungen am Ende des Buches angegeben sind.

2 Einige Grundbegriffe

2.1 Symbole

Das Rechnen mit indizierten Größen bereitet vielen, die sich in die Tensorrechnung einarbeiten wollen, Schwierigkeiten. Dies ist zum Teil sicherlich dadurch bedingt, daß in den Anfängervorlesungen für Ingenieurstudenten die Darstellung von indizierten Größen vermieden wird, z.B. bei den Koordinaten. Erfahrungen haben gezeigt, daß die Studenten, denen von den Grundvorlesungen her indizierte Symbole bekannt sind, sich relativ schnell in den Tensorkalkül einarbeiten. Zum besseren Verständnis der weiteren Überlegungen und zum einfacheren Einstieg in die nächsten Kapitel führen wir daher zunächst Symbole folgender Form ein:

a) Symbole 1. Ordnung

Diese Symbole sind reelle Größen s, die mit einem Index versehen sind. Im Rahmen unserer Überlegungen im dreidimensionalen Euklidischen Raum durchläuft der Index, der mit einem beliebigen lateinischen Buchstaben bezeichnet wird, die Zahlen 1, 2 und 3, z.B.

$$s^i \rightarrow s^1,\ s^2,\ s^3$$

oder

$$s_i \rightarrow s_1,\ s_2,\ s_3.$$

In beiden Fällen erhalten wir 3^1 Elemente.

b) Symbole 2. Ordnung

Die reelle Größe s ist mit zwei Indizes versehen, wie

$$\begin{matrix} & s^{11},\ s^{12},\ s^{13}, \\ s^{ik} \rightarrow & s^{21},\ s^{22},\ s^{23}, \\ & s^{31},\ s^{32},\ s^{33}. \end{matrix}$$

Es ergeben sich 3^2 Elemente. Die Symbole 2. Ordnung können auch wie folgt aussehen:

$$s_{ik},\ s^{i}_{.k},\ s_{i}^{.k},$$

wobei bei den letzten Formen der Punkt vor dem Index k einen leeren Platz angibt, so daß der Index k an zweiter Stelle steht, z.B.

$$s^{i}_{.k} \rightarrow s^{i}_{.1},\ s^{i}_{.2},\ s^{i}_{.3}.$$

c) Symbole höherer Ordnung

Wir können die Überlegungen verallgemeinern und entsprechende Symbole höherer Ordnung definieren, wie etwa

$$s^{ijk},\ s^{ijkm},\ s^{ij}_{..km} \text{ usw..}$$

Es sei darauf hingewiesen, daß der Einführung der Symbole keine weitere mathematische oder physikalische Bedeutung zukommt. Sie dienen nur dazu, sich mit einigen Formen im Tensorkalkül vertraut zu machen.

■ *Übungsaufgaben zu 2.1:*

Schreiben Sie die folgenden indizierten Größen ausführlich:

(1) a^i, (2) $t^{l}_{.m}$, (3) $q^{mn}_{..s}$. ■

2.2 Einsteinsche Summationskonvention

Die Darstellung einer Summe der Art

$$s^{1}_{.1} + s^{2}_{.2} + s^{3}_{.3}$$

erfolgt gewöhnlich mit dem Summationszeichen Σ in der Form

$$\sum_{i=1}^{3} s^{i}_{.i}.$$

Das Mitführen des Summationszeichens in Ableitungen und Berechnungen erweist sich jedoch oft als sehr lästig. Deshalb verzichtet man auf die Angabe des Summationszeichens und vereinbart die folgende *Summationskonvention*, die auf *Einstein* zurückgeht:

Tritt in einem Symbol oder in einem Ausdruck mehrerer Symbole ein Index doppelt auf und steht dieser Index dabei gegenständig (oben und unten), so ist über diesen Index zu summieren.

Wir erläutern die Summationskonvention an zwei Beispielen:

$$s^{i}_{.i} = s^{1}_{.1} + s^{2}_{.2} + s^{3}_{.3},$$

$$s^{i}t_{i} = s^{1}t_{1} + s^{2}t_{2} + s^{3}t_{3}.$$

Den Summationsindex, in unseren Beispielen der Index i, bezeichnet man auch als *stummen Index*, weil dieser nach der Ausführung der Summation nicht mehr in den entsprechenden Ausdrücken vorkommt. So gilt z.B.

$$s_{ij}t^{i} = s_{1j}t^{1} + s_{2j}t^{2} + s_{3j}t^{3} = r_{j},$$

wobei wir für die Summe der Produkte den Buchstaben r gewählt haben. Der Index j wird *freier Index* genannt; er bewirkt keine Summation.

In Sonderfällen werden wir die Summationskonvention dahingehend erweitern, daß auch über nicht gegenständige stumme Indizes zu summieren ist.

Natürlich ist die Einsteinsche Summationskonvention in den vorstehenden Ausdrücken im allgemeinen nicht auf drei Summanden beschränkt. Im Hinblick auf den in den nächsten Abschnitten zu besprechenden dreidimensionalen Euklidischen Vektorraum genügt es allerdings, nur die Summation von drei Gliedern zu betrachten.

■ *Übungsaufgaben zu 2.2:*

Schreiben Sie die folgenden Summen ausführlich:

(1) $v^{i}w_{i}$, (2) $v^{k}g_{k}$, (3) $t^{i}_{.k}v^{k}$, (4) $a^{m}_{.m}$, (5) $t^{p}_{.qr}s^{rq}$, (6) $g^{kj}a_{j}$,

(7) $A^{k}_{.i}A^{l}_{.j}C_{kl}$. ■

2.3 Das Kronecker Symbol

Wir führen das *Kronecker Symbol* (Kronecker Delta) δ^{k}_{i} ein; auf die Bedeutung dieses Symbols werden wir später eingehen. Das Kronecker Symbol hat die folgenden Werte:

$$\delta^{k}_{i} = \begin{cases} 0 \text{ für } i \neq k, \\ 1 \text{ für } i = k. \end{cases}$$

Es gilt also

$$\delta^1_1 = 1, \quad \delta^2_2 = 1, \quad \delta^3_3 = 1,$$

$$\delta^1_2 = 0, \quad \delta^2_1 = 0, \quad \delta^1_3 = 0,$$

$$\delta^3_1 = 0, \quad \delta^2_3 = 0, \quad \delta^3_2 = 0.$$

Ausdrücke, die das Kronecker Symbol enthalten, lassen sich oft vereinfachen. Dies sei an einigen Beispielen erläutert:

$$s^i\delta^k_i = s^1\delta^k_1 + s^2\delta^k_2 + s^3\delta^k_3.$$

Für k = 1, 2, 3 erhält man im einzelnen:

$$k = 1:\ s^i\delta^1_i = s^1\delta^1_1 + s^2\delta^1_2 + s^3\delta^1_3,$$

$$k = 2:\ s^i\delta^2_i = s^1\delta^2_1 + s^2\delta^2_2 + s^3\delta^2_3,$$

$$k = 3:\ s^i\delta^3_i = s^1\delta^3_1 + s^2\delta^3_2 + s^3\delta^3_3.$$

Berücksichtigen wir die oben eingeführte Definition für das Kronecker Symbol, so sehen wir, daß sich die obigen Ausdrücke reduzieren:

$$s^i\delta^1_i = s^1, \quad s^i\delta^2_i = s^2, \quad s^i\delta^3_i = s^3.$$

Wir können somit schreiben:

$$s^i\delta^k_i = s^k.$$

Mit diesem Beispiel werden wir zu einem wichtigen Satz geführt:

> Werden die indizierten Symbole mit dem Kronecker Symbol multipliziert, so wird der Summationsindex (stummer Index) bei diesen Symbolen gegen den freien Index beim Kronecker Symbol ausgetauscht und das Kronecker Symbol gleich Eins gesetzt.

Diese Aussage wollen wir an weiteren Beispielen erläutern:

$$s^{im}\delta^k_m = s^{ik}, \quad s^{im}\delta^s_i\delta^k_m = s^{sk},$$

$$s^{ik}s_{mn}\delta^s_i\delta^m_j = s^{sk}s_{jn}.$$

■ *Übungsaufgaben zu 2.3:*

Vereinfachen Sie folgende Ausdrücke:

(1) $v_k\delta^k_j$, (2) $u^{l.n}_{.m.}\delta^m_p$, (3) $q^{..t}_{rs}\delta^r_k\delta^i_t$, (4) $p^{mk}a^{.j}_i\delta^r_k\delta^i_s$, (5) $t^{pq.m}_{..r}\delta^r_i\delta^n_m\delta^s_p$. ■

3 Vektoralgebra

In der Physik und den Ingenieurwissenschaften treten vielfach Größen auf, die durch die Angabe einer einzigen Zahl - selbstverständlich erst nach Zugrundelegung einer geeigneten Maßeinheit - eindeutig gekennzeichnet sind, wie z.B. die Temperatur, Dichte oder Leistung. Man bezeichnet solche Größen als *Skalare*. Andere Größen, wie etwa die Geschwindigkeit und die Kraft, sind erst durch die Angabe eines Zahlenwertes und einer Richtung im Anschauungsraum eindeutig festgelegt und werden - ohne der genauen Definition in Abschn. 3.1 vorzugreifen - *Vektoren* genannt. Die Untersuchung ihrer Eigenschaften sowie ihrer Verknüpfung untereinander und mit Skalaren ist Gegenstand der folgenden Kapitel.

Die obige Formulierung des Vektorbegriffs ist zweifelsohne restriktiv. So werden z.B. in der Matrizentheorie einzeilige oder einspaltige Matrizen als Vektoren bezeichnet, nämlich als Zeilen- oder Spaltenvektoren. Die Frage, inwieweit diese mit dem zu entwickelnden Vektorkalkül zusammenhängen, wird am Ende des Abschnittes 3.1 diskutiert.

Beliebige Skalare charakterisieren wir im folgenden durch griechische Buchstaben, beliebige Vektoren durch lateinische Buchstaben mit untergesetzter Tilde, z.B. $\underset{\sim}{a}$, $\underset{\sim}{b}$. Wichtige definierte Rechenregeln bezeichnen wir durch große Buchstaben, während wir abgeleitete Rechenregeln wie üblich durch Ziffern kennzeichnen.

3.1 Der Vektorbegriff und Vektoroperationen

Wie bereits einleitend erwähnt, beschränken wir uns auf die Entwicklung des Vektorkalküls in unserem Anschauungsraum. Dabei betrachten wir den Anschauungsraum als gegeben. Die geometrischen Objekte, nämlich Punkte, Geraden, Strecken usw. und deren Eigenschaften wie Länge, Richtung usw. sowie deren Beziehungen untereinander wie Parallelität, Senkrechtstehen usw. können allein durch anschauliche Begriffe beschrieben werden, ohne daß man zunächst auf formelmäßige Definitionen zurückgreifen muß. Die Strecke ist ein geordnetes Punktepaar (x, y) mit dem Anfangspunkt x und dem Endpunkt y. Ihre Länge ist der Abstand dieser Punkte. Die Richtung der Strecke kann man dadurch erklären, daß man sich den Anschauungsraum im Punkt x durch eine Ebene senkrecht zur Strecke (x, y) in zwei Halbräume zerlegt denkt, von denen genau einer den Endpunkt y enthält. Man spricht dann davon, daß zwei Strecken die gleiche Richtung haben, wenn einer der zugeordneten Halbräume in dem anderen enthalten ist. Die gerichtete Strecke xy stellen wir durch einen Pfeil (Richtungspfeil) dar.

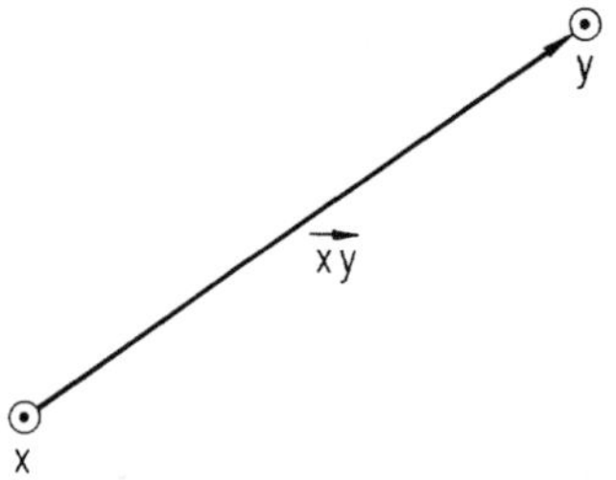

Bild 3.1 Der Richtungspfeil

Der Richtungspfeil ist also mit einer bestimmten Länge und einer bestimmten Richtung ausgestattet. Wir verwenden nun diesen Begriff zur Definition des Vektors:

(A1) Ein Vektor $\underset{\sim}{u}$ ist definiert als Klasse aller Richtungspfeile von gleicher Länge und Richtung.

Ein Richtungspfeil mit dieser Länge und Richtung, angetragen in irgendeinem Punkt p des Raumes, repräsentiert diesen Vektor $\underset{\sim}{u}$. Statt von dem in p beginnenden *Repräsentanten* sprechen wir von dem in p *abgetragenen Vektor* $\underset{\sim}{u}$. Nach der obigen Definition ist ein Vektor nur durch Länge und Richtung bestimmt; sein Anfangspunkt ist beliebig. Man spricht daher auch von *freien Vektoren*.

Wir denken uns nun im Anschauungsraum einen festen Punkt p_o als Ausgangspunkt ausgezeichnet. Jedem weiteren Punkt x kann dann umkehrbar eindeutig die von p_o nach x weisende gerichtete Strecke zugeordnet werden, die man den *Ortsvektor* von x bezüglich des Anfangspunktes p_o nennt und mit $\underset{\sim}{x}$ bezeichnet. Der Ortsvektor $\underset{\sim}{x}$ ist an den ausgezeichneten Raumpunkt p_o gebunden; solche Vektoren, die einem bestimmten Punkt zugeordnet sind, bezeichnet man auch als *gebundene Vektoren*.

Länge und Richtung eines Vektors sind geometrische Eigenschaften der Strecken. Die Länge ist eine nicht-negative Zahl; sie wird auch *Betrag* oder *Norm* des Vektors genannt; man führt dafür die Bezeichnung $|\underset{\sim}{u}|$ oder u ein.

Sonderfälle sind der *Nullvektor* $\underset{\sim}{o}$ mit dem Betrag o und nicht definierter Richtung sowie der *Einheitsvektor* $\overset{\circ}{\underset{\sim}{u}}$ mit dem Betrag 1 und der Richtung von $\underset{\sim}{u}$. Außerdem führen wir den Vektor $-\underset{\sim}{u}$ ein, der die Länge von $\underset{\sim}{u}$ hat, aber zu $\underset{\sim}{u}$ entgegen gerichtet ist. Aus diesen Überlegungen können wir nun Folgerungen ziehen:

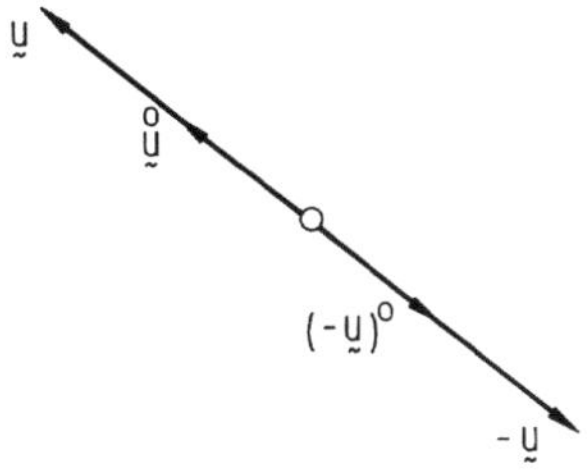

Bild 3.2 Die Vektoren $\underset{\sim}{u}$, $-\underset{\sim}{u}$ sowie $\overset{\circ}{\underset{\sim}{u}}$, $(-\underset{\sim}{u})^{\circ}$

Wir betrachten zwei Nicht-Nullvektoren $\underset{\sim}{u}$ und $\underset{\sim}{v}$, die parallel sind. Dies bedeutet, daß $\underset{\sim}{v}$ zu $\underset{\sim}{u}$ oder $-\underset{\sim}{u}$ gleichgerichtet ist. Mit α als Quotient der Beträge von $\underset{\sim}{v}$ und $\underset{\sim}{u}$ ist es einsichtig, $\underset{\sim}{v}$ als das α-fache von $\underset{\sim}{u}$ bzw. $-\underset{\sim}{u}$ anzusehen, und wir definieren für die *Multiplikation eines Vektors mit einem Skalar* (reelle Zahl):

Für $\alpha = \dfrac{|\underset{\sim}{v}|}{|\underset{\sim}{u}|} \geqq 0$ ist $\alpha\underset{\sim}{u} = \underset{\sim}{u}\alpha$ der zu $\underset{\sim}{u}$ gleichgerichtete Vektor der Länge $\alpha|\underset{\sim}{u}|$,

(A2)

für $\alpha = \dfrac{|\underset{\sim}{v}|}{|\underset{\sim}{u}|} < 0$ ist $\alpha\underset{\sim}{u} = |\alpha|(-\underset{\sim}{u})$.

Aus der Definition (A2) ziehen wir die Folgerungen:

$$o\underset{\sim}{u} = \underset{\sim}{o}, \quad \alpha\underset{\sim}{o} = \underset{\sim}{o}, \quad 1\underset{\sim}{u} = \underset{\sim}{u}, \quad (-1)\underset{\sim}{u} = 1(-\underset{\sim}{u}) = -\underset{\sim}{u}, \tag{3.1.1}$$

$$\underset{\sim}{u} = |\underset{\sim}{u}|\overset{\circ}{\underset{\sim}{u}} \quad \text{und} \quad \overset{\circ}{\underset{\sim}{u}} = \frac{1}{|\underset{\sim}{u}|}\underset{\sim}{u}. \tag{3.1.2}$$

Weiterhin gilt das assoziative Gesetz

$$(\alpha\beta)\underset{\sim}{u} = \alpha(\beta\underset{\sim}{u}), \tag{3.1.3}$$

das sich leicht beweisen läßt.

Wir wenden uns jetzt der *Vektoraddition* der Vektoren $\underset{\sim}{u}$ und $\underset{\sim}{v}$ zu und definieren:

(B) Ein Vektor $\underset{\sim}{u} + \underset{\sim}{v}$ ist diejenige Strecke, die vom Anfangspunkt des Vektors $\underset{\sim}{u}$ zum Endpunkt des Vektors $\underset{\sim}{v}$ führt; der Vektor $\underset{\sim}{v}$ ist dabei im Endpunkt des Vektors $\underset{\sim}{u}$ abgetragen.

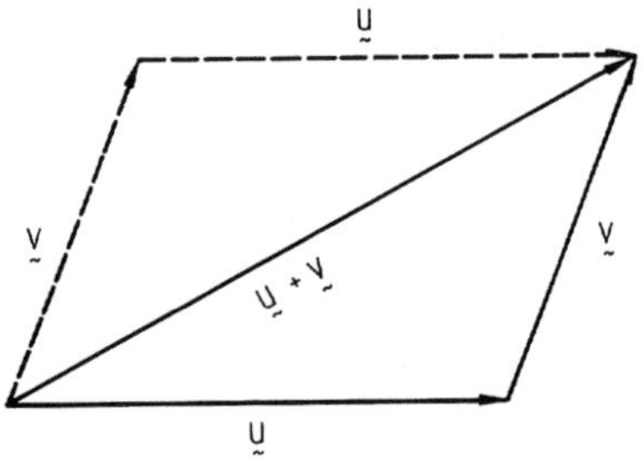

Bild 3.3 Addition von Vektoren

Offensichtlich kann man das Vektordreieck in Bild 3.3 zu einem Parallelogramm ergänzen, so daß man den Summenvektor (resultierender Vektor) $\underset{\sim}{u} + \underset{\sim}{v}$ als Diagonalvektor eines von $\underset{\sim}{u}$ und $\underset{\sim}{v}$ aufgespannten Parallelogramms auffassen kann. Als Folge erkennen wir unmittelbar:

$$\underset{\sim}{u} + \underset{\sim}{v} = \underset{\sim}{v} + \underset{\sim}{u} \text{ (kommutatives Gesetz).} \tag{3.1.4}$$

Weitere Folgerungen der Vektoraddition, die wir ohne Nachweis angeben, sind:

$$\underset{\sim}{u} + (\underset{\sim}{v} + \underset{\sim}{w}) = (\underset{\sim}{u} + \underset{\sim}{v}) + \underset{\sim}{w} \text{ (assoziatives Gesetz),} \tag{3.1.5}$$

$$\underset{\sim}{u} + \underset{\sim}{o} = \underset{\sim}{u}, \tag{3.1.6}$$

$$\underset{\sim}{u} + (-\underset{\sim}{u}) = \underset{\sim}{o}, \tag{3.1.7}$$

$$\underset{\sim}{u} + (-\underset{\sim}{v}) = \underset{\sim}{u} - \underset{\sim}{v}. \tag{3.1.8}$$

Für den in (A2) definierten Vektor $\alpha\underset{\sim}{u}$ gilt in Verbindung mit (B):

$$(\alpha + \beta)\underset{\sim}{u} = \alpha\underset{\sim}{u} + \beta\underset{\sim}{u} \text{ (distributives Gesetz für die skalare Addition),} \tag{3.1.9}$$

$$\alpha(\underset{\sim}{u} + \underset{\sim}{v}) = \alpha\underset{\sim}{u} + \alpha\underset{\sim}{v} \text{ (distributives Gesetz für die Vektoraddition).} \tag{3.1.10}$$

Die eingeführten Operationen, die auch *affine Operationen* genannt werden, erlauben uns hinsichtlich der Untersuchung der geometrischen Eigenschaften des Raumes nur die Feststellung, ob zwei Vektoren parallel sind. Außerdem können wir die Längen zweier Vektoren nur vergleichen, wenn sie parallel sind. Um nun den Winkel zwischen zwei nicht parallelen Vektoren und das Verhältnis ihrer Längen berechnen zu können, ist es erforderlich, eine weitere Operation, nämlich das *Skalarprodukt (inneres Produkt)*[1], einzuführen:

(C) Es seien $\underset{\sim}{u}$ und $\underset{\sim}{v}$ beliebige Vektoren und φ der von den Richtungspfeilen eingeschlossene Winkel ($o \leqq \varphi \leqq \pi$), der für Nicht-Null-

---
[1] Im Anschauungsraum fällt das Skalarprodukt mit dem inneren Produkt zusammen (s. [3]).

vektoren definiert ist. Das Skalarprodukt der Vektoren $\underset{\sim}{u}$ und $\underset{\sim}{v}$, das durch die Schreibweise $\underset{\sim}{u} \cdot \underset{\sim}{v}$ gekennzeichnet wird, ist die reelle Zahl

$$\underset{\sim}{u} \cdot \underset{\sim}{v} = \begin{cases} o, \text{ wenn } \underset{\sim}{u} = \underset{\sim}{o} \text{ oder } \underset{\sim}{v} = \underset{\sim}{o}, \\ |\underset{\sim}{u}|\,|\underset{\sim}{v}|\cos\varphi, \text{ wenn } \underset{\sim}{u} \neq \underset{\sim}{o} \text{ und } \underset{\sim}{v} \neq \underset{\sim}{o}. \end{cases}$$

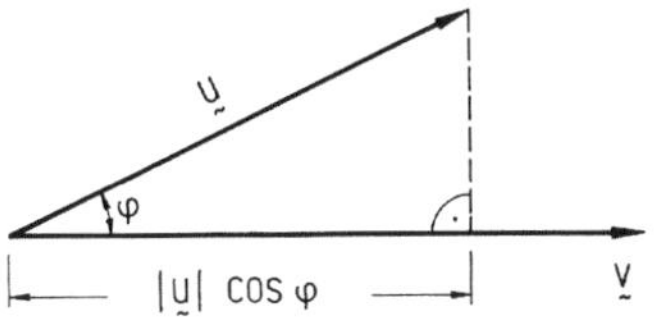

Bild 3.4 Zum Skalarprodukt

Die Zahl $|\underset{\sim}{u}|\cos\varphi$ ist die *Projektion* des Vektors $\underset{\sim}{u}$ auf die Richtung des Vektors $\underset{\sim}{v}$. Aus der Definition (C) ergeben sich mit den beliebigen Nicht-Nullvektoren $\underset{\sim}{u}$, $\underset{\sim}{v}$, $\underset{\sim}{w}$ die Folgerungen:

$\underset{\sim}{u} \cdot \underset{\sim}{v} = \underset{\sim}{v} \cdot \underset{\sim}{u}$ (kommutatives Gesetz), (3.1.11)

$\underset{\sim}{u} \cdot \underset{\sim}{v} = o$ genau dann, wenn $\underset{\sim}{u}$ senkrecht zu $\underset{\sim}{v}$ ist ($\underset{\sim}{u}$ und $\underset{\sim}{v}$ sind *orthogonal*), (3.1.12)

$$\underset{\sim}{u} \cdot (\underset{\sim}{v} + \underset{\sim}{w}) = \underset{\sim}{u} \cdot \underset{\sim}{v} + \underset{\sim}{u} \cdot \underset{\sim}{w}, \quad (3.1.13)$$

$$(\alpha\underset{\sim}{u}) \cdot \underset{\sim}{v} = \underset{\sim}{u} \cdot (\alpha\underset{\sim}{v}) = \alpha(\underset{\sim}{u} \cdot \underset{\sim}{v}), \quad (3.1.14)$$

$$\underset{\sim}{u} \cdot \underset{\sim}{u} = |\underset{\sim}{u}|^2 > o. \quad (3.1.15)$$

Die positive Quadratwurzel

$$|\underset{\sim}{u}| = \sqrt{\underset{\sim}{u} \cdot \underset{\sim}{u}} \quad (3.1.16)$$

aus (3.1.15) ergibt den Betrag bzw. die Norm des Vektors $\underset{\sim}{u}$. Für den Betrag des Skalarproduktes gilt die *Schwarzsche Ungleichung*. Diese besagt:

> Der Betrag des Skalarproduktes zweier Vektoren $\underset{\sim}{u}$ und $\underset{\sim}{v}$ ist kleiner oder gleich dem Produkt der Normen der beiden Vektoren, d.h.

$$|\underset{\sim}{u} \cdot \underset{\sim}{v}| \leq |\underset{\sim}{u}|\,|\underset{\sim}{v}|. \quad (3.1.17)$$

Das Gleichheitszeichen gilt, wenn die Vektoren $\underset{\sim}{u}$ und $\underset{\sim}{v}$ gleichgerichtet sind. Der Beweis der Schwarzschen Ungleichung ergibt sich unmittelbar aus (C).

Die Normen der Vektoren $\alpha\underset{\sim}{u}$ und $\underset{\sim}{u} + \underset{\sim}{v}$ besitzen folgende Eigenschaften:

$$|\alpha\underset{\sim}{u}| = |\alpha|\,|\underset{\sim}{u}|, \tag{3.1.18}$$

$$|\underset{\sim}{u} + \underset{\sim}{v}| \leq |\underset{\sim}{u}| + |\underset{\sim}{v}| \quad \text{(Dreiecksungleichung)}. \tag{3.1.19}$$

Für den Beweis der Ungleichung (3.1.19) benötigt man die Schwarzsche Ungleichung (3.1.17).

In diesem Abschnitt ist der Vektor im Rahmen der Geometrie als die Gesamtheit aller Strecken von gleicher Länge und Richtung definiert. Diese Definition können wir jedoch auch auf andere physikalische Größen übertragen, die durch einen Betrag und eine Richtung ausgezeichnet sind, wie etwa die Kraft und die Geschwindigkeit; diese Größen unterscheiden sich von den gerichteten Strecken dadurch, daß ihre Beträge nicht die Dimension einer Länge besitzen. Durch geeignete Maßstabfaktoren lassen sich die gerichteten physikalischen Größen jedoch stets als gerichtete Strecken veranschaulichen. Inwieweit die entwickelte Vektoralgebra dann auf die gerichteten physikalischen Größen angewendet werden darf,kann nur durch Experimente festgestellt werden. So wissen wir aus Versuchen, daß z.B. die Resultierende zweier Einzelkräfte - eine Kraft ist ein gebundener Vektor - sich mit Hilfe des Kräfteparallelogramms bilden läßt und die Reihenfolge der Addition kommutativ ist und somit (3.1.4) erfüllt. Entsprechend kann man durch Experimente belegen, daß für die Kräfte die übrigen Definitionen und Rechenregeln gelten. Dasselbe läßt sich für die Geschwindigkeit nachweisen. Andererseits sieht man aus einem einfachen Versuch beim starren Körper, daß die Drehbewegung dieses Körpers zwar durch eine gerichtete Größe, nämlich den Drehvektor, dargestellt werden kann, das Kommutativgesetz (3.1.4) jedoch nicht gültig ist, da die Reihenfolge der aufgebrachten Drehbewegungen einen entscheidenden Einfluß auf die Endlage des starren Körpers hat.

Die entwickelte Vektoralgebra basiert auf der Anschauung. Alle Definitionen und einige Rechenregeln gingen von anschaulichen Überlegungen aus, die nicht zu beweisen waren. Weitere Rechenregeln konnten dann mit logischen Schlüssen abgeleitet werden, ohne daß man auf die Anschauung zurückgreifen mußte. Nun kann man sich von den an die Anschauung gebundenen Rechenregeln freimachen, indem man sie als Axiome auffaßt, die durch die Anschauung nahegelegt werden. Man gelangt dann zu einer viel weiterreichenden Vektoralgebra, die für allgemeinere Objekte zutrifft, als es der Anschauungsraum ist. Je nach Art und Anzahl der Axiome gelangt man zu unterschiedlichen Objekten. Da in diesen Betrachtungen auch der Anschauungsraum enthalten ist, nennt man in Anlehnung an diesen Begriff solche allgemeinen Objekte auch Vektorräume. Geben wir z.B. die Rechenregeln (3.1.2 c), (3.1.3) bis (3.1.10) axiomatisch vor und betrachten eine Menge M mit Elementen $\underset{\sim}{u}$, $\underset{\sim}{v}$, $\underset{\sim}{w}$ usw., die die Rechenregeln erfüllen, so heißen die Elemente *affine Vektoren* und die Menge M ist ein *affiner Vektorraum*. Erfüllen die Elemente zusätzlich die Rechenregeln (3.1.11) bis (3.1.14), die bei dieser Betrachtungsweise ebenfalls Axiome sind, werden die Elemente *Euklidische Vektoren* genannt und die Menge M als *Euklidischer Vektorraum* bezeichnet. Fügen wir als weiteres Axiom die Rechenregeln (3.1.15) hinzu, so bilden die Vektoren, die zusätzlich (3.1.15) erfüllen, den *eigentlichen Euklidischen Vektorraum*. Demnach sind die in diesem Abschnitt betrachteten Vektoren eigentliche Euklidische Vektoren. Beliebige einzeilige und einspaltige Matrizen sind dagegen den affinen Vektoren zuzuordnen.

■ *Übungsaufgaben zu 3.1:*

(1) Bestimmen Sie die aus den Einzelkräften ${}^1\underset{\sim}{k}$, ${}^2\underset{\sim}{k}$ und ${}^3\underset{\sim}{k}$ resultierende Kraft
$\underset{\sim}{k} = {}^1\underset{\sim}{k} + {}^2\underset{\sim}{k} + {}^3\underset{\sim}{k}$.

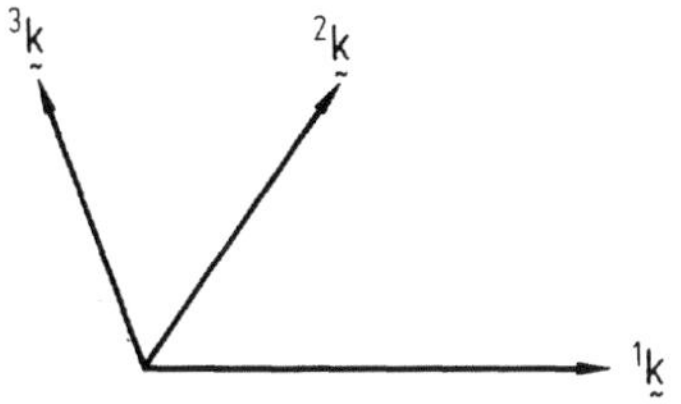

(2) Zeigen Sie, daß die Addition der drei Vektoren $\underset{\sim}{u}$, $\underset{\sim}{v}$ und $\underset{\sim}{w}$ assoziativ ist.

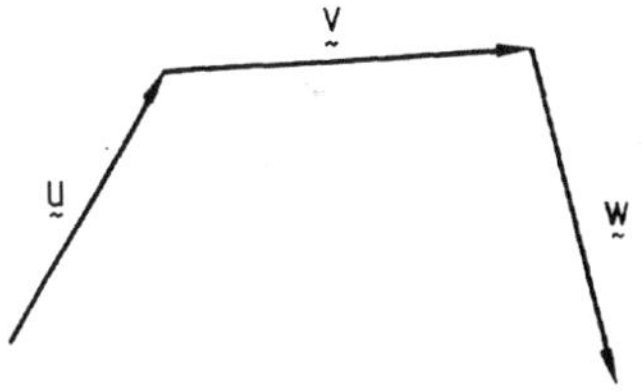

(3) Gegeben sind die Vektoren $\underset{\sim}{u}$, $\underset{\sim}{v}$ und $\underset{\sim}{w}$:

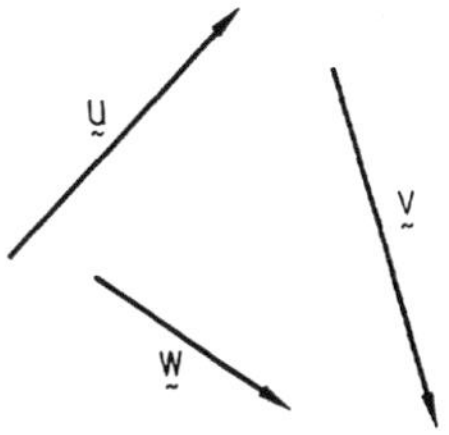

Bilden Sie die Vektoren $\underset{\sim}{u} - \underset{\sim}{v} + 2\underset{\sim}{w}$ und $3\underset{\sim}{w} - \frac{1}{2}(2\underset{\sim}{u} - \underset{\sim}{v})$.

(4) Es wird mit fünf Kräften an einem Ankerhaken gezogen (ebenes Kräftesystem). Wie

groß ist die Resultierende $\underset{\sim}{k}$ der Kräfte und welcher Winkel liegt zwischen der Wirkungslinie von $\underset{\sim}{k}$ und der Vertikalen?

Beträge der Kräfte:

$|{}^1\underset{\sim}{k}| = 6$ kN,

$|{}^2\underset{\sim}{k}| = |{}^4\underset{\sim}{k}| = 3$ kN,

$|{}^3\underset{\sim}{k}| = |{}^5\underset{\sim}{k}| = 5$ kN,

Winkel zwischen Wirkungslinien der Kräfte und Horizontaler:

$\alpha_1 = 38^\circ$, $\alpha_2 = 0^\circ$, $\alpha_3 = 32^\circ$,

$\alpha_4 = 45^\circ$, $\alpha_5 = 60^\circ$.

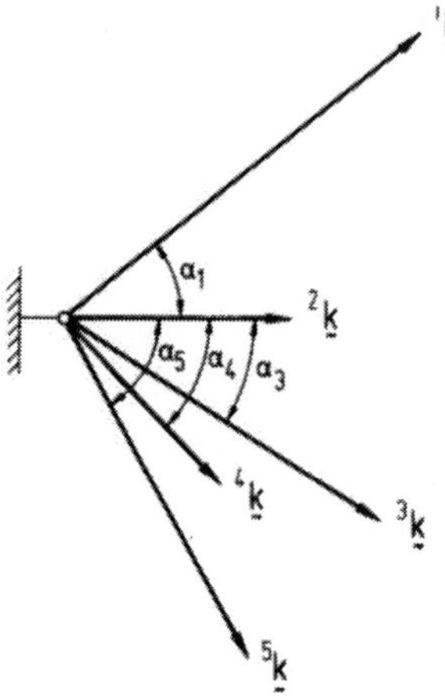

(5) Ein Schiff wird an zwei Seilen gezogen. Bestimmen Sie graphisch und rechnerisch den Betrag der Seilkraft ${}^2\underset{\sim}{k}$ so, daß die Resultierende von ${}^1\underset{\sim}{k}$ und ${}^2\underset{\sim}{k}$ in die Schiffsachse fällt! Wie groß wird die Resultierende $\underset{\sim}{k}$?

Gegeben:

$|{}^1\underset{\sim}{k}| = 100$ kN, $\alpha = 30^\circ$, $\beta = 45^\circ$.

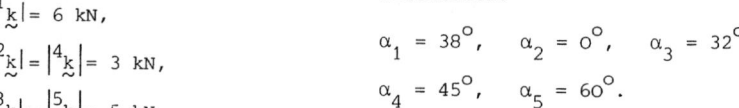

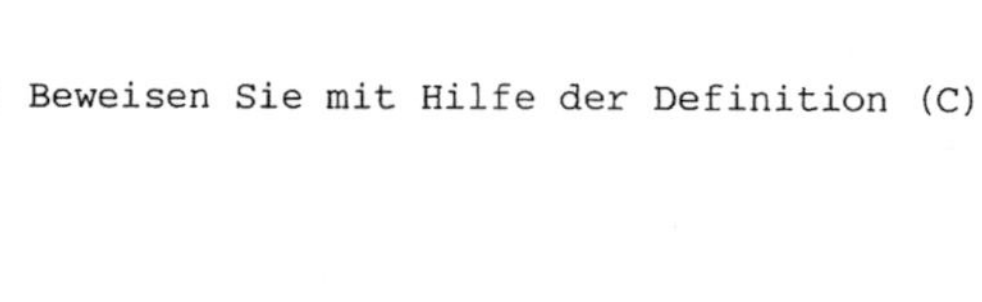

(6) Beweisen Sie mit Hilfe der Definition (C) den Kosinussatz für Dreiecke. ■

3.2 Das Basissystem

Die Darstellung von Vektoren durch linear unabhängige Vektoren ist für die weiteren Überlegungen von großer Bedeutung. Wir betrachten die Vektoren $\underset{\sim}{v}_1, \underset{\sim}{v}_2, \ldots \underset{\sim}{v}_m$, die Nicht-Null-Vektoren in einem Vektorraum V sind. Die Vektoren $\underset{\sim}{v}_1, \underset{\sim}{v}_2, \ldots \underset{\sim}{v}_m$ heißen *linear abhängig*, wenn sich Zahlen $\alpha^1, \alpha^2, \ldots \alpha^m$ angeben lassen, die nicht alle Null sind, so daß

$$\alpha^1 \underset{\sim}{v}_1 + \alpha^2 \underset{\sim}{v}_2 + \ldots + \alpha^m \underset{\sim}{v}_m = \underset{\sim}{0} \qquad (3.2.1)$$

ist. Andernfalls werden die m Vektoren als *linear unabhängig* bezeichnet. Sie formen dann ein System von linear unabhängigen Vektoren von m-ter Ordnung. Für die Menge aller Systeme von linear unabhängigen Vektoren in dem Vektorraum V gibt es offensichtlich zwei Möglichkeiten:

1. Es existieren entweder linear unabhängige Systeme von beliebig großer Ordnung,
2. oder die Ordnung der linearen Unabhängigkeit ist begrenzt.

Die zweite Möglichkeit ist von besonderem Interesse. Man spricht bei dieser Möglichkeit davon, daß der Vektorraum eine endliche Zahl von *Dimensionen* besitzt, d.h. ein Vektorraum ist n-dimensional, wenn es n linear unabhängige Vektoren gibt, aber nicht n + 1. Es sei $\underset{\sim}{v}$ ein beliebiger Vektor in einem n-dimensionalen Vektorraum. Das System von n + 1 Vektoren $\{\underset{\sim}{v}, \underset{\sim}{v}_1, \underset{\sim}{v}_2, \ldots, \underset{\sim}{v}_n\}$ ist notwendigerweise linear abhängig, so daß n + 1 Zahlen $\lambda, \alpha^1, \alpha^2, \ldots \alpha^n$ mit der Eigenschaft

$$\lambda \underset{\sim}{v} + \alpha^1 \underset{\sim}{v}_1 + \alpha^2 \underset{\sim}{v}_2 + \ldots + \alpha^n \underset{\sim}{v}_n = \underset{\sim}{0}$$

existieren. Es gilt auch wegen $\lambda \neq 0$

$$-\underset{\sim}{v} = \frac{1}{\lambda} \alpha^1 \underset{\sim}{v}_1 + \frac{1}{\lambda} \alpha^2 \underset{\sim}{v}_2 + \ldots + \frac{1}{\lambda} \alpha^n \underset{\sim}{v}_n . \qquad (3.2.2)$$

Ein (n + 1) ter Vektor ist also durch die anderen n Vektoren darstellbar. Die einzelnen Ausdrücke der Summe auf der rechten Seite von (3.2.2) bezeichnen wir als Komponenten des Vektors $\underset{\sim}{v}$. Die Vektoren $\underset{\sim}{v}_1, \underset{\sim}{v}_2, \ldots, \underset{\sim}{v}_n$ nennen wir *Basisvektoren* und kennzeichnen sie im folgenden mit $\underset{\sim}{g}_1, \underset{\sim}{g}_2, \ldots, \underset{\sim}{g}_n$. Das System von Basisvektoren bildet die *Basis* des Vektorraumes. Allgemein gilt, daß jedes beliebige linear unabhängige System von Vektoren von n-ter Ordnung ein Basissystem bildet.

Die Zahl n bestimmt die Dimension des Vektorraumes. Wir führen dafür den Ausdruck V^n ein, um einen endlichen n-dimensionalen Vektorraum zu kennzeichnen.

Die Koeffizienten $-\frac{1}{\lambda}\alpha^i$ bezeichnen wir mit v^i und nennen sie die Koeffizienten der Komponenten[2)] von $\underset{\sim}{v}$ bezüglich der Basisvektoren $\{\underset{\sim}{g}_1, \underset{\sim}{g}_2, \ldots, \underset{\sim}{g}_n\}$. Somit gilt:

$$\underset{\sim}{v} = v^1 \underset{\sim}{g}_1 + v^2 \underset{\sim}{g}_2 + \ldots + v^n \underset{\sim}{g}_n . \qquad (3.2.3)$$

---

2) In der Literatur werden die v^i oft als Komponenten bezeichnet.

Wir gehen nun zum *Euklidischen Vektorraum* E über, in dem das skalare (innere) Produkt erklärt ist. Gibt es in diesem Vektorraum n linear unabhängige Vektoren, so sprechen wir von dem *n-dimensionalen Euklidischen Vektorraum* E^n. Unserer Erfahrung entnehmen wir nun, daß der Anschauungsraum dreidimensional und meßbar ist. Somit können wir unseren Anschauungsraum durch den *3-dimensionalen Euklidischen Vektorraum* E^3 beschreiben.

Wir betrachten zwei Vektoren $\underset{\sim}{u}$ und $\underset{\sim}{v}$, die in E^3 wie folgt darstellbar sind:

$$\underset{\sim}{u} = u^i \underset{\sim}{g}_i, \quad \underset{\sim}{v} = v^k \underset{\sim}{g}_k. \tag{3.2.4}$$

Man spricht davon, daß die Vektoren $\underset{\sim}{u}$ und $\underset{\sim}{v}$ in Richtung der Basisvektoren $\underset{\sim}{g}_i$ zerlegt sind. Das Skalarprodukt der Vektoren $\underset{\sim}{u}$ und $\underset{\sim}{v}$ ist mit (3.1.14) und (3.2.4) durch

$$\underset{\sim}{u} \cdot \underset{\sim}{v} = u^i v^k \underset{\sim}{g}_i \cdot \underset{\sim}{g}_k \tag{3.2.5}$$

bestimmt. Wir bezeichnen nun das Skalarprodukt der Basisvektoren $\underset{\sim}{g}_i$ und $\underset{\sim}{g}_k$ mit

$$\underset{\sim}{g}_i \cdot \underset{\sim}{g}_k = g_{ik} \tag{3.2.6}$$

und nennen die wegen der Gültigkeit des Kommutativgesetzes bezüglich der Indizes i und k symmetrischen Größen g_{ik} „Maßkoeffizienten" oder *Metrikkoeffizienten*. Die Einführung des Begriffes „Metrikkoeffizient" wird aus den vorigen Überlegungen über die Norm eines Vektors und den Winkel zwischen zwei Vektoren deutlich. Für den Betrag (Norm) des Basisvektors $\underset{\sim}{g}_i$ erhalten nach (3.1.2)

$$|\underset{\sim}{g}_i| = \sqrt{\underset{\sim}{g}_i \cdot \underset{\sim}{g}_i} = \sqrt{g_{ii}}, \quad \not\Sigma\, i \ ^{3)} \tag{3.2.7}$$

und für den Winkel $\varphi_{(ik)}$ zwischen den beiden Basisvektoren $\underset{\sim}{g}_i$ und $\underset{\sim}{g}_k$ nach (3.1.6) und (3.2.6)

$$\cos \varphi_{(ik)} = \frac{g_{ik}}{\sqrt{g_{ii}}\,\sqrt{g_{kk}}}, \quad \not\Sigma\, i, \quad \not\Sigma\, k.$$

Der Betrag des Basisvektors und der Winkel zwischen zwei Basisvektoren hängen somit von den Koeffizienten g_{ik} ab. Da man in der Geometrie den Betrag eines Vektors und den Winkel zwischen zwei Vektoren messen kann, ist es naheliegend, die Koeffizienten g_{ik} als Metrikkoeffizienten zu bezeichnen.

---

3) Das durchgestrichene Summationszeichen bedeutet, daß über i nicht summiert werden darf.

3.3 Das reziproke Basissystem [4)]

Gegeben seien die Basisvektoren $\underset{\sim}{g}_k$ in E^3. Wir führen nun ein zweites System von Basisvektoren $\underset{\sim}{g}^i$ reziprok zu $\underset{\sim}{g}_k$ gemäß folgender Vorschrift ein:

$$\underset{\sim}{g}^i \cdot \underset{\sim}{g}_k = \delta^i_k, \qquad (3.3.1)$$

wobei wir daran erinnern, daß δ^i_k das Kronecker Symbol ist. Die Basisvektoren $\underset{\sim}{g}_k$ und $\underset{\sim}{g}^i$ werden als *kovariante* und *kontravariante Basisvektoren* bezeichnet.

Wir bilden nun das Skalarprodukt der kontravarianten Basisvektoren

$$\underset{\sim}{g}^i \cdot \underset{\sim}{g}^k = g^{ik}, \qquad (3.3.2)$$

wobei g^{ik} wegen des kommutativen Gesetzes (3.1.11) symmetrisch in den Indizes i und k ist, d.h.

$$g^{ik} = g^{ki}. \qquad (3.3.3)$$

In Anlehnung an die obige Bezeichnungsweise für die Basisvektoren nennen wir g_{ik} die *kovarianten Metrikkoeffizienten* und g^{ik} die *kontravarianten Metrikkoeffizienten.*

Die Bezeichnung der Basen in Abschnitt 3.2 und 3.3, nämlich mit einem unten stehenden und oben stehenden Index, ist selbstverständlich rein willkürlich. Man hätte auch die umgekehrte Bezeichnungsweise wählen können.

Eine Basis, die aus einem System von Basisvektoren $\underset{\sim}{e}_1$, $\underset{\sim}{e}_2$, $\underset{\sim}{e}_3$ besteht, die normiert (Einheitsvektor) und gegenseitig orthogonal sind, heißt *orthonormiert*, und es gilt:

$$\underset{\sim}{e}_i \cdot \underset{\sim}{e}_k = 0 \quad \text{für} \quad i \neq k, \qquad \underset{\sim}{e}_i \cdot \underset{\sim}{e}_k = 1 \quad \text{für} \quad i = k. \qquad (3.3.4)$$

Hierfür können wir auch kürzer schreiben

$$\underset{\sim}{e}_i \cdot \underset{\sim}{e}_k = \delta_{ik}, \qquad (3.3.5)$$

wobei δ_{ik} für i = k den Wert Eins annimmt und für $i \neq k$ den Wert Null.

In einem orthonormierten System verschwindet der Unterschied zwischen den ko- und kontravarianten Basisvektoren. Daher ist es üblich, Koeffizienten der Vektorkomponenten kovariant darzustellen und auf die Gegenständigkeit der Indizes bei der Summationskonvention zu verzichten.

---

4) Für den eigentlichen Euklidischen Vektorraum fällt das reziproke Basissystem mit dem sogenannten *dualen* Basissystem zusammen, so daß wir später auch letzteren Begriff verwenden werden (s. [3]).

Ein *Beispiel* soll die in den beiden letzten Abschnitten dargelegten Überlegungen aufhellen. Gegeben sei die Basis $\underset{\sim}{g}_1$, $\underset{\sim}{g}_2$ in einer orthonormierten Basis $\underset{\sim}{e}_1$, $\underset{\sim}{e}_2$:

$$\underset{\sim}{g}_1 = \underset{\sim}{e}_1 - 0{,}5\ \underset{\sim}{e}_2, \quad \underset{\sim}{g}_2 = -\ 0{,}5\ \underset{\sim}{e}_1 + 1{,}5\ \underset{\sim}{e}_2.$$

Wir ermitteln zunächst die Metrikkoeffizienten nach (3.2.6)

$$g_{11} = 1 + 0{,}25 = 1{,}25, \quad g_{12} = -\ 0{,}5 - 0{,}75 = -\ 1{,}25,$$

$$g_{22} = +\ 0{,}25 + 2{,}25 = 2{,}5.$$

Die reziproken Basisvektoren sind durch die Vorschrift (3.3.1) festgelegt. Wir wollen sie in dem orthonormierten Basissystem $\underset{\sim}{e}_1$, $\underset{\sim}{e}_2$ darstellen. Dazu machen wir den Ansatz: $\underset{\sim}{g}^1 = \alpha\underset{\sim}{e}_1 + \beta\underset{\sim}{e}_2$, $\underset{\sim}{g}^2 = \gamma\underset{\sim}{e}_1 + \delta\underset{\sim}{e}_2$. Die Vorschrift (3.3.1) liefert uns die Bestimmungsgleichungen für die skalaren Werte α bis δ:

$$\underset{\sim}{g}^1 \cdot \underset{\sim}{g}_1 = 1 : \alpha - 0{,}5\ \beta = 1, \quad \underset{\sim}{g}^1 \cdot \underset{\sim}{g}_2 = 0 : -\ 0{,}5\ \alpha + 1{,}5\ \beta = 0,$$

$$\underset{\sim}{g}^2 \cdot \underset{\sim}{g}_1 = 0 : \gamma - 0{,}5\ \delta = 0, \quad \underset{\sim}{g}^2 \cdot \underset{\sim}{g}_2 = 1 : -\ 0{,}5\ \gamma + 1{,}5\ \delta = 1.$$

Aus der Auflösung obiger Gleichungen finden wir $\alpha = 1{,}2$, $\beta = 0{,}4$, $\gamma = 0{,}4$, $\delta = 0{,}8$, so daß wir für die kontravarianten Basisvektoren erhalten: $\underset{\sim}{g}^1 = 1{,}2\ \underset{\sim}{e}_1 + 0{,}4\ \underset{\sim}{e}_2$, $\underset{\sim}{g}^2 = 0{,}4\ \underset{\sim}{e}_1 + 0{,}8\ \underset{\sim}{e}_2$.

Schließlich bestimmen wir noch nach (3.3.2) die kontravarianten Metrikkoeffizienten

$$g^{11} = 1{,}2 \cdot 1{,}2 + 0{,}4 \cdot 0{,}4 = 1{,}6; \quad g^{12} = 1{,}2 \cdot 0{,}4 + 0{,}4 \cdot 0{,}8 =$$

$$= 0{,}8; \quad g^{22} = 0{,}4 \cdot 0{,}4 + 0{,}8 \cdot 0{,}8 = 0{,}8.$$

3.4 Die ko- und kontravarianten Koeffizienten der Vektorkomponenten

Ein Vektor $\underset{\sim}{v}$ sei sowohl im ko- als auch im kontravarianten Basissystem dargestellt. In dem kovarianten Basissystem schreiben wir

$$\underset{\sim}{v} = v^i\underset{\sim}{g}_i. \qquad (3.4.1)$$

Man bezeichnet die v^i im Hinblick auf die Definition im vorigen Abschnitt als *kontravariante Koeffizienten der Vektorkomponenten* des Vektors $\underset{\sim}{v}$ oder kürzer (nicht ganz exakt) als kontravariante Komponenten des Vektors $\underset{\sim}{v}$.

Entsprechend können wir nun den Vektor $\underset{\sim}{v}$ in einem kontravarianten Basissystem darstellen:

$$\underset{\sim}{v} = v_i\underset{\sim}{g}^i. \qquad (3.4.2)$$

Man nennt die v_i die *kovarianten Koeffizienten der Vektorkomponenten* des Vektors $\underset{\sim}{v}$ oder kürzer die kovarianten Komponenten des Vektors $\underset{\sim}{v}$.

Die Koeffizienten v^i und v_i werden auch als *assoziierte Komponenten* des Vektors $\underset{\sim}{v}$ bezeichnet; denn die Koeffizienten v^i und v_i sind nicht voneinander unabhängig, wie wir gleich erkennen werden. Wir gehen aus von der Komponentendarstellung des Vektors $\underset{\sim}{v}$ in der Form (3.4.1). Durch Skalarmultiplikation mit dem Basisvektor $\underset{\sim}{g}^k$ folgt

$$v^i = \underset{\sim}{v} \cdot \underset{\sim}{g}^i = v_k \underset{\sim}{g}^k \cdot \underset{\sim}{g}^i = g^{ki} v_k .$$

Außerdem liefert die Skalarmultiplikation von (3.4.2) mit $\underset{\sim}{g}_k$

$$v_i = \underset{\sim}{v} \cdot \underset{\sim}{g}_i = v^k \underset{\sim}{g}_k \cdot \underset{\sim}{g}_i = g_{ki} v^k ,$$

womit die behauptete Abhängigkeit nachgewiesen ist.

Mit den obigen Ergebnissen können wir an Stelle von (3.4.1) und (3.4.2)

$$\underset{\sim}{v} = (\underset{\sim}{v} \cdot \underset{\sim}{g}^i)\underset{\sim}{g}_i = (\underset{\sim}{v} \cdot \underset{\sim}{g}_i)\underset{\sim}{g}^i$$

schreiben.

Identifizieren wir in dieser Gleichung den Vektor $\underset{\sim}{v}$ jeweils mit dem ko- und kontravarianten Basisvektor, so lassen sich zwischen ihnen die Zusammenhänge

$$\underset{\sim}{g}_k = g_{ki} \underset{\sim}{g}^i , \qquad (3.4.3)$$

$$\underset{\sim}{g}^k = g^{ki} \underset{\sim}{g}_i \qquad (3.4.4)$$

herstellen. Aus Gleichung (3.4.3) bzw. Gleichung (3.4.4) bilden wir weiterhin durch Skalarmultiplikation mit dem kontra- bzw. kovarianten Basisvektor die folgende Beziehung:

$$g_{ki} g^{im} = \delta_k^m . \qquad (3.4.5)$$

Aus den eben durchgeführten Überlegungen ergeben sich zwei wichtige Rechenregeln:

1. Heben eines Index:
   Durch Multiplikation der kovarianten Koeffizienten der Vektorkomponenten mit den kontravarianten Metrikkoeffizienten kann ein unterer Index gehoben werden.

2. Senken eines Index:
   Durch Multiplikation der kontravarianten Koeffizienten der Vektorkomponenten mit den kovarianten Metrikkoeffizienten kann ein oberer Index gesenkt werden.

Diese Rechenregeln gelten nach (3.4.3) und (3.4.4) sinngemäß auch für die Basisvektoren.

Mit Einführung der ko- und kontravarianten Koeffizienten der Komponenten läßt sich das Skalarprodukt in folgender Weise ausdrücken:

$$\underset{\sim}{u} \cdot \underset{\sim}{v} = g_{ik}u^i v^k = g^{ik}u_i v_k = u^k v_k = u_k v^k. \qquad (3.4.6)$$

Als speziellen Vektor betrachten wir den gebundenen Ortsvektor $\underset{\sim}{x}$. Diesen Vektor zerlegen wir in der Basis $\underset{\sim}{g}_i$:

$$\underset{\sim}{x} = x^i \underset{\sim}{g}_i. \qquad (3.4.7)$$

Die metrischen Größen x^i sind den Basisvektoren $\underset{\sim}{g}_i$ und dem Vektor $\underset{\sim}{x}$ zugeordnet. Man nennt sie die *Koordinaten* des Punktes x im Basissystem $\underset{\sim}{g}_i$. Es sei betont, daß hier der Begriff *Koordinate* ausschließlich für die Koeffizienten der Komponenten des Ortsvektors verwendet wird. Durch Skalarmultiplikation mit $\underset{\sim}{g}^r$ lassen sich die Koordinaten x^i explizit angeben

$$x^i = \underset{\sim}{x} \cdot \underset{\sim}{g}^i. \qquad (3.4.8)$$

Somit sind die Koordinaten x^i abhängig vom Ortsvektor $\underset{\sim}{x}$ und den kontravarianten Basisvektoren $\underset{\sim}{g}^i$.

■ *Übungsaufgaben zu 3.2 bis 3.4:*

(1) Gegeben sind zwei Vektoren $\underset{\sim}{u}$ und $\underset{\sim}{v}$ in E^3. Ihre Darstellung in einem orthonormierten Basissystem sei $\underset{\sim}{u} = 8\underset{\sim}{e}_1 + \underset{\sim}{e}_2 - 4\underset{\sim}{e}_3$, $\underset{\sim}{v} = 2\underset{\sim}{e}_1 - 6\underset{\sim}{e}_2 + 3\underset{\sim}{e}_3$. Ermitteln Sie

a) $\underset{\sim}{w} = \underset{\sim}{u} + \underset{\sim}{v}$, b) $\underset{\sim}{x} = \underset{\sim}{u} - \underset{\sim}{v}$, c) $\alpha = \underset{\sim}{u} \cdot \underset{\sim}{v}$, d) $|\underset{\sim}{u}|$, $|\underset{\sim}{v}|$,

e) den von $\underset{\sim}{u}$ und $\underset{\sim}{v}$ eingeschlossenen Winkel φ,

f) den von $\underset{\sim}{u}$ und $\underset{\sim}{e}_2$ eingeschlossenen Winkel γ.

(2) Gegeben sind zwei Vektoren $\underset{\sim}{u}$ und $\underset{\sim}{v}$ mit ihren Komponenten im orthonormierten System $\underset{\sim}{e}_1$, $\underset{\sim}{e}_2$, $\underset{\sim}{e}_3$: $\underset{\sim}{u} = 5\underset{\sim}{e}_1 + 2\underset{\sim}{e}_2 - 3\underset{\sim}{e}_3$, $\underset{\sim}{v} = \underset{\sim}{e}_1 + v^2\underset{\sim}{e}_2 - 2\underset{\sim}{e}_3$. Bestimmen Sie v^2 in der Weise, daß das Skalarprodukt $\underset{\sim}{u} \cdot \underset{\sim}{v}$ verschwindet.

(3) Gegeben sind zwei Vektoren $\underset{\sim}{u}$ und $\underset{\sim}{v}$ in einer orthonormierten Basis $\underset{\sim}{e}_1$, $\underset{\sim}{e}_2$, $\underset{\sim}{e}_3$ mit $\underset{\sim}{u} = -5\underset{\sim}{e}_1 + 2\underset{\sim}{e}_2 + 7\underset{\sim}{e}_3$ und $\underset{\sim}{v} = \underset{\sim}{e}_1 - 3\underset{\sim}{e}_3$. Bestimmen Sie den Vektor $\underset{\sim}{w}$ von der Norm 1, der orthogonal zu $\underset{\sim}{u}$ und $\underset{\sim}{v}$ ist.

(4) Zwei Vektoren $\underset{\sim}{u}$ und $\underset{\sim}{v}$ sind in der Ebene in Richtung einer orthonormierten Basis zerlegt:

$\underset{\sim}{u} = 1{,}5\underset{\sim}{e}_1 + 2\underset{\sim}{e}_2$, $\underset{\sim}{v} = \underset{\sim}{e}_1 - 0{,}75\underset{\sim}{e}_2$.

a) Ermitteln Sie $|\underset{\sim}{u}|$, $|\underset{\sim}{v}|$ und $\underset{\sim}{u} \cdot \underset{\sim}{v}$.

b) Gegeben ist eine Basis, deren Basisvektoren sich in dem orthonormierten System $\underset{\sim}{e}_1$, $\underset{\sim}{e}_2$ folgendermaßen darstellen: $\underset{\sim}{g}_1 = \underset{\sim}{e}_1 - 0{,}5\underset{\sim}{e}_2$, $\underset{\sim}{g}_2 = -\,0{,}5\underset{\sim}{e}_1 +$

$+ 1{,}5\underset{\sim}{e}_2$. Berechnen Sie die Koeffizienten der Komponenten von $\underset{\sim}{u}$ und $\underset{\sim}{v}$ in dieser Basis.

c) Bearbeiten Sie die Aufgabenstellung a) unter Verwendung dieser Komponenten und vergleichen Sie die Ergebnisse.

(5) a) Ermitteln Sie die dualen Basisvektoren $\underset{\sim}{g}^1$, $\underset{\sim}{g}^2$ zur Basis $\underset{\sim}{g}_1$, $\underset{\sim}{g}_2$ in Aufgabe (4) mit Hilfe der Metrikkoeffizienten und stellen Sie die Basissysteme $\underset{\sim}{e}_1$, $\underset{\sim}{e}_2$ und $\underset{\sim}{g}_1$, $\underset{\sim}{g}_2$ in Aufgabe (4) sowie $\underset{\sim}{g}^1$, $\underset{\sim}{g}^2$ graphisch dar.

b) Berechnen Sie weiterhin die Komponenten von $\underset{\sim}{u}$ und $\underset{\sim}{v}$ der Aufgabe (4) in der Basis $\underset{\sim}{g}^1$, $\underset{\sim}{g}^2$ und lösen Sie die Aufgabe (4) a) mit Hilfe der neuen Basisdarstellung.

(6) Gegeben ist die Basis $\underset{\sim}{g}_1$, $\underset{\sim}{g}_2$, $\underset{\sim}{g}_3$ in einer orthonormierten Basis $\underset{\sim}{e}_1$, $\underset{\sim}{e}_2$, $\underset{\sim}{e}_3$:

$$\underset{\sim}{g}_1 = \frac{1}{\sqrt{3}}\underset{\sim}{e}_1 + \frac{2}{3}\underset{\sim}{e}_2 + \frac{\sqrt{2}}{3}\underset{\sim}{e}_3, \quad \underset{\sim}{g}_2 = \sqrt{\frac{2}{5}}\underset{\sim}{e}_1 + \sqrt{\frac{3}{5}}\underset{\sim}{e}_3,$$

$$\underset{\sim}{g}_3 = \frac{2}{3}\sqrt{\frac{3}{5}}\underset{\sim}{e}_1 - \frac{\sqrt{5}}{3}\underset{\sim}{e}_3 + \frac{2\sqrt{10}}{15}\underset{\sim}{e}_3.$$

a) Bestimmen Sie die dualen Basisvektoren $\underset{\sim}{g}^1$, $\underset{\sim}{g}^2$, $\underset{\sim}{g}^3$.

b) Welche Eigenschaft hat die Basis $\underset{\sim}{g}_1$, $\underset{\sim}{g}_2$, $\underset{\sim}{g}_3$?

c) Welche Beziehungen bestehen in diesem Fall zwischen den kontravarianten, kovarianten und gemischtvarianten Metrikkoeffizienten (Kronecker Symbole)? ■

3.5 Die physikalischen Koeffizienten eines Vektors

Die Basisvektoren $\underset{\sim}{g}_i$ bzw. $\underset{\sim}{g}^i$ sind im allgemeinen keine Vektoren vom Betrage eins. Stellen wir einen Vektor in solchen Basissystemen dar, so werden die Koeffizienten der Vektorkomponenten nicht die wahren Größen der Vektorkomponenten angeben. Diese erhält man nur, wenn man den Vektor in einem normierten System darstellt. Man nennt dann die Koeffizienten der Komponenten die *physikalischen Koeffizienten*. Bei einem beliebigen Basissystem kann man die wahren Größen der Koeffizienten wie folgt berechnen:

$$\underset{\sim}{u} = \overset{*}{u}{}^1 \frac{\underset{\sim}{g}_1}{|\underset{\sim}{g}_1|} + \overset{*}{u}{}^2 \frac{\underset{\sim}{g}_2}{|\underset{\sim}{g}_2|} + \overset{*}{u}{}^3 \frac{\underset{\sim}{g}_3}{|\underset{\sim}{g}_3|} = \overset{*}{u}_1 \frac{\underset{\sim}{g}^1}{|\underset{\sim}{g}^1|} + \overset{*}{u}_2 \frac{\underset{\sim}{g}^2}{|\underset{\sim}{g}^2|} + \overset{*}{u}_3 \frac{\underset{\sim}{g}^3}{|\underset{\sim}{g}^3|}. \tag{3.5.1}$$

(Die physikalischen Koeffizienten sind mit einem Stern versehen). Nun gilt ebenfalls

$$\underset{\sim}{u} = u^1 \underset{\sim}{g}_1 + u^2 \underset{\sim}{g}_2 + u^3 \underset{\sim}{g}_3 = u_1 \underset{\sim}{g}^1 + u_2 \underset{\sim}{g}^2 + u_3 \underset{\sim}{g}^3 .$$

Durch Vergleich ergibt sich

$$u^i = \overset{*}{u}{}^i \frac{1}{|\underset{\sim}{g}_i|}, \quad u_i = \overset{*}{u}_i \frac{1}{|\underset{\sim}{g}^i|}, \quad \forall i \tag{3.5.2}$$

oder mit (3.2.7)

$$\overset{*}{u}{}^i = \sqrt{g_{ii}}\, u^i, \quad \overset{*}{u}_i = \sqrt{g^{ii}}\, u_i, \quad \forall i. \tag{3.5.3}$$

Zur Erläuterung betrachten wir das folgende *Beispiel:* Gesucht sind die physikalischen Koeffizienten des Vektors $\underset{\sim}{u} = 3\, \underset{\sim}{g}_1 + 2\, \underset{\sim}{g}_2 + \underset{\sim}{g}_3$ in der kovarianten Basis $\underset{\sim}{g}_1 = \underset{\sim}{e}_1$, $\underset{\sim}{g}_2 = \underset{\sim}{e}_1 + \underset{\sim}{e}_2$, $\underset{\sim}{g}_3 = \underset{\sim}{e}_1 + \underset{\sim}{e}_2 + \underset{\sim}{e}_3$. Mit den Metrikkoeffizienten $g_{11} = 1$, $g_{22} = 2$, $g_{33} = 3$ erhalten wir $\overset{*}{u}{}^1 = \sqrt{1}\; 3 = 3$, $\overset{*}{u}{}^2 = \sqrt{2}\; 2$, $\overset{*}{u}{}^3 = \sqrt{3}\; 1 = \sqrt{3}$.

■ *Übungsaufgaben zu 3.5:*

(1) Ermitteln Sie die physikalischen Koeffizienten des Vektors $\underset{\sim}{u}$, der in dem Basissystem $\underset{\sim}{g}_1$, $\underset{\sim}{g}_2$ mit den Metrikkoeffizienten $g_{11} = 0{,}75$, $g_{12} = -\,1{,}25$, $g_{22} = 2$ wie folgt dargestellt ist: $\underset{\sim}{u} = 2{,}6 \underset{\sim}{g}_1 + 2{,}2 \underset{\sim}{g}_2$.

(2) Gegeben ist das Basissystem aus (1). Ermitteln Sie die kontravarianten Koeffizienten des Vektors $\underset{\sim}{v}$ mit den physikalischen Koeffizienten $\overset{*}{v}{}^1 = 3$ und $\overset{*}{v}{}^2 = -4$.

(3) Gegeben sind das Basissystem sowie die Vektoren $\underset{\sim}{u}$ und $\underset{\sim}{v}$ aus (1) und (2). Ermitteln Sie n_{11}, n_{12}, n_{22}, wobei $n_{ik} = \underset{\sim}{n}_i \cdot \underset{\sim}{n}_k = \frac{\underset{\sim}{g}_i}{|\underset{\sim}{g}_i|} \cdot \frac{\underset{\sim}{g}_k}{|\underset{\sim}{g}_k|}\ \forall i \forall k$ ist. Berechnen Sie ferner $u^i v^k g_{ik}$ und $\overset{*}{u}{}^i \overset{*}{v}{}^i n_{ik}$ und vergleichen Sie die Ergebnisse. ■

4 Tensoralgebra

Wir haben gesehen, daß der Vektorbegriff im Anschauungsraum (dreidimensionaler *Euklidischer Vektorraum*) geometrisch gedeutet werden kann. Dies ist für den Tensorbegriff schwerlich möglich.

Grundsätzlich gibt es natürlich verschiedene Möglichkeiten, den Tensorbegriff einzuführen. Im Rahmen einer allgemeinen Theorie, die sich nicht auf den Anschauungsraum beschränkt, sondern beliebige n-dimensionale Vektorräume voraussetzt, unterscheidet man zwischen den Begriffen *lineare Abbildung* und *Tensor*. Hier ist die lineare Abbildung eine Funktion, die Elemente $\underset{\sim}{u}$, $\underset{\sim}{v}$ eines Vektorraumes in Elemente $\underset{\sim}{w}$, $\underset{\sim}{z}$ eines anderen Vektorraumes überführt. Der allgemeine n-stufige Tensor wird über sogenannte Multilinearfunktionen eingeführt, auf deren Charakter wir an dieser Stelle jedoch nicht näher eingehen wollen. Die Einführung dieser Multilinearfunktion setzt die Existenz von sog. *dualen Vektorräumen* voraus, wobei nach dieser Definition das skalare Produkt von Vektoren nur zwischen Elementen eines Vektorraumes und Elementen des zugehörigen dualen Vektorraumes definiert wird.

Beschränken wir uns jedoch wie bisher auf den eigentlichen Euklidischen Vektorraum, so kann ein Vektorraum mit seinem dualen Vektorraum identifiziert werden, d.h.: das skalare Produkt und das sogenannte innere Produkt sowie die reziproke Basis und die duale Basis sind identisch.

Unter diesen Voraussetzungen kann leicht gezeigt werden, daß die lineare Abbildung und der 2-stufige Tensor, den wir im folgenden kurz Tensor nennen werden, Begriffe gleichen Inhalts sind. Der interessierte Leser mag diese Zusammenhänge in der Spezialliteratur nachlesen (s. [3]).

Für unsere Belange ist es ausreichend, den Tensor als Abbildungsvorschrift aufzufassen, durch die Vektoren $\underset{\sim}{u}$, $\underset{\sim}{v}$ des Anschauungsraumes in Vektoren $\underset{\sim}{w}$, $\underset{\sim}{z}$ desselben Anschauungsraumes überführt werden. Somit können wir den Tensor unabhängig von bestimmten Basissystemen durch definierte Rechenregeln erklären.

Natürlich wird man sich bei der Behandlung von bestimmten physikalischen Problemen, wie zum Beispiel bei der Aufstellung einer Schalentheorie, sowie bei der Durchführung von Berechnungen auf spezielle Basissysteme stützen müssen. Solange jedoch physikalische Zusammenhänge formuliert werden, sollte man auf die Einführung von Basissystemen verzichten.

Im folgenden bezeichnen wir Tensoren mit großen Buchstaben, die mit einer untergesetzten Tilde versehen werden. Bezüglich der Formelbezeichnungen gelten die Bemerkungen des Abschnittes 3.

4.1 Der Tensorbegriff (Lineare Abbildung)

Es seien $\utilde{u}$ und $\utilde{v}$ Vektoren in E^3 (dreidimensionaler Euklidischer Raum) sowie α ein Skalar. Eine *Abbildung* $\utilde{T}$ ist *linear*, wenn gilt

(D1) $\utilde{T}(\utilde{u} + \utilde{v}) = \utilde{T}\utilde{u} + \utilde{T}\utilde{v}$,

(D2) $\utilde{T}(\alpha\utilde{u}) = \alpha(\utilde{T}\utilde{u})$.

Eine solche *lineare Abbildung* oder *Tensor* (2. Stufe) ist eine Vorschrift, die jedem beliebigen Vektor $\utilde{u}$ in E^3 einen anderen Vektor $\utilde{T}\utilde{u}$ in E^3 zuordnet.

Die Menge aller möglichen Tensoren (lineare Abbildungen) bezeichnen wir mit $L(E^3, E^3)$. Wir können nun ebenfalls auf folgende Art lineare Operationen in $L(E^3, E^3)$ definieren:

Für je zwei Tensoren $\utilde{T}$, $\utilde{S}$ sei $\utilde{T} + \utilde{S}$ derjenige Tensor, der jeden Vektor $\utilde{u}$ auf die Summe der Vektoren $\utilde{T}\utilde{u}$ und $\utilde{S}\utilde{u}$ abbildet. Es soll also gelten

(D3) $(\utilde{T} + \utilde{S})\utilde{u} = \utilde{T}\utilde{u} + \utilde{S}\utilde{u}$.

Entsprechend wird das skalare Vielfache des Tensors $\utilde{T}$, d.h. $\alpha\utilde{T}$, durch

(D4) $(\alpha\utilde{T})\utilde{v} = \alpha(\utilde{T}\utilde{v})$

definiert.

Zusätzlich verlangen wir

(D5) $\alpha\utilde{T} = \utilde{T}\alpha$.

Die Abbildungen $(\utilde{T} + \utilde{S})$ und $(\alpha\utilde{T})$, wie sie in (D3) und (D4) angegeben sind, genügen den Definitionen (D1) und (D2), d.h. sie sind Tensoren. Die Nachweise sind einfach. Betrachten wir z.B. die Tensorsumme $\utilde{T} + \utilde{S}$. Es gilt, wenn wir (D1) und (D3) sowie die Regeln der Vektoralgebra beachten,

$$(\underset{\sim}{T} + \underset{\sim}{S})(\underset{\sim}{u} + \underset{\sim}{v}) = \underset{\sim}{T}(\underset{\sim}{u} + \underset{\sim}{v}) + \underset{\sim}{S}(\underset{\sim}{u} + \underset{\sim}{v}) = (\underset{\sim}{T}\underset{\sim}{u} + \underset{\sim}{T}\underset{\sim}{v}) + (\underset{\sim}{S}\underset{\sim}{u} + \underset{\sim}{S}\underset{\sim}{v}) =$$
$$= (\underset{\sim}{T}\underset{\sim}{u} + \underset{\sim}{S}\underset{\sim}{u}) + (\underset{\sim}{T}\underset{\sim}{v} + \underset{\sim}{S}\underset{\sim}{v}) = (\underset{\sim}{T} + \underset{\sim}{S})\underset{\sim}{u} + (\underset{\sim}{T} + \underset{\sim}{S})\underset{\sim}{v},$$
$$(\underset{\sim}{T} + \underset{\sim}{S})(\alpha\underset{\sim}{u}) = \underset{\sim}{T}(\alpha\underset{\sim}{u}) + \underset{\sim}{S}(\alpha\underset{\sim}{u}) = \alpha(\underset{\sim}{T}\underset{\sim}{u}) + \alpha(\underset{\sim}{S}\underset{\sim}{u}) = \alpha(\underset{\sim}{T}\underset{\sim}{u} + \underset{\sim}{S}\underset{\sim}{u}) =$$
$$= \alpha[(\underset{\sim}{T} + \underset{\sim}{S})\underset{\sim}{u}].$$

Entsprechend einfach läßt sich nachweisen, daß $\alpha\underset{\sim}{T}$ ein Tensor ist.

Das Null-Element in $L(E^3, E^3)$ ist die Abbildung, welche jedem beliebigen Vektor $\underset{\sim}{u}$ den Nullvektor zuordnet. Wir nennen diese Abbildung den *Nulltensor* und bezeichnen ihn mit $\underset{\sim}{O}$, d.h.

(D6) $\underset{\sim}{O}\underset{\sim}{u} = \underset{\sim}{o}$.

Die identische Abbildung, der *Identitätstensor* $\underset{\sim}{I}$, ist ein Tensor, der jeden beliebigen Vektor $\underset{\sim}{u}$ identisch abbildet,

(D7) $\underset{\sim}{I}\underset{\sim}{u} = \underset{\sim}{u}$

für alle Vektoren $\underset{\sim}{u}$ in E^3.

Speziell mit dem Euklidischen Vektorraum E^3 läßt sich ein Raum verbinden, den wir mit $E^3 \otimes E^3$ bezeichnen. Diesen Produktraum nennen wir tensoriellen Produktraum. Wenn $\underset{\sim}{a}$ und $\underset{\sim}{b}$ Elemente in E^3 sind, dann ist $\underset{\sim}{a} \otimes \underset{\sim}{b}$ ein Element von $E^3 \otimes E^3$, das die folgende Eigenschaft besitzen soll:

(D8) $(\underset{\sim}{a} \otimes \underset{\sim}{b})\underset{\sim}{u} = (\underset{\sim}{b} \cdot \underset{\sim}{u})\underset{\sim}{a}$

für alle Vektoren $\underset{\sim}{u}$, die in E^3 enthalten sind.

Das *tensorielle (dyadische) Produkt* $\underset{\sim}{a} \otimes \underset{\sim}{b}$ genügt den Aussagen (D1) und (D2) und ist also ein Tensor, den man auch als *einfachen Tensor* bezeichnet.

▲ Beweis:

Aus (D8) folgt $(\underset{\sim}{a} \otimes \underset{\sim}{b})(\underset{\sim}{u} + \underset{\sim}{v}) = [\underset{\sim}{b} \cdot (\underset{\sim}{u} + \underset{\sim}{v})]\underset{\sim}{a}$, wobei $\underset{\sim}{v}$ ein Vektor in E^3 ist.
Mit (3.1.13) und (3.1.9) ergibt sich $(\underset{\sim}{a} \otimes \underset{\sim}{b})(\underset{\sim}{u} + \underset{\sim}{v}) = (\underset{\sim}{b} \cdot \underset{\sim}{u})\underset{\sim}{a} + (\underset{\sim}{b} \cdot \underset{\sim}{v})\underset{\sim}{a}$.
Somit folgt, wenn wir wiederum (D8) beachten $(\underset{\sim}{a} \otimes \underset{\sim}{b})(\underset{\sim}{u} + \underset{\sim}{v}) = (\underset{\sim}{a} \otimes \underset{\sim}{b})\underset{\sim}{u} + (\underset{\sim}{a} \otimes \underset{\sim}{b})\underset{\sim}{v}$, d.h. (D1) ist erfüllt.
Entsprechend erhalten wir mit (D8) für $(\underset{\sim}{a} \otimes \underset{\sim}{b})(\alpha\underset{\sim}{u}) = (\underset{\sim}{b} \cdot \alpha\underset{\sim}{u})\underset{\sim}{a}$ und mit (3.1.14) und wiederum (D8) $(\underset{\sim}{a} \otimes \underset{\sim}{b})(\alpha\underset{\sim}{u}) = \alpha(\underset{\sim}{a} \otimes \underset{\sim}{b})\underset{\sim}{u}$, womit (D2) bestätigt ist. Somit ist $\underset{\sim}{T} = \underset{\sim}{a} \otimes \underset{\sim}{b}$ ein Tensor. ▲

Für das tensorielle Produkt können wir aus (D8) die folgenden Rechenregeln ableiten, wobei alle aufgeführten Vektoren in E^3 enthalten sind:

$$\underset{\sim}{a} \otimes (\underset{\sim}{b} + \underset{\sim}{c}) = \underset{\sim}{a} \otimes \underset{\sim}{b} + \underset{\sim}{a} \otimes \underset{\sim}{c} \quad \text{(distributives Gesetz)}, \tag{4.1.1}$$

$$(\alpha\underset{\sim}{a}) \otimes \underset{\sim}{b} = \underset{\sim}{a} \otimes \alpha\underset{\sim}{b} = \alpha(\underset{\sim}{a} \otimes \underset{\sim}{b}) \quad \text{(assoziatives Gesetz)}. \tag{4.1.2}$$

▲ Beweis zu (4.1.1):

Die Aussage (D8) liefert $\underset{\sim}{a} \otimes (\underset{\sim}{b} + \underset{\sim}{c})\underset{\sim}{u} = [(\underset{\sim}{b} + \underset{\sim}{c}) \cdot \underset{\sim}{u}]\underset{\sim}{a}$.
Mit (3.1.13), (3.1.11) und (3.1.9) folgt $\underset{\sim}{a} \otimes (\underset{\sim}{b} + \underset{\sim}{c})\underset{\sim}{u} = (\underset{\sim}{b} \cdot \underset{\sim}{u})\underset{\sim}{a} + (\underset{\sim}{c} \cdot \underset{\sim}{u})\underset{\sim}{a}$.
Beachten wir wiederum (D8) und sodann (D3), erhalten wir $\underset{\sim}{a} \otimes (\underset{\sim}{b} + \underset{\sim}{c})\underset{\sim}{u} = [(\underset{\sim}{a} \otimes \underset{\sim}{b}) + (\underset{\sim}{a} \otimes \underset{\sim}{c})]\underset{\sim}{u}$, d.h. $\underset{\sim}{a} \otimes (\underset{\sim}{b} + \underset{\sim}{c}) = (\underset{\sim}{a} \otimes \underset{\sim}{b}) + (\underset{\sim}{a} \otimes \underset{\sim}{c})$, da $\underset{\sim}{u}$ beliebig ist und nicht von $\underset{\sim}{a}$, $\underset{\sim}{b}$ und $\underset{\sim}{c}$ abhängt. ▲

Der Beweis für (4.1.2) läßt sich mit Hilfe von (D8) und (3.1.14) durchführen.

■ *Übungsaufgaben zu 4.1:*

(1) Beweisen Sie die Gültigkeit der Beziehung

$$\underset{\sim\sim}{T}\underset{\sim}{u} + \alpha\underset{\sim}{u} = (\underset{\sim}{T} + \alpha\underset{\sim}{I})\underset{\sim}{u}.$$

(2) Gegeben sei die Abbildung $\underset{\sim\sim}{T}\underset{\sim}{u} = \underset{\sim}{0}$ mit $\underset{\sim}{T} = \underset{\sim}{a} \otimes \underset{\sim}{b}$, wobei $\underset{\sim}{u}$, $\underset{\sim}{a}$ und $\underset{\sim}{b}$ Nicht-Nullvektoren sind. Was gilt in diesem Fall für die Vektoren $\underset{\sim}{b}$ und $\underset{\sim}{u}$?

(3) Es seien $\underset{\sim}{a}$, $\underset{\sim}{b}$, $\underset{\sim}{c}$ Einheitsvektoren und orthogonal zueinander. Formen Sie mit diesen Vektoren den einfachen Tensor $\underset{\sim}{T} = \underset{\sim}{a} \otimes \underset{\sim}{a} + \underset{\sim}{b} \otimes \underset{\sim}{b} + \underset{\sim}{c} \otimes \underset{\sim}{c}$ und bilden Sie die Abbildung $\underset{\sim\sim}{T}\underset{\sim}{u}$ mit dem beliebigen Vektor $\underset{\sim}{u}$. Welche Eigenschaft hat der Tensor $\underset{\sim}{T}$?

(4) Gegeben sei der Vektor $\underset{\sim}{v} = (\underset{\sim}{b} \cdot \underset{\sim}{u})\underset{\sim}{a} - (\underset{\sim}{a} \cdot \underset{\sim}{u})\underset{\sim}{b}$, wobei $\underset{\sim}{a}$, $\underset{\sim}{b}$, $\underset{\sim}{u}$ und $\underset{\sim}{v}$ Nicht-Nullvektoren sind. Bestimmen Sie den Tensor $\underset{\sim}{T}$, der dem Vektor $\underset{\sim}{u}$ den Vektor $\underset{\sim}{v}$ zuordnet. ■

4.2 Algebra in Basissystemen

Mit den Rechenregeln (4.1.1) und (4.1.2) sind wir jetzt in der Lage, das tensorielle Produkt durch seine Komponenten darzustellen. Dazu beziehen wir die beiden Vektoren $\underset{\sim}{a}$ und $\underset{\sim}{b}$ auf die kovariante Basis $\underset{\sim}{g}_1$, $\underset{\sim}{g}_2$, $\underset{\sim}{g}_3$

$$\underset{\sim}{a} = a^i \underset{\sim}{g}_i, \quad \underset{\sim}{b} = b^k \underset{\sim}{g}_k$$

und bilden das tensorielle Produkt

$$\underset{\sim}{a} \otimes \underset{\sim}{b} = a^i \underset{\sim}{g}_i \otimes b^k \underset{\sim}{g}_k.$$

Mit (4.1.1) und (4.1.2) erhalten wir

$$\underset{\sim}{a} \otimes \underset{\sim}{b} = a^i b^k \underset{\sim}{g}_i \otimes \underset{\sim}{g}_k.$$

Somit ist

$$\underset{\sim}{T} = \underset{\sim}{a} \otimes \underset{\sim}{b} = a^i b^k \underset{\sim}{g}_i \otimes \underset{\sim}{g}_k. \qquad (4.2.1)$$

Wie man aus der obigen Gleichung erkennt, kann man die tensoriellen Produkte der Basisvektoren als Basis des einfachen Tensors $\underset{\sim}{T}$ in $E^3 \otimes E^3$ auffassen. Man kann vermuten, daß dies auch für beliebige Tensoren gültig ist und daß ganz allgemein das tensorielle Produkt der Basisvektoren die Basis in $E^3 \otimes E^3$ aufspannt. Um diese Vermutung bestätigen zu können, ist es zunächst erforderlich, die lineare Unabhängigkeit des tensoriellen Produktes $\underset{\sim}{g}_i \otimes \underset{\sim}{g}_k$ zu beweisen.

Die Basis $\underset{\sim}{g}_i \otimes \underset{\sim}{g}_k$ heißt linear abhängig, wenn sich Zahlen α^{11}, $\alpha^{12}, \ldots,$ α^{33} angeben lassen, die nicht alle Null sind, so daß gilt:

$$\alpha^{11} \underset{\sim}{g}_1 \otimes \underset{\sim}{g}_1 + \alpha^{12} \underset{\sim}{g}_1 \otimes \underset{\sim}{g}_2 + \ldots + \alpha^{33} \underset{\sim}{g}_3 \otimes \underset{\sim}{g}_3 = \underset{\sim}{O} \quad \text{oder}$$

$$\alpha^{ik} \underset{\sim}{g}_i \otimes \underset{\sim}{g}_k = \underset{\sim}{O}.$$

Wenden wir diesen Tensor auf einen beliebigen Vektor $\underset{\sim}{u}$ aus E^3 an, so folgt mit (D6)

$$(\alpha^{ik} \underset{\sim}{g}_i \otimes \underset{\sim}{g}_k)\underset{\sim}{u} = \underset{\sim}{o} \quad \text{und mit (D8)}$$

$$(\underset{\sim}{u} \cdot \underset{\sim}{g}_k)\alpha^{ik} \underset{\sim}{g}_i = \underset{\sim}{o}.$$

Da $\underset{\sim}{u}$ ein beliebiger Vektor ist, gilt mindestens in einem Fall, daß $\underset{\sim}{u} \cdot \underset{\sim}{g}_k \neq 0$ ist, und wir schließen auf

$$\alpha^{ik} = 0,$$

wenn $\underset{\sim}{g}_1$, $\underset{\sim}{g}_2$ und $\underset{\sim}{g}_3$ linear unabhängige Vektoren sind.

Die obige Forderung der linearen Abhängigkeit läßt sich also nur mit $\alpha^{ik} = 0$ erreichen, was im Wiederspruch zu der Voraussetzung steht. Damit ist nachgewiesen, daß die Basis $\underset{\sim}{g}_i \otimes \underset{\sim}{g}_k$ linear unabhängig ist.

Es folgt, daß der Tensorraum $E^3 \otimes E^3$ von den tensoriellen Produkten $\underset{\sim}{g}_i \otimes \underset{\sim}{g}_k$ aufgespannt wird und daß die Dimension von $E^3 \otimes E^3$ durch das Produkt der Dimensionen der einzelnen Vektorräume E^3 gegeben ist. Der tensorielle Produktraum ist also neundimensional.

Wir betrachten jetzt einen beliebigen Tensor $\underset{\sim}{T}$ in $E^3 \otimes E^3$. Die Menge der zehn Tensoren $\underset{\sim}{T}$, $\underset{\sim}{g}_1 \otimes \underset{\sim}{g}_1$, $\underset{\sim}{g}_1 \otimes \underset{\sim}{g}_2, \ldots,$ $\underset{\sim}{g}_3 \otimes \underset{\sim}{g}_3$ ist notwendigerweise linear abhängig, so daß 10 Zahlen λ, α^{11}, $\alpha^{12}, \ldots,$ α^{33} existieren. Es gilt dann:

$$\lambda \underset{\sim}{T} + \alpha^{ik} \underset{\sim}{g}_i \otimes \underset{\sim}{g}_k = \underset{\sim}{O} \quad \text{oder wegen } \lambda \neq 0$$

$$\underset{\sim}{T} = -\frac{1}{\lambda} \alpha^{ik} \underset{\sim}{g}_i \otimes \underset{\sim}{g}_k.$$

Ein beliebiger Tensor $\underset{\sim}{T}$ ist also durch die Tensorbasen darstellbar. Die Koeffizienten $-\frac{1}{\lambda}\alpha^{ik}$ bezeichnen wir mit t^{ik} und nennen sie die Koeffizienten der Komponenten von $\underset{\sim}{T}$ bezüglich der Basen $\underset{\sim}{g}_1 \otimes \underset{\sim}{g}_1$, $\underset{\sim}{g}_1 \otimes \underset{\sim}{g}_2, \ldots,$ $\underset{\sim}{g}_3 \otimes \underset{\sim}{g}_3$. Vereinfachend läßt sich also schreiben

$$\underset{\sim}{T} = t^{ik}\underset{\sim}{g}_i \otimes \underset{\sim}{g}_k. \tag{4.2.2}$$

Dieselben Überlegungen können wir mit den kontravarianten Basisvektoren durchführen und Tensorbasen

$$\underset{\sim}{g}^i \otimes \underset{\sim}{g}^k \quad \text{sowie} \quad \underset{\sim}{g}_i \otimes \underset{\sim}{g}^k \quad \text{bzw.} \quad \underset{\sim}{g}^k \otimes \underset{\sim}{g}^i$$

errichten, so daß wir den beliebigen Tensor $\underset{\sim}{T}$ auch durch

$$\underset{\sim}{T} = t_{ik}\underset{\sim}{g}^i \otimes \underset{\sim}{g}^k, \tag{4.2.3}$$

$$\underset{\sim}{T} = t^i_{.k}\underset{\sim}{g}_i \otimes \underset{\sim}{g}^k \tag{4.2.4}$$

oder

$$\underset{\sim}{T} = t_k^{.i}\underset{\sim}{g}^k \otimes \underset{\sim}{g}_i \tag{4.2.5}$$

darstellen können.

In der Form (4.2.4) ist bei der Anordnung der Indizes in den Koeffizienten der Komponenten darauf zu achten, daß aus ihr unmittelbar die Stellung der Basisvektoren hervorgeht. Dies geschieht vereinbarungsgemäß in der in (4.2.4) gewählten Form. Es bedeutet in $t^i_{.k}$, daß in der Tensorbasis zunächst der kovariante Basisvektor $\underset{\sim}{g}_i$ und dann der kontravariante Basisvektor $\underset{\sim}{g}^k$ auftritt.

In Anlehnung an die Bezeichnungsweise in der Vektoralgebra nennen wir $\underset{\sim}{g}_i \otimes \underset{\sim}{g}_k$ die *kovariante Basis*, $\underset{\sim}{g}^i \otimes \underset{\sim}{g}^k$ die *kontravariante Basis* sowie $\underset{\sim}{g}_i \otimes \underset{\sim}{g}^k$ bzw. $\underset{\sim}{g}^k \otimes \underset{\sim}{g}_i$ die *gemischtvariante Basis*.
Entsprechend bezeichnen wir t^{ik} als *kontravariante Koeffizienten* der Komponenten, t_{ik} als *kovariante Koeffizienten* der Komponenten, $t^i_{.k}$ bzw. $t_k^{.i}$ als *gemischtvariante Koeffizienten* der Komponenten.

Die ko- und kontravarianten sowie die gemischtvarianten Koeffizienten sind nicht voneinander unabhängig. Stellen wir zunächst den Tensor $\underset{\sim}{T}$ in einer kovarianten Basis dar

$$\underset{\sim}{T} = t^{ik}\underset{\sim}{g}_i \otimes \underset{\sim}{g}_k,$$

so können wir mit (3.4.3) auch schreiben

$$\underset{\sim}{T} = t^{rk}g_{ri}\underset{\sim}{g}^i \otimes \underset{\sim}{g}_k.$$

Aus dem Vergleich mit der Darstellung des Tensors $\underset{\sim}{T}$ in einer gemischtvarianten Basis

$$\underset{\sim}{T} = t_i^{.k}\underset{\sim}{g}^i \otimes \underset{\sim}{g}_k$$

folgt unmittelbar

$$t_{i}^{\cdot k} = t^{rk} g_{ri}.$$

Analoge Folgerungen ergeben sich für alternative Basisdarstellungen, und wir können die in Abschnitt 3.4 niedergelegten Rechenregeln erweitern:

1. Heben eines Index:
   Durch Multiplikation der ko- oder gemischtvarianten Koeffizienten der Tensorkomponenten mit den kontravarianten Metrikkoeffizienten kann ein unterer Index gehoben werden.

2. Senken eines Index:
   Durch Multiplikation der kontra- oder gemischtvarianten Koeffizienten der Tensorkomponenten mit dem kovarianten Metrikkoeffizienten kann ein oberer Index gesenkt werden.

Um die wahren *(physikalischen)* Größen der Tensorkoeffizienten angeben zu können, ist es erforderlich, Tensoren in normierten Basen zu zerlegen. So gilt beispielsweise

$$\underset{\sim}{T} = \overset{*}{t}{}^{11} \frac{\underset{\sim}{g}_1}{|\underset{\sim}{g}_1|} \otimes \frac{\underset{\sim}{g}_1}{|\underset{\sim}{g}_1|} + \overset{*}{t}{}^{12} \frac{\underset{\sim}{g}_1}{|\underset{\sim}{g}_1|} \otimes \frac{\underset{\sim}{g}_2}{|\underset{\sim}{g}_2|} + \ldots + \overset{*}{t}{}^{33} \frac{\underset{\sim}{g}_3}{|\underset{\sim}{g}_3|} \otimes \frac{\underset{\sim}{g}_3}{|\underset{\sim}{g}_3|}, \tag{4.2.6}$$

wobei wir die physikalischen Koeffizienten mit einem Stern gekennzeichnet haben. Andererseits erhalten wir für die Darstellung in der kovarianten Basis $\underset{\sim}{g}_i \otimes \underset{\sim}{g}_k$

$$\underset{\sim}{T} = t^{ik} \underset{\sim}{g}_i \otimes \underset{\sim}{g}_k,$$

so daß die physikalischen Koeffizienten $\overset{*}{t}{}^{ik}$ aus

$$\overset{*}{t}{}^{ik} = |\underset{\sim}{g}_i|\,|\underset{\sim}{g}_k|\, t^{ik} = \sqrt{g_{ii}}\,\sqrt{g_{kk}}\, t^{ik}, \qquad \not\Sigma i,\ \not\Sigma k, \tag{4.2.7}$$

berechnet werden können. Ganz analog bestimmen wir

$$\overset{*}{t}_{ik} = \sqrt{g^{ii}}\,\sqrt{g^{kk}}\, t_{ik}, \qquad \not\Sigma i,\ \not\Sigma k, \tag{4.2.8}$$

$$\overset{*}{t}{}^{i}_{\cdot k} = \sqrt{g_{ii}}\,\sqrt{g^{kk}}\, t^{i}_{\cdot k}, \qquad \overset{*}{t}{}_{k}^{\cdot i} = \sqrt{g^{kk}}\,\sqrt{g_{ii}}\, t_{k}^{\cdot i}, \qquad \not\Sigma i,\ \not\Sigma k. \tag{4.2.9}$$

Abschließend wollen wir den Identitätstensor $\underset{\sim}{I}$ in den Basissystemen darstellen. Als Basis wählen wir zunächst die kovariante Basis $\underset{\sim}{g}_i \otimes \underset{\sim}{g}_k$

$$\underset{\sim}{I} = k^{ik} \underset{\sim}{g}_i \otimes \underset{\sim}{g}_k.$$

Dabei sind die k^{ik} unbekannte Koeffizienten der Komponenten, die wir im folgenden bestimmen werden. Mit der identischen Abbildung (D7)

$$\underset{\sim}{I}\underset{\sim}{u} = \underset{\sim}{u}$$

erhalten wir, wenn wir alle Größen in den Basen darstellen

$(k^{ik}\underset{\sim}{g}_i \otimes \underset{\sim}{g}_k)u^r\underset{\sim}{g}_r = u^i\underset{\sim}{g}_i$ oder mit (D8) $k^{ik}u_k\underset{\sim}{g}_i = u^i\underset{\sim}{g}_i$ und mit $u^i = g^{ik}u_k$ (s. Abschnitt 3.4), $k^{ik}u_k\underset{\sim}{g}_i = g^{ik}u_k\underset{\sim}{g}_i$.

Aus dem Vergleich beider Seiten finden wir $k^{ik} = g^{ik}$.

Der Identitätstensor $\underset{\sim}{I}$ ist somit wie folgt darstellbar

$$\underset{\sim}{I} = g^{ik}\underset{\sim}{g}_i \otimes \underset{\sim}{g}_k \tag{4.2.10 a}$$

oder, wie sich leicht nachweisen läßt,

$$\underset{\sim}{I} = \delta^i_k\underset{\sim}{g}_i \otimes \underset{\sim}{g}^k = \delta^k_i\underset{\sim}{g}^i \otimes \underset{\sim}{g}_k,$$

$$\underset{\sim}{I} = g_{ik}\underset{\sim}{g}^i \otimes \underset{\sim}{g}^k,$$

$$\underset{\sim}{I} = \underset{\sim}{g}_i \otimes \underset{\sim}{g}^i = \underset{\sim}{g}^i \otimes \underset{\sim}{g}_i. \tag{4.2.10 b}$$

Der Identitätstensor $\underset{\sim}{I}$ wird auch als *Fundamentaltensor* des dreidimensionalen Euklidischen Raumes bezeichnet.

Die angegebenen Rechenregeln und die Darstellung eines Tensors in einem Basissystem seien nun an einem *Beispiel* aus der *Mechanik* illustriert. Wir wollen das *Theorem von Cauchy* ableiten, das besagt:

Der einem Flächenelement eines Kontinuums zugeordnete Spannungsvektor $\underset{\sim}{t}$ ist eine lineare Abbildung des zu dieser Fläche gehörenden Normalenvektors $\underset{\sim}{n}$:

$$\underset{\sim}{t}(\underset{\sim}{n}) = \underset{\sim}{T}\underset{\sim}{n}. \tag{4.2.11}$$

Um die funktionale Abhängigkeit des Spannungsvektors vom Normalenvektor bestimmen zu können, betrachten wir einen Teilkörper des Kontinuums in der Form eines Tetraeders mit dem Volumen $\bar{\Delta}v$ und den eingezeichneten Teilflächen $\bar{\Delta}a$ und $\bar{\Delta}a(-\underset{\sim}{e}_i)$, das dem materiellen Punkt X zugeordnet ist.

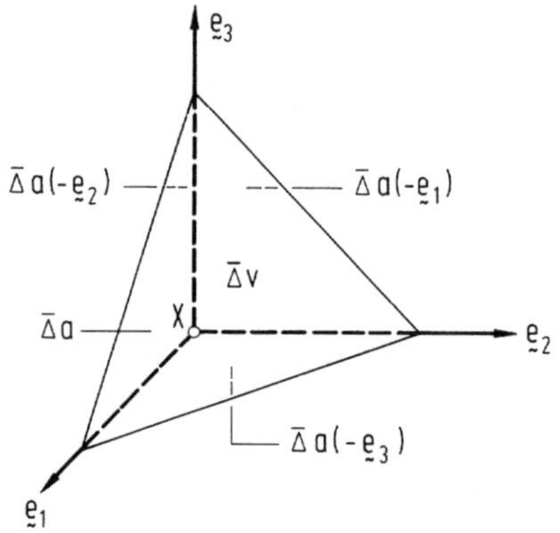

Bild 4.1 Zum Theorem von Cauchy

Den Ableitungen wird das in der Skizze angegebene orthonormierte Basissystem zugrunde gelegt. Die Beweisführung mit beliebigen Basisvektoren ist grundsätzlich möglich.

Wir wenden nun das Gleichgewichtsaxiom an. Das Axiom besagt, daß die auf einen beliebigen Teilkörper des Kontinuums einwirkende resultierende Kraft gleich dem Nullvektor ist.[5)]

$$\rho^* \underset{\sim}{b}^* \bar{\Delta} v + \underset{\sim}{t}^*(\underset{\sim}{n}) \bar{\Delta} a + \underset{\sim}{t}^*(-\underset{\sim}{e}_1) \bar{\Delta} a(-\underset{\sim}{e}_1) + \underset{\sim}{t}^*(-\underset{\sim}{e}_2) \bar{\Delta} a(-\underset{\sim}{e}_2) +$$

$$+ \underset{\sim}{t}^*(-\underset{\sim}{e}_3) \bar{\Delta} a(-\underset{\sim}{e}_3) = \underset{\sim}{0}.$$

Dabei sind ρ^*, $\rho^* \underset{\sim}{b}^*$ und $\underset{\sim}{t}^*$ die jeweils gemittelten Größen der Dichte ρ, der Volumenkraft $\rho \underset{\sim}{b}$ und des Spannungsvektors $\underset{\sim}{t}$ und $\underset{\sim}{n}$ der Einheitsnormalenvektor auf der Teilfläche $\bar{\Delta} a$.

Für die obige Gleichung können wir auch schreiben

$$\underset{\sim}{t}^*(\underset{\sim}{n}) \bar{\Delta} a = - \underset{\sim}{t}^*(-\underset{\sim}{e}_1) \bar{\Delta} a(-\underset{\sim}{e}_1) - \underset{\sim}{t}^*(-\underset{\sim}{e}_2) \bar{\Delta} a(-\underset{\sim}{e}_2) - \underset{\sim}{t}^*(-\underset{\sim}{e}_3) \bar{\Delta} a(-\underset{\sim}{e}_3) -$$

$$- \rho^* \underset{\sim}{b}^* \bar{\Delta} a. \tag{4.2.12}$$

Das Volumenelement läßt sich durch die Höhe h des Tetraeders und die Fläche $\bar{\Delta} a$ ausdrücken: $\bar{\Delta} v = \frac{1}{3} h \bar{\Delta} a$.

Weiterhin gilt mit dem aus der Literatur bekannten Flächensatz - dieser wird in Abschnitt 5.8.1 entwickelt -

$$\bar{\Delta} a \underset{\sim}{n} = \bar{\Delta} a(-\underset{\sim}{e}_1) \underset{\sim}{e}_1 + \bar{\Delta} a(-\underset{\sim}{e}_2) \underset{\sim}{e}_2 + \bar{\Delta} a(-\underset{\sim}{e}_3) \underset{\sim}{e}_3. \tag{4.2.13}$$

Multiplizieren wir diesen Ausdruck jeweils skalar mit $\underset{\sim}{e}_1$, $\underset{\sim}{e}_2$ und $\underset{\sim}{e}_3$, so lassen sich die Flächen $\bar{\Delta} a(-\underset{\sim}{e}_i)$ durch $\bar{\Delta} a$ darstellen:

$$\bar{\Delta} a(-\underset{\sim}{e}_1) = \bar{\Delta} a \; \underset{\sim}{n} \cdot \underset{\sim}{e}_1, \quad \bar{\Delta} a(-\underset{\sim}{e}_2) = \bar{\Delta} a \; \underset{\sim}{n} \cdot \underset{\sim}{e}_2, \quad \bar{\Delta} a(-\underset{\sim}{e}_3) = \bar{\Delta} a \; \underset{\sim}{n} \cdot \underset{\sim}{e}_3. \tag{4.2.14}$$

Da $\underset{\sim}{n}$ und $\underset{\sim}{e}_i$ normiert sind, stellen die Skalarprodukte $\underset{\sim}{n} \cdot \underset{\sim}{e}_i$ gerade die Richtungskosini des Flächennormalenvektors $\underset{\sim}{n}$ zu den Basisvektoren $\underset{\sim}{e}_i$ dar. Zur weiteren Umformung von (4.2.12) ist es erforderlich, das *Lemma von Cauchy* anzugeben:

Die Spannungsvektoren, die auf den entgegengesetzten Seiten derselben 30
materiellen Fläche in einem gegebenen Punkt eines Kontinuums wirken, sind betragsmäßig gleich, jedoch entgegengesetzt in der Richtung, d.h. $\underset{\sim}{t}(+\underset{\sim}{n}) = - \underset{\sim}{t}(-\underset{\sim}{n})$.

Mit diesem Lemma sowie der Beziehung (4.2.14) wird (4.2.12)

$$\underset{\sim}{t}^*(\underset{\sim}{n}) \bar{\Delta} a = [\underset{\sim}{t}^*(\underset{\sim}{e}_1)(\underset{\sim}{e}_1 \cdot \underset{\sim}{n}) + \underset{\sim}{t}^*(\underset{\sim}{e}_2)(\underset{\sim}{e}_2 \cdot \underset{\sim}{n}) + \underset{\sim}{t}^*(\underset{\sim}{e}_3)(\underset{\sim}{e}_3 \cdot \underset{\sim}{n})] \bar{\Delta} a -$$

$$- \frac{1}{3} \rho^* \underset{\sim}{b}^* \bar{\Delta} a. \tag{4.2.15}$$

---

5) Das Theorem von Cauchy läßt sich ohne Schwierigkeiten auch beweisen, wenn der Teilkörper eine Beschleunigung erfährt.

Wir dividieren jetzt durch $\bar{\Delta}a$ und lassen die Tetraederhöhe h gegen Null streben. Die dem materiellen Punkt X zugeordneten Spannungsvektoren bezeichnen wir dabei ohne Sternzeichen.

$$\underset{\sim}{t}(\underset{\sim}{n}) = \underset{\sim}{t}(\underset{\sim}{e}_1)(\underset{\sim}{e}_1 \cdot \underset{\sim}{n}) + \underset{\sim}{t}(\underset{\sim}{e}_2)(\underset{\sim}{e}_2 \cdot \underset{\sim}{n}) + \underset{\sim}{t}(\underset{\sim}{e}_3)(\underset{\sim}{e}_3 \cdot \underset{\sim}{n}).$$

Setzen wir

$$\underset{\sim}{t}(\underset{\sim}{e}_1) = \underset{\sim}{t}_1, \quad \underset{\sim}{t}(\underset{\sim}{e}_2) = \underset{\sim}{t}_2, \quad \underset{\sim}{t}(\underset{\sim}{e}_3) = \underset{\sim}{t}_3,$$

so läßt sich die obige Gleichung einfacher angeben

$$\underset{\sim}{t}(\underset{\sim}{n}) = \underset{\sim}{t}_i(\underset{\sim}{e}_i \cdot \underset{\sim}{n}). \qquad (4.2.16)$$

Diese Beziehung können wir nun mit Hilfe von (D8) umformen:

$$\underset{\sim}{t}(\underset{\sim}{n}) = (\underset{\sim}{t}_i \otimes \underset{\sim}{e}_i)\underset{\sim}{n}. \qquad (4.2.17)$$

Der Tensor $\underset{\sim}{t}_i \otimes \underset{\sim}{e}_i$ enthält Größen, die nicht von $\underset{\sim}{n}$ abhängig sind, und wir schreiben in basisfreier Darstellung

$$\underset{\sim}{t}(\underset{\sim}{n}) = \underset{\sim}{T}\underset{\sim}{n}, \qquad (4.2.18)$$

wobei $\underset{\sim}{T}$ als *Cauchyscher Spannungstensor* bezeichnet wird. Mit der für die Kontinuumsmechanik wichtigen Beziehung (4.2.18) haben wir das Theorem von Cauchy gewonnen.

Schreiben wir (4.2.18) in einer beliebigen Basis

$$t^i \underset{\sim}{g}_i = t^i_{.k} n^k \underset{\sim}{g}_i,$$

so erkennen wir, daß der erste Index in den Koeffizienten der Spannungskomponenten, nämlich i, die Richtung markiert und der zweite Index k die zugehörige Schnittfläche angibt. Wegen der Symmetrie des *Cauchyschen* Spannungstensors wird die unterschiedliche Bedeutung der Indizes unwesentlich. Bei Übergang zu nichtsymmetrischen Spannungstensoren in der nichtlinearen Mechanik wird der obigen Tatsache in der Literatur allerdings häufig nicht Rechnung getragen.

■ *Übungsaufgaben zu 4.2:*

(1) Berechnen Sie die Abbildung $\underset{\sim}{w} = \underset{\sim}{T}\underset{\sim}{v}$, wenn $\underset{\sim}{T}$ und $\underset{\sim}{v}$ in einem orthonormierten Basissystem in der Ebene dargestellt sind:

$$\underset{\sim}{v} = 2\underset{\sim}{e}_1 + \underset{\sim}{e}_2, \quad \underset{\sim}{T} = \underset{\sim}{e}_1 \otimes \underset{\sim}{e}_1 - 3\underset{\sim}{e}_1 \otimes \underset{\sim}{e}_2 + 2\underset{\sim}{e}_2 \otimes \underset{\sim}{e}_1 - 2\underset{\sim}{e}_2 \otimes \underset{\sim}{e}_2.$$

(2) Die Darstellung eines Tensors $\underset{\sim}{T}$ in einer orthonormierten Basis ist

$$\underset{\sim}{T} = 2\underset{\sim}{e}_1 \otimes \underset{\sim}{e}_2 - 2\underset{\sim}{e}_1 \otimes \underset{\sim}{e}_3 + \underset{\sim}{e}_2 \otimes \underset{\sim}{e}_1 - \underset{\sim}{e}_2 \otimes \underset{\sim}{e}_2 - \underset{\sim}{e}_2 \otimes \underset{\sim}{e}_3 + 2\underset{\sim}{e}_3 \otimes \underset{\sim}{e}_1 + \underset{\sim}{e}_3 \otimes \underset{\sim}{e}_3.$$

Eine Basis $\underset{\sim}{g}_1$, $\underset{\sim}{g}_2$, $\underset{\sim}{g}_3$ ist in der orthonormierten Basis durch

$$\underset{\sim}{g}_1 = \underset{\sim}{e}_1 + \underset{\sim}{e}_2 + 2\underset{\sim}{e}_3, \quad \underset{\sim}{g}_2 = -3\underset{\sim}{e}_1 + 3\underset{\sim}{e}_2, \quad \underset{\sim}{g}_3 = 2\underset{\sim}{e}_1 + 2\underset{\sim}{e}_2 + \underset{\sim}{e}_3$$

gegeben. Berechnen Sie $t_{ik} = \underset{\sim}{g}_i \cdot \underset{\sim}{T}\underset{\sim}{g}_k$ sowie die kontravarianten und gemischtvarianten Koeffizienten des Tensors $\underset{\sim}{T}$, nämlich t^{ik}, $t^{i}_{.k}$ und $t_{i}^{.k}$.

(3) Gegeben sind die Vektoren $\underset{\sim}{a} = \underset{\sim}{g}_1 + 3\underset{\sim}{g}_2 - 2\underset{\sim}{g}_3$ und $\underset{\sim}{b} = 4\underset{\sim}{g}_1 - \underset{\sim}{g}_2 + 7\underset{\sim}{g}_3$ sowie die Metrikkoeffizienten

$$g_{ik} : i \downarrow \overset{\longrightarrow k}{\begin{Bmatrix} 6; & 0; & 6; \\ 0; & 18; & 0; \\ 6; & 0; & 9 \end{Bmatrix}} .$$

In den folgenden Aufgaben verzichten wir auf die gesonderte Kennzeichnung der Reihen und Spalten.

Bilden Sie den einfachen Tensor $\underset{\sim}{T} = \underset{\sim}{a} \otimes \underset{\sim}{b}$ und geben Sie die kontravarianten, gemischtvarianten und kovarianten Tensorkomponenten an.

(4) Gegeben sei der Spannungstensor $\underset{\sim}{T} = t_{ik}\, \underset{\sim}{e}_i \otimes \underset{\sim}{e}_k$ in einem Kontinuum an der Stelle $\underset{\sim}{x}$ mit

$$t_{ik} : \begin{Bmatrix} 100; & 20; & 10; \\ 20; & 40; & 5; \\ 10; & 5; & 30 \end{Bmatrix} \left[\frac{N}{mm^2}\right].$$

Bestimmen Sie den Spannungsvektor, der zu einer Schnittfläche mit der Flächennormalen $\underset{\sim}{n} = \underset{\sim}{e}_1$ in $\underset{\sim}{x}$ gehört.

(5) Wir betrachten das abgebildete Tetraeder:

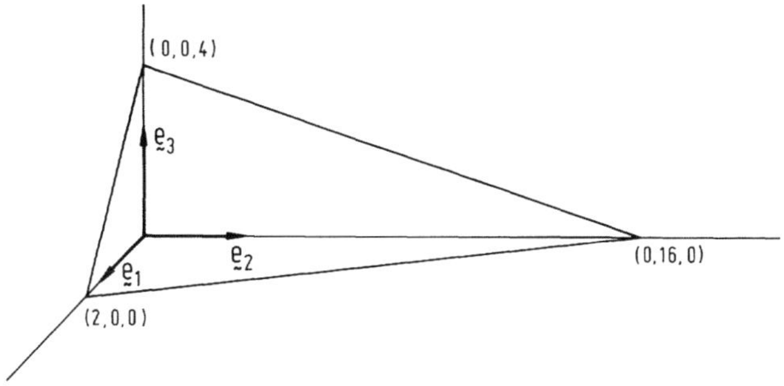

Der Spannungszustand in der materiellen schrägen Fläche sei gegeben durch $\underset{\sim}{T} = t_{ik}\, \underset{\sim}{e}_i \otimes \underset{\sim}{e}_k$ mit

$$t_{ik} : \begin{Bmatrix} c\tau; & \tau; & a\tau; \\ \tau; & c\tau; & b\tau; \\ a\tau; & b\tau; & c\tau \end{Bmatrix} .$$

Bestimmen Sie die Konstanten a, b und c in der Weise, daß der Spannungsvektor der schrägen Tetraederfläche verschwindet. ■

4.3 Das Skalarprodukt von Tensoren

Wir definieren zunächst das Skalarprodukt (inneres Produkt) eines allgemeinen Tensors $\underset{\sim}{T}$ mit einem einfachen Tensor $\underset{\sim}{a} \otimes \underset{\sim}{b}$ aus $E^3 \otimes E^3$, das durch die Schreibweise $\underset{\sim}{T} \cdot (\underset{\sim}{a} \otimes \underset{\sim}{b})$ gekennzeichnet wird und eine reelle Größe darstellt:

(E) $\underset{\sim}{T} \cdot (\underset{\sim}{a} \otimes \underset{\sim}{b}) = \underset{\sim}{a} \cdot \underset{\sim}{T}\underset{\sim}{b}$.

Mit den Definitionen und Beziehungen der Abschnitte 4.1 und 4.2 sowie den Rechenregeln über die Bildung des Skalarproduktes von Vektoren in Abschnitt 3.1 folgt aus (E) für beliebige Tensoren $\underset{\sim}{T}$, $\underset{\sim}{S}$ und $\underset{\sim}{R}$:

$$\underset{\sim}{T} \cdot \underset{\sim}{S} = \underset{\sim}{S} \cdot \underset{\sim}{T}, \tag{4.3.1}$$

$$\underset{\sim}{T} \cdot (\underset{\sim}{S} + \underset{\sim}{R}) = \underset{\sim}{T} \cdot \underset{\sim}{S} + \underset{\sim}{T} \cdot \underset{\sim}{R}, \tag{4.3.2}$$

$$\alpha\underset{\sim}{T} \cdot \underset{\sim}{S} = \underset{\sim}{T} \cdot (\alpha\underset{\sim}{S}) = \alpha(\underset{\sim}{T} \cdot \underset{\sim}{S}). \tag{4.3.3}$$

Wenn $\underset{\sim}{T} \cdot \underset{\sim}{S} = 0$ ist für beliebige Tensoren $\underset{\sim}{T}$, dann ist $\underset{\sim}{S} = \underset{\sim}{O}$, (4.3.4)

$$\underset{\sim}{T} \cdot \underset{\sim}{T} > 0 \quad \text{für} \quad \underset{\sim}{T} \neq \underset{\sim}{O}. \tag{4.3.5}$$

Exemplarisch beweisen wir (4.3.3).

▲ Beweis zu (4.3.3):

Wir gehen aus von $(\alpha\underset{\sim}{T}) \cdot \underset{\sim}{S}$ und stellen $\underset{\sim}{S}$ in einer Basis dar

$$(\alpha\underset{\sim}{T}) \cdot \underset{\sim}{S} = \alpha\underset{\sim}{T} \cdot s^{ik}\underset{\sim}{g}_i \otimes \underset{\sim}{g}_k.$$

Wegen (4.1.1) und (4.1.2) sowie (3.1.13) können wir mit der Definition (E) auch schreiben

$$(\alpha\underset{\sim}{T}) \cdot \underset{\sim}{S} = \underset{\sim}{g}_i \cdot (\alpha\underset{\sim}{T})s^{ik}\underset{\sim}{g}_k.$$

Mit (D4) und (3.1.14) gelangen wir zu

$$(\alpha\underset{\sim}{T}) \cdot \underset{\sim}{S} = \underset{\sim}{g}_i \cdot \alpha(\underset{\sim}{T}s^{ik}\underset{\sim}{g}_k) = \alpha(\underset{\sim}{g}_i \cdot \underset{\sim}{T}s^{ik}\underset{\sim}{g}_k) = \alpha\underset{\sim}{T} \cdot \underset{\sim}{S},$$

wobei wir bei der letzten Umformung wiederum auf (E) zurückgegriffen haben. ▲

Den Betrag oder die *Norm* eines Tensors $\underset{\sim}{T}$ können wir wegen (E) als den reellen Wert

$$|\underset{\sim}{T}| = \sqrt{\underset{\sim}{T} \cdot \underset{\sim}{T}} \tag{4.3.6}$$

festlegen.

Weiterhin ist es möglich, die *Schwarzsche Ungleichung* (s. Abschn. 3.1) auf Tensoren zweiter Stufe zu erweitern:

> Der Betrag des Skalarproduktes zweier Tensoren $\underset{\sim}{T}$ und $\underset{\sim}{S}$ ist kleiner oder gleich dem Produkt der Normen der beiden Tensoren, d.h.

$$|\underset{\sim}{T} \cdot \underset{\sim}{S}| \leq |\underset{\sim}{T}||\underset{\sim}{S}| = \sqrt{\underset{\sim}{T} \cdot \underset{\sim}{T}}\,\sqrt{\underset{\sim}{S} \cdot \underset{\sim}{S}}. \qquad (4.3.7)$$

Das Gleichheitszeichen gilt nur dann, wenn der Tensor $\underset{\sim}{T}$ ein skalares Vielfaches des Tensors $\underset{\sim}{S}$ ist.

▲ Beweis zu (4.3.7):

Wir wählen den Tensor $\alpha\underset{\sim}{T} - \underset{\sim}{S}$, wobei α eine beliebige reelle Zahl ist. Es gilt unter Beachtung von (4.3.1), (4.3.2) und (4.3.3)

$$(\alpha\underset{\sim}{T} - \underset{\sim}{S}) \cdot (\alpha\underset{\sim}{T} - \underset{\sim}{S}) = \alpha^2\underset{\sim}{T} \cdot \underset{\sim}{T} - 2\alpha\underset{\sim}{T} \cdot \underset{\sim}{S} + \underset{\sim}{S} \cdot \underset{\sim}{S}.$$

Daraus folgt, da nach (4.3.5) die linke Seite dieser Beziehung immer positiv ist, außer wenn $(\alpha\underset{\sim}{T} - \underset{\sim}{S})$ der Nulltensor ist,

$$\alpha^2\underset{\sim}{T} \cdot \underset{\sim}{T} - 2\alpha\underset{\sim}{T} \cdot \underset{\sim}{S} + \underset{\sim}{S} \cdot \underset{\sim}{S} \geq 0.$$

Da α eine beliebige reelle Zahl ist, können wir diese reelle Zahl auch zu

$$\alpha = \frac{\underset{\sim}{T} \cdot \underset{\sim}{S}}{\underset{\sim}{T} \cdot \underset{\sim}{T}}$$

wählen. Damit ergibt sich aus der obigen Ungleichung

$$\frac{(\underset{\sim}{T} \cdot \underset{\sim}{S})^2}{\underset{\sim}{T} \cdot \underset{\sim}{T}} - 2\,\frac{(\underset{\sim}{T} \cdot \underset{\sim}{S})^2}{\underset{\sim}{T} \cdot \underset{\sim}{T}} + \underset{\sim}{S} \cdot \underset{\sim}{S} \geq 0 \quad \text{oder} \quad -(\underset{\sim}{T} \cdot \underset{\sim}{S})^2 + (\underset{\sim}{T} \cdot \underset{\sim}{T})(\underset{\sim}{S} \cdot \underset{\sim}{S}) \geq 0.$$

Diese Form der Ungleichheit ist nur bei Gültigkeit der Eigenschaft (4.3.5) möglich. Die Ungleichung können wir nun in die endgültige Form der Schwarzschen Ungleichung bringen

$$(\underset{\sim}{T} \cdot \underset{\sim}{S})^2 \leq (\underset{\sim}{T} \cdot \underset{\sim}{T})(\underset{\sim}{S} \cdot \underset{\sim}{S}) \quad \text{oder} \quad |\underset{\sim}{T} \cdot \underset{\sim}{S}| \leq |\underset{\sim}{T}||\underset{\sim}{S}|.$$ ▲

Wie für die Vektoren können wir auch für die *Norm eines Tensors* folgende Aussagen treffen:

$$|\alpha\underset{\sim}{T}| = |\alpha||\underset{\sim}{T}|, \qquad (4.3.8)$$

$$|\underset{\sim}{T} + \underset{\sim}{S}| \leq |\underset{\sim}{T}| + |\underset{\sim}{S}|. \qquad (4.3.9)$$

Die Beweisführung zu (4.3.8) ist trivial; es sind hierbei (4.3.6) und (4.3.1) zu beachten.

▲ Beweis zu (4.3.9):

Beachten wir (4.3.2) und (4.3.1), so erhalten wir für

$$|\underset{\sim}{T} + \underset{\sim}{S}|^2 = (\underset{\sim}{T} + \underset{\sim}{S}) \cdot (\underset{\sim}{T} + \underset{\sim}{S}) = \underset{\sim}{T} \cdot \underset{\sim}{T} + 2\underset{\sim}{T} \cdot \underset{\sim}{S} + \underset{\sim}{S} \cdot \underset{\sim}{S} = |\underset{\sim}{T}|^2 + 2\underset{\sim}{T} \cdot \underset{\sim}{S} + |\underset{\sim}{S}|^2. \qquad (+)$$

Es gilt ganz allgemein

$$\underset{\sim}{T} \cdot \underset{\sim}{S} \leq |\underset{\sim}{T} \cdot \underset{\sim}{S}|,$$

so daß unter Beachtung der Schwarzschen Ungleichung (4.3.7) auch

$$\underset{\sim}{T} \cdot \underset{\sim}{S} \leq |\underset{\sim}{T}||\underset{\sim}{S}|$$

gültig ist. Somit können wir die Gleichung (+) zu einer Ungleichung umwandeln:

$$|\underset{\sim}{T} + \underset{\sim}{S}|^2 \leq |\underset{\sim}{T}|^2 + 2|\underset{\sim}{T}||\underset{\sim}{S}| + |\underset{\sim}{S}|^2$$

oder

$$|\underset{\sim}{T} + \underset{\sim}{S}| \leq |\underset{\sim}{T}| + |\underset{\sim}{S}|. \quad \blacktriangle$$

Schließlich läßt sich auch in Hinblick auf die Schwarzsche Ungleichung und die Überlegungen bezüglich der Vektoralgebra der Kosinus des Winkels φ zwischen den Tensoren $\underset{\sim}{T}$ und $\underset{\sim}{S}$ durch

$$\cos\varphi = \frac{\underset{\sim}{T} \cdot \underset{\sim}{S}}{|\underset{\sim}{T}||\underset{\sim}{S}|} \tag{4.3.10}$$

definieren, wobei der Winkel φ in dem Bereich

$$0 \leq \varphi \leq \pi$$

liegt.

Die Nützlichkeit der Schwarzschen Ungleichung zeigt sich unter anderem in der Plastizitätstheorie bei der Entwicklung von Extremalaussagen für Kontinua mit starr-ideal-plastischem Werkstoffverhalten. Das Einsetzen plastischer Verzerrungen der bildsamen Werkstoffe ist an die von Misessche Fließbedingung $\underset{\sim}{T} \cdot \underset{\sim}{T} = K^2$ geknüpft, wobei $\underset{\sim}{T}$ der Cauchysche Spannungstensor ist und K eine konstante Größe, die aus Versuchen bestimmt werden kann. Die Stoffgleichung $K D\underset{\sim}{E} = \sqrt{D\underset{\sim}{E} \cdot D\underset{\sim}{E}}\, \underset{\sim}{T}$ verbindet den Zuwachs der Verzerrungen $D\underset{\sim}{E}$ mit dem Spannungstensor $\underset{\sim}{T}$. Bei der Ableitung der Extremalaussagen treten Arbeitsausdrücke der Form $\underset{\sim}{T} \cdot (D\overset{*}{\underset{\sim}{E}} - D\underset{\sim}{E})$ auf, wobei $D\overset{*}{\underset{\sim}{E}}$ ein geschätzter Zustand der Zuwächse des Verzerrungstensors ist. Das Ziel bei der Entwicklung von Extremalaussagen ist, den Ausdruck $\underset{\sim}{T} \cdot (D\overset{*}{\underset{\sim}{E}} - D\underset{\sim}{E})$ additiv in solche Terme zu zerlegen, die jeweils nur den geschätzten und den wirklichen Zustand beinhalten. Dies liefert gerade die Schwarzsche Ungleichung; denn mit (4.3.7) gilt

$$\underset{\sim}{T} \cdot (D\overset{*}{\underset{\sim}{E}} - D\underset{\sim}{E}) \leq \sqrt{\underset{\sim}{T} \cdot \underset{\sim}{T}}\, \sqrt{D\overset{*}{\underset{\sim}{E}} \cdot D\overset{*}{\underset{\sim}{E}}} - \underset{\sim}{T} \cdot D\underset{\sim}{E}$$

oder mit der von Misesschen Fließbedingung und der obigen Stoffgleichung

$$\underset{\sim}{T} \cdot (D\overset{*}{\underset{\sim}{E}} - D\underset{\sim}{E}) \leq K \sqrt{D\overset{*}{\underset{\sim}{E}} \cdot D\overset{*}{\underset{\sim}{E}}} - K \sqrt{D\underset{\sim}{E} \cdot D\underset{\sim}{E}}.$$

Wir wenden uns nun der *Darstellung des skalaren (inneren) Produktes von Tensoren in Basissystemen* zu. Für einfache Tensoren legt (E) in Verbindung mit (D8) die Rechenregel für die Bildung des inneren Produktes fest:

$$(\underset{\sim}{a} \otimes \underset{\sim}{b}) \cdot (\underset{\sim}{v} \otimes \underset{\sim}{u}) = (\underset{\sim}{a} \cdot \underset{\sim}{v})(\underset{\sim}{b} \cdot \underset{\sim}{u}). \qquad (4.3.11)$$

In diesem Vorgehen erkennen wir die folgende Rechenregel:

> Das Skalarprodukt zweier einfacher Tensoren ist so zu bilden, daß jeweils die ersten und die zweiten Vektoren der beiden einfachen Tensoren skalar zu multiplizieren sind.

Diese Rechenregel ermöglicht nun auch unmittelbar die explizite Bestimmung des Skalarproduktes zweier allgemeiner Tensoren $\underset{\sim}{T}$ und $\underset{\sim}{S}$. Dazu stellen wir $\underset{\sim}{T}$ und $\underset{\sim}{S}$ in den ko- und kontravarianten Basen dar:

$$\underset{\sim}{T} = t^{ij}\underset{\sim}{g}_i \otimes \underset{\sim}{g}_j, \qquad \underset{\sim}{S} = s_{kl}\underset{\sim}{g}^k \otimes \underset{\sim}{g}^l.$$

Unter Beachtung von (4.3.3) ergibt sich nach (4.3.11):

$$\underset{\sim}{T} \cdot \underset{\sim}{S} = t^{ij}s_{kl}(\underset{\sim}{g}_i \otimes \underset{\sim}{g}_j) \cdot (\underset{\sim}{g}^k \otimes \underset{\sim}{g}^l) = t^{ij}s_{kl}\delta_i^k\delta_j^l,$$

$$\underset{\sim}{T} \cdot \underset{\sim}{S} = t^{ij}s_{ij}. \qquad (4.3.12)$$

Damit haben wir die Rechenregel für die Bildung des skalaren Produktes allgemeiner Tensoren gewonnen:

> Das Skalarprodukt zweier allgemeiner Tensoren ist so zu bilden, daß jeweils die ersten und die zweiten Basisvektoren der beiden Tensoren skalar zu multiplizieren sind.

Weitere alternative Formen für das innere Produkt zweier Tensoren $\underset{\sim}{T}$ und $\underset{\sim}{S}$ lassen sich in einfacher Weise angeben:

$$\underset{\sim}{T} \cdot \underset{\sim}{S} = t^i_{\cdot j}s_i^{\cdot j}, \qquad (4.3.13)$$

$$\underset{\sim}{T} \cdot \underset{\sim}{S} = t_{ij}s^{ij}. \qquad (4.3.14)$$

In einem *orthonormierten* Basissystem ermitteln wir für das skalare Quadrat eines Tensors $\underset{\sim}{T}$

$$\underset{\sim}{T} \cdot \underset{\sim}{T} = t_{ik}t_{ik}$$

$$= t_{11}t_{11} + t_{12}t_{12} + \ldots + t_{33}t_{33},$$

woraus man unmittelbar erkennt, daß (4.3.5) erfüllt ist; denn es entsteht eine Summe aus quadratischen Termen.

■ *Übungsaufgaben zu 4.3:*

(1) Berechnen Sie die Norm des Tensors $\underset{\sim}{T}$ in Übungsaufgaben zu 4.2 (3).

(2) Bestimmen Sie den Winkel zwischen dem Tensor $\underset{\sim}{T}$ aus Übungsaufgaben zu 4.2 (3) und dem Identitätstensor $\underset{\sim}{I}$.

(3) Weisen Sie nach, daß das Skalarprodukt $(\underset{\sim}{a} \otimes \underset{\sim}{b} + \underset{\sim}{b} \otimes \underset{\sim}{a}) \cdot (\underset{\sim}{v} \otimes \underset{\sim}{u} - \underset{\sim}{u} \otimes \underset{\sim}{v})$ verschwindet.

(4) Bestätigen Sie die Gültigkeit der folgenden Ungleichung

$$\underset{\sim}{T} \cdot (\underset{\sim}{S} - \underset{\sim}{T}) < \frac{1}{2}\underset{\sim}{S} \cdot \underset{\sim}{S} - \frac{1}{2}\underset{\sim}{T} \cdot \underset{\sim}{T}. \;\blacksquare$$

4.4 Das Tensorprodukt

Neben dem Skalarprodukt gibt es eine zweite Möglichkeit, Tensoren zweiter Stufe multiplikativ zu verbinden. Wie schon zuvor stellen wir in der Bezeichnung des Produktes das Ergebnis der Verknüpfung heraus. Demnach definieren wir das *Tensorprodukt* $\underset{\sim}{T}\underset{\sim}{S}$ zweier Tensoren zweiter Stufe $\underset{\sim}{T}$ und $\underset{\sim}{S}$ durch die Identität der Abbildungsvorschrift

(F) $(\underset{\sim}{T}\underset{\sim}{S})\underset{\sim}{v} = \underset{\sim}{T}(\underset{\sim}{S}\underset{\sim}{v})$.

Diese Forderung sei gültig für alle Vektoren $\underset{\sim}{v}$ in E^3. Man erkennt unmittelbar, daß $\underset{\sim}{T}\underset{\sim}{S}$ die Eigenschaften (D1) und (D2) besitzt und somit ein Tensor zweiter Stufe ist.

Aus der angegebenen Definition (F) lassen sich folgende Rechenregeln für das Tensorprodukt ableiten:

$$(\underset{\sim}{T}\underset{\sim}{S})\underset{\sim}{R} = \underset{\sim}{T}(\underset{\sim}{S}\underset{\sim}{R}) \quad \text{(assoziatives Gesetz)}, \tag{4.4.1}$$

$$\underset{\sim}{T}(\underset{\sim}{R} + \underset{\sim}{S}) = \underset{\sim}{T}\underset{\sim}{R} + \underset{\sim}{T}\underset{\sim}{S} \quad \text{(distributives Gesetz)}, \tag{4.4.2}$$

$$(\underset{\sim}{R} + \underset{\sim}{S})\underset{\sim}{T} = \underset{\sim}{R}\underset{\sim}{T} + \underset{\sim}{S}\underset{\sim}{T}, \tag{4.4.3}$$

$$\alpha(\underset{\sim}{T}\underset{\sim}{S}) = (\alpha\underset{\sim}{T})\underset{\sim}{S} = \underset{\sim}{T}(\alpha\underset{\sim}{S}), \tag{4.4.4}$$

$$\underset{\sim}{I}\underset{\sim}{T} = \underset{\sim}{T}\underset{\sim}{I} = \underset{\sim}{T}, \tag{4.4.5}$$

$$\underset{\sim}{O}\underset{\sim}{T} = \underset{\sim}{T}\underset{\sim}{O} = \underset{\sim}{O}. \tag{4.4.6}$$

Zu beachten ist, daß das *kommutative Gesetz* im allgemeinen *nicht* erfüllt ist, d.h. $\underset{\sim}{T}\underset{\sim}{S}$ ist nicht dasselbe wie $\underset{\sim}{S}\underset{\sim}{T}$. Ausnahmen sind durch die Beziehungen (4.4.5) und (4.4.6) gegeben.

Die wichtigen Rechenregeln (4.4.1) und (4.4.2), nämlich das assoziative Gesetz und das distributive Gesetz, seien jetzt bewiesen.

▲ Beweis zu (4.4.1):

Nach (F) gilt

$$[(\mathbf{TS})\mathbf{R}]\mathbf{v} = (\mathbf{TS})(\mathbf{Rv}) = (\mathbf{TS})\mathbf{w},$$

wenn wir vorläufig den Vektor $\mathbf{Rv}$ mit $\mathbf{w}$ bezeichnen. Unter Benutzung von (F) für den Ausdruck der rechten Seite der vorigen Gleichung ergibt sich:

$$[(\mathbf{TS})\mathbf{R}]\mathbf{v} = \mathbf{T}(\mathbf{Sw}) = \mathbf{T}[\mathbf{S}(\mathbf{Rv})].$$

Wir wenden weiterhin sukzessiv die Definition (F) auf diesen Ausdruck an und gelangen zu:

$$[(\mathbf{TS})\mathbf{R}]\mathbf{v} = \mathbf{T}[(\mathbf{SR})\mathbf{v}] = [\mathbf{T}(\mathbf{SR})]\mathbf{v}.$$

Daraus folgt, da der Vektor $\mathbf{v}$ beliebig ist und nicht von den Größen in den Klammerausdrücken abhängt:

$$(\mathbf{TS})\mathbf{R} = \mathbf{T}(\mathbf{SR}).$$ ▲

▲ Beweis zu (4.4.2):

Mit (F) können wir schreiben

$$[\mathbf{T}(\mathbf{R} + \mathbf{S})]\mathbf{v} = \mathbf{T}[(\mathbf{R} + \mathbf{S})\mathbf{v}]$$

oder, wenn wir (D3) beachten,

$$[\mathbf{T}(\mathbf{R} + \mathbf{S})]\mathbf{v} = \mathbf{T}(\mathbf{Rv} + \mathbf{Sv}).$$

Unter Verwendung von (D1) folgt:

$$[\mathbf{T}(\mathbf{R} + \mathbf{S})]\mathbf{v} = \mathbf{T}(\mathbf{Rv}) + \mathbf{T}(\mathbf{Sv})$$

oder mit (F)

$$[\mathbf{T}(\mathbf{R} + \mathbf{S})]\mathbf{v} = (\mathbf{TR})\mathbf{v} + (\mathbf{TS})\mathbf{v}.$$

Berücksichtigen wir wiederum (D3), so erhalten wir endgültig

$$[\mathbf{T}(\mathbf{R} + \mathbf{S})]\mathbf{v} = (\mathbf{TR} + \mathbf{TS})\mathbf{v}.$$

Daraus können wir mit derselben Argumentation wie beim vorigen Beweis schließen, daß

$$\mathbf{T}(\mathbf{R} + \mathbf{S}) = \mathbf{TR} + \mathbf{TS}$$

ist. ▲

Das *Tensorprodukt*, das für die weiteren Überlegungen von grundsätzlicher Bedeutung ist, sei jetzt *in einem Basissystem* dargestellt. Dazu ist es zweckmäßig, zunächst das Tensorprodukt zweier einfachen Tensoren

$$\mathbf{T} = \mathbf{a} \otimes \mathbf{b}, \quad \mathbf{S} = \mathbf{c} \otimes \mathbf{d}$$

zu bilden. Nach (F) gilt

$$[(\underset{\sim}{a} \otimes \underset{\sim}{b})(\underset{\sim}{c} \otimes \underset{\sim}{d})]\underset{\sim}{v} = (\underset{\sim}{a} \otimes \underset{\sim}{b})[(\underset{\sim}{c} \otimes \underset{\sim}{d})\underset{\sim}{v}].$$

Daraus erhalten wir, wenn wir (D8) und (D2) beachten:

$$[(\underset{\sim}{a} \otimes \underset{\sim}{b})(\underset{\sim}{c} \otimes \underset{\sim}{d})]\underset{\sim}{v} = (\underset{\sim}{a} \otimes \underset{\sim}{b})[(\underset{\sim}{d} \cdot \underset{\sim}{v})\underset{\sim}{c}] = (\underset{\sim}{d} \cdot \underset{\sim}{v})[(\underset{\sim}{a} \otimes \underset{\sim}{b})\underset{\sim}{c}] =$$
$$= (\underset{\sim}{d} \cdot \underset{\sim}{v})[(\underset{\sim}{b} \cdot \underset{\sim}{c})\underset{\sim}{a}].$$

Mit Rückgriff auf (3.1.3) und (D8) sowie (D4) bekommen wir das endgültige Ergebnis:

$$[(\underset{\sim}{a} \otimes \underset{\sim}{b})(\underset{\sim}{c} \otimes \underset{\sim}{d})]\underset{\sim}{v} = (\underset{\sim}{b} \cdot \underset{\sim}{c})[(\underset{\sim}{d} \cdot \underset{\sim}{v})\underset{\sim}{a}] = (\underset{\sim}{b} \cdot \underset{\sim}{c})[(\underset{\sim}{a} \otimes \underset{\sim}{d})\underset{\sim}{v}] =$$
$$= [(\underset{\sim}{b} \cdot \underset{\sim}{c})(\underset{\sim}{a} \otimes \underset{\sim}{d})]\underset{\sim}{v},$$

d.h.

$$(\underset{\sim}{a} \otimes \underset{\sim}{b})(\underset{\sim}{c} \otimes \underset{\sim}{d}) = (\underset{\sim}{b} \cdot \underset{\sim}{c})(\underset{\sim}{a} \otimes \underset{\sim}{d}). \tag{4.4.7}$$

Mit (4.4.7) haben wir eine wichtige Rechenregel erhalten:

> Das Tensorprodukt zweier einfacher Tensoren ist so zu bilden, daß die innen stehenden Vektoren skalar zu multiplizieren sind; das Skalarprodukt bildet mit dem tensoriellen Produkt der außen stehenden Vektoren das Tensorprodukt der beiden einfachen Tensoren.

Mit Hilfe dieser Rechenregel ist es nun sehr einfach, auch das Tensorprodukt allgemeiner Tensoren, z.B.

$$\underset{\sim}{T} = t^{ij}\underset{\sim}{g}_i \otimes \underset{\sim}{g}_j, \quad \underset{\sim}{S} = s_{kl}\underset{\sim}{g}^k \otimes \underset{\sim}{g}^l,$$

auszuwerten. Es ergibt sich mit Hilfe von (4.4.7), wenn wir (4.4.4) beachten

$$\underset{\sim\sim}{TS} = t^{ij}s_{kl}(\underset{\sim}{g}_i \otimes \underset{\sim}{g}_j)(\underset{\sim}{g}^k \otimes \underset{\sim}{g}^l) = t^{ij}s_{kl}\delta^k_j\underset{\sim}{g}_i \otimes \underset{\sim}{g}^l = t^{ij}s_{jl}\underset{\sim}{g}_i \otimes \underset{\sim}{g}^l. \tag{4.4.8}$$

Wir erkennen folgende Rechenregel für allgemeine Tensoren:

> Das Tensorprodukt zweier allgemeiner Tensoren ist so zu bilden, daß die innen stehenden Basisvektoren skalar zu multiplizieren sind; das tensorielle Produkt der außen stehenden Basisvektoren bildet dann die Basis des Tensorproduktes.

Wie man leicht zeigen kann, lassen sich weitere alternative Formen für das Tensorprodukt zweier Tensoren $\underset{\sim}{T}$ und $\underset{\sim}{S}$ angeben:

$$\underset{\sim\sim}{TS} = t^{i}_{.m}s^{m}_{.k}\underset{\sim}{g}_i \otimes \underset{\sim}{g}^k, \tag{4.4.9}$$

$$\underset{\sim\sim}{TS} = t^{i}_{.m}s^{mk}\underset{\sim}{g}_i \otimes \underset{\sim}{g}_k, \tag{4.4.10}$$

$$\underset{\sim\sim}{TS} = t_{im}s^{m}_{.k}\underset{\sim}{g}^i \otimes \underset{\sim}{g}^k. \tag{4.4.11}$$

Man hat nun die Möglichkeit, Potenzen von Tensoren zu bilden

$$\underset{\sim}{T}^{0} = \underset{\sim}{I}, \quad \underset{\sim}{T}^{1} = \underset{\sim}{T}, \quad \underset{\sim}{T}^{2} = \underset{\sim\sim}{TT}, \quad \ldots \tag{4.4.12}$$

die wiederum Tensoren zweiter Stufe sind.

Diese gehorchen den folgenden Regeln über Exponentialausdrücke

$$\underset{\sim}{T}^{m}\underset{\sim}{T}^{n} = \underset{\sim}{T}^{m+n} = \underset{\sim}{T}^{n}\underset{\sim}{T}^{m}, \tag{4.4.13}$$

$$(\alpha\underset{\sim}{T})^{m} = \alpha^{m}\underset{\sim}{T}^{m}, \tag{4.4.14}$$

$$(\underset{\sim}{T}^{m})^{n} = \underset{\sim}{T}^{mn} \tag{4.4.15}$$

mit $m \geqq 0$, $n \geqq 0$.

■ *Übungsaufgaben zu 4.4:*

(1) Gegeben sei der Tensor $\underset{\sim}{T}$ aus Übungsaufgaben zu 4.2 (3). Bilden Sie den neuen Tensor $\underset{\sim}{S} = \underset{\sim\sim}{TT}$ und bestimmen Sie die Norm von $\underset{\sim}{S}$.

(2) Beweisen Sie die Gültigkeit der folgenden Beziehung

$$(\underset{\sim}{a} \otimes \underset{\sim}{b})(\underset{\sim}{c} \otimes \underset{\sim}{d}) \bullet \underset{\sim}{I} = (\underset{\sim}{b} \bullet \underset{\sim}{c})(\underset{\sim}{a} \bullet \underset{\sim}{d}).$$

(3) Stellen Sie die Tensoren in den folgenden Gleichungen in ko-, kontravarianten oder gemischtvarianten Basissystemen dar und geben Sie verschiedene Koeffizientendarstellungen der Gleichungen an:

a) $\underset{\sim}{u} = (\underset{\sim\sim\sim}{TSR})\underset{\sim}{v}$, b) $\underset{\sim}{R} = \underset{\sim\sim\sim}{TTT} = \underset{\sim}{T}^{3}$.

(4) Für die Koeffizienten von Tensorkomponenten gelten die Regeln über das „Heben" und „Senken" der Indizes. Beweisen Sie diese Regeln mit Hilfe der Rechenregel (4.4.5) $\underset{\sim}{T} = \underset{\sim\sim}{IT} = \underset{\sim\sim}{TI}$ sowie der Basisdarstellung des Identitätstensors. ■

4.5 Spezielle Tensoren und Operationen

Nach der grundlegenden Definition des Tensorbegriffes und Behandlung von Produkten von Tensoren seien in den nächsten Abschnitten verschiedene Operationen und spezielle Tensoren beschrieben, für die es im Rahmen der Physik nützliche Anwendungen gibt.

4.5.1 Der inverse Tensor

Ein Tensor $\underset{\sim}{T}$ ist invertierbar, wenn für beliebige Vektoren $\underset{\sim}{v}$ und $\underset{\sim}{w}$ aus E^3 die Beziehung

$$\underset{\sim}{w} = \underset{\sim\sim}{Tv} \tag{4.5.1}$$

nach dem Vektor $\underset{\sim}{v}$ aus E^3 aufgelöst werden kann. Wenn die Inversion von $\underset{\sim}{T}$ existiert, ist $\underset{\sim}{v}$ eindeutig bestimmt und wir schreiben

$$\underset{\sim}{v} = \underset{\sim}{T}^{-1}\underset{\sim}{w}. \tag{4.5.2}$$

Die Abbildung $\underset{\sim}{T}^{-1}$ gehorcht den Definitionen (D1) und (D2) und ist somit ein Tensor (2. Stufe), genannt der *inverse Tensor* von $\underset{\sim}{T}$. Der inverse Tensor $\underset{\sim}{T}^{-1}$ genügt den Beziehungen

$$\underset{\sim}{T}\underset{\sim}{T}^{-1} = \underset{\sim}{T}^{-1}\underset{\sim}{T} = \underset{\sim}{I}; \tag{4.5.3}$$

denn setzen wir den Wert für $\underset{\sim}{v}$ aus (4.5.2) in (4.5.1) ein, so erhalten wir

$$\underset{\sim}{w} = \underset{\sim}{T}\underset{\sim}{T}^{-1}\underset{\sim}{w}.$$

Aus dem Vergleich mit (D7) ist ersichtlich, daß

$$\underset{\sim}{T}\underset{\sim}{T}^{-1} = \underset{\sim}{I}$$

ist. Entsprechend folgt aus dem umgekehrten Vorgehen, dem Einsetzen von $\underset{\sim}{w}$ aus (4.5.1) in (4.5.2) und anschließendem Vergleich mit (D7), daß

$$\underset{\sim}{T}^{-1}\underset{\sim}{T} = \underset{\sim}{I}$$

ist.

Außerdem gilt

$$(\underset{\sim}{T}^{-1})^{-1} = \underset{\sim}{T}, \quad (\alpha\underset{\sim}{T})^{-1} = \alpha^{-1}\underset{\sim}{T}^{-1}, \tag{4.5.4}$$

$$(\underset{\sim}{T}\underset{\sim}{S})^{-1} = \underset{\sim}{S}^{-1}\underset{\sim}{T}^{-1}. \tag{4.5.5}$$

Für invertierbare Tensoren $\underset{\sim}{T}$ können die Regeln für Exponentialausdrücke ((4.4.13) bis (4.4.15)) auch auf negative Exponenten ausgedehnt werden.

▲ Beweis zu (4.5.5):

Nach (4.5.3) schreiben wir mit den invertierbaren Tensoren $\underset{\sim}{T}$ und $\underset{\sim}{S}$

$$(\underset{\sim}{T}\underset{\sim}{S})(\underset{\sim}{T}\underset{\sim}{S})^{-1} = \underset{\sim}{I}.$$

Beachten wir (4.4.5), so gelangen wir zu

$$\underset{\sim}{T}^{-1}[(\underset{\sim}{T}\underset{\sim}{S})(\underset{\sim}{T}\underset{\sim}{S})^{-1}] = \underset{\sim}{T}^{-1}\underset{\sim}{I} = \underset{\sim}{T}^{-1}. \quad (*)$$

Andererseits folgt mit (4.4.1) sowie (4.5.3) und (4.4.5) für

$$\underset{\sim}{T}^{-1}(\underset{\sim}{T}\underset{\sim}{S}) = (\underset{\sim}{T}^{-1}\underset{\sim}{T})\underset{\sim}{S} = \underset{\sim}{I}\underset{\sim}{S} = \underset{\sim}{S}. \quad (**)$$

Diese Beziehung (**) verwenden wir in der Gleichung (*), die sich somit auf

$$\underset{\sim}{S}(\underset{\sim}{T}\underset{\sim}{S})^{-1} = \underset{\sim}{T}^{-1}$$

reduziert. Bilden wir nun mit diesem Ausdruck das folgende Tensorprodukt

$$\underset{\sim}{S}^{-1}[\underset{\sim}{S}(\underset{\sim}{T}\underset{\sim}{S})^{-1}] = \underset{\sim}{S}^{-1}\underset{\sim}{T}^{-1},$$

so ergibt sich mit (4.5.3)

$$(\underset{\sim}{T}\underset{\sim}{S})^{-1} = \underset{\sim}{S}^{-1}\underset{\sim}{T}^{-1}. \blacktriangle$$

Die explizite Darstellung der inversen Tensoren werden wir erst im Zusammenhang mit der Bildung des äußeren Produktes (s. Abschnitt 4.9.5) vornehmen.

■ *Übungsaufgaben zu 4.5.1:*

(1) Gegeben sei der Tensor $\underset{\sim}{T} = t_{ik}\, \underset{\sim}{e}_i \otimes \underset{\sim}{e}_k$ mit

$$t_{ik} : \left\{\begin{matrix} 1; & 2; & 7; \\ 2; & 3; & 11; \\ 7; & 11; & 5 \end{matrix}\right\} .$$

Berechnen Sie den inversen Tensor $\underset{\sim}{T}^{-1}$. Bestimmen Sie weiterhin $\underset{\sim}{w} = \underset{\sim}{T}\underset{\sim}{e}_1$ und zeigen Sie, daß $\underset{\sim}{T}^{-1}\underset{\sim}{w} = \underset{\sim}{e}_1$ ist.

(2) Geben Sie verschiedene Koeffizientendarstellungen der Gleichungen

a) $\underset{\sim}{T}\underset{\sim}{T}^{-1} = \underset{\sim}{I}$, b) $(\underset{\sim}{T}\underset{\sim}{S})^{-1} = \underset{\sim}{S}^{-1}\underset{\sim}{T}^{-1}$

an.

(3) Zeigen Sie, daß $\underset{\sim}{T}^{-1}$ ein Tensor ist. ■

4.5.2 Der transponierte Tensor

Der transponierte Tensor $\underset{\sim}{T}^T$ eines Tensors $\underset{\sim}{T}$ ist definiert durch

(G) $\underset{\sim}{w} \cdot \underset{\sim}{T}\underset{\sim}{v} = \underset{\sim}{v} \cdot \underset{\sim}{T}^T\underset{\sim}{w}$

für jeden Vektor $\underset{\sim}{v}$, $\underset{\sim}{w}$ in E^3.

Der transponierte Tensor $\underset{\sim}{T}^T$ genügt (D1) und (D2) und ist somit ein Tensor. Die Operation, die $\underset{\sim}{T}^T$ mit $\underset{\sim}{T}$ verbindet, heißt *Transposition*. Die Transposition ist eine lineare Operation mit den folgenden Eigenschaften:

$$(\underset{\sim}{T} + \underset{\sim}{S})^T = \underset{\sim}{T}^T + \underset{\sim}{S}^T, \qquad (4.5.6)$$

$$(\alpha\underset{\sim}{T})^T = \alpha\underset{\sim}{T}^T, \qquad (4.5.7)$$

$$(\underset{\sim}{T}\underset{\sim}{S})^T = \underset{\sim}{S}^T\underset{\sim}{T}^T. \qquad (4.5.8)$$

Die Beziehung (4.5.8) wollen wir beweisen.

▲ Beweis zu (4.5.8):

Unter Berücksichtigung der Definition (G) erhalten wir

$$\underset{\sim}{w} \cdot (\underset{\sim}{T}\underset{\sim}{S})\underset{\sim}{v} = \underset{\sim}{v} \cdot (\underset{\sim}{T}\underset{\sim}{S})^T\underset{\sim}{w}. \qquad (*)$$

Außerdem gilt nach (F) für das Tensorprodukt $\underset{\sim}{T}\underset{\sim}{S}$

$$(\underset{\sim}{T}\underset{\sim}{S})\underset{\sim}{v} = \underset{\sim}{T}(\underset{\sim}{S}\underset{\sim}{v}).$$

Damit und mit (G) sowie (C) ergibt sich

$$\underset{\sim}{w} \cdot (\underset{\sim}{T}\underset{\sim}{S})\underset{\sim}{v} = \underset{\sim}{w} \cdot \underset{\sim}{T}(\underset{\sim}{S}\underset{\sim}{v}) = \underset{\sim}{S}\underset{\sim}{v} \cdot \underset{\sim}{T}^T\underset{\sim}{w} = \underset{\sim}{T}^T\underset{\sim}{w} \cdot \underset{\sim}{S}\underset{\sim}{v}. \qquad (**)$$

Nun ist nach (G)

$$\underset{\sim}{T}^T\underset{\sim}{w} \cdot \underset{\sim}{S}\underset{\sim}{v} = \underset{\sim}{v} \cdot \underset{\sim}{S}^T(\underset{\sim}{T}^T\underset{\sim}{w}) \quad \text{und mit (F)} \quad \underset{\sim}{T}^T\underset{\sim}{w} \cdot \underset{\sim}{S}\underset{\sim}{v} = \underset{\sim}{v} \cdot (\underset{\sim}{S}^T\underset{\sim}{T}^T)\underset{\sim}{w}.$$

Aus Gleichung (**) folgt damit

$$\underset{\sim}{w} \cdot (\underset{\sim}{T}\underset{\sim}{S})\underset{\sim}{v} = \underset{\sim}{v} \cdot (\underset{\sim}{S}^T\underset{\sim}{T}^T)\underset{\sim}{w}. \qquad (***)$$

Vergleichen wir die Beziehungen (*) und (***), so ergibt sich

$$(\underset{\sim}{T}\underset{\sim}{S})^T = (\underset{\sim}{S}^T\underset{\sim}{T}^T). \; ▲$$

Die Beweise zu (4.5.6) und (4.5.7) sind in einfacher Weise durchzuführen.

Die Transposition eines einfachen Tensors $\underset{\sim}{a} \otimes \underset{\sim}{b}$ läßt sich unmittelbar durch

$$(\underset{\sim}{a} \otimes \underset{\sim}{b})^T = (\underset{\sim}{b} \otimes \underset{\sim}{a}), \qquad (4.5.9)$$

angeben; denn es ist nach (G)

$$\underset{\sim}{v} \cdot (\underset{\sim}{a} \otimes \underset{\sim}{b})^T\underset{\sim}{w} = \underset{\sim}{w} \cdot (\underset{\sim}{a} \otimes \underset{\sim}{b})\underset{\sim}{v} = (\underset{\sim}{b} \cdot \underset{\sim}{v})(\underset{\sim}{w} \cdot \underset{\sim}{a}).$$

Andererseits findet man

$$\underset{\sim}{v} \cdot (\underset{\sim}{b} \otimes \underset{\sim}{a})\underset{\sim}{w} = (\underset{\sim}{a} \cdot \underset{\sim}{w})(\underset{\sim}{b} \cdot \underset{\sim}{v}),$$

womit (4.5.9) bestätigt ist.

In einem *Basissystem* können wir den transponierten Tensor $\underset{\sim}{T}^T$ eines Tensors zweiter Stufe $\underset{\sim}{T}$ durch

$$\underset{\sim}{T}^T = t^{lk}\underset{\sim}{g}_k \otimes \underset{\sim}{g}_l = t_{lk}\underset{\sim}{g}^k \otimes \underset{\sim}{g}^l,$$

$$\underset{\sim}{T}^T = t_l^{\cdot k}\underset{\sim}{g}_k \otimes \underset{\sim}{g}^l = t^k_{\cdot l}\underset{\sim}{g}^l \otimes \underset{\sim}{g}_k \qquad (4.5.10)$$

darstellen, wie sich leicht durch Basisdarstellungen der in (G) enthaltenen Skalarprodukte aufzeigen läßt.

Man kann auch durch Anwendung von (4.5.9) zur Auswertung der Transposition in Basissystemen gelangen. Schreiben wir zum Beispiel den Tensor $\underset{\sim}{T}$ in zwei gemischten Tensorbasen

$$\underset{\sim}{T} = t^i_{\cdot k}\underset{\sim}{g}_i \otimes \underset{\sim}{g}^k, \quad \underset{\sim}{T} = t_k^{\cdot i}\underset{\sim}{g}^k \otimes \underset{\sim}{g}_i, \qquad (+)$$

so liefert (4.5.9) in Verbindung mit (4.5.7) sowie dem Distributivgesetz für die Multiplikation von einfachen Tensoren mit einer reellen skalaren Größe

$$\underset{\sim}{T}^T = t^i_{.k}\underset{\sim}{g}^k \otimes \underset{\sim}{g}_i; \quad \underset{\sim}{T}^T = t_k^{.i}\underset{\sim}{g}_i \otimes \underset{\sim}{g}^k; \qquad (++)$$

$$\underset{\sim}{T}^T = \overset{T}{t}{}_k^{.i}\underset{\sim}{g}^k \otimes \underset{\sim}{g}_i; \quad \underset{\sim}{T}^T = \overset{T}{t}{}^i_{.k}\underset{\sim}{g}_i \otimes \underset{\sim}{g}^k.$$

Aus dem Vergleich der den gleichen Tensorbasen zugeordneten Koeffizienten in (+) und (++) erkennen wir die Transpositionsvorschrift für die Koeffizienten

$$\overset{T}{t}{}^i_{.k} = t_k^{.i}, \quad \overset{T}{t}{}_k^{.i} = t^i_{.k}.$$

Liegen zum Beispiel die Koeffizienten bezüglich einer gemischten Basis $\underset{\sim}{g}_i \otimes \underset{\sim}{g}^k$ vor, so lassen sich aus ihnen die Koeffizienten des transponierten Tensors in der gleichen Basis durch folgende Vorschrift ermitteln:

$$\overset{T}{t}{}^i_{.k} = t_k^{.i} = g_{rk}g^{is}t^r_{.s}.$$

Für den Sonderfall einer nicht gemischten Basis ergibt sich einfacher

$$\overset{T}{t}{}^{ik} = t^{ki} = \delta^k_r\delta^i_s t^{rs}.$$

Wenn wir die Tensorkoeffizienten, die auf eine nicht gemischte Basis bezogen sind, in Form einer Matrix anordnen, so schließen wir, daß die Transposition durch Spiegelung an der Hauptdiagonalen entsteht. Für gemischtvariante Koeffizienten ist dies nicht der Fall.

■ *Übungsaufgaben zu 4.5.2:*

(1) Beweisen Sie die Rechenregel (4.5.6).

(2) In der Basis $\underset{\sim}{g}_1 = \underset{\sim}{e}_1 + \underset{\sim}{e}_2 + \underset{\sim}{e}_3$, $\underset{\sim}{g}_2 = \underset{\sim}{e}_1 - \underset{\sim}{e}_3$, $\underset{\sim}{g}_3 = \underset{\sim}{e}_3$ sind ein Tensor $\underset{\sim}{T} = t_i^{.k}\underset{\sim}{g}^i \otimes \underset{\sim}{g}_k$ mit

$$t_i^{.k}: \left\{\begin{matrix} 3; & 2; & -1; \\ 1; & 0; & 1; \\ 0; & -1; & 1 \end{matrix}\right\}$$

sowie die Vektoren $\underset{\sim}{v} = 2\underset{\sim}{g}_1 - 2\underset{\sim}{g}_2 + \underset{\sim}{g}_3$ und $\underset{\sim}{w} = \underset{\sim}{g}_1 - \underset{\sim}{g}_3$ gegeben. Berechnen Sie in der gegebenen Basis $\alpha = \underset{\sim}{v} \cdot \underset{\approx}{Tw}$ und kontrollieren Sie das Ergebnis mit Hilfe von $\alpha = \underset{\sim}{w} \cdot \underset{\sim}{T}^T\underset{\sim}{v}$.

(3) Mit dem einfachen Tensor $\underset{\sim}{T} = \underset{\sim}{c} \otimes \underset{\sim}{d}$ und dem Vektor $\underset{\sim}{v}$ soll gelten $\underset{\sim}{v} \cdot \underset{\approx}{Tv} = 0$. Zeigen Sie, daß in diesem Fall $\underset{\sim}{c}$ oder $\underset{\sim}{d}$ der Nullvektor ist. ■

4.5.3 Der symmetrische und der schiefsymmetrische Tensor

Symmetrische und schiefsymmetrische Tensoren treten in vielen Teilgebieten der Physik auf. Mit ihrer Hilfe lassen sich verschiedene mathematische und physikalische Zusammenhänge in übersichtlicher Weise darstellen.

Wir nennen den Tensor $\underset{\sim}{S}$ *symmetrisch*, wenn er mit seinem transponierten Tensor übereinstimmt, d.h.

(H1) $\underset{\sim}{S} = \underset{\sim}{S}^T$.

Aus den Überlegungen im vorigen Abschnitt folgt für den symmetrischen einfachen Tensor $\underset{\sim}{a} \otimes \underset{\sim}{b}$

$$\underset{\sim}{a} \otimes \underset{\sim}{b} = \underset{\sim}{b} \otimes \underset{\sim}{a} \tag{4.5.11}$$

sowie für die Koeffizienten der Komponenten eines symmetrischen allgemeinen Tensors $\underset{\sim}{S}$

$$s^{lk} = s^{kl}, \quad s_{lk} = s_{kl}, \quad s^{k}_{.l} = s_{l}^{.k}. \tag{4.5.12}$$

Ein *schiefsymmetrischer* Tensor $\underset{\sim}{W}$ sei durch

(H2) $\underset{\sim}{W} = -\underset{\sim}{W}^T$

definiert.

Für den schiefsymmetrischen einfachen Tensor $\underset{\sim}{c} \otimes \underset{\sim}{d}$ gilt somit

$$\underset{\sim}{c} \otimes \underset{\sim}{d} = -\underset{\sim}{d} \otimes \underset{\sim}{c}. \tag{4.5.13}$$

Es läßt sich leicht zeigen, daß der schiefsymmetrische einfache Tensor nur mit $\underset{\sim}{c}$ oder $\underset{\sim}{d}$ als Nullvektoren gebildet werden kann (s. Übungsaufgabe zu 4.5.2 (3)). Für die Koeffizienten der Komponenten des schiefsymmetrischen allgemeinen Tensors ergeben sich die folgenden Eigenschaften

$$-w^{lk} = w^{kl}, \quad w_{lk} = -w_{kl}, \quad w^{k}_{.l} = -w_{l}^{.k}. \tag{4.5.14}$$

Der Identitätstensor $\underset{\sim}{I}$ ist ein einfaches Beispiel für einen symmetrischen Tensor; denn nach (D7) gilt

$$\underset{\sim}{v} = \underset{\sim}{I}\underset{\sim}{v},$$

Multiplizieren wir diese Beziehung skalar mit dem beliebigen Vektor $\underset{\sim}{u}$, so erhalten wir

$$\underset{\sim}{u} \cdot \underset{\sim}{v} = \underset{\sim}{u} \cdot \underset{\sim}{I}\underset{\sim}{v}$$

und mit (G)

$$\underset{\sim}{u} \cdot \underset{\sim}{v} = \underset{\sim}{v} \cdot \underset{\sim}{I}^T\underset{\sim}{u},$$

woraus unmittelbar ersichtlich ist, daß

$$\underset{\sim}{I} = \underset{\sim}{I}^T$$

ist.

Mit den Definitionen (G) sowie (H1) und (H2) finden wir ebenfalls

$$\underset{\sim}{v} \cdot \underset{\sim}{S}\underset{\sim}{w} = \underset{\sim}{w} \cdot \underset{\sim}{S}\underset{\sim}{v}, \quad \underset{\sim}{v} \cdot \underset{\sim}{W}\underset{\sim}{v} = 0; \tag{4.5.15}$$

denn es gilt bezüglich (4.5.14 b) mit den Definitionen (G) und (H2)

$$\underset{\sim}{v} \cdot \underset{\sim}{W}\underset{\sim}{v} = \underset{\sim}{v} \cdot \underset{\sim}{W}^T\underset{\sim}{v} = -\underset{\sim}{v} \cdot \underset{\sim}{W}\underset{\sim}{v} \quad \text{oder} \quad 2\underset{\sim}{v} \cdot \underset{\sim}{W}\underset{\sim}{v} = 0.$$

Unter der Voraussetzung, daß $\underset{\sim}{v}$ und $\underset{\sim}{W}\underset{\sim}{v}$ Nicht-Null-Vektoren sind, folgt somit die Orthogonalität beider Vektoren.

Hinsichtlich des symmetrischen Tensors $\underset{\sim}{S}$ spricht man davon, daß dieser *semi-definit* ist, wenn

$$\underset{\sim}{v} \cdot \underset{\sim}{S}\underset{\sim}{v} \geqq 0 \tag{4.5.16}$$

für alle Vektoren $\underset{\sim}{v}$ erfüllt ist und daß er *positiv-definit* ist, wenn

$$\underset{\sim}{v} \cdot \underset{\sim}{S}\underset{\sim}{v} > 0 \tag{4.5.17}$$

ist.

■ *Übungsaufgaben zu 4.5.3:*

(1) Gegeben sind die Vektoren $\underset{\sim}{a} = \underset{\sim}{e}_1 + 4\underset{\sim}{e}_2 + 6\underset{\sim}{e}_3$ und $\underset{\sim}{b} = 3\underset{\sim}{e}_1 + b_2\underset{\sim}{e}_2 + b_3\underset{\sim}{e}_3$. Bestimmen Sie b_2 und b_3 in der Weise, daß $\underset{\sim}{T} = \underset{\sim}{a} \otimes \underset{\sim}{b}$ ein symmetrischer Tensor ist.

(2) Gegeben seien die linear-unabhängigen Vektoren $\underset{\sim}{a}$ und $\underset{\sim}{b}$. Zeigen Sie, daß der Tensor $\underset{\sim}{T} = \underset{\sim}{a} \otimes \underset{\sim}{a} + \underset{\sim}{b} \otimes \underset{\sim}{b}$ semi-definit ist.

(3) Durch den materiellen Punkt X eines Kontinuums $\mathcal{B}$ verlaufen zwei Schnittflächen mit den Einheitsnormalenvektoren $\underset{\sim}{n}'$ und $\underset{\sim}{n}$.

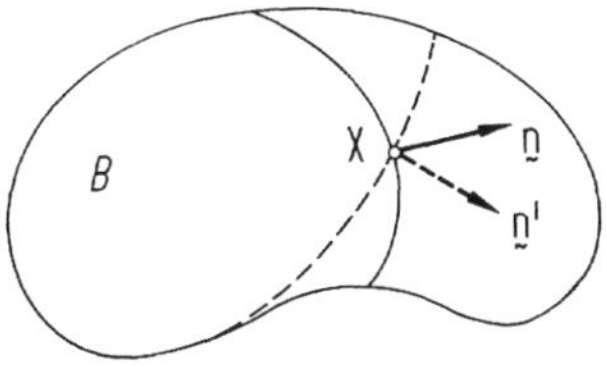

Beweisen Sie das Reziprozitätstheorem von Cauchy: $\underset{\sim}{n} \cdot \underset{\sim}{t}(\underset{\sim}{n}') = \underset{\sim}{n}' \cdot \underset{\sim}{t}(\underset{\sim}{n})$ unter der Voraussetzung, daß der Spannungstensor symmetrisch ist. ■

4.5.4 Der orthogonale Tensor

Eine wichtige Rolle in der Starrkörpermechanik und in der Mechanik deformierbarer Körper im Zusammenhang mit Drehbewegungen spielt der *or-*

thogonale Tensor $\underset{\sim}{Q}$. Dieser zeichnet sich dadurch aus, daß sein inverser Tensor mit seinem transponierten Tensor identisch ist, d.h.

(I) $\underset{\sim}{Q}^{-1} = \underset{\sim}{Q}^T$ oder mit (4.5.3) $\underset{\sim}{Q}\underset{\sim}{Q}^T = \underset{\sim}{Q}^T\underset{\sim}{Q} = \underset{\sim}{I}$.

Für die orthogonalen Abbildungen beliebiger Vektoren $\underset{\sim}{u}$ und $\underset{\sim}{v}$ erhalten wir mit den Definitionen (G) und (I) sowie (4.5.3)

$$(\underset{\sim}{Q}\underset{\sim}{u}) \cdot (\underset{\sim}{Q}\underset{\sim}{v}) = \underset{\sim}{v} \cdot \underset{\sim}{Q}^T\underset{\sim}{Q}\underset{\sim}{u} = \underset{\sim}{v} \cdot \underset{\sim}{u}. \quad (4.5.18)$$

Werden also zwei Vektoren $\underset{\sim}{u}$ und $\underset{\sim}{v}$ durch denselben orthogonalen Tensor $\underset{\sim}{Q}$ abgebildet, so stimmt das Skalarprodukt der Vektoren mit dem ihrer Abbildungen überein. In manchen Lehrbüchern wird gerade diese Aussage auch als Definition für den orthogonalen Tensor genommen.

Wir beschränken uns im folgenden auf solche orthogonale Tensoren, deren Determinante - zur Definition der Determinante eines Tensors siehe Abschnitt 4.9.5 a - den Wert + 1 haben. Diese orthogonalen Tensoren werden *eigentlich orthogonale Tensoren* genannt.

Die Bedeutung des orthogonalen Tensors in der Mechanik wird sofort klar, wenn wir die Vektoren $\underset{\sim}{u}$ und $\underset{\sim}{v}$ in (4.5.18) mit zwei materiellen Linien $\underset{\sim}{\bar{x}}$ und $\underset{\sim}{\bar{y}}$ innerhalb eines Körpers identifizieren. Die Abbildung mit dem Tensor $\underset{\sim}{Q}$ bewirkt eine Änderung der Lage dieser Linien im Raum (s. Bild 4.2). Nun besagt (4.5.18), daß der Winkel zwischen den materiellen Linien erhalten bleibt. Setzen wir $\underset{\sim}{\bar{x}}$ gleich $\underset{\sim}{\bar{y}}$, so erkennen wir, daß daneben auch die Länge erhalten bleibt. Soll die Abbildung nun für jedes beliebige Linienelement eines Körpers gelten, so bewirkt $\underset{\sim}{Q}$ eine Starrkörperrotation. Dies ist jedoch nur dann der Fall, wenn wir eigentlich orthogonale Tensoren verwenden. Andernfalls würden wir eine sogenannte *Drehspiegelung* erhalten.

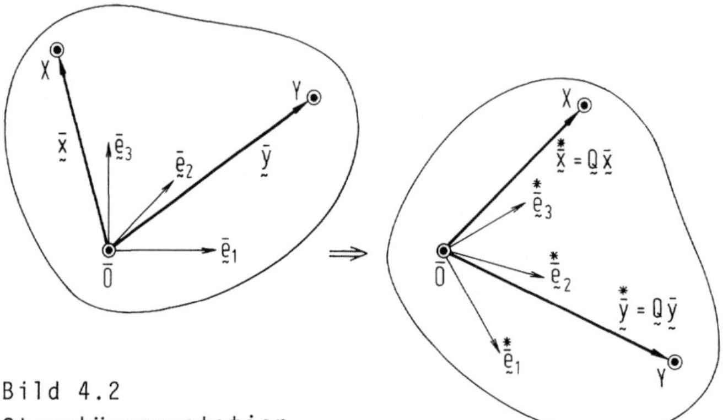

Bild 4.2
Starrkörperrotation

Hinsichtlich des Aufbaus des orthogonalen Tensors $\underset{\sim}{Q}$ gibt es mehrere Möglichkeiten der Darstellung, von denen in diesem Abschnitt eine Möglichkeit diskutiert wird. Wir wollen den orthogonalen Tensor aus den Richtungskosini zweier orthonormierter Basissysteme $\underset{\sim}{\bar{e}}_1$, $\underset{\sim}{\bar{e}}_2$, $\underset{\sim}{\bar{e}}_3$ und $\underset{\sim}{\overset{*}{\bar{e}}}_1$, $\underset{\sim}{\overset{*}{\bar{e}}}_2$, $\underset{\sim}{\overset{*}{\bar{e}}}_3$ (s. Bild 4.2), die an den starren Körper gebunden sind, aufbauen. Infolge der Starrkörperrotation wird das Basissystem $\underset{\sim}{\bar{e}}_1$, $\underset{\sim}{\bar{e}}_2$, $\underset{\sim}{\bar{e}}_3$ mit dem orthogonalen Tensor $\underset{\approx}{Q}$ in die neue Basis $\underset{\sim}{\overset{*}{\bar{e}}}_1$, $\underset{\sim}{\overset{*}{\bar{e}}}_2$, $\underset{\sim}{\overset{*}{\bar{e}}}_3$ überführt:

$$\underset{\sim}{\overset{*}{\bar{e}}}_i = \underset{\approx}{Q}\underset{\sim}{\bar{e}}_i . \tag{4.5.19}$$

Durch Skalarmultiplikation mit dem Vektor $\underset{\sim}{\bar{e}}_j$ erhalten wir

$$\underset{\sim}{\bar{e}}_j \cdot \underset{\sim}{\overset{*}{\bar{e}}}_i = \underset{\sim}{\bar{e}}_j \cdot \underset{\approx}{Q}\underset{\sim}{\bar{e}}_i$$

oder mit (E)

$$\underset{\sim}{\bar{e}}_j \cdot \underset{\sim}{\overset{*}{\bar{e}}}_i = \underset{\approx}{Q} \cdot (\underset{\sim}{\bar{e}}_j \otimes \underset{\sim}{\bar{e}}_i). \qquad (+)$$

Da wir nun das Skalarprodukt auf der linken Seite mit (4.3.11) und (3.3.5) durch

$$\underset{\sim}{\bar{e}}_j \cdot \underset{\sim}{\overset{*}{\bar{e}}}_i = (\underset{\sim}{\bar{e}}_s \cdot \underset{\sim}{\overset{*}{\bar{e}}}_r)(\underset{\sim}{\bar{e}}_s \otimes \underset{\sim}{\bar{e}}_r) \cdot (\underset{\sim}{\bar{e}}_j \otimes \underset{\sim}{\bar{e}}_i)$$

darstellen können, folgt aus dem Vergleich mit (+)

$$\underset{\approx}{Q} = (\underset{\sim}{\bar{e}}_i \cdot \underset{\sim}{\overset{*}{\bar{e}}}_k)\underset{\sim}{\bar{e}}_i \otimes \underset{\sim}{\bar{e}}_k . \tag{4.5.20}$$

Die Skalarprodukte $\underset{\sim}{\bar{e}}_i \cdot \underset{\sim}{\overset{*}{\bar{e}}}_k$ beinhalten die Richtungskosini zwischen den normierten Einheitsvektoren $\underset{\sim}{\bar{e}}_i$ und $\underset{\sim}{\overset{*}{\bar{e}}}_k$. Bezeichnen wir diese mit $\cos\alpha_{(ik)}$, so können wir (4.5.20) auch durch

$$\underset{\approx}{Q} = \cos\alpha_{(ik)}\underset{\sim}{\bar{e}}_i \otimes \underset{\sim}{\bar{e}}_k \tag{4.5.21}$$

ausdrücken. Die neun Richtungswinkel $\alpha_{(ik)}$ sind nicht voneinander unabhängig. Vielmehr bestehen aufgrund von (I) die Zusammenhänge

$$\cos\alpha_{(ik)}\cos\alpha_{(jk)} = \delta_{ij} , \tag{4.5.22}$$

d.h. es gibt sechs Beziehungen - da die Beziehung (4.5.22) in den Indizes i und j symmetrisch ist -, die die Richtungswinkel zu erfüllen haben. Zur Festlegung der gedrehten Lage des Basissystems bzw. des starren Körpers würde somit die Angabe von drei geeignet gewählten Winkeln ausreichen. In der Tat läßt sich die Drehung des starren Körpers durch die Angabe solcher Winkel beschreiben. Diese Vorgehensweise geht auf *Euler* zurück, und man bezeichnet die verwendeten Winkel als *Eulersche Winkel*. Auf die Darstellung des orthogonalen Tensors mit Hilfe der Eulerschen Winkel werden wir in Abschnitt (4.9.5 c) zurückkommen.

■ *Übungsaufgaben zu 4.5.4:*

(1) Gegeben sind eine orthonormierte Basis $\underset{\sim}{e}_1$, $\underset{\sim}{e}_2$, $\underset{\sim}{e}_3$ und eine orthonormierte Basis $\underset{\sim}{\overset{*}{e}}_1$, $\underset{\sim}{\overset{*}{e}}_2$, $\underset{\sim}{\overset{*}{e}}_3$, die aus $\underset{\sim}{e}_1$, $\underset{\sim}{e}_2$, $\underset{\sim}{e}_3$ durch Drehung mit dem Winkel φ um die Achse, in der der Einheitsvektor $\underset{\sim}{e}_3$ liegt, hervorgeht.

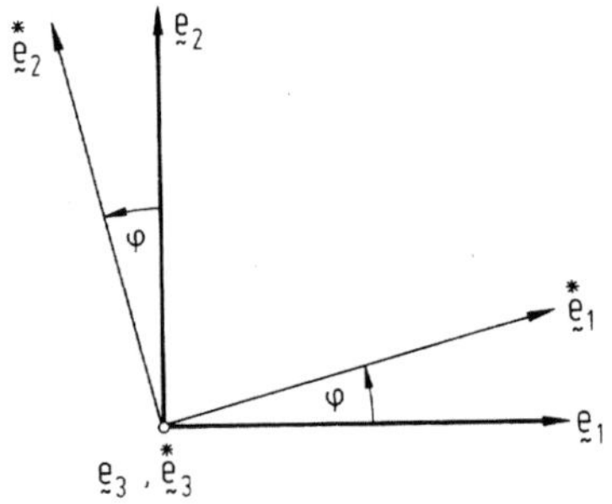

a) Bestimmen Sie den orthogonalen Tensor $\mathbf{Q}$, der die Basis $\mathbf{e}_1$, $\mathbf{e}_2$, $\mathbf{e}_3$ in die Basis $\overset{*}{\mathbf{e}}_1$, $\overset{*}{\mathbf{e}}_2$, $\overset{*}{\mathbf{e}}_3$ transformiert.

b) Berechnen Sie die Abbildung $\mathbf{Q}^T\overset{*}{\mathbf{e}}_1$.

c) Berechnen Sie $\det\|q_{ik}\|$.

(2) Gegeben sind die orthogonalen Abbildungen $\bar{\mathbf{v}} = \mathbf{Q}\mathbf{v}$ und $\bar{\mathbf{w}} = \mathbf{Q}\mathbf{w}$. Außerdem soll gelten $\mathbf{w} = \mathbf{T}\mathbf{v}$ und $\bar{\mathbf{w}} = \bar{\mathbf{T}}\bar{\mathbf{v}}$. Durch welches Tensorprodukt geht $\bar{\mathbf{T}}$ aus $\mathbf{T}$ hervor?

(3) Gegeben ist ein orthogonaler Tensor $\mathbf{Q}$. Es soll gelten: $\mathbf{Q}\mathbf{e}_1 = -\frac{1}{2}\sqrt{2}\mathbf{e}_1 + \frac{1}{2}\sqrt{2}\mathbf{e}_3$, $\mathbf{Q}\mathbf{e}_3 = \mathbf{e}_3$, $\mathbf{Q}^2 = \mathbf{I}$.

a) Berechnen Sie die Abbildung $\mathbf{Q}\mathbf{e}_2$.

b) Berechnen Sie $\det\|q_{ik}\|$. ■

4.5.5 Die Spur des Tensors

Wir führen ein spezielles Skalarprodukt von Tensoren ein, das mit *tr (trace = Spur)* bezeichnet wird:

(J) $\quad \mathrm{tr}\mathbf{T} = \mathbf{I} \cdot \mathbf{T}.$

Aus dieser Definition finden wir mit den Definitionen des skalaren Produktes aus Abschnitt 4.3 mehrere Rechenregeln, die wir im folgenden angeben wollen:

$$\mathrm{tr}(\mathbf{a} \otimes \mathbf{b}) = \mathbf{a} \cdot \mathbf{b}, \tag{4.5.23}$$

$$\mathrm{tr}\mathbf{T}^T = \mathrm{tr}\mathbf{T}, \tag{4.5.24}$$

$$\mathrm{tr}(\mathbf{T}\mathbf{S}) = \mathrm{tr}(\mathbf{S}\mathbf{T}), \tag{4.5.25}$$

$$\mathrm{tr}(\mathbf{T}\mathbf{S}^T) = \mathbf{T} \cdot \mathbf{S} = \mathrm{tr}(\mathbf{S}\mathbf{T}^T) = \mathbf{T}^T \cdot \mathbf{S}^T. \tag{4.5.26}$$

▲ Beweis zu (4.5.23):

Mit (J) ergibt sich für

$$\mathrm{tr}(\underset{\sim}{a} \otimes \underset{\sim}{b}) = \underset{\sim}{I} \cdot (\underset{\sim}{a} \otimes \underset{\sim}{b})$$

und unter Beachtung von (E) und (D7)

$$\mathrm{tr}(\underset{\sim}{a} \otimes \underset{\sim}{b}) = \underset{\sim}{a} \cdot \underset{\sim}{I}\underset{\sim}{b} = \underset{\sim}{a} \cdot \underset{\sim}{b}. \blacktriangle$$

Der Beweis zu (4.5.24) läßt sich leicht unter Berücksichtigung von (4.5.23) mit Blick auf (4.5.9) erbringen, und die Beweise zu den übrigen Rechenregeln ergeben sich in Zusammenhang mit den in den Abschnitten 4.3 und 4.4 eingeführten Produkten.

In Anwendung der Spur-Operation auf mehrfache Tensorprodukte können wir aus (4.5.25) die Folgerung ziehen, daß die Faktoren zyklisch vertauscht werden dürfen, d.h.

$$\mathrm{tr}(\underset{\sim}{T}\underset{\sim}{S}\underset{\sim}{R}) = \mathrm{tr}(\underset{\sim}{R}\underset{\sim}{T}\underset{\sim}{S}) = \mathrm{tr}(\underset{\sim}{S}\underset{\sim}{R}\underset{\sim}{T}). \tag{4.5.27}$$

Dieses Vorgehen erlaubt die Angabe verschiedener Formen des Skalarproduktes im Zusammenhang mit Tensorprodukten, wie z.B.

$$(\underset{\sim}{T}\underset{\sim}{S}) \cdot \underset{\sim}{R}^T = (\underset{\sim}{R}\underset{\sim}{T}) \cdot \underset{\sim}{S}^T = (\underset{\sim}{S}\underset{\sim}{R}) \cdot \underset{\sim}{T}^T. \tag{4.5.28}$$

■ *Übungsaufgaben zu 4.5.5:*

(1) Berechnen Sie in einem beliebigen Basissystem:

a) $\mathrm{tr}(\underset{\sim}{T}\underset{\sim}{R})$, b) $\mathrm{tr}\underset{\sim}{T}^2$, c) $\mathrm{tr}\underset{\sim}{T}^3$, d) $\mathrm{tr}^2\underset{\sim}{T}$, e) $\mathrm{tr}\underset{\sim}{I}$.

(2) Bestimmen Sie die Spur des orthogonalen Tensors $\underset{\sim}{Q}$ aus Übungsaufgaben zu 4.5.4 (1).

(3) Zeigen Sie, daß die Spur eines schiefsymmetrischen Tensors $\underset{\sim}{W}$ verschwindet. ■

4.6 Die Zerlegung eines Tensors

Es ist oft vorteilhaft, einen Tensor in zwei Teiltensoren aufzuspalten, die besondere Eigenschaften aufweisen. Dies ist natürlich in vielfältiger Weise möglich. Wir beschränken uns in diesem Zusammenhang auf spezielle additive und multiplikative Zerlegungen.

4.6.1 Die additive Zerlegung

Jeder beliebige Tensor $\underset{\sim}{T}$ ist additiv in einen symmetrischen Tensor $\overset{S}{\underset{\sim}{T}}$ und in einen schiefsymmetrischen Tensor $\overset{A}{\underset{\sim}{T}}$ zerlegbar:

$$\underset{\sim}{T} = \overset{S}{\underset{\sim}{T}} + \overset{A}{\underset{\sim}{T}}. \tag{4.6.1}$$

Dabei sind

$$\overset{S}{\underset{\sim}{T}} = \frac{1}{2}\,(\underset{\sim}{T} + \underset{\sim}{T}^{T}) = (\overset{S}{\underset{\sim}{T}})^{T},$$
$$\overset{A}{\underset{\sim}{T}} = \frac{1}{2}\,(\underset{\sim}{T} - \underset{\sim}{T}^{T}) = -\,(\overset{A}{\underset{\sim}{T}})^{T}. \qquad (4.6.2)$$

Aus der Addition der beiden Beziehungen (4.6.2) folgt unmittelbar, daß die additive Zerlegung erlaubt ist. Allerdings muß nachgewiesen werden, daß es sich bei $\overset{S}{\underset{\sim}{T}}$ und $\overset{A}{\underset{\sim}{T}}$ wirklich um den symmetrischen und den schiefsymmetrischen Tensor handelt. Mit der Definition (4.5.6) für die Transposition einer Tensorsumme folgt unmittelbar

$$\frac{1}{2}\,(\underset{\sim}{T} + \underset{\sim}{T}^{T})^{T} = \frac{1}{2}\,(\underset{\sim}{T}^{T} + \underset{\sim}{T}).$$

Da die Reihenfolge der Summanden nach (D3) beliebig ist, ergibt sich

$$\overset{S}{\underset{\sim}{T}} = (\overset{S}{\underset{\sim}{T}})^{T}.$$

Entsprechend läßt sich nachweisen, daß $\overset{A}{\underset{\sim}{T}}$ ein schiefsymmetrischer Tensor ist.

Wegen der Bedeutung für die Mechanik geben wir als weitere Möglichkeit die Zerlegung eines beliebigen Tensors $\underset{\sim}{T}$ in einen Kugeltensor und einen Deviator an. Hierzu wird der *Kugeltensor* $\overset{K}{\underset{\sim}{T}}$ durch

$$\overset{K}{\underset{\sim}{T}} = \frac{1}{3}\,(\underset{\sim}{T} \cdot \underset{\sim}{I})\underset{\sim}{I} \qquad (4.6.3)$$

definiert. Wir spalten den Tensor $\underset{\sim}{T}$ mit Hilfe des Kugeltensors in eine Summe auf

$$\underset{\sim}{T} = \underset{\sim}{T} - \overset{K}{\underset{\sim}{T}} + \overset{K}{\underset{\sim}{T}}$$

und bezeichnen die Differenz

$$\overset{D}{\underset{\sim}{T}} = \underset{\sim}{T} - \overset{K}{\underset{\sim}{T}} \qquad (4.6.4)$$

als *Deviator* von $\underset{\sim}{T}$. Damit schreiben wir für die additive Zerlegung

$$\underset{\sim}{T} = \overset{D}{\underset{\sim}{T}} + \overset{K}{\underset{\sim}{T}}. \qquad (4.6.5)$$

Wichtig ist die Feststellung, daß die Spur des Deviators $\overset{D}{\underset{\sim}{T}}$ Null ist:

$$\mathrm{tr}\overset{D}{\underset{\sim}{T}} = \overset{D}{\underset{\sim}{T}} \cdot \underset{\sim}{I} = 0. \qquad (4.6.6)$$

■ *Übungsaufgaben zu 4.6.1:*

(1) Gegeben seien der Tensor $\underset{\sim}{T}$, die Vektoren $\underset{\sim}{v}$ und $\underset{\sim}{w}$ sowie die Basis $\underset{\sim}{g}_1$, $\underset{\sim}{g}_2$, $\underset{\sim}{g}_3$ aus Übungsaufgaben zu 4.5.2 (2).

a) Berechnen Sie die ko-, kontra- und gemischtvarianten Koeffizienten des symmetrischen und schiefsymmetrischen Anteils von $\underset{\sim}{T}$.

b) Bestätigen Sie durch Ausrechnen, daß $\underset{\sim}{v} \cdot \underset{\approx}{\overset{S}{T}w} = \underset{\sim}{w} \cdot \underset{\approx}{\overset{S}{T}v}$ und $\underset{\sim}{v} \cdot \underset{\approx}{\overset{A}{T}v} = 0$ sind.

(2) Bestätigen Sie die Aussage (4.6.6), daß die Spur des Deviators $\underset{\sim}{T}^D$ eines Tensors $\underset{\sim}{T}$ verschwindet.

(3) Beweisen Sie die Beziehung $\underset{\sim}{T} \cdot \overset{A}{\underset{\sim}{T}} = \overset{D}{\underset{\sim}{T}} \cdot \overset{A}{\underset{\sim}{T}}$.

(4) Bestätigen Sie die Beziehung $\underset{\sim}{T} \cdot \underset{\sim}{S} = \underset{\sim}{T}^D \cdot \underset{\sim}{S}^D + \frac{1}{3}(\underset{\sim}{T} \cdot \underset{\sim}{I})(\underset{\sim}{S} \cdot \underset{\sim}{I})$. ■

4.6.2 Die multiplikative Zerlegung (polare Zerlegung)

Wir betrachten nicht-singuläre Tensoren. Der Begriff der Singularität eines Tensors wird in Abschnitt 4.9.5 erklärt. An dieser Stelle begnügen wir uns mit dem Hinweis, daß eine Matrix als singulär bezeichnet wird, wenn ihre Determinante verschwindet.

Jeder nicht-singuläre zweistufige Tensor $\underset{\sim}{T}$ kann eindeutig zerlegt werden in positiv-definite symmetrische Tensoren $\underset{\sim}{U}$ bzw. $\underset{\sim}{V}$ und einen orthogonalen Tensor $\underset{\sim}{R}$.

$$\underset{\sim}{T} = \underset{\sim}{R}\underset{\sim}{U}, \tag{4.6.7}$$

$$\underset{\sim}{T} = \underset{\sim}{V}\underset{\sim}{R}. \tag{4.6.8}$$

Wir gehen aus von der Identität

$$\underset{\sim}{T} = (\underset{\sim}{T}^T)^{-1}\underset{\sim}{T}^T\underset{\sim}{T}$$

und definieren durch Verfügung über das Assoziativgesetz die beiden Tensoren

$$\underset{\sim}{U}\underset{\sim}{U} = \underset{\sim}{T}^T\underset{\sim}{T}, \qquad (*)$$

$$\underset{\sim}{R} = (\underset{\sim}{T}^T)^{-1}\underset{\sim}{U}. \qquad (**)$$

Der symmetrische Tensor $\underset{\sim}{T}^T\underset{\sim}{T}$ ist positiv definit und gestattet eine Darstellung durch das Quadrat eines ebenfalls symmetrischen und positiv definiten Tensors $\underset{\sim}{U}$. Der Beweis hierzu kann erst im Zusammenhang mit dem Eigenwertproblem geführt werden, das wir nach Einführung der äußeren Algebra in Abschnitt 4.9 behandeln werden.

Wir zeigen nun, daß der Tensor $\underset{\sim}{R}$ orthogonal ist.

Dazu bilden wir mit (**) das Produkt

$$\underset{\sim}{R}\underset{\sim}{R}^T = (\underset{\sim}{T}^T)^{-1}\underset{\sim}{U}\underset{\sim}{U}\underset{\sim}{T}^{-1}.$$

Setzen wir die Definition aus (*) ein, so finden wir mit der Beziehung (4.5.3)

$$\underset{\sim}{R}\underset{\sim}{R}^T = \underset{\sim}{I},$$

was zu zeigen war (s. Abschnitt 4.5.4). Damit ist die Zerlegung nach (4.6.7) bewiesen. Zum Nachweis gemäß (4.6.8) entwickeln wir den symmetrischen und positiven definiten Tensor mit (4.6.7)

$$\underset{\sim}{T}\underset{\sim}{T}^T = \underset{\sim}{R}\underset{\sim}{U}\underset{\sim}{U}\underset{\sim}{R}^T = (\underset{\sim}{R}\underset{\sim}{U}\underset{\sim}{R}^T)(\underset{\sim}{R}\underset{\sim}{U}\underset{\sim}{R}^T).$$

Analog zu (*) setzen wir

$$\underset{\sim}{V}\underset{\sim}{V} = \underset{\sim}{T}\underset{\sim}{T}^T$$

wobei

$$\underset{\sim}{V} = \underset{\sim}{R}\underset{\sim}{U}\underset{\sim}{R}^T \qquad (***)$$

ist. Hieraus finden wir unmittelbar mit (4.6.7)

$$\underset{\sim}{V} = \underset{\sim}{T}\underset{\sim}{R}^T,$$

$$\underset{\sim}{T} = \underset{\sim}{V}\underset{\sim}{R},$$

womit (4.6.8) bestätigt ist.

Abschließend wollen wir zeigen, daß die Zerlegung (4.6.7) eindeutig ist. Wir führen den Nachweis durch einen Widerspruchsbeweis. Dazu nehmen wir an, daß es zwei verschiedene Zerlegungen gibt:

$$\underset{\sim}{T} = \underset{\sim}{R}\underset{\sim}{U} = \overset{*}{\underset{\sim}{R}}\overset{*}{\underset{\sim}{U}}.$$

Dann gilt:

$$\underset{\sim}{T}^T\underset{\sim}{T} = (\underset{\sim}{R}\underset{\sim}{U})^T(\underset{\sim}{R}\underset{\sim}{U}) = \underset{\sim}{U}\underset{\sim}{R}^T\underset{\sim}{R}\underset{\sim}{U} = \underset{\sim}{U}^2$$

$$= (\overset{*}{\underset{\sim}{R}}\overset{*}{\underset{\sim}{U}})^T(\overset{*}{\underset{\sim}{R}}\overset{*}{\underset{\sim}{U}}) = \overset{*}{\underset{\sim}{U}}\overset{*}{\underset{\sim}{R}}{}^T\overset{*}{\underset{\sim}{R}}\overset{*}{\underset{\sim}{U}} = \overset{*}{\underset{\sim}{U}}{}^2.$$

Da $\overset{*}{\underset{\sim}{U}}$ positiv-definit ist, folgt $\underset{\sim}{U} = \overset{*}{\underset{\sim}{U}}$.
Weiterhin erhalten wir aus

$$\underset{\sim}{T} = \underset{\sim}{R}\underset{\sim}{U} = \overset{*}{\underset{\sim}{R}}\overset{*}{\underset{\sim}{U}}$$

mit dem obigen Ergebnis

$$(\underset{\sim}{R} - \overset{*}{\underset{\sim}{R}})\underset{\sim}{U} = \underset{\sim}{O}.$$

Da diese Beziehung für beliebige $\underset{\sim}{U}$ erfüllt sein muß, ergibt sich

$$\underset{\sim}{R} = \overset{*}{\underset{\sim}{R}}.$$

Damit ist die Eindeutigkeit der Zerlegung $\underset{\sim}{T} = \underset{\sim}{R}\underset{\sim}{U}$ bewiesen. In analoger Weise kann man die Eindeutigkeit der Zerlegung $\underset{\sim}{T} = \underset{\sim}{V}\underset{\sim}{R}$ (4.6.8) nachweisen.

■ *Übungsaufgaben zu 4.6.2:*

(1) Es sei $\underset{\sim}{C} = \underset{\sim}{F}^T\underset{\sim}{F}$. Stellen Sie diesen Ausdruck als Potenz eines symmetrischen Tensors dar.

(2) Es seien $\underset{\sim}{e}_1$, $\underset{\sim}{e}_2$, $\underset{\sim}{e}_3$ und $\bar{\underset{\sim}{e}}_1$, $\bar{\underset{\sim}{e}}_2$, $\bar{\underset{\sim}{e}}_3$ zwei orthonormierte Basissysteme, die durch die orthogonale Abbildung $\bar{\underset{\sim}{e}}_i = \underset{\sim}{Q}\underset{\sim}{e}_i$ verknüpft sind. Zerlegen Sie den Tensor $\underset{\sim}{T} = \alpha(\bar{\underset{\sim}{e}}_1 \otimes \underset{\sim}{e}_1) + \beta(\bar{\underset{\sim}{e}}_2 \otimes \underset{\sim}{e}_2) + \gamma(\bar{\underset{\sim}{e}}_3 \otimes \underset{\sim}{e}_3)$ - mit α, β, γ als skalarwertige Größen - multiplikativ auf zwei Arten in einen orthogonalen und einen symmetrischen Tensor.

(3) Es sei $\underset{\sim}{B} = \underset{\sim}{F}\underset{\sim}{F}^T$. Bilden Sie $\underset{\sim}{B}^2$ und zeigen Sie, daß $\underset{\sim}{B}^2 = \underset{\sim}{Q}\underset{\sim}{U}^4\underset{\sim}{Q}^T = \underset{\sim}{V}^4$ ist. ■

4.7 Wechsel der Basis

Bei der rechnerischen Formulierung von Problemen der Ingenieurwissenschaften ist es manchmal vorteilhaft, verschiedene Basissysteme einzuführen. Es sei in diesem Zusammenhang die Schalentheorie erwähnt. Die Auswirkungen der *Transformation* von einer Basis zu einer anderen auf die Beziehungen zwischen den Basisvektoren und zwischen den Koeffizienten der Komponenten von Vektoren und Tensoren wollen wir im folgenden untersuchen.

Es seien $\underset{\sim}{g}_i$ und $\bar{\underset{\sim}{g}}_i$-zwei beliebige Basen-in E^3 vorgegeben. Die entsprechenden reziproken Basen seien $\underset{\sim}{g}^k$ und $\bar{\underset{\sim}{g}}^k$.

Jeder Basisvektor $\bar{\underset{\sim}{g}}_i$ kann durch den Basisvektor $\underset{\sim}{g}_i$ mit Hilfe einer nicht-singulären Transformation ausgedrückt werden und umgekehrt; denn es gilt nach (D7) mit dem Identitätstensor

$$\bar{\underset{\sim}{g}}_i = \underset{\sim}{I}\bar{\underset{\sim}{g}}_i = (\underset{\sim}{g}_r \otimes \underset{\sim}{g}^r)\bar{\underset{\sim}{g}}_i = (\underset{\sim}{g}^r \cdot \bar{\underset{\sim}{g}}_i)\underset{\sim}{g}_r = (\underset{\sim}{g}^r \cdot \bar{\underset{\sim}{g}}_l\delta^l_i)\underset{\sim}{g}_r =$$

$$= (\underset{\sim}{g}^r \cdot \bar{\underset{\sim}{g}}_l)(\underset{\sim}{g}_r \otimes \underset{\sim}{g}^l)\underset{\sim}{g}_i,$$

$$\bar{\underset{\sim}{g}}_i = \underset{\sim}{A}\underset{\sim}{g}_i. \tag{4.7.1}$$

Den Tensor $(\underset{\sim}{g}^r \cdot \bar{\underset{\sim}{g}}_l)\underset{\sim}{g}_r \otimes \underset{\sim}{g}^l$ haben wir hierbei mit $\underset{\sim}{A}$ bezeichnet. Aus den obigen Umformungen folgt unmittelbar, daß wir die Transformation (4.7.1) explizit durch

$$\bar{\underset{\sim}{g}}_i = (\bar{\underset{\sim}{g}}_i \cdot \underset{\sim}{g}^r)\underset{\sim}{g}_r \tag{4.7.2}$$

angeben können.

Da wir beide Basissysteme $\underset{\sim}{g}_i$ und $\bar{\underset{\sim}{g}}_i$ vorgegeben haben, sind (4.7.1) oder (4.7.2) keine Bestimmungsgleichungen zur Ermittlung von $\bar{\underset{\sim}{g}}_i$ aus $\underset{\sim}{g}_i$; sie stellen lediglich algebraische Verknüpfungen dar. Andererseits ist es allerdings möglich, aus einem gegebenen Basissystem $\underset{\sim}{g}_i$ mit Einführung eines beliebigen nicht-singulären Tensors $\underset{\sim}{A}$ Basisvektoren $\bar{\underset{\sim}{g}}_i$ durch lineare Abbildung zu erzeugen.

Entsprechend erhalten wir als alternative Möglichkeiten

$$\bar{\underset{\sim}{g}}^i = (\bar{\underset{\sim}{g}}^i \cdot \underset{\sim}{g}_r)\underset{\sim}{g}^r \tag{4.7.3}$$

und

$$\underset{\sim}{g}_i = (\underset{\sim}{g}_i \cdot \bar{\underset{\sim}{g}}^r)\bar{\underset{\sim}{g}}_r, \tag{4.7.4}$$

$$\underset{\sim}{g}^i = (\underset{\sim}{g}^i \cdot \bar{\underset{\sim}{g}}_r)\bar{\underset{\sim}{g}}^r. \tag{4.7.5}$$

Die Beziehungen (4.7.3) bis (4.7.5) können wir ebenfalls als lineare Abbildungen in der Form (4.7.1) darstellen.

Es seien jetzt die Auswirkungen der Basistransformation auf die Koeffizienten der Vektorkomponenten diskutiert. Dazu stellen wir den Vektor $\underset{\sim}{v}$ in beiden Basissystemen dar:

$$\underset{\sim}{v} = v^i \underset{\sim}{g}_i = \bar{v}^i \bar{\underset{\sim}{g}}_i.$$

Es folgt nach Skalarmultiplikation mit dem Basisvektor $\underset{\sim}{g}^k$

$$v^k = (\underset{\sim}{g}^k \cdot \bar{\underset{\sim}{g}}_i)\bar{v}^i. \tag{4.7.6}$$

In analoger Weise finden wir

$$v_k = (\underset{\sim}{g}_k \cdot \bar{\underset{\sim}{g}}^i)\bar{v}_i, \tag{4.7.7}$$

$$\bar{v}^k = (\bar{\underset{\sim}{g}}^k \cdot \underset{\sim}{g}_i)v^i, \tag{4.7.8}$$

$$\bar{v}_k = (\bar{\underset{\sim}{g}}_k \cdot \underset{\sim}{g}^i)v_i. \tag{4.7.9}$$

Man erkennt aus den angegebenen Beziehungen die *Transformationsregel*:

> Die Koeffizienten der Vektorkomponenten transformieren sich beim Wechsel der Basisvektoren wie die gleich indizierten Basisvektoren.

Dieselben Überlegungen können wir nun für die Koeffizienten der Tensorkomponenten durchführen. Dazu geben wir die Komponentendarstellung des Tensors $\underset{\sim}{T}$ in beiden Basissystemen $\underset{\sim}{g}_i \otimes \underset{\sim}{g}^k$ und $\bar{\underset{\sim}{g}}_i \otimes \bar{\underset{\sim}{g}}^k$ an:

$$\underset{\sim}{T} = t^i_{.k} \underset{\sim}{g}_i \otimes \underset{\sim}{g}^k = \bar{t}^i_{.k} \bar{\underset{\sim}{g}}_i \otimes \bar{\underset{\sim}{g}}^k.$$

Somit ergibt sich, wenn wir mit $\underset{\sim}{g}^r \otimes \underset{\sim}{g}_s$ skalar multiplizieren:

$$t^i_{.k}\delta^r_i\delta^k_s = \bar{t}^i_{.k}(\bar{\underset{\sim}{g}}_i \cdot \underset{\sim}{g}^r)(\bar{\underset{\sim}{g}}^k \cdot \underset{\sim}{g}_s)$$

oder

$$t^i_{.k} = (\underset{\sim}{g}^i \cdot \bar{\underset{\sim}{g}}_r)(\underset{\sim}{g}_k \cdot \bar{\underset{\sim}{g}}^s)\bar{t}^r_{.s}. \tag{4.7.10}$$

Entsprechend gelten:

$$t^{ik} = (\underset{\sim}{g}^i \cdot \bar{\underset{\sim}{g}}_r)(\underset{\sim}{g}^k \cdot \bar{\underset{\sim}{g}}_s)\bar{t}^{rs}, \tag{4.7.11}$$

$$t_{ik} = (\underset{\sim}{g}_i \cdot \bar{\underset{\sim}{g}}^r)(\underset{\sim}{g}_k \cdot \bar{\underset{\sim}{g}}^s)\bar{t}_{rs} \tag{4.7.12}$$

und

$$\bar{t}^{i}_{.k} = (\bar{\underset{\sim}{g}}^{i} \cdot \underset{\sim}{g}_{r})(\bar{\underset{\sim}{g}}_{k} \cdot \underset{\sim}{g}^{s})t^{r}_{.s}, \qquad (4.7.13)$$

$$\bar{t}^{ik} = (\bar{\underset{\sim}{g}}^{i} \cdot \underset{\sim}{g}_{r})(\bar{\underset{\sim}{g}}^{k} \cdot \underset{\sim}{g}_{s})t^{rs}, \qquad (4.7.14)$$

$$\bar{t}_{ik} = (\bar{\underset{\sim}{g}}_{i} \cdot \underset{\sim}{g}^{r})(\bar{\underset{\sim}{g}}_{k} \cdot \underset{\sim}{g}^{s})t_{rs}. \qquad (4.7.15)$$

Daraus folgt folgende *Transformationsregel:*

> Die Koeffizienten der Tensorkomponenten transformieren sich wie die gleich indizierten Tensorbasen.

Aus dem Vergleich der Transformationsformeln (4.7.6) - (4.7.9) und (4.7.10) - (4.7.15) erkennen wir bestimmte Gesetzmäßigkeiten. Es treten in beiden Formelgruppen dieselben Transformationsgrößen $\bar{\underset{\sim}{g}}^{i} \cdot \underset{\sim}{g}_{r}$ bzw. $\bar{\underset{\sim}{g}}_{i} \cdot \underset{\sim}{g}^{r}$ auf. Wir sehen also, daß sich die Koeffizienten der Komponenten von Vektoren und Tensoren nach ganz bestimmten Transformationsregeln von einer Basis zu einer anderen ändern. Die Transformationseigenschaft wird in der Literatur vielfach zur Definition der Tensoren herangezogen. Dieser Weg führt allerdings zu einem beträchtlichen Formalismus. Wir wollen daher auf eine weitere Ausbreitung dieses Kapitels verzichten und lediglich einige ergänzende Bemerkungen anschließen.

Ein Spezialfall der Transformation ist dann gegeben, wenn das Skalarprodukt der Basisvektoren ungeändert bleibt, d.h.

$$\bar{g}_{ij} = \bar{\underset{\sim}{g}}_{i} \cdot \bar{\underset{\sim}{g}}_{j} = \underset{\sim}{A}\underset{\sim}{g}_{i} \cdot \underset{\sim}{A}\underset{\sim}{g}_{j} = \underset{\sim}{g}_{i} \cdot \underset{\sim}{g}_{j} = g_{ij}. \qquad (4.7.16)$$

Dann ist $\underset{\sim}{A}$ ein *orthogonaler* Tensor, was wir aus (4.5.18) ablesen können. Der Wechsel der Basisvektoren in der Form

$$\bar{\underset{\sim}{g}}_{i} = \underset{\sim}{Q}\underset{\sim}{g}_{i} \qquad (4.7.17)$$

stellt eine *orthogonale Transformation* dar.

Transformationen zwischen orthonormierten Basisvektoren $\underset{\sim}{e}_{i}$ und $\bar{\underset{\sim}{e}}_{i}$ sind Beispiele für orthogonale Transformationen.

In diesen Fällen gilt:

$$\bar{\underset{\sim}{e}}_{i} = \underset{\sim}{Q}\underset{\sim}{e}_{i} = q_{ki}\underset{\sim}{e}_{k}, \quad \underset{\sim}{e}_{i} = \underset{\sim}{Q}^{T}\bar{\underset{\sim}{e}}_{i} = q_{ik}\bar{\underset{\sim}{e}}_{k},$$

wobei die q_{ki} die Koeffizienten der Komponenten des orthogonalen Tensors in einer orthonormierten Basis sind und die Richtungskosini (4.5.21) zwischen den Basisvektoren $\underset{\sim}{e}_{i}$ und $\bar{\underset{\sim}{e}}_{i}$ beinhalten. In diesem Zusammenhang sei daran erinnert, daß wir gemäß Abschnitt 4.5.4 nur eigentlich orthogonale Tensoren zulassen. Die Verwendung von nicht eigentlich orthogonalen Tensoren bei der Transformation zwischen orthonormierten Basisvektoren ergibt eine *Spiegelung* (Vorzeichenwechsel bei einem der Einheitsvektoren).

■ *Übungsaufgaben zu 4.7:*

(1) Gegeben ist die Basis $\underset{\sim}{g}_i = \underset{\approx}{A}\underset{\sim}{e}_i$. Welcher Tensor transformiert die orthonormierte Basis $\underset{\sim}{e}_i$ in die reziproke Basis $\underset{\sim}{g}^i$?

(2) Gegeben ist die Basis $\underset{\sim}{g}_i = \underset{\approx}{A}\underset{\sim}{e}_i = a_{kr}(\underset{\sim}{e}_k \otimes \underset{\sim}{e}_r)\underset{\sim}{e}_i$, wobei

$$a_{kr}: \left\{\begin{matrix} 0\,; & 1\,; & 4\,; \\ -2; & 0\,; & -3\,; \\ 3\,; & -1; & 0 \end{matrix}\right\}$$

ist.

a) Bestimmen Sie die Metrikkoeffizienten g_{ik}.

b) Berechnen Sie die dualen Basisvektoren $\underset{\sim}{g}^i$. Außerdem sind eine zweite Basis $\bar{\underset{\sim}{g}}_i = \underset{\approx}{D}\underset{\sim}{e}_i = d_{kr}(\underset{\sim}{e}_k \otimes \underset{\sim}{e}_r)\underset{\sim}{e}_i$ und ein Vektor $\underset{\sim}{u} = \underset{\sim}{g}_1 + 4\underset{\sim}{g}_3$ gegeben, wobei

$$d_{kr}: \left\{\begin{matrix} 2\,; & 7; & 6; \\ 3\,; & 0; & 5; \\ 1\,; & 4; & 8 \end{matrix}\right\}$$

ist.

c) Welcher Tensor vermittelt den Zusammenhang zwischen $\bar{\underset{\sim}{g}}_i$ und $\underset{\sim}{g}_i$.

d) Bestimmen Sie die kovarianten Koeffizienten $\bar{u}_i$ des Vektors $\underset{\sim}{u}$. ■

4.8 Tensoren höherer Stufe

4.8.1 Einführung der Tensoren höherer Stufe

Bis hierher haben wir uns befaßt mit Vektoren sowie linearen Abbildungen von Vektoren, die wir als Tensoren zweiter Stufe bezeichnet haben. Wie wir in der Tensoranalysis sowie bei Anwendungen in der Kontinuumsmechanik sehen werden, ist die Einführung von Tensoren höherer Stufe erforderlich. In unseren Ausführungen werden wir uns allerdings wesentlich einschränken, da die Möglichkeit der Definitionen für spezielle Tensoren und Operationen sehr vielfältig wird, wodurch eine erschöpfende Behandlung praktisch ausgeschlossen ist.

Wie beim Tensor zweiter Stufe werden wir für die Abbildungen zwischen Tensoren beliebiger Stufe zweckmäßigerweise die Gültigkeit der Distributivgesetze sowie der Assoziativgesetze bei Multiplikation mit einer reellen skalaren Größe verlangen. Die Stufe des Tensors wird durch eine übergesetzte natürliche Zahl $n \geq 1$ gekennzeichnet. Hiermit haben wir bereits zum Ausdruck gebracht, daß wir den Vektor als Tensor erster Stufe auffassen können. (Wir sehen hier von der Möglichkeit ab, eine skalare Größe als Tensor nullter Stufe einzureihen). Allerdings werden wir im weiteren die Tensoren erster und zweiter Stufe - sofern keine Verwechslung möglich ist - wie bisher durch kleine und große Buchstaben ohne übergesetzte Zahlen kennzeichnen.

Für Tensoren n-ter Stufe $\overset{n}{\underset{\sim}{L}}$ und $\overset{n}{\underset{\sim}{R}}$, Tensoren m-ter Stufe $\overset{m}{\underset{\sim}{T}}$ und $\overset{m}{\underset{\sim}{S}}$ und eine reelle Zahl α mögen folgende Beziehungen gelten ($n, m = 1, 2, \ldots$):

(K1) $\overset{n}{\underset{\sim}{L}}(\overset{m}{\underset{\sim}{T}} + \overset{m}{\underset{\sim}{S}}) = \overset{nm}{\underset{\sim\sim}{LT}} + \overset{nm}{\underset{\sim\sim}{LS}}$,

(K2) $(\overset{n}{\underset{\sim}{L}} + \overset{n}{\underset{\sim}{R}})\overset{m}{\underset{\sim}{T}} = \overset{nm}{\underset{\sim\sim}{LT}} + \overset{nm}{\underset{\sim\sim}{RT}}$,

(K3) $\overset{n}{\underset{\sim}{L}}(\alpha\overset{m}{\underset{\sim}{T}}) = (\alpha\overset{n}{\underset{\sim}{L}})\overset{m}{\underset{\sim}{T}} = \alpha(\overset{nm}{\underset{\sim\sim}{LT}})$,

(K4) $\alpha\overset{n}{\underset{\sim}{L}} = \overset{n}{\underset{\sim}{L}}\alpha$.

Hierdurch werden lediglich bestimmte Eigenschaften beliebiger Abbildungen festgelegt; zu ihrer Definition müssen Aussagen getroffen werden über die Stufe der Produkte sowie der sie bildenden Tensoren. Insbesondere lassen wir in Erweiterung zu Abschnitt 4.1 zu, daß eine Abbildung $\overset{nm}{\underset{\sim\sim}{LT}}$ mit $n < m$ existiert. Diese Vorgehensweise ist nicht erforderlich, sie erweist sich jedoch im Hinblick auf die Assoziativregel als zweckmäßig.

Für Nulltensoren gelten entsprechende Überlegungen wie in Abschnitt (4.1). Neben identischen Abbildungen lassen sich zusätzliche Fundamentaltensoren definieren, auf die wir in einem gesonderten Kapitel eingehen werden.

In Übertragung der Formalismen für den Tensor zweiter Stufe führen wir nun die *einfachen Tensoren* n-ter Stufe und m-ter Stufe ein:

$$\overset{n}{\underset{\sim}{L}} = \overset{1}{\underset{\sim}{a}} \otimes \overset{2}{\underset{\sim}{a}} \otimes \ldots \otimes \overset{n}{\underset{\sim}{a}}, \qquad \overset{m}{\underset{\sim}{T}} = \overset{1}{\underset{\sim}{b}} \otimes \overset{2}{\underset{\sim}{b}} \otimes \ldots \otimes \overset{m}{\underset{\sim}{b}}. \tag{4.8.1}$$

Dabei sind $\overset{1}{\underset{\sim}{a}}$ bis $\overset{n}{\underset{\sim}{a}}$ und $\overset{1}{\underset{\sim}{b}}$ bis $\overset{m}{\underset{\sim}{b}}$ beliebige Vektoren in E^3. Die Tensoren $\overset{n}{\underset{\sim}{L}}$ und $\overset{m}{\underset{\sim}{T}}$ genügen den Beziehungen (K1) bis (K4). Die Verknüpfung zwischen den einfachen Tensoren in (4.8.1) entstehen durch *tensorielle Produkte* sowie durch tensorielle Produkte in Verbindung mit Skalarprodukten der in den einzelnen Tensoren enthaltenen Vektoren. Letztere werden üblicherweise als *verjüngende Produkte* bezeichnet. Dabei gibt es - abhängig von den Stufen der einfachen Tensoren - die Möglichkeit, Tensoren verschiedener Stufen zu erzeugen. Wir definieren:

(K5) *Tensorielle und verjüngende Produkte*

(o) $$(\overset{n}{\underset{\approx}{L}}\overset{m}{\underset{\approx}{T}})^{n+m} = \overset{1}{\underset{\sim}{a}} \otimes \overset{2}{\underset{\sim}{a}} \otimes \dots \otimes \overset{n}{\underset{\sim}{a}} \otimes \overset{1}{\underset{\sim}{b}} \otimes \overset{2}{\underset{\sim}{b}} \otimes \dots \otimes \overset{m}{\underset{\sim}{b}},$$

(1) $$(\overset{n}{\underset{\approx}{L}}\overset{m}{\underset{\approx}{T}})^{n+m-2} = (\overset{n}{\underset{\sim}{a}} \cdot \overset{1}{\underset{\sim}{b}})\overset{1}{\underset{\sim}{a}} \otimes \overset{2}{\underset{\sim}{a}} \otimes \dots \otimes \overset{n-1}{\underset{\sim}{a}} \otimes \overset{2}{\underset{\sim}{b}} \otimes \dots \otimes \overset{m}{\underset{\sim}{b}},$$

(2) $$(\overset{n}{\underset{\approx}{L}}\overset{m}{\underset{\approx}{T}})^{n+m-4} = (\overset{n-1}{\underset{\sim}{a}} \cdot \overset{1}{\underset{\sim}{b}})(\overset{n}{\underset{\sim}{a}} \cdot \overset{2}{\underset{\sim}{b}})\overset{1}{\underset{\sim}{a}} \otimes \overset{2}{\underset{\sim}{a}} \otimes \dots \otimes \overset{n-2}{\underset{\sim}{a}} \otimes \overset{3}{\underset{\sim}{b}} \otimes \dots \otimes \overset{m}{\underset{\sim}{b}},$$

$$\vdots \qquad\qquad\qquad \vdots$$

n > m:

(m) $$(\overset{n}{\underset{\approx}{L}}\overset{m}{\underset{\approx}{T}})^{n-m} = (\overset{n-m+1}{\underset{\sim}{a}} \cdot \overset{1}{\underset{\sim}{b}}) \dots (\overset{n}{\underset{\sim}{a}} \cdot \overset{m}{\underset{\sim}{b}})\overset{1}{\underset{\sim}{a}} \otimes \overset{2}{\underset{\sim}{a}} \otimes \dots \otimes \overset{n-m}{\underset{\sim}{a}},$$

n < m:

(n) $$(\overset{n}{\underset{\approx}{L}}\overset{m}{\underset{\approx}{T}})^{m-n} = (\overset{1}{\underset{\sim}{a}} \cdot \overset{1}{\underset{\sim}{b}}) \dots (\overset{n}{\underset{\sim}{a}} \cdot \overset{n}{\underset{\sim}{b}})\overset{n+1}{\underset{\sim}{b}} \otimes \dots \otimes \overset{m}{\underset{\sim}{b}}.$$

Die tensoriellen Produkte gemäß (o) und die verjüngenden Produkte gemäß (1) bis (m) bzw. (n) sind nun auch zwischen beliebigen Tensoren in Verbindung mit dem Assoziativgesetz (K3) und den Distributivgesetzen festgelegt. Für den Sonderfall m = n kommen wir zu dem *Skalarprodukt* zweier Tensoren n-ter Stufe:

(K6) $$(\overset{1}{\underset{\sim}{a}} \otimes \overset{2}{\underset{\sim}{a}} \otimes \dots \otimes \overset{n}{\underset{\sim}{a}}) \cdot (\overset{1}{\underset{\sim}{b}} \otimes \overset{2}{\underset{\sim}{b}} \otimes \dots \otimes \overset{n}{\underset{\sim}{b}}) = $$
$$= (\overset{1}{\underset{\sim}{a}} \cdot \overset{1}{\underset{\sim}{b}})(\overset{2}{\underset{\sim}{a}} \cdot \overset{2}{\underset{\sim}{b}}) \dots (\overset{n}{\underset{\sim}{a}} \cdot \overset{n}{\underset{\sim}{b}}).$$

Wir sehen hieran, daß das Skalarprodukt von Tensoren zweiter Stufe enthalten ist. Gehen wir zu beliebigen Tensoren n-ter Stufe über, können wir leicht die Gültigkeit des Kommutativgesetzes

$$\overset{n}{\underset{\sim}{L}} \cdot \overset{n}{\underset{\sim}{T}} = \overset{n}{\underset{\sim}{T}} \cdot \overset{n}{\underset{\sim}{L}} \tag{4.8.2}$$

bestätigen. Weiterhin ist die *Norm* eines Tensors n-ter Stufe durch

$$|\overset{n}{\underset{\sim}{L}}| = \sqrt{\overset{n}{\underset{\sim}{L}} \cdot \overset{n}{\underset{\sim}{L}}} \tag{4.8.3}$$

gegeben.

4.8.2 Spezielle Operationen und Tensoren

Wir haben die Produkte von Tensoren höherer Stufe in (K5) in der Weise festgelegt, daß wir in der Lage sind, das *Assoziativgesetz* in allgemeiner Form anzugeben:

$$\overset{n}{\underset{\sim}{L}}(\overset{mp}{\underset{\sim\sim}{TR}}) = (\overset{nm}{\underset{\sim\sim}{LT}})\overset{p}{\underset{\sim}{R}}. \tag{4.8.4}$$

Allerdings ist hierbei wie in (K1) bis (K3) die Stufe der Produkte offen. Diese soll in Verbindung mit (K5) für den Einzelfall bestimmt werden. Zur Erläuterung fügen wir ein Beispiel an. Wir setzen in (4.8.4) $n = 2$, $m = 3$ und $p = 2$. Das Produkt in der Klammer auf der linken Seite sei ein Vektor:

$$\overset{2}{\underset{\sim}{L}}(\overset{32}{\underset{\sim\sim}{TR}})^{1} = [(\overset{23}{\underset{\sim\sim}{LT}})^{3}\overset{2}{\underset{\sim}{R}}]^{1}. \tag{4.8.5}$$

Für einfache Tensoren

$$\overset{2}{\underset{\sim}{L}} = \overset{1}{\underset{\sim}{a}} \otimes \overset{2}{\underset{\sim}{a}}, \quad \overset{3}{\underset{\sim}{T}} = \overset{1}{\underset{\sim}{b}} \otimes \overset{2}{\underset{\sim}{b}} \otimes \overset{3}{\underset{\sim}{b}}, \quad \overset{2}{\underset{\sim}{R}} = \overset{1}{\underset{\sim}{c}} \otimes \overset{2}{\underset{\sim}{c}}$$

wenden wir (K5) auf (4.8.5) an und erhalten für die Assoziation der linken Seite

$$\overset{2}{\underset{\sim}{L}}(\overset{32}{\underset{\sim\sim}{TR}})^{1} = (\overset{1}{\underset{\sim}{a}} \otimes \overset{2}{\underset{\sim}{a}})(\overset{2}{\underset{\sim}{b}} \cdot \overset{1}{\underset{\sim}{c}})(\overset{3}{\underset{\sim}{b}} \cdot \overset{2}{\underset{\sim}{c}})\overset{1}{\underset{\sim}{b}} = (\overset{2}{\underset{\sim}{b}} \cdot \overset{1}{\underset{\sim}{c}})(\overset{3}{\underset{\sim}{b}} \cdot \overset{2}{\underset{\sim}{c}})(\overset{2}{\underset{\sim}{a}} \cdot \overset{1}{\underset{\sim}{b}})\overset{1}{\underset{\sim}{a}}.$$

Die Ausführung mit der auf der rechten Seite gewählten Assoziation liefert mit

$$[(\overset{23}{\underset{\sim\sim}{LT}})\overset{2}{\underset{\sim}{R}}]^{1} = (\overset{2}{\underset{\sim}{a}} \cdot \overset{1}{\underset{\sim}{b}})(\overset{1}{\underset{\sim}{a}} \otimes \overset{2}{\underset{\sim}{b}} \otimes \overset{3}{\underset{\sim}{b}})(\overset{1}{\underset{\sim}{c}} \otimes \overset{2}{\underset{\sim}{c}}) = (\overset{2}{\underset{\sim}{a}} \cdot \overset{1}{\underset{\sim}{b}})(\overset{2}{\underset{\sim}{b}} \cdot \overset{1}{\underset{\sim}{c}})(\overset{3}{\underset{\sim}{b}} \cdot \overset{2}{\underset{\sim}{c}})\overset{1}{\underset{\sim}{a}}$$

das gleiche Ergebnis. Aus der Definition (K5 (o)) in Verbindung mit dem Distributivgesetz ist ersichtlich, daß die Bildung von *einfachen Tensoren höherer Stufe* auch unter Verwendung von Tensoren höherer Stufe möglich ist, wie zum Beispiel

$$\overset{3}{\underset{\sim}{L}} = \underset{\sim}{T} \otimes \underset{\sim}{v}, \quad \overset{3}{\underset{\sim}{L}} = \underset{\sim}{u} \otimes \underset{\sim}{S},$$
$$\overset{4}{\underset{\sim}{L}} = \underset{\sim}{T} \otimes \underset{\sim}{S}, \quad \overset{4}{\underset{\sim}{L}} = \underset{\sim}{v} \otimes \overset{3}{\underset{\sim}{L}}. \tag{4.8.6}$$

Wir fügen nun exemplarisch für einige bestimmte Tensoren *Rechenregeln* ohne Beweis hinzu, die sich als Konsequenzen aus den Definitionen ergeben.

$$(\underset{\sim}{T} \otimes \underset{\sim}{u})\underset{\sim}{v} = (\underset{\sim}{u} \cdot \underset{\sim}{v})\underset{\sim}{T}, \quad (\underset{\sim}{u} \otimes \underset{\sim}{T})\underset{\sim}{R} = (\underset{\sim}{T} \cdot \underset{\sim}{R})\underset{\sim}{u},$$
$$(\underset{\sim}{u} \otimes \underset{\sim}{v} \otimes \underset{\sim}{w})\underset{\sim}{I} = (\underset{\sim}{v} \cdot \underset{\sim}{w})\underset{\sim}{u}, \quad (\underset{\sim}{T} \otimes \underset{\sim}{u})(\underset{\sim}{v} \otimes \underset{\sim}{w}) = (\underset{\sim}{u} \cdot \underset{\sim}{w})\underset{\sim\sim}{Tv},$$
$$(\underset{\sim}{T} \otimes \underset{\sim}{v})\underset{\sim}{R} = \underset{\sim\sim\sim}{TRv}, \quad (\underset{\sim}{T} \otimes \underset{\sim}{v})\underset{\sim}{I} = \underset{\sim\sim}{Tv}, \quad (\underset{\sim}{T} \otimes \underset{\sim}{R})\underset{\sim}{S} = (\underset{\sim}{R} \cdot \underset{\sim}{S})\underset{\sim}{T}, \tag{4.8.7}$$
$$(\underset{\sim}{T} \otimes \underset{\sim}{R})\underset{\sim}{I} = (\mathrm{tr}\underset{\sim}{R})\underset{\sim}{T}, \quad (\underset{\sim}{T} \otimes \underset{\sim}{R})\underset{\sim}{v} = \underset{\sim}{T} \otimes \underset{\sim\sim}{Rv}.$$

Abschließend betrachten wir die *Transposition* der Tensoren höherer Stufe. Beim Tensor zweiter Stufe hatten wir den transponierten Tensor aus der speziellen Eigenschaft bei einer algebraischen Umformung in (G) definiert. Wegen der Vielfalt der Möglichkeiten wollen wir in Anwendung auf Tensoren höherer Stufe hiervon abrücken und uns vergegenwärtigen, daß die Transposition durch Vertauschung der Vektoren einfacher Produkte wie in (4.5.9) oder durch Vertauschung der Basisvektoren für beliebige Tensoren zweiter Stufe wie in (4.5.10) bestimmt wird. Nehmen wir zum Beispiel den Tensor dritter Stufe, so stellen wir fest, daß die Zahl der möglichen Transpositionen 5 beträgt. Allgemeiner können wir im Hinblick auf die Reihenfolge der Anordnung der Basisvektoren von *Permutationen* sprechen. So erlaubt ein Tensor dritter Stufe 6 Permutationen. Da wir im weiteren jedoch einen Tensor in bestimmter Permutation der Basisvektoren als gegeben voraussetzen, behalten wir den Begriff der Transposition bei. Zur Kennzeichnung fügen wir wie in Abschnitt (4.5.2) dem Tensor den Buchstaben T bei und geben durch darüberstehende Buchstaben bzw. Ziffern an, welche Basisvektoren vertauscht werden sollen:

$$\text{(K7)}\quad \overset{\overset{ik}{nT}}{\underset{\sim}{L}} = (\overset{1}{\underset{\sim}{a}} \otimes \ldots \otimes \overset{i}{\underset{\sim}{a}} \otimes \ldots \overset{k}{\underset{\sim}{a}} \otimes \ldots \otimes \overset{n}{\underset{\sim}{a}})^{\overset{ik}{T}}$$

$$= \overset{1}{\underset{\sim}{a}} \otimes \ldots \otimes \overset{k}{\underset{\sim}{a}} \otimes \ldots \otimes \overset{i}{\underset{\sim}{a}} \otimes \ldots \otimes \overset{n}{\underset{\sim}{a}}.$$

Weitere Transpositionen können durch Kombinationen einzelner Vertauschungen erzeugt werden.

Die Überlegungen wollen wir in Anwendung auf den Tensor dritter Stufe erläutern. Wir betrachten die spezielle Transposition für den einfachen Tensor dritter Stufe

$$(\overset{1}{\underset{\sim}{a}} \otimes \overset{2}{\underset{\sim}{a}} \otimes \overset{3}{\underset{\sim}{a}})^{\overset{13}{T}} = \overset{3}{\underset{\sim}{a}} \otimes \overset{2}{\underset{\sim}{a}} \otimes \overset{1}{\underset{\sim}{a}}$$

und erhalten als Konsequenz für einen beliebigen Tensor beispielsweise

$$\underset{\sim}{v} \cdot \overset{3}{\underset{\approx}{L}}\underset{\sim}{T} = \underset{\sim}{T}^{T} \cdot (\overset{\overset{13}{3T}}{\underset{\sim}{L}}\underset{\sim}{v}). \tag{4.8.8}$$

Entsprechend gilt für

$$(\overset{1}{\underset{\sim}{a}} \otimes \overset{2}{\underset{\sim}{a}} \otimes \overset{3}{\underset{\sim}{a}})^{\overset{23}{T}} = \overset{1}{\underset{\sim}{a}} \otimes \overset{3}{\underset{\sim}{a}} \otimes \overset{2}{\underset{\sim}{a}}$$

die Folgerung

$$(\overset{3}{\underset{\approx}{L}}\underset{\sim}{v})\underset{\sim}{u} = (\overset{\overset{23}{3T}}{\underset{\sim}{L}}\underset{\sim}{u})\underset{\sim}{v}. \tag{4.8.9}$$

Letztlich wollen wir eine besondere *Transposition von Tensoren gerader Stufe* $\overset{2n}{\underset{\sim}{L}}$ einzuführen:

$$\text{(K8)}\quad \overset{n}{\underset{\sim}{T}} \cdot (\overset{2n}{\underset{\sim}{L}}\,\overset{n}{\underset{\sim}{R}}) = \overset{n}{\underset{\sim}{R}} \cdot (\overset{2nT}{\underset{\sim}{L}}\,\overset{n}{\underset{\sim}{T}}).$$

Für einen aus den Tensoren $\overset{n}{\underset{\sim}{S}}$ und $\overset{n}{\underset{\sim}{M}}$ gemäß (K5 (o)) gebildeten einfachen Tensor 2n-ter Stufe folgt mit der Definition des Skalarproduktes (K6)

$$(\overset{n}{\underset{\sim}{S}} \otimes \overset{n}{\underset{\sim}{M}})^{T} = \overset{n}{\underset{\sim}{M}} \otimes \overset{n}{\underset{\sim}{S}}. \tag{4.8.10}$$

Hierin ist die Transposition des Tensors zweiter Stufe für n = 1 nach (G) bzw. (4.5.9) eingeschlossen.

4.8.3 Algebra in Basissystemen

In Anlehnung an Abschnitt (4.2) setzen wir voraus, daß wir die Tensoren höherer Stufe $\overset{n}{\underset{\sim}{L}}$ in 3^n linear unabhängigen Tensorbasen darstellen können:

$$\overset{n}{\underset{\sim}{L}} = l^{i_1 i_2 \ldots i_n} \underset{\sim}{g}_{i_1} \otimes \underset{\sim}{g}_{i_2} \otimes \ldots \otimes \underset{\sim}{g}_{i_n},$$
$$\overset{n}{\underset{\sim}{L}} = l_{j_1 j_2 \ldots j_n} \underset{\sim}{g}^{j_1} \otimes \underset{\sim}{g}^{j_2} \otimes \ldots \otimes \underset{\sim}{g}^{j_n}. \qquad (4.8.11)$$

Die skalaren Größen $l^{i_1 i_2 \ldots i_n}$ bzw. $l_{j_1 j_2 \ldots j_n}$ nennen wir die kontravarianten bzw. die kovarianten Koeffizienten der Komponenten von $\overset{n}{\underset{\sim}{L}}$. Die Tensorbasen in (4.8.11 a bzw. b) werden als kovariante bzw. kontravariante Basen bezeichnet. Entsprechende gemischtvariante Formen sind möglich.

Wie bei den Koeffizienten der Vektoren können wir die Koeffizienten der Tensoren höherer Stufe durch Bildung von Skalarprodukten auf die Richtungen der Basisvektoren projizieren. Hierzu multiplizieren wir (4.8.11) skalar mit der kontravarianten bzw. kovarianten Tensorbasis und erhalten mit (K6) unter Berücksichtigung des Distributivgesetzes:

$$l^{i_1 i_2 \ldots i_n} = \overset{n}{\underset{\sim}{L}} \cdot (\underset{\sim}{g}^{i_1} \otimes \underset{\sim}{g}^{i_2} \otimes \ldots \otimes \underset{\sim}{g}^{i_n}),$$

$$l_{j_1 j_2 \ldots j_n} = \overset{n}{\underset{\sim}{L}} \cdot (\underset{\sim}{g}_{j_1} \otimes \underset{\sim}{g}_{j_2} \otimes \ldots \otimes \underset{\sim}{g}_{j_n}).$$

Analog findet man gemischtvariante Koeffizienten.

Beim Wechsel der Basis gelten für den Tensor n-ter Stufe die gleichen *Transformationsregeln* wie beim Tensor 2. Stufe.

■ *Übungsaufgaben zu 4.8:*

(1) Stellen Sie folgende Ausdrücke in einer Basis $\underset{\sim}{g}_1, \underset{\sim}{g}_2, \underset{\sim}{g}_3$ dar:

a) $\overset{3}{\underset{\sim}{L}}(\overset{4}{\underset{\sim}{T}}\overset{2}{\underset{\sim}{R}})^{2}$, b) $(\overset{3}{\underset{\sim}{L}}\overset{2}{\underset{\sim}{T}})^{3}$, c) $(\overset{2}{\underset{\sim}{L}}\overset{3}{\underset{\sim}{T}})^{1}$, d) $\overset{3}{\underset{\sim}{L}} \cdot \overset{3}{\underset{\sim}{T}}$, e) $(\overset{3}{\underset{\sim}{L}} + \overset{3}{\underset{\sim}{R}})\underset{\sim}{u}$, f) $\overset{3}{\underset{\sim}{L}}(\overset{2}{\underset{\sim}{T}} + \overset{2}{\underset{\sim}{S}})$.

(2) Gegeben seien der dreistufige Tensor $\overset{3}{\underset{\sim}{S}}_3 = \underset{\sim}{T} \otimes \underset{\sim}{u}$ und der einfache Tensor $\underset{\sim}{R} = \underset{\sim}{a} \otimes \underset{\sim}{b}$. Zeigen Sie, daß die lineare Abbildung $\underset{\sim}{S}\underset{\sim}{R}$ verschwindet, wenn die Vektoren $\underset{\sim}{u}$ und $\underset{\sim}{b}$ zueinander orthogonal sind.

(3) Berechnen Sie $[(\underset{\sim}{T} \otimes \underset{\sim}{R})(\underset{\sim}{I} \otimes \underset{\sim}{I})]^{2}$. ■

4.9 Das äußere Produkt

In der Mechanik haben äußere Produkte bei den Problemen, die eine Drehbewegung beschreiben, eine wesentliche Bedeutung. Es sei in diesem Zusammenhang an den Drallsatz und den daraus abgeleiteten Beziehungen erinnert. Auch in den allgemeinen Grundgleichungen der Schalentheorie und der Kontinuumsmechanik (s. Abschn. 7 und 6) treten äußere Produkte auf, die sowohl Vektoren mit Vektoren als auch Vektoren mit Tensoren sowie Tensoren mit Tensoren verknüpfen. Aus diesem Grunde ist es notwendig, die äußeren Produkte von Vektoren und Tensoren systematisch zu entwickeln und darzustellen. Wir werden so vorgehen, daß wir zunächst das äußere Produkt von Vektoren erklären. Dabei führen wir dieses Produkt auf anschaulichem Wege ein. Danach definieren wir das äußere Produkt von Vektor und Tensor, das vorteilhaft in der Kontinuumsmechanik verwandt werden kann. Das äußere Tensorprodukt von Tensoren erlaubt schließlich die explizite Darstellung des adjungierten Tensors sowie der Invarianten eines Tensors zweiter Stufe. Der Vorteil dieses Produktes liegt u.a. darin, daß es gelingt, die Invarianten von Tensorsummen und die Inversion von Tensoren 2. Stufe in einfacher Weise explizit anzugeben.

4.9.1 Das Vektorprodukt von Vektoren

Zwei nicht parallele Vektoren $\underset{\sim}{u}$ und $\underset{\sim}{v}$ mit dem Einschließungswinkel $\varphi (0 \leq \varphi \leq \pi)$ bestimmen, wenn man sie in einem Punkt abträgt, eine Ebene. Der Flächeninhalt des durch die Vektoren $\underset{\sim}{u}$ und $\underset{\sim}{v}$ aufgespannten Parallelogrammes ist $|\underset{\sim}{u}||\underset{\sim}{v}| \sin\varphi$. Wir führen jetzt einen neuen Vektor $\underset{\sim}{u} \times \underset{\sim}{v}$ mit dem Betrag $|\underset{\sim}{u}||\underset{\sim}{v}| \sin\varphi$ ein, der in die Richtung des Normaleneinheitsvektors $\underset{\sim}{n}$ der Ebene zeigen soll,

(L) $\underset{\sim}{u} \times \underset{\sim}{v} = |\underset{\sim}{u}||\underset{\sim}{v}| \sin\varphi \underset{\sim}{n}$,

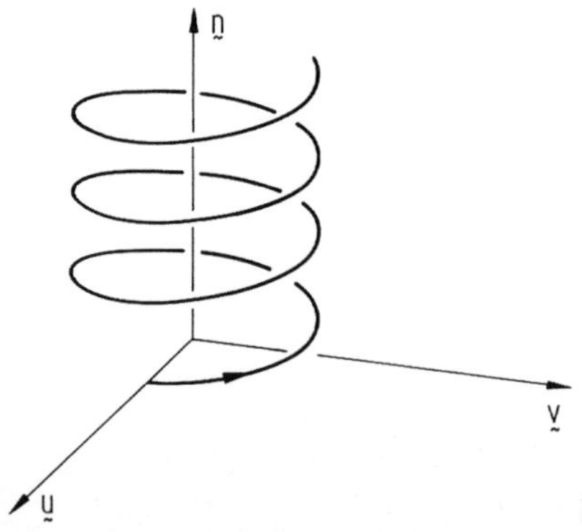

Bild 4.3 Zum Vektorprodukt von Vektoren

und nennen die Verknüpfung $\underset{\sim}{u} \times \underset{\sim}{v}$ das *Vektorprodukt (äußeres Produkt)* der Vektoren $\underset{\sim}{u}$ und $\underset{\sim}{v}$. Der Normaleneinheitsvektor $\underset{\sim}{n}$ ist bis auf das Vorzeichen erklärt. Wir legen nun fest, daß die Vektoren $\underset{\sim}{u}$, $\underset{\sim}{v}$ und $\underset{\sim}{n}$ ein mathematisch positives System bilden sollen, d.h. bei einer Drehung des Vektors $\underset{\sim}{u}$ in den Vektor $\underset{\sim}{v}$ soll $\underset{\sim}{n}$ in die Richtung weisen, in die eine Rechtsschraube bei gleicher Drehung vorrückt. Somit ist der Verknüpfung $\underset{\sim}{u} \times \underset{\sim}{v}$ eindeutig die Richtung $\underset{\sim}{n}$ zugeordnet.

Aus der Definition (L) folgt unmittelbar:

$$(-\underset{\sim}{u}) \times \underset{\sim}{v} = -\underset{\sim}{u} \times \underset{\sim}{v} \qquad (4.9.1)$$

$$\underset{\sim}{u} \times \underset{\sim}{v} = \underset{\sim}{o} \quad \text{genau dann, wenn } \underset{\sim}{u} \text{ zu } \underset{\sim}{v} \text{ parallel ist,} \qquad (4.9.2)$$

$$\underset{\sim}{u} \times \underset{\sim}{v} = -\underset{\sim}{v} \times \underset{\sim}{u}. \qquad (4.9.3)$$

Weiterhin läßt sich leicht nachweisen, daß gilt:

$$\alpha(\underset{\sim}{u} \times \underset{\sim}{v}) = (\alpha\underset{\sim}{u}) \times \underset{\sim}{v} = \underset{\sim}{u} \times (\alpha\underset{\sim}{v}), \qquad (4.9.4)$$

$$\underset{\sim}{u} \times (\underset{\sim}{v} + \underset{\sim}{w}) = \underset{\sim}{u} \times \underset{\sim}{v} + \underset{\sim}{u} \times \underset{\sim}{w}. \qquad (4.9.5)$$

Diese beiden Rechenregeln erklären, daß die Verknüpfung $\underset{\sim}{u} \times \underset{\sim}{v}$ Produkt genannt werden darf. Die Rechenregel (4.9.3) liefert in Verbindung mit (4.9.5) außerdem

$$(\underset{\sim}{u} + \underset{\sim}{v}) \times \underset{\sim}{w} = -\underset{\sim}{w} \times (\underset{\sim}{u} + \underset{\sim}{v}) = -\underset{\sim}{w} \times \underset{\sim}{u} - \underset{\sim}{w} \times \underset{\sim}{u} = \underset{\sim}{u} \times \underset{\sim}{w} + \underset{\sim}{v} \times \underset{\sim}{w}. \qquad (4.9.6)$$

Wir wollen nun die Eigenschaften von *skalaren Dreifachprodukten* $\underset{\sim}{w} \cdot (\underset{\sim}{u} \times \underset{\sim}{v})$ betrachten. Geometrisch läßt sich ihr Betrag als Volumen des durch die Vektoren $\underset{\sim}{u}$, $\underset{\sim}{v}$, $\underset{\sim}{w}$ aufgespannten Parallelepipeds (Spats) interpretieren. Man nennt das skalare Dreifachprodukt daher auch Spatprodukt und schreibt vereinfachend

$$(\underset{\sim}{u} \times \underset{\sim}{v}) \cdot \underset{\sim}{w} = [\underset{\sim}{u}\underset{\sim}{v}\underset{\sim}{w}]. \qquad (4.9.7)$$

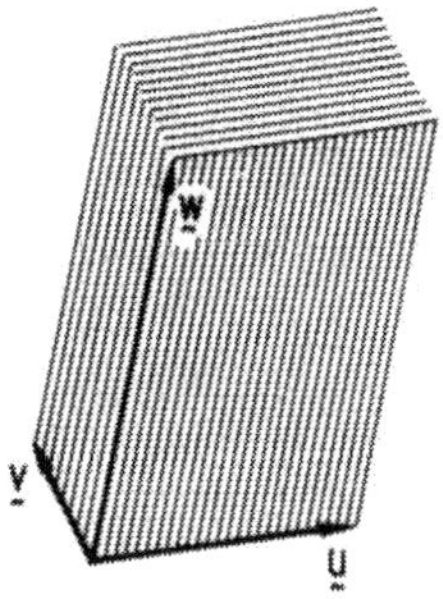

Bild 4.4 Das Parallelepiped

Nennen wir abkürzend $\underset{\sim}{u} \times \underset{\sim}{v} = \underset{\sim}{z}$, so ist $\underset{\sim}{w} \cdot \underset{\sim}{z} = |\underset{\sim}{w}||\underset{\sim}{z}|\cos(\underset{\sim}{w}, \underset{\sim}{z})$ der Rauminhalt des Parallelepipeds; denn $\underset{\sim}{u} \times \underset{\sim}{v}$ ist ein Vektor, dessen Betrag gleich der Grundfläche des Parallelepipeds ist, und $|\underset{\sim}{w}|\cos(\underset{\sim}{w}, \underset{\sim}{z})$ ist seine Höhe. Den Rauminhalt können wir jedoch auch in der Weise ermitteln, daß wir das von den Vektoren $\underset{\sim}{v}$ und $\underset{\sim}{w}$ aufgespannte Parallelogramm als Grundfläche betrachten und den Produktvektor $\underset{\sim}{w} \times \underset{\sim}{u}$ skalar mit $\underset{\sim}{v}$ multiplizieren. Dasselbe Volumen würde sich aus dem Skalarprodukt ebenfalls mit dem Produktvektor $\underset{\sim}{v} \times \underset{\sim}{w}$ und dem Vektor $\underset{\sim}{u}$ gewinnen lassen. Es gilt also für die zyklische Vertauschung der Vektoren:

$$\underset{\sim}{w} \cdot (\underset{\sim}{u} \times \underset{\sim}{v}) = \underset{\sim}{v} \cdot (\underset{\sim}{w} \times \underset{\sim}{u}) = \underset{\sim}{u} \cdot (\underset{\sim}{v} \times \underset{\sim}{w}) \quad \text{oder}$$

$$[\underset{\sim}{w}\underset{\sim}{u}\underset{\sim}{v}] = [\underset{\sim}{v}\underset{\sim}{w}\underset{\sim}{u}] = [\underset{\sim}{u}\underset{\sim}{v}\underset{\sim}{w}], \tag{4.9.8}$$

d.h. das Spatprodukt ändert sich nicht bei zyklischer Vertauschung der Vektoren. Daraus folgt, daß das skalare dreifache Produkt zu Null wird, wenn eine lineare Abhängigkeit besteht. Diese Tatsache benutzen wir, um eine explizite Form für das *vektorielle Dreifachprodukt* $\underset{\sim}{u} \times (\underset{\sim}{v} \times \underset{\sim}{w})$ zu finden. Das Ergebnis liefert - sofern die drei Vektoren $\underset{\sim}{u}$, $\underset{\sim}{v}$, $\underset{\sim}{w}$ Strecken darstellen - einen Vektor, der in der von den Vektoren $\underset{\sim}{v}$ und $\underset{\sim}{w}$ aufgespannten Ebene oder parallel zu ihr liegt. Aus (4.9.8) folgern wir, daß mit den beliebigen reellen Zahlen α und β

$$(\alpha\underset{\sim}{v} + \beta\underset{\sim}{w}) \cdot (\underset{\sim}{v} \times \underset{\sim}{w}) = 0$$

und

$$[\underset{\sim}{u} \times (\underset{\sim}{v} \times \underset{\sim}{w})] \cdot (\underset{\sim}{v} \times \underset{\sim}{w}) = 0$$

sind. Aus dem Vergleich der beiden Gleichungen schließen wir auf

$$\underset{\sim}{u} \times (\underset{\sim}{v} \times \underset{\sim}{w}) = \mu(\alpha\underset{\sim}{v} + \beta\underset{\sim}{w}), \qquad (*)$$

wobei μ eine weitere beliebige reelle Zahl ist. Nun gilt nach (4.9.8) außerdem

$$\underset{\sim}{u} \cdot [\underset{\sim}{u} \times (\underset{\sim}{v} \times \underset{\sim}{w})] = \mu\alpha\underset{\sim}{u} \cdot \underset{\sim}{v} + \mu\beta\underset{\sim}{u} \cdot \underset{\sim}{w} = 0.$$

Da μ, α, β beliebige reelle Zahlen sind, setzen wir

$$\mu\alpha = \underset{\sim}{u} \cdot \underset{\sim}{w}, \qquad \mu\beta = -\underset{\sim}{u} \cdot \underset{\sim}{v}.$$

Damit ist die obige Gleichung erfüllt. Mit diesen Werten liefert die Gl. (*) den sogenannten *Entwicklungssatz*

$$\underset{\sim}{u} \times (\underset{\sim}{v} \times \underset{\sim}{w}) = (\underset{\sim}{u} \cdot \underset{\sim}{w})\underset{\sim}{v} - (\underset{\sim}{u} \cdot \underset{\sim}{v})\underset{\sim}{w}. \tag{4.9.9}$$

Das vektorielle Dreifachprodukt ist nicht assoziativ, wie man unmittelbar aus (4.9.9) erkennt. Es gilt jedoch die *Lagrangesche Identität*

$$\underset{\sim}{u} \times (\underset{\sim}{v} \times \underset{\sim}{w}) + \underset{\sim}{v} \times (\underset{\sim}{w} \times \underset{\sim}{u}) + \underset{\sim}{w} \times (\underset{\sim}{u} \times \underset{\sim}{v}) = \underset{\sim}{0}, \tag{4.9.10}$$

die man leicht durch Anwendung des Entwicklungssatzes bestätigt. Aus der *Lagrangeschen* Identität (4.9.10) finden wir durch Skalarmultiplikation mit dem Vektor $\underset{\sim}{z}$ eine wichtige Rechenregel, wenn wir (4.9.8) und

(4.9.9) berücksichtigen:

$$\underset{\sim}{z} \cdot [\underset{\sim}{u} \times (\underset{\sim}{v} \times \underset{\sim}{w})] = - \underset{\sim}{z} \cdot [\underset{\sim}{v} \times (\underset{\sim}{w} \times \underset{\sim}{u})] - \underset{\sim}{z} \cdot [\underset{\sim}{w} \times (\underset{\sim}{u} \times \underset{\sim}{v})],$$

$$(\underset{\sim}{v} \times \underset{\sim}{w}) \cdot (\underset{\sim}{z} \times \underset{\sim}{u}) = (\underset{\sim}{w} \cdot \underset{\sim}{u})(\underset{\sim}{z} \cdot \underset{\sim}{v}) - (\underset{\sim}{v} \cdot \underset{\sim}{u})(\underset{\sim}{z} \cdot \underset{\sim}{w}). \qquad (4.9.11)$$

Ergänzend geben wir das vektorielle Vierfachprodukt an

$$(\underset{\sim}{u} \times \underset{\sim}{v}) \times (\underset{\sim}{w} \times \underset{\sim}{z}) = [\underset{\sim}{uvz}]\underset{\sim}{w} - [\underset{\sim}{uvw}]\underset{\sim}{z} = [\underset{\sim}{uwz}]\underset{\sim}{v} - [\underset{\sim}{vwz}]\underset{\sim}{u}. \qquad (4.9.12)$$

Die beiden Formen lassen sich aus dem Entwicklungssatz (4.9.8) herleiten, wenn hierin einmal zunächst $\underset{\sim}{u} \times \underset{\sim}{v}$ gleich $\underset{\sim}{a}$, ein zweites Mal zunächst $\underset{\sim}{w} \times \underset{\sim}{z}$ gleich $\underset{\sim}{b}$ gesetzt wird.

Ein *Beispiel* aus der Starrkörpermechanik möge einige Rechenregeln des äußeren Produktes von Vektoren erläutern, insbesondere den Entwicklungssatz (4.9.9) und die Rechenregel (4.9.11), und zwar sollen der *Drall* und die *Rotationsenergie* eines sich bewegenden starren Körpers $\mathcal{B}$ ermittelt werden. Der Drall eines starren Körpers mit der Masse m ist bezüglich eines körperfesten Punktes $\bar{O}$ durch

$$\underset{\sim}{h}_{(\bar{O})} = \int_{\mathcal{B}} \underset{\sim}{\bar{x}} \times (\underset{\sim}{\omega} \times \underset{\sim}{\bar{x}})\,dm \qquad (4.9.13)$$

angegeben. Dabei ist $\underset{\sim}{\omega}$ der Drehgeschwindigkeitsvektor und $\underset{\sim}{\bar{x}}$ der dem körperfesten Bezugspunkt $\bar{O}$ zugeordnete Ortsvektor.

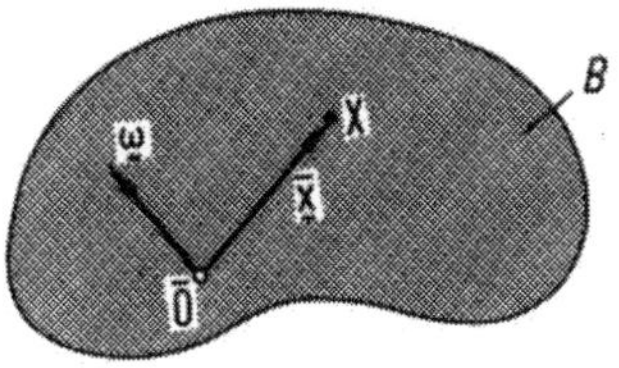

Bild 4.5 Der starre Körper

Mit Hilfe des Entwicklungssatzes (4.9.9) läßt sich der Integrand als lineare Abbildung angeben

$$\underset{\sim}{\bar{x}} \times (\underset{\sim}{\omega} \times \underset{\sim}{\bar{x}}) = (\underset{\sim}{\bar{x}} \cdot \underset{\sim}{\bar{x}})\underset{\sim}{\omega} - (\underset{\sim}{\bar{x}} \cdot \underset{\sim}{\omega})\underset{\sim}{\bar{x}} = (\underset{\sim}{\bar{x}} \cdot \underset{\sim}{\bar{x}})\underset{\approx}{I}\underset{\sim}{\omega} - (\underset{\sim}{\bar{x}} \otimes \underset{\sim}{\bar{x}})\underset{\sim}{\omega} =$$

$$= (\underset{\sim}{\bar{x}}^2 \underset{\approx}{I} - \underset{\sim}{\bar{x}} \otimes \underset{\sim}{\bar{x}})\underset{\sim}{\omega}. \qquad (4.9.14)$$

Da $\underset{\sim}{\omega}$ ein freier Vektor ist und somit nicht von der Geometrie des starren Körpers abhängt, können wir (4.9.13) wie folgt schreiben

$$\underset{\sim}{h}_{(\bar{O})} = [\int_{\mathcal{B}} (\underset{\sim}{\bar{x}}^2 \underset{\approx}{I} - \underset{\sim}{\bar{x}} \otimes \underset{\sim}{\bar{x}})\,dm]\underset{\sim}{\omega}. \qquad (4.9.15)$$

Das Integral ist eine tensorwertige Funktion der Geometrie und der Masse des starren Körpers. Die tensorwertige Funktion wird der *Massen-*

trägheitstensor $\underset{\sim}{\Theta}_{(\bar{0})}$ genannt

$$\underset{\sim}{\Theta}_{(\bar{0})} = \int_{B} (\underset{\sim}{\bar{x}}^2 \underset{\sim}{I} - \underset{\sim}{\bar{x}} \otimes \underset{\sim}{\bar{x}})\,dm. \tag{4.9.16}$$

Den Drall können wir somit als lineare Abbildung des Drehgeschwindigkeitsvektors $\underset{\sim}{\omega}$ mit dem Massenträgheitstensor $\underset{\sim}{\Theta}_{(\bar{0})}$ angeben

$$\underset{\sim}{h}_{(\bar{0})} = \underset{\sim}{\Theta}_{(\bar{0})}\underset{\sim}{\omega}. \tag{4.9.17}$$

Die *Rotationsenergie* eines starren Körpers

$$T_{rot} = \frac{1}{2} \int_{B} (\underset{\sim}{\omega} \times \underset{\sim}{x}) \cdot (\underset{\sim}{\omega} \times \underset{\sim}{x})\,dm$$

formen wir mit Hilfe der Rechenregel (4.9.11) um:

$$T_{rot} = \frac{1}{2} \int_{B} [(\underset{\sim}{\omega} \cdot \underset{\sim}{\omega})(\underset{\sim}{\bar{x}} \cdot \underset{\sim}{\bar{x}}) - (\underset{\sim}{\omega} \cdot \underset{\sim}{\bar{x}})(\underset{\sim}{\omega} \cdot \underset{\sim}{\bar{x}})]\,dm$$

$$= \frac{1}{2} \underset{\sim}{\omega} \cdot \int_{B} [(\underset{\sim}{\bar{x}} \cdot \underset{\sim}{\bar{x}})\underset{\sim}{\omega} - (\underset{\sim}{\omega} \cdot \underset{\sim}{\bar{x}})\underset{\sim}{\bar{x}}]\,dm$$

$$= \frac{1}{2} \underset{\sim}{\omega} \cdot \int_{B} [(\underset{\sim}{\bar{x}}^2 \underset{\sim}{I} - (\underset{\sim}{\bar{x}} \otimes \underset{\sim}{\bar{x}})]\underset{\sim}{\omega}\,dm.$$

Mit (4.9.16) und (4.9.17) erhalten wir endgültig

$$T_{rot} = \frac{1}{2} \underset{\sim}{\omega} \cdot \underset{\sim}{\Theta}_{(\bar{0})}\underset{\sim}{\omega} = \frac{1}{2} \underset{\sim}{\omega} \cdot \underset{\sim}{h}_{(\bar{0})}. \tag{4.9.18}$$

Die Definition des äußeren Produktes und die Rechenregeln haben wir basisunabhängig eingeführt. Zwei Vektoren $\underset{\sim}{u}$ und $\underset{\sim}{v}$ seien nun in einem beliebigen, *orientierten Basissystem* $\underset{\sim}{g}_1$, $\underset{\sim}{g}_2$, $\underset{\sim}{g}_3$ [6] dargestellt:

$$\underset{\sim}{u} = u^i \underset{\sim}{g}_i, \quad \underset{\sim}{v} = v^k \underset{\sim}{g}_k. \tag{4.9.19}$$

Das äußere Produkt von $\underset{\sim}{u}$ und $\underset{\sim}{v}$ ist dann unter Beachtung von (4.9.4) durch

$$\underset{\sim}{u} \times \underset{\sim}{v} = u^i v^k \underset{\sim}{g}_i \times \underset{\sim}{g}_k \tag{4.9.20}$$

gegeben, und das Problem besteht darin, das äußere Produkt der Basisvektoren auszuwerten. Dieses beinhaltet Ausdrücke der Form $\underset{\sim}{g}_1 \times \underset{\sim}{g}_1$, $\underset{\sim}{g}_2 \times \underset{\sim}{g}_2$ usw., die nach (4.9.2) zu Null werden. Weiterhin ist der Betrag von $\underset{\sim}{g}_1 \times \underset{\sim}{g}_2$ nach (L) durch

$$|\underset{\sim}{g}_1 \times \underset{\sim}{g}_2| = |\underset{\sim}{g}_1||\underset{\sim}{g}_2|\sin\varphi_{(12)} \tag{4.9.21}$$

festgelegt, wobei wir den Winkel zwischen $\underset{\sim}{g}_1$ und $\underset{\sim}{g}_2$ durch $\varphi_{(12)}$ auch in den folgenden Gleichungen kennzeichnen. Für (4.9.21) können wir jedoch auch schreiben

$$|\underset{\sim}{g}_1 \times \underset{\sim}{g}_2| = \sqrt{g_{11}g_{22}(1 - \cos^2\varphi_{(12)})}$$

---

[6] Ein orientiertes Basissystem wird auch kartesisches Basissystem genannt.

oder, wenn wir die Definition für das Skalarprodukt (C) beachten

$$|\underset{\sim}{g}_1 \times \underset{\sim}{g}_2| = \sqrt{g_{11}g_{22} - (g_{12})^2}. \qquad (4.9.22)$$

Der Radikand stellt eine Unterdeterminante der Koeffizientenmatrix $||g_{ik}||$ dar - wobei die Determinante einer Matrix (der Matrizenkalkül wird als bekannt vorausgesetzt) im allgemeinen nicht mit der Determinante eines Tensors übereinstimmt (s. Abschnitt 4.9.5 a) - ,

$$U_{33} = g_{11}g_{22} - (g_{12})^2, \qquad (4.9.23)$$

so daß gilt:

$$|\underset{\sim}{g}_1 \times \underset{\sim}{g}_2| = \sqrt{U_{33}}. \qquad (4.9.24)$$

Nach (L) ist somit das äußere Produkt von $\underset{\sim}{g}_1$ und $\underset{\sim}{g}_2$ durch

$$\underset{\sim}{g}_1 \times \underset{\sim}{g}_2 = \sqrt{U_{33}}\,\underset{\sim}{n} \qquad (4.9.25)$$

bestimmt, wobei $\underset{\sim}{n}$ der Einheitsnormalenvektor der von den Basisvektoren $\underset{\sim}{g}_1$ und $\underset{\sim}{g}_2$ in einem rechtshändigen Basissystem aufgespannten Ebene ist. Der Einheitsnormalenvektor $\underset{\sim}{n}$ läßt sich unmittelbar durch den kontravarianten Basisvektor $\underset{\sim}{g}^3$ ausdrücken, da dieser auf $\underset{\sim}{g}_1$ und $\underset{\sim}{g}_2$ und somit auf der von $\underset{\sim}{g}_1$ und $\underset{\sim}{g}_2$ aufgespannten Ebene senkrecht steht:

$$\underset{\sim}{n} = \frac{\underset{\sim}{g}^3}{\sqrt{g^{33}}} \quad \text{und} \quad \underset{\sim}{g}_1 \times \underset{\sim}{g}_2 = \sqrt{\frac{U_{33}}{g^{33}}}\,\underset{\sim}{g}^3. \qquad (4.9.26)$$

Mit der bekannten Beziehung aus der Matrizentheorie - unter Beachtung von (3.4.5) -

$$U_{33} = \det||g_{ik}||\,g^{33}$$

ergibt sich

$$\underset{\sim}{g}_1 \times \underset{\sim}{g}_2 = \sqrt{g}\,\underset{\sim}{g}^3, \qquad (4.9.27)$$

wobei wir abkürzend die Bezeichnung

$$g = \det||g_{ik}|| \qquad (4.9.28)$$

eingeführt haben. Entsprechend läßt sich berechnen

$$\begin{aligned} &\underset{\sim}{g}_2 \times \underset{\sim}{g}_3 = \sqrt{g}\,\underset{\sim}{g}^1, \quad \underset{\sim}{g}_3 \times \underset{\sim}{g}_1 = \sqrt{g}\,\underset{\sim}{g}^2, \\ &\underset{\sim}{g}_2 \times \underset{\sim}{g}_1 = -\sqrt{g}\,\underset{\sim}{g}^3, \ \underset{\sim}{g}_3 \times \underset{\sim}{g}_2 = -\sqrt{g}\,\underset{\sim}{g}^1, \ \underset{\sim}{g}_1 \times \underset{\sim}{g}_3 = -\sqrt{g}\,\underset{\sim}{g}^2. \end{aligned} \qquad (4.9.29)$$

Mit dem Permutationssymbol

$$e_{ijk} = \begin{cases} 0, & \text{wenn zwei Indizes gleich sind,} \\ +1 & \text{bei gerader Permutation der Indizes,} \\ -1 & \text{bei ungerader Permutation der Indizes} \end{cases} \qquad (4.9.30\text{ a})$$

können wir allgemein schreiben:

$$\underset{\sim}{g}_i \times \underset{\sim}{g}_j = \sqrt{g}\, e_{ijk}\underset{\sim}{g}^k . \qquad (4.9.30\ b)$$

Analoge Betrachtungen gelten bei dem äußeren Produkt der dualen Basisvektoren. Sie führen auf das Ergebnis

$$\underset{\sim}{g}^i \times \underset{\sim}{g}^j = \frac{1}{\sqrt{g}}\, e^{ijk}\underset{\sim}{g}_k , \qquad (4.9.31)$$

wobei das kontravariante Permutationssymbol e^{ijk} wie das kovariante Permutationssymbol e_{ijk} erklärt ist.

Mit (4.9.30 b) und (4.9.31) sind wir nun in der Lage, das Spatprodukt der Basisvektoren und der dualen Basisvektoren explizit anzugeben:

$$[\underset{\sim}{g}_i\underset{\sim}{g}_j\underset{\sim}{g}_k] = (\underset{\sim}{g}_i \times \underset{\sim}{g}_j) \cdot \underset{\sim}{g}_k = \sqrt{g}\, e_{ijk} , \qquad (4.9.32)$$

$$[\underset{\sim}{g}^i\underset{\sim}{g}^j\underset{\sim}{g}^k] = (\underset{\sim}{g}^i \times \underset{\sim}{g}^j) \cdot \underset{\sim}{g}^k = \frac{1}{\sqrt{g}}\, e^{ijk} . \qquad (4.9.33)$$

Kehren wir zu unserem Ausgangsproblem (4.9.20) zurück, so erkennen wir, daß mit (4.9.30) das äußere Produkt zweier Vektoren $\underset{\sim}{u}$ und $\underset{\sim}{v}$ in der Basis $\underset{\sim}{g}_1$, $\underset{\sim}{g}_2$, $\underset{\sim}{g}_3$ durch

$$\underset{\sim}{u} \times \underset{\sim}{v} = u^i v^j \sqrt{g}\, e_{ijk}\underset{\sim}{g}^k \qquad (4.9.34)$$

bestimmt ist. Entsprechend folgt mit (4.9.31) für die Darstellung in einer dualen Basis

$$\underset{\sim}{u} \times \underset{\sim}{v} = u_i v_j \sqrt{g}\, e^{ijk}\underset{\sim}{g}_k . \qquad (4.9.35)$$

Mit (4.9.32) und (4.9.33) finden wir für das skalare Dreifachprodukt der Vektoren $\underset{\sim}{u}$, $\underset{\sim}{v}$ und $\underset{\sim}{w}$:

$$(\underset{\sim}{u} \times \underset{\sim}{v}) \cdot \underset{\sim}{w} = u^i v^j w^k \sqrt{g}\, e_{ijk} = u_i v_j w_k \frac{1}{\sqrt{g}}\, e^{ijk} . \qquad (4.9.36)$$

In einer *orthonormierten Basis* vereinfachen sich die obigen Beziehungen ganz erheblich, da in diesem Fall g den Wert eins annimmt und die kovarianten Basisvektoren mit den kontravarianten zusammenfallen:

$$\underset{\sim}{u} \times \underset{\sim}{v} = u_i v_j e_{ijk}\underset{\sim}{e}_k , \qquad (4.9.37)$$

$$(\underset{\sim}{u} \times \underset{\sim}{v}) \cdot \underset{\sim}{w} = u_i v_j w_k e_{ijk} . \qquad (4.9.38)$$

Nach Aussummation erhalten wir

$$\underset{\sim}{u} \times \underset{\sim}{v} = (u_2 v_3 - u_3 u_2)\underset{\sim}{e}_1 + (u_3 v_1 - u_1 v_3)\underset{\sim}{e}_2 + (u_1 v_2 - u_2 v_1)\underset{\sim}{e}_3 ,$$

$$(\underset{\sim}{u} \times \underset{\sim}{v}) \cdot \underset{\sim}{w} = u_1(v_2 w_3 - v_3 w_2) + u_2(v_3 w_1 - v_1 w_3) + u_3(v_1 w_2 - v_2 w_1) ,$$

und wir erkennen, daß wir diese Ausdrücke auch in Determinantenform schreiben können:

$$\underset{\sim}{u} \times \underset{\sim}{v} = \det \begin{Vmatrix} \underset{\sim}{e}_1 & \underset{\sim}{e}_2 & \underset{\sim}{e}_3 \\ u_1 & u_2 & u_3 \\ v_1 & v_2 & v_3 \end{Vmatrix} , \qquad (4.9.39)$$

$$(\underset{\sim}{u} \times \underset{\sim}{v}) \cdot \underset{\sim}{w} = \det \begin{Vmatrix} u_1 u_2 u_3 \\ v_1 v_2 v_3 \\ w_1 w_2 w_3 \end{Vmatrix} \quad . \qquad (4.9.40)$$

Wir wenden uns noch einmal dem äußeren Produkt der Basisvektoren (4.9.30b) zu. Zunächst führen wir die Abkürzungen

$$\bar{e}_{ijk} = \sqrt{g}\, e_{ijk}, \qquad \bar{e}^{ijk} = \frac{1}{\sqrt{g}}\, e^{ijk} \qquad (4.9.41)$$

ein. Für (4.9.30 b) können wir nun mit Hilfe von (4.9.41 a) schreiben:

$$\begin{aligned} \underset{\sim}{g}_i \times \underset{\sim}{g}_j &= \bar{e}_{ijk}\underset{\sim}{g}^k = \bar{e}_{rsk}(\underset{\sim}{g}^r \cdot \underset{\sim}{g}_i)(\underset{\sim}{g}^s \cdot \underset{\sim}{g}_j)\underset{\sim}{g}^k \\ &= \bar{e}_{rsk}(\underset{\sim}{g}^k \otimes \underset{\sim}{g}^r \otimes \underset{\sim}{g}^s)(\underset{\sim}{g}_i \otimes \underset{\sim}{g}_j), \end{aligned} \qquad (4.9.42)$$

wobei wir bei der letzten Umformung (K5) beachtet haben. Somit läßt sich das äußere Produkt der Basisvektoren als lineare Abbildung des einfachen Tensors $\underset{\sim}{g}_i \otimes \underset{\sim}{g}_j$ mit einem dreistufigen Tensor $\overset{3}{\underset{\sim}{E}}$ darstellen:

$$\underset{\sim}{g}_i \times \underset{\sim}{g}_j = \overset{3}{\underset{\sim}{E}}(\underset{\sim}{g}_i \otimes \underset{\sim}{g}_j). \qquad (4.9.43)$$

Entsprechend folgt aus (4.9.31)

$$\underset{\sim}{g}^i \times \underset{\sim}{g}^j = \overset{3}{\underset{\sim}{E}}(\underset{\sim}{g}^i \otimes \underset{\sim}{g}^j). \qquad (4.9.44)$$

Der dreistufige Tensor $\overset{3}{\underset{\sim}{E}}$ läßt sich unter Beachtung von (4.9.30b)und unter Berücksichtigung der Tatsache, daß eine zyklische Vertauschung der Indizes in $\bar{e}_{rsk}$ erlaubt ist, durch

$$\overset{3}{\underset{\sim}{E}} = \bar{e}_{rsk}\, \underset{\sim}{g}^r \otimes \underset{\sim}{g}^s \otimes \underset{\sim}{g}^k = (\underset{\sim}{g}_r \times \underset{\sim}{g}_s) \cdot \underset{\sim}{g}_k\, \underset{\sim}{g}^r \otimes \underset{\sim}{g}^s \otimes \underset{\sim}{g}^k \qquad (4.9.45)$$

angeben. Der dreistufige Tensor $\overset{3}{\underset{\sim}{E}}$ ist also allein durch die Metrik festgelegt. Wir nennen daher diesen Tensor *Fundamentaltensor* (sh. auch Abschn. 4.10). Selbstverständlich kann der Fundamentaltensor in der kovarianten Basis oder auch in gemischtvarianten Basen dargestellt werden. So finden wir beispielsweise:

$$\overset{3}{\underset{\sim}{E}} = \bar{e}^{rsk}\, \underset{\sim}{g}_r \otimes \underset{\sim}{g}_s \otimes \underset{\sim}{g}_k = (\underset{\sim}{g}^r \times \underset{\sim}{g}^s) \cdot \underset{\sim}{g}^k\, \underset{\sim}{g}_r \otimes \underset{\sim}{g}_s \otimes \underset{\sim}{g}_k, \qquad (4.9.46)$$

$$\overset{3}{\underset{\sim}{E}} = (\underset{\sim}{g}^r \times \underset{\sim}{g}^s) \cdot \underset{\sim}{g}_k\, \underset{\sim}{g}_r \otimes \underset{\sim}{g}_s \otimes \underset{\sim}{g}^k. \qquad (4.9.47)$$

Die für die Basisvektoren gültige Rechenregel (4.9.43) bzw. (4.9.44) läßt sich nun leicht auf beliebige Vektoren übertragen:

$$\underset{\sim}{u} \times \underset{\sim}{v} = \overset{3}{\underset{\sim}{E}}(\underset{\sim}{u} \otimes \underset{\sim}{v}). \qquad (4.9.48)$$

Abschließend wollen wir eine für schiefsymmetrische Tensoren $\overset{A}{\underset{\sim}{T}}$ gültige Aussage ableiten, die besagt, daß jedem schiefsymmetrischen Tensor ein Vektor, der *axiale Vektor*, zugeordnet werden kann. Für die Beweisführung gehen wir aus von einem einfachen Tensor $\underset{\sim}{a} \otimes \underset{\sim}{b}$, dessen schiefsymmetrischer Anteil durch $\overset{A}{\underset{\sim}{T}} = \frac{1}{2}\,(\underset{\sim}{a} \otimes \underset{\sim}{b} - \underset{\sim}{b} \otimes \underset{\sim}{a})$ gebildet wird. Wenden wir

$\overset{A}{\underset{\sim}{T}}$ auf einen beliebigen Vektor $\underset{\sim}{u}$ an, so ergibt sich mit (4.9.9)

$$\overset{A}{\underset{\sim\sim}{T}}\underset{\sim}{u} = \frac{1}{2}\,[(\underset{\sim}{u} \cdot \underset{\sim}{b})\underset{\sim}{a} - (\underset{\sim}{u} \cdot \underset{\sim}{a})\underset{\sim}{b}] = \frac{1}{2}\,\underset{\sim}{u} \times (\underset{\sim}{a} \times \underset{\sim}{b}) = \frac{1}{2}\,(\underset{\sim}{b} \times \underset{\sim}{a}) \times \underset{\sim}{u}.$$

Es gilt also

$$\overset{A}{\underset{\sim\sim}{T}}\underset{\sim}{u} = \overset{A}{\underset{\sim}{t}} \times \underset{\sim}{u}, \qquad (4.9.49)$$

wobei der Vektor

$$\overset{A}{\underset{\sim}{t}} = \frac{1}{2}\,(\underset{\sim}{b} \times \underset{\sim}{a}) \qquad (4.9.50)$$

als *axialer Vektor* bezeichnet wird. Die für den einfachen Tensor durchgeführten Überlegungen lassen sich ohne Schwierigkeiten auf einen beliebigen Tensor $\underset{\sim}{T}$ übertragen. Aus (4.9.50) und (4.9.48) erkennen wir, daß der axiale Vektor ganz allgemein durch

$$\overset{A}{\underset{\sim}{t}} = \frac{1}{2}\,\overset{3}{\underset{\sim}{E}}\underset{\sim}{T}^{T} \qquad (4.9.51)$$

bestimmt ist.

Aus (4.9.51) folgt in Verbindung mit (4.9.48) unmittelbar, daß der axiale Vektor zu einem symmetrischen Tensor der Nullvektor ist.

■ *Übungsaufgaben zu 4.9.1:*

(1) Gegeben sind drei Vektoren in einem orthonormierten Basissystem:

$$\underset{\sim}{u} = \underset{\sim}{e}_1 - 2\underset{\sim}{e}_2 - 3\underset{\sim}{e}_3, \quad \underset{\sim}{v} = 2\underset{\sim}{e}_1 + \underset{\sim}{e}_2 - \underset{\sim}{e}_3, \quad \underset{\sim}{w} = \underset{\sim}{e}_1 + 3\underset{\sim}{e}_2 - 2\underset{\sim}{e}_3.$$

Berechnen Sie unter Verwendung des Fundamentaltensors $\overset{3}{\underset{\sim}{E}}$:

a) $|(\underset{\sim}{u} \times \underset{\sim}{v}) \times \underset{\sim}{w}|$, b) $\underset{\sim}{u} \cdot (\underset{\sim}{v} \times \underset{\sim}{w})$, c) $(\underset{\sim}{u} \times \underset{\sim}{v}) \cdot \underset{\sim}{w}$, d) $(\underset{\sim}{u} \times \underset{\sim}{v}) \times (\underset{\sim}{v} \times \underset{\sim}{w})$.

(2) Gegeben sind die Vektoren

$$\underset{\sim}{u} = 3\underset{\sim}{g}_1 + 2\underset{\sim}{g}_2 + 6\underset{\sim}{g}_3 \quad \text{und} \quad \underset{\sim}{v} = 2\underset{\sim}{g}_2 + 7\underset{\sim}{g}_3.$$

Berechnen Sie mit Hilfe des Fundamentaltensors $\overset{3}{\underset{\sim}{E}}$ das äußere Produkt der Vektoren $\underset{\sim}{u}$ und $\underset{\sim}{v}$.

(3) Gegeben sind die Vektoren

$$\underset{\sim}{u} = \underset{\sim}{e}_1 + 7\underset{\sim}{e}_2 + 5\underset{\sim}{e}_3 \quad \text{und} \quad \underset{\sim}{v} = 22\underset{\sim}{e}_1 + 4\underset{\sim}{e}_2 - 10\underset{\sim}{e}_3.$$

Es möge gelten $\underset{\sim}{u} \times \underset{\sim}{w} = \underset{\sim}{v}$. Berechnen Sie $\underset{\sim}{w}$, wenn $\underset{\sim}{u}$ und $\underset{\sim}{w}$ einen Winkel von 22.21° einschließen.

(4) Zeigen Sie, daß folgende Beziehung gültig ist:

$$(\underset{\sim}{u} \times \underset{\sim}{v}) \cdot (\underset{\sim}{v} \times \underset{\sim}{w}) \times (\underset{\sim}{w} \times \underset{\sim}{u}) = (\underset{\sim}{u} \cdot \underset{\sim}{v} \times \underset{\sim}{w})^2.$$

(5) Betrachten Sie ein Tetraeder mit den Seitenflächen a_1, a_2, a_3, a_4.

Es seien $\underset{\sim}{a}_1$, $\underset{\sim}{a}_2$, $\underset{\sim}{a}_3$ und $\underset{\sim}{a}_4$ Flächenvektoren, deren Beträge gleich sind den Flächeninhalten von a_1, a_2, a_3, a_4 und deren Richtungen senkrecht zu diesen Flächen nach außen weisen. Zeigen Sie, daß die Vektorsumme $\underset{\sim}{a}_1 + \underset{\sim}{a}_2 + \underset{\sim}{a}_3 + \underset{\sim}{a}_4$ verschwindet.

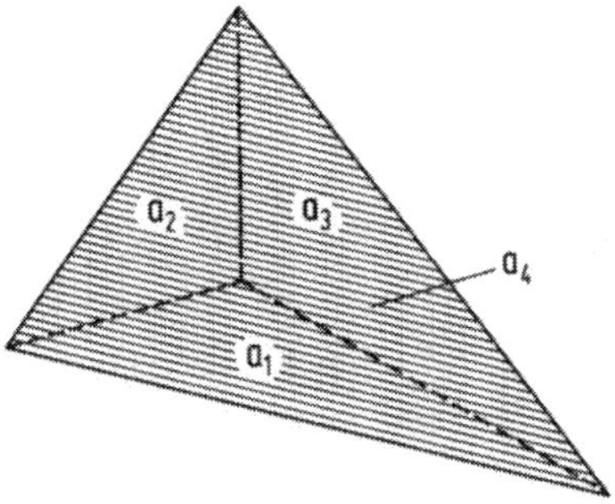

(6) Die Vektoren $\overset{1}{\underset{\sim}{x}}$, $\overset{2}{\underset{\sim}{x}}$, $\overset{3}{\underset{\sim}{x}}$ seien Ortsvektoren der Punkte $\overset{1}{p}$, $\overset{2}{p}$, $\overset{3}{p}$. Stellen Sie die Gleichung der Ebene auf, die durch die Punkte $\overset{1}{p}$, $\overset{2}{p}$, $\overset{3}{p}$ geht; die Punkte $\overset{1}{p}$, $\overset{2}{p}$, $\overset{3}{p}$ sollen nicht auf einer Linie liegen.

Zeigen Sie weiterhin, daß der Vektor $\overset{1}{\underset{\sim}{x}} \times \overset{2}{\underset{\sim}{x}} + \overset{2}{\underset{\sim}{x}} \times \overset{3}{\underset{\sim}{x}} + \overset{3}{\underset{\sim}{x}} \times \overset{1}{\underset{\sim}{x}}$ senkrecht auf der Ebene steht.

(7) Gegeben seien die reziproken Vektoren

$$\bar{\underset{\sim}{u}} = \frac{\underset{\sim}{v} \times \underset{\sim}{w}}{\underset{\sim}{u} \bullet (\underset{\sim}{v} \times \underset{\sim}{w})}, \quad \bar{\underset{\sim}{v}} = \frac{\underset{\sim}{w} \times \underset{\sim}{u}}{\underset{\sim}{u} \bullet (\underset{\sim}{v} \times \underset{\sim}{w})} \quad \text{und} \quad \bar{\underset{\sim}{w}} = \frac{\underset{\sim}{u} \times \underset{\sim}{v}}{\underset{\sim}{u} \bullet (\underset{\sim}{v} \times \underset{\sim}{w})}.$$

Unter der Voraussetzung, daß $\underset{\sim}{u} \bullet (\underset{\sim}{v} \times \underset{\sim}{w})$ verschieden von Null ist, überprüfen Sie folgende Aussagen:

a) $\bar{\underset{\sim}{u}} \bullet \underset{\sim}{u} = \bar{\underset{\sim}{v}} \bullet \underset{\sim}{v} = \bar{\underset{\sim}{w}} \bullet \underset{\sim}{w} = 1$,

b) $\bar{\underset{\sim}{u}} \bullet \underset{\sim}{v} = \bar{\underset{\sim}{u}} \bullet \underset{\sim}{w} = 0$, $\quad \bar{\underset{\sim}{v}} \bullet \underset{\sim}{u} = \bar{\underset{\sim}{v}} \bullet \underset{\sim}{w} = 0$, $\quad \bar{\underset{\sim}{w}} \bullet \underset{\sim}{u} = \bar{\underset{\sim}{w}} \bullet \underset{\sim}{v} = 0$,

c) wenn $\underset{\sim}{u} \bullet (\underset{\sim}{v} \times \underset{\sim}{w}) = V$ ist, dann ist $\bar{\underset{\sim}{u}} \bullet (\bar{\underset{\sim}{v}} \times \bar{\underset{\sim}{w}}) = \frac{1}{V}$.

(8) Zeigen Sie, daß jeder Vektor $\underset{\sim}{x}$ in folgender Weise durch die reziproken Vektoren, wie sie in Aufgabe (7) angegeben sind, ausgedrückt werden kann:

$$\underset{\sim}{x} = (\underset{\sim}{x} \bullet \bar{\underset{\sim}{u}})\underset{\sim}{u} + (\underset{\sim}{x} \bullet \bar{\underset{\sim}{v}})\underset{\sim}{v} + (\underset{\sim}{x} \bullet \bar{\underset{\sim}{w}})\underset{\sim}{w}.$$

(9) Ermitteln Sie die Komponenten des axialen Vektors zu dem Tensor $\underset{\sim}{T}$.

(10) Gegeben sind ein Vektor $\underset{\sim}{u} = -2\underset{\sim}{e}_1 + 3\underset{\sim}{e}_2 - \underset{\sim}{e}_3$ und ein Tensor $\underset{\sim}{T} = t_{ik}\, \underset{\sim}{e}_i \otimes \underset{\sim}{e}_k$ mit

$$t_{ik} : \quad \begin{Bmatrix} 2; & 2; & -1; \\ 0; & 0; & 2; \\ -5; & -4; & 1 \end{Bmatrix}.$$

Berechnen Sie den zu $\underset{\sim}{T}$ gehörenden axialen Vektor $\underset{\sim}{t}^A$ und bestätigen Sie anschließend folgende Beziehung: $\underset{\sim}{T}^A \underset{\sim}{u} = \underset{\sim}{t}^A \times \underset{\sim}{u}$. ■

4.9.2 Das äußere Tensorprodukt von Vektor und Tensor

In dem äußeren Produkt von Vektoren sei ein Vektor als lineare Abbildung mit einem Tensor zweiter Stufe gegeben, z.B. $\underset{\sim}{u} \times (\underset{\sim}{T}\underset{\sim}{v})$. Dann ist es für die Anwendung vorteilhaft, ein äußeres Tensorprodukt des Vektors $\underset{\sim}{u}$ mit dem Tensor $\underset{\sim}{T}$ einzuführen und das äußere Produkt $\underset{\sim}{u} \times (\underset{\sim}{T}\underset{\sim}{v})$ als lineare Abbildung darzustellen. Die Definition des äußeren Tensorproduktes eines Vektors mit einem Tensor ergibt sich aus der für das praktische Rechnen so wichtigen Forderung, anders assoziieren zu dürfen. Mit den beliebigen Vektoren $\underset{\sim}{u}$ und $\underset{\sim}{v}$ sowie mit den beliebigen Tensoren $\underset{\sim}{T}$ und $\underset{\sim}{S}$ verlangen wir:

(M1) $(\underset{\sim}{u} \times \underset{\sim}{T})\underset{\sim}{v} = \underset{\sim}{u} \times (\underset{\sim}{T}\underset{\sim}{v})$,

(M2) $(\underset{\sim}{T} \times \underset{\sim}{u})\underset{\sim}{v} = (\underset{\sim}{T}\underset{\sim}{v}) \times \underset{\sim}{u}$.

Weiterhin soll gelten:

(M3) $\underset{\sim}{T} \cdot (\underset{\sim}{S} \times \underset{\sim}{v}) = - \underset{\sim}{S} \cdot (\underset{\sim}{T} \times \underset{\sim}{v})$.

Hierin sind $\underset{\sim}{u} \times \underset{\sim}{T}$ und $\underset{\sim}{T} \times \underset{\sim}{u}$ Tensoren zweiter Stufe mit den folgenden Eigenschaften:

$$\underset{\sim}{u} \times \underset{\sim}{T} = - \underset{\sim}{T} \times \underset{\sim}{u}, \tag{4.9.52}$$

$$\underset{\sim}{u} \times (\underset{\sim}{T} + \underset{\sim}{S}) = \underset{\sim}{u} \times \underset{\sim}{T} + \underset{\sim}{u} \times \underset{\sim}{S}, \tag{4.9.53}$$

$$(\underset{\sim}{u} + \underset{\sim}{v}) \times \underset{\sim}{T} = \underset{\sim}{u} \times \underset{\sim}{T} + \underset{\sim}{v} \times \underset{\sim}{T}, \tag{4.9.54}$$

$$\alpha(\underset{\sim}{u} \times \underset{\sim}{T}) = (\alpha\underset{\sim}{u}) \times \underset{\sim}{T} = \underset{\sim}{u} \times (\alpha\underset{\sim}{T}), \tag{4.9.55}$$

$$(\underset{\sim}{v} \times \underset{\sim}{S}) \cdot \underset{\sim}{T} = - (\underset{\sim}{v} \times \underset{\sim}{T}) \cdot \underset{\sim}{S}. \tag{4.9.56}$$

Insbesondere gilt, daß der Tensor $\underset{\sim}{u} \times \underset{\sim}{I}$ ein schiefsymmetrischer Tensor ist, d.h.

$$(\underset{\sim}{u} \times \underset{\sim}{I}) = - (\underset{\sim}{u} \times \underset{\sim}{I})^T; \tag{4.9.57}$$

denn mit der Definition des transponierten Tensors (G) können wir schreiben

$$\underset{\sim}{w} \cdot (\underset{\sim}{u} \times \underset{\sim}{I})\underset{\sim}{v} = \underset{\sim}{v} \cdot (\underset{\sim}{u} \times \underset{\sim}{I})^T\underset{\sim}{w}. \quad (+)$$

Für die linke Seite finden wir unter Berücksichtigung von (M1)

$$\underset{\sim}{w} \cdot (\underset{\sim}{u} \times \underset{\sim}{I})\underset{\sim}{v} = \underset{\sim}{w} \cdot (\underset{\sim}{u} \times \underset{\sim}{I}\underset{\sim}{v}) = \underset{\sim}{w} \cdot (\underset{\sim}{u} \times \underset{\sim}{v}).$$

Mit (4.9.8) sowie (M1) folgt

$$\underset{\sim}{w} \cdot (\underset{\sim}{u} \times \underset{\sim}{I})\underset{\sim}{v} = - \underset{\sim}{v} \cdot (\underset{\sim}{u} \times \underset{\sim}{w}) = - \underset{\sim}{v} \cdot (\underset{\sim}{u} \times \underset{\sim}{I}\underset{\sim}{w}) = - \underset{\sim}{v} \cdot (\underset{\sim}{u} \times \underset{\sim}{I})\underset{\sim}{w}.$$

Aus dem Vergleich mit (+) schließen wir auf das in (4.9.57) angegebene Ergebnis, da die Vektoren $\underset{\sim}{v}$ und $\underset{\sim}{w}$ beliebig sind und der Tensor $\underset{\sim}{u} \times \underset{\sim}{I}$ von diesen Vektoren unabhängig ist.

In dem schiefsymmetrischen Tensor $\underset{\sim}{u} \times \underset{\sim}{I}$ ist $\underset{\sim}{u}$ der axiale Vektor. Nach (4.9.49) gilt nämlich

$$(\underset{\sim}{u} \times \underset{\sim}{I})\underset{\sim}{v} = \overset{A}{\underset{\sim}{t}} \times \underset{\sim}{v}.$$

Beachten wir (M1), so ergibt sich

$$\underset{\sim}{u} \times \underset{\sim}{v} = \overset{A}{\underset{\sim}{t}} \times \underset{\sim}{v} \quad \text{und} \quad \overset{A}{\underset{\sim}{t}} = \underset{\sim}{u}.$$

Die Definitionen (M1) und (M2) beinhalten ebenfalls

$$\underset{\sim}{u} \times \underset{\sim}{T} \qquad = [\overset{3}{\underset{\sim}{E}}(\underset{\sim}{u} \otimes \underset{\sim}{T})]^2, \tag{4.9.58}$$

$$-\underset{\sim}{T} \times \underset{\sim}{u} \qquad = [\overset{3}{\underset{\sim}{E}}(\underset{\sim}{u} \otimes \underset{\sim}{T})]^2, \tag{4.9.59}$$

$$\underset{\sim}{u} \times (\underset{\sim}{a} \otimes \underset{\sim}{b}) = (\underset{\sim}{u} \times \underset{\sim}{a}) \otimes \underset{\sim}{b}, \tag{4.9.60}$$

$$(\underset{\sim}{a} \otimes \underset{\sim}{b}) \times \underset{\sim}{u} = (\underset{\sim}{a} \times \underset{\sim}{u}) \otimes \underset{\sim}{b}. \tag{4.9.61}$$

Die Gültigkeit der obigen Rechenregeln läßt sich leicht mit den Definitionen (M1) bis (M3) sowie einigen Rechenregeln des äußeren Produktes von Vektoren bestätigen. Die Beweise sind übrigens in [2] enthalten.

Der Vorteil der Definition des äußeren Tensorproduktes von Vektor und Tensor wird sofort an einem *Beispiel* der Kontinuumsmechanik (s. Abschnitt 6) deutlich. Dort ist bei der Auswertung des Satzes von der Erhaltung des Dralles das Moment $\underset{\sim}{m}_{(O)}$ der an der Oberfläche $\partial\mathcal{B}$ eines deformierbaren Körpers $\mathcal{B}$ wirkenden Spannungsvektoren $\underset{\sim}{t}$ bezüglich des raumfesten Punktes O zu bilden

$$\underset{\sim}{m}_{(O)} = \int_{\partial\mathcal{B}} \underset{\sim}{x} \times \underset{\sim}{t}\, da,$$

wobei da das Flächenelement der Oberfläche ist. Mit dem *Cauchy-Theorem* (s. Abschnitt 4.2) folgt:

$$\underset{\sim}{m}_{(O)} = \int_{\partial\mathcal{B}} \underset{\sim}{x} \times \underset{\sim}{T}\underset{\sim}{n}\, da.$$

Die Auswertung des Satzes von der Erhaltung des Dralles erfordert, das Oberflächenintegral durch ein Volumenintegral auszudrücken. Wie wir in Abschnitt 5.8.1 sehen werden, ist dies stets dann möglich, wenn der Integrand in dem Oberflächenintegral als lineare Abbildung des Flächennormalenvektors $\underset{\sim}{n}$ dargestellt werden kann. Genau diese Abbildung liefert jedoch die Definition (M1).

Zum Abschluß dieses Abschnittes stellen wir das äußere Tensorprodukt von Vektoren und Tensoren in einem *Basissystem* $\underset{\sim}{g}_1$, $\underset{\sim}{g}_2$, $\underset{\sim}{g}_3$ dar. Die Rechenregel (4.9.58) liefert in Verbindung mit (4.9.45) sowie den Rechenregeln über Tensoren höherer Stufe (K5)

$$\underset{\sim}{u} \times \underset{\sim}{T} = \bar{e}_{ikj} u^r t^{sl} (\underset{\sim}{g}^i \otimes \underset{\sim}{g}^k \otimes \underset{\sim}{g}^j)(\underset{\sim}{g}_r \otimes \underset{\sim}{g}_s \otimes \underset{\sim}{g}_l)$$

$$= \bar{e}_{ikj} u^k t^{jl} g^{ir} \underset{\sim}{g}_r \otimes \underset{\sim}{g}_l . \qquad (4.9.62)$$

Entsprechende Darstellungen in der dualen oder gemischtvarianten Basis lassen sich ebenfalls ohne Schwierigkeiten gewinnen.

■ *Übungsaufgaben zu 4.9.2:*

(1) Gegeben sind die Vektoren

$$\underset{\sim}{a} = \underset{\sim}{g}_1 + 4\underset{\sim}{g}_2 + 5\underset{\sim}{g}_3, \quad \underset{\sim}{b} = 2\underset{\sim}{g}_1 + 9\underset{\sim}{g}_3, \quad \underset{\sim}{d} = 3\underset{\sim}{g}_1 + 6\underset{\sim}{g}_2,$$

sowie

$$g^{ik} : \left\{ \begin{matrix} 8; & 1; & \frac{1}{2}; \\ 1; & 0; & \frac{1}{4}; \\ \frac{1}{2}; & \frac{1}{4}; & -\frac{1}{2} \end{matrix} \right\} .$$

Berechnen Sie den Tensor $\underset{\sim}{T} = \underset{\sim}{a} \times (\underset{\sim}{b} \otimes \underset{\sim}{d})$.

(2) Gegeben sind der Vektor $\underset{\sim}{u} = 3\underset{\sim}{g}_1 + 2\underset{\sim}{g}_2 + 7\underset{\sim}{g}_3$ sowie der Tensor $\underset{\sim}{T}$ aus Aufgabe (1). Bestimmen Sie

a) $\underset{\sim}{S} = \underset{\sim}{u} \times \underset{\sim}{T}$, b) $\underset{\sim}{a} = \underset{\sim}{S}\underset{\sim}{g}^1$.

c) Berechnen Sie $\underset{\sim}{a} = \underset{\sim}{S}\underset{\sim}{g}^1$ mit Hilfe der Definition (M1) und vergleichen Sie das Ergebnis mit dem Ergebnis b).

(3) Bestimmen Sie mit Hilfe der in Abschnitt 4.9.2 angegebenen Rechenregeln den transponierten Tensor zu $\underset{\sim}{u} \times \underset{\sim}{T}$. ■

4.9.3 Das äußere Tensorprodukt von Tensoren

Wir kommen auf den im vorigen Abschnitt erläuterten Gedankengang zurück, daß in dem äußeren Produkt der Vektoren ein Vektor als lineare Abbildung gegeben ist. Dabei haben wir gesehen, daß man in diesem Fall zu einem neuen äußeren Produkt gelangt. Den Gedankengang können wir nun fortsetzen und fragen, welche Folgerungen sich ergeben, wenn beide Vektoren in dem äußeren Produkt durch lineare Abbildungen dargestellt sind. In der Tat führt diese Überlegung zu der Definition eines neuen äußeren Produktes, nämlich des äußeren Tensorproduktes zweier Tensoren.

Das äußere Tensorprodukt zweier beliebiger Tensoren zweiter Stufe $\underset{\sim}{T}$ und $\underset{\sim}{S}$ sei durch die Abbildungsvorschrift

(N1) $(\underset{\sim}{T} \divideontimes \underset{\sim}{S})(\underset{\sim}{u}_1 \times \underset{\sim}{u}_2) = \underset{\sim}{T}\underset{\sim}{u}_1 \times \underset{\sim}{S}\underset{\sim}{u}_2 - \underset{\sim}{T}\underset{\sim}{u}_2 \times \underset{\sim}{S}\underset{\sim}{u}_1$

definiert. Das Produkt $\underset{\sim}{T} \divideontimes \underset{\sim}{S}$ ist ein eindeutiger Tensor zweiter Stufe;

$\mathbf{u}_1$ und $\mathbf{u}_2$ sind beliebige Vektoren. Das äußere Tensorprodukt läßt sich sehr vorteilhaft bei der Bildung der Invarianten und der Inversion von Tensoren verwenden; wir werden darauf in Abschnitt 4.9.5 zurückkommen.

Aus der Definition (N1) ergeben sich mit den Ergebnissen des Vektorkalküls Rechenregeln, von denen wir ohne Beweis (s. [2]) einige aufführen wollen:

$$\mathbf{T} \divideontimes \mathbf{S} = \mathbf{S} \divideontimes \mathbf{T}, \quad \mathbf{R} \divideontimes (\mathbf{T} + \mathbf{S}) = \mathbf{R} \divideontimes \mathbf{T} + \mathbf{R} \divideontimes \mathbf{S}, \tag{4.9.63}$$

$$\alpha(\mathbf{R} \divideontimes \mathbf{T}) = (\alpha\mathbf{R}) \divideontimes \mathbf{T} = \mathbf{R} \divideontimes (\alpha\mathbf{T}), \tag{4.9.64}$$

$$(\mathbf{T} \divideontimes \mathbf{S})^T = \mathbf{T}^T \divideontimes \mathbf{S}^T, \quad \mathbf{I} \divideontimes \mathbf{I} = 2\mathbf{I}, \tag{4.9.65}$$

$$(\mathbf{T} \divideontimes \mathbf{S})(\mathbf{R} \divideontimes \mathbf{U}) = (\mathbf{TR} \divideontimes \mathbf{SU}) + (\mathbf{TU} \divideontimes \mathbf{SR}), \tag{4.9.66}$$

$$(\mathbf{a} \otimes \mathbf{b}) \divideontimes (\mathbf{c} \otimes \mathbf{d}) = (\mathbf{a} \times \mathbf{c}) \otimes (\mathbf{b} \times \mathbf{d}). \tag{4.9.67}$$

Bezüglich der Beweisführung obiger Rechenregeln sei auf die Übungsaufgaben verwiesen.

Weiterhin läßt sich mit der Definition (N1) und dem Skalarprodukt von Tensoren das skalare dreifache Produkt beliebiger Tensoren $\mathbf{T}$, $\mathbf{S}$ und $\mathbf{R}$ bilden, welches folgender Gleichung genügt:

$$(\mathbf{T} \divideontimes \mathbf{S}) \cdot \mathbf{R} = \frac{1}{[\mathbf{u}_1\mathbf{u}_2\mathbf{u}_3]}\, e^{ijk}\, (\mathbf{T}\mathbf{u}_i \times \mathbf{S}\mathbf{u}_j) \cdot \mathbf{R}\mathbf{u}_k. \tag{4.9.68}$$

Das skalare dreifache Produkt der Tensoren, $\mathbf{T}$, $\mathbf{S}$ und $\mathbf{R}$ besitzt die Eigenschaft

$$\mathbf{R} \cdot (\mathbf{T} \divideontimes \mathbf{S}) = \mathbf{T} \cdot (\mathbf{R} \divideontimes \mathbf{S}) = \mathbf{S} \cdot (\mathbf{T} \divideontimes \mathbf{R}). \tag{4.9.69}$$

▲ Für die *Beweisführung* von (4.9.68) verwenden wir den sogenannten *Volumentensor*

$$\mathbf{V} = \mathbf{u}_1 \otimes (\mathbf{u}_2 \times \mathbf{u}_3) + \mathbf{u}_2 \otimes (\mathbf{u}_3 \times \mathbf{u}_1) + \mathbf{u}_3 \otimes (\mathbf{u}_1 \times \mathbf{u}_2). \tag{4.9.70}$$

Die Spur dieses Tensors ergibt das 6-fache Volumen des von den Vektoren $\mathbf{u}_1$, $\mathbf{u}_2$ und $\mathbf{u}_3$ aufgespannten Tetraeders. Wie man leicht verifizieren kann, ist der Volumentensor ein Kugeltensor, den wir auch durch

$$\mathbf{V} = [\mathbf{u}_1\mathbf{u}_2\mathbf{u}_3]\mathbf{I} \tag{4.9.71}$$

darstellen können. Wir bilden nun mit der Regel für das Skalarprodukt von Tensoren

$$[\mathbf{u}_1\mathbf{u}_2\mathbf{u}_3](\mathbf{T} \divideontimes \mathbf{S}) \cdot \mathbf{R} = (\mathbf{T} \divideontimes \mathbf{S})^T\mathbf{R} \cdot [\mathbf{u}_1\mathbf{u}_2\mathbf{u}_3]\mathbf{I}.$$

Beachten wir (4.9.70) und (4.9.71), so ergibt sich

$$[\mathbf{u}_1\mathbf{u}_2\mathbf{u}_3](\mathbf{T} \divideontimes \mathbf{S}) \cdot \mathbf{R} =$$

$$= (\mathbf{T} \divideontimes \mathbf{S})^T\mathbf{R} \cdot [(\mathbf{u}_1 \times \mathbf{u}_2) \otimes \mathbf{u}_3 + (\mathbf{u}_2 \times \mathbf{u}_3) \otimes \mathbf{u}_1 + (\mathbf{u}_3 \times \mathbf{u}_1) \otimes \mathbf{u}_2].$$

Mit der Rechenregel $\underset{\sim}{T}^T\underset{\sim}{S} \cdot (\underset{\sim}{u} \otimes \underset{\sim}{v}) = \underset{\sim\sim}{Tu} \cdot \underset{\sim\sim}{Sv}$ können wir dafür auch schreiben:

$$[\underset{\sim}{u}_1\underset{\sim}{u}_2\underset{\sim}{u}_3](\underset{\sim}{T} \divideontimes \underset{\sim}{S}) \cdot \underset{\sim}{R} = (\underset{\sim}{T} \divideontimes \underset{\sim}{S})(\underset{\sim}{u}_1 \times \underset{\sim}{u}_2) \cdot \underset{\sim\sim}{Ru}_3 +$$

$$+ (\underset{\sim}{T} \divideontimes \underset{\sim}{S})(\underset{\sim}{u}_2 \times \underset{\sim}{u}_3) \cdot \underset{\sim\sim}{Ru}_1 + (\underset{\sim}{T} \divideontimes \underset{\sim}{S})(\underset{\sim}{u}_3 \times \underset{\sim}{u}_1) \cdot \underset{\sim\sim}{Ru}_2 .$$

Die rechte Seite der obigen Gleichung läßt sich nun mit Hilfe von (N1) und des Permutationssymbols e^{ijk} auf die gewünschte Form bringen:

$$[\underset{\sim}{u}_1\underset{\sim}{u}_2\underset{\sim}{u}_3](\underset{\sim}{T} \divideontimes \underset{\sim}{S}) \cdot \underset{\sim}{R} = e^{ijk}(\underset{\sim\sim}{Tu}_i \times \underset{\sim\sim}{Su}_j) \cdot \underset{\sim\sim}{Ru}_k . \blacktriangle$$

Zum Beweis von (4.9.69) ist die Rechenregel (4.9.8) erforderlich.

Das äußere Tensorprodukt in (N1) sowie das skalare dreifache Tensorprodukt in (4.9.68) lassen sich durch Verwendung des inneren Tensorproduktes darstellen. Es gelten im einzelnen die folgenden Darstellungsformen, wobei wir auf die Beweisführung verzichten und auf [2] verweisen.

$$\underset{\sim}{T} \divideontimes \underset{\sim}{I} = (\underset{\sim}{T} \cdot \underset{\sim}{I})\underset{\sim}{I} - \underset{\sim}{T}^T , \tag{4.9.72}$$

$$\underset{\sim}{T} \divideontimes \underset{\sim}{S} = (\underset{\sim}{T} \cdot \underset{\sim}{I})(\underset{\sim}{S} \cdot \underset{\sim}{I})\underset{\sim}{I} - (\underset{\sim}{T}^T \cdot \underset{\sim}{S})\underset{\sim}{I} - (\underset{\sim}{T} \cdot \underset{\sim}{I})\underset{\sim}{S}^T - (\underset{\sim}{S} \cdot \underset{\sim}{I})\underset{\sim}{T}^T + \underset{\sim}{T}^T\underset{\sim}{S}^T + \underset{\sim}{S}^T\underset{\sim}{T}^T , \tag{4.9.73}$$

$$\underset{\sim}{T} \divideontimes \underset{\sim}{T} = [(\underset{\sim}{T} \cdot \underset{\sim}{I})^2 - \underset{\sim}{T}^T \cdot \underset{\sim}{T}]\underset{\sim}{I} - 2(\underset{\sim}{T} \cdot \underset{\sim}{I})\underset{\sim}{T}^T + 2\underset{\sim}{T}^T\underset{\sim}{T}^T , \tag{4.9.74}$$

$$(\underset{\sim}{T} \divideontimes \underset{\sim}{S}) \cdot \underset{\sim}{R} = (\underset{\sim}{T} \cdot \underset{\sim}{I})(\underset{\sim}{S} \cdot \underset{\sim}{I})(\underset{\sim}{R} \cdot \underset{\sim}{I}) - (\underset{\sim}{T} \cdot \underset{\sim}{I})(\underset{\sim}{S}^T \cdot \underset{\sim}{R}) - (\underset{\sim}{S} \cdot \underset{\sim}{I})(\underset{\sim}{T}^T \cdot \underset{\sim}{R}) - (\underset{\sim}{R} \cdot \underset{\sim}{I})(\underset{\sim}{T}^T \cdot \underset{\sim}{S}) + (\underset{\sim}{T}^T\underset{\sim}{S}^T) \cdot \underset{\sim}{R} + (\underset{\sim}{S}^T\underset{\sim}{T}^T) \cdot \underset{\sim}{R} , \tag{4.9.75}$$

$$(\underset{\sim}{T} \divideontimes \underset{\sim}{S}) \cdot (\underset{\sim}{R} \divideontimes \underset{\sim}{U}) = (\underset{\sim}{T} \cdot \underset{\sim}{R})(\underset{\sim}{S} \cdot \underset{\sim}{U}) + (\underset{\sim}{T} \cdot \underset{\sim}{U})(\underset{\sim}{S} \cdot \underset{\sim}{R}) - (\underset{\sim\sim}{TR}^T\underset{\sim\sim}{SU}^T) \cdot \underset{\sim}{I} - (\underset{\sim\sim}{TU}^T\underset{\sim\sim}{SR}^T) \cdot \underset{\sim}{I} . \tag{4.9.76}$$

Bezüglich der *Darstellung* des äußeren Tensorproduktes $\underset{\sim}{T} \divideontimes \underset{\sim}{S}$ der Tensoren $\underset{\sim}{T}$ und $\underset{\sim}{S}$ *in Basissystemen* ist es vorteilhaft, die Rechenregel (4.9.67) zu verwenden. Nach länglichen algebraischen Umformungen, entsprechend dem Vorgehen in Abschnitt 4.9.1, gelangt man zu der Abbildung

$$\underset{\sim}{T} \divideontimes \underset{\sim}{S} = \overset{6}{\underset{\sim}{E}}(\underset{\sim}{T} \otimes \underset{\sim}{S}) . \tag{4.9.77}$$

Hierin ist $\overset{6}{\underset{\sim}{E}}$ ein sechsstufiger Tensor, der allein durch die Metrik festgelegt ist, und somit einen Fundamentaltensor darstellt:

$$\overset{6}{\underset{\sim}{E}} = \bar{e}_{ikm}\bar{e}_{jln}\, \underset{\sim}{g}^i \otimes \underset{\sim}{g}^j \otimes \underset{\sim}{g}^k \otimes \underset{\sim}{g}^l \otimes \underset{\sim}{g}^m \otimes \underset{\sim}{g}^n . \tag{4.9.78}$$

Entsprechende Darstellungen in einer kovarianten Basis oder gemischtvarianten Basen sind möglich. Wir werden darauf in Abschnitt 4.10 zurückkommen. Wenn die Tensoren $\underset{\sim}{T}$ und $\underset{\sim}{S}$ beispielsweise in kovarianten Basissystemen angegeben werden, liefert die Abbildungsvorschrift (4.9.77):

$$\underset{\sim}{T} ※ \underset{\sim}{S} = \bar{e}_{irl}\bar{e}_{jsm}t^{ij}s^{rs}\,\underset{\sim}{g}^{l} \otimes \underset{\sim}{g}^{m}. \qquad (4.9.79)$$

Die Nützlichkeit der Einführung des äußeren Tensorproduktes von Tensoren zeigt sich insbesondere bei der Bildung der Invarianten und der Berechnung von Determinanten (s. Abschnitt 4.9.5).

■ *Übungsaufgaben zu 4.9.3:*

(1) Stellen Sie den Tensor $\underset{\sim}{T} ※ \underset{\sim}{S}$ in einer kovarianten und einer gemischtvarianten Basis dar.

(2) Beweisen Sie die Rechenregeln

a) $\underset{\sim}{T} ※ \underset{\sim}{S} = \underset{\sim}{S} ※ \underset{\sim}{T}$, b) $(\underset{\sim}{T} ※ \underset{\sim}{S})^T = \underset{\sim}{T}^T ※ \underset{\sim}{S}^T$,

c) $(\underset{\sim}{T} ※ \underset{\sim}{S})(\underset{\sim}{R} ※ \underset{\sim}{U}) = (\underset{\sim}{TR} ※ \underset{\sim}{SU}) + (\underset{\sim}{TU} ※ \underset{\sim}{SR})$.

(3) Weisen Sie ferner nach, daß gilt:

a) $\underset{\sim}{T} ※ \underset{\sim}{I} = (\underset{\sim}{T} \cdot \underset{\sim}{I})\underset{\sim}{I} - \underset{\sim}{T}^T$,

b) $\underset{\sim}{T} ※ \underset{\sim}{T} = [(\underset{\sim}{T} \cdot \underset{\sim}{I})^2 - \underset{\sim}{T}^T \cdot \underset{\sim}{T}]\underset{\sim}{I} - 2(\underset{\sim}{T} \cdot \underset{\sim}{I})\underset{\sim}{T}^T + 2\underset{\sim}{T}^T\underset{\sim}{T}^T$. ■

4.9.4 Das Vektorprodukt zweier Tensoren

In der Anwendung weniger gebräuchlich ist das Vektorprodukt zweier Tensoren. Allerdings ergeben sich in der Analysis zuweilen Ausdrücke, die solche Vektorprodukte enthalten. Wir führen das Vektorprodukt zweier Tensoren $\underset{\sim}{T}$ und $\underset{\sim}{S}$ durch

(N2) $\underset{\sim}{v} \cdot (\underset{\sim}{T} \times \underset{\sim}{S}) = - \underset{\sim}{T} \cdot (\underset{\sim}{v} \times \underset{\sim}{S})$

ein. Dabei ist $\underset{\sim}{T} \times \underset{\sim}{S}$ ein eindeutiger Vektor mit folgenden Eigenschaften:

$$\underset{\sim}{T} \times \underset{\sim}{S} = - \underset{\sim}{S} \times \underset{\sim}{T}, \qquad (4.9.80)$$

$$\underset{\sim}{T} \times (\underset{\sim}{S} + \underset{\sim}{R}) = \underset{\sim}{T} \times \underset{\sim}{S} + \underset{\sim}{T} \times \underset{\sim}{R}, \qquad (4.9.81)$$

$$\alpha(\underset{\sim}{T} \times \underset{\sim}{S}) = (\alpha\underset{\sim}{T}) \times \underset{\sim}{S} = \underset{\sim}{T} \times (\alpha\underset{\sim}{S}). \qquad (4.9.82)$$

Die Gültigkeit obiger Rechenregeln kann leicht bestätigt werden, (s. auch [2]).

Zur *Berechnung* des Vektorproduktes von Tensoren *in einem Basissystem* liefert die Definition (N2) folgende Abbildungsvorschrift mit dem Fundamentaltensor $\overset{3}{\underset{\sim}{E}}$:

$$\underset{\sim}{T} \times \underset{\sim}{S} = \overset{3}{\underset{\sim}{E}}(\underset{\sim\sim}{TS}^T); \tag{4.9.83}$$

denn ausgehend von der Definition (N2) gelangen wir mit (4.9.58) und den Rechenregeln für Tensoren höherer Stufe zu:

$$\underset{\sim}{v} \cdot (\underset{\sim}{T} \times \underset{\sim}{S}) = - \underset{\sim}{T} \cdot [\overset{3}{\underset{\sim}{E}}(\underset{\sim}{v} \otimes \underset{\sim}{S})]^2 = \underset{\sim}{T} \cdot [(\overset{3}{\underset{\sim}{E}}\underset{\sim}{v})\underset{\sim}{S}] = (\overset{3}{\underset{\sim}{E}}\underset{\sim}{v}) \cdot \underset{\sim\sim}{TS}^T$$

$$= \overset{3}{\underset{\sim}{E}} \cdot (\underset{\sim\sim}{TS}^T \otimes \underset{\sim}{v}) \qquad = \underset{\sim}{v} \cdot \overset{3}{\underset{\sim}{E}}(\underset{\sim\sim}{TS}^T).$$

Bei der Herleitung wurden die speziellen Eigenschaften des Fundamentaltensors $\overset{3}{\underset{\sim}{E}}$ aus Abschnitt 4.9.1 berücksichtigt. Aus dem letzten Ausdruck ist für beliebige $\underset{\sim}{v}$ die Gültigkeit von (4.9.83) ersichtlich.

Aus (4.9.83) ersehen wir außerdem, daß der axiale Vektor zu einem Tensor $\underset{\sim}{T}$, wie er in (4.9.51) angegeben ist, durch das Vektorprodukt des Identitätstensors $\underset{\sim}{I}$ mit dem Tensor $\underset{\sim}{T}$ bzw. $\overset{A}{\underset{\sim}{T}}$ ausgedrückt werden kann,

$$\overset{A}{\underset{\sim}{t}} = \frac{1}{2} (\underset{\sim}{I} \times \underset{\sim}{T}) = \frac{1}{2} (\underset{\sim}{I} \times \overset{A}{\underset{\sim}{T}}), \tag{4.9.84}$$

wobei wir im letzten Schritt beachtet haben, daß der axiale Vektor eines symmetrischen Tensors der Nullvektor ist (s. Übungsaufgabe 4.9.4 (2)).

■ *Übungsaufgaben zu 4.9.4:*

(1) Zeigen Sie, daß der axiale Vektor zu dem Tensorprodukt $\underset{\sim\sim}{ST}^T$ gleich $\frac{1}{2} \underset{\sim}{T} \times \underset{\sim}{S}$ ist.

(2) Weisen Sie mit Hilfe der Beziehungen (4.9.84) und (4.9.83) sowie (4.9.80) nach, daß der axiale Vektor für einen symmetrischen Tensor der Nullvektor ist.

(3) Beweisen Sie die Rechenregel $\underset{\sim}{T} \times \underset{\sim}{S} = - \underset{\sim}{S} \times \underset{\sim}{T}$. ■

4.9.5 Spezielle Tensoren und Operationen

Bei einigen Problemen des Tensorkalküls, wie z.B. bei der Invertierung eines Tensors, treten bestimmte Tensoren und Operationen auf, die mit Hilfe des äußeren Tensorproduktes formuliert werden können. Auch leistet diese algebraische Operation gute Dienste bezüglich der Behandlung des Eigenwertproblems und der Bildung der Determinanten. Insbesondere werden wir sehen, daß das äußere Tensorprodukt die explizite Darstellung der Determinante von Tensorsummen in übersichtlicher Weise gestattet. Nicht zuletzt vereinfachen die Rechenregeln der äußeren Algebra auch die Beschreibung der verwickelten mechanischen Zusammenhänge bei der Drehung von starren Körpern, wie wir in Abschnitt 4.9.5 c sehen werden.

a) Der adjungierte Tensor und die Determinante

Wir gehen aus von der Definition (N1) und setzen $\underset{\sim}{S}$ gleich $\underset{\sim}{T}$. Es folgt dann die Beziehung

$$\frac{1}{2} (\underset{\sim}{T} \divideontimes \underset{\sim}{T})(\underset{\sim}{u}_1 \times \underset{\sim}{u}_2) = \underset{\sim}{T}\underset{\sim}{u}_1 \times \underset{\sim}{T}\underset{\sim}{u}_2. \tag{4.9.85}$$

Den zweistufigen Tensor

$$\overset{+}{\underset{\sim}{T}} = \frac{1}{2} (\underset{\sim}{T} \divideontimes \underset{\sim}{T}) \tag{4.9.86}$$

bezeichnen wir als *adjungierten Tensor*.

Die Rechenregel (4.9.68) führt mit $\underset{\sim}{S}$ gleich $\underset{\sim}{R}$ gleich $\underset{\sim}{T}$ zu

$$\frac{1}{6} (\underset{\sim}{T} \divideontimes \underset{\sim}{T}) \cdot \underset{\sim}{T} = \frac{(\underset{\sim}{T}\underset{\sim}{u}_1 \times \underset{\sim}{T}\underset{\sim}{u}_2) \cdot \underset{\sim}{T}\underset{\sim}{u}_3}{[\underset{\sim}{u}_1\underset{\sim}{u}_2\underset{\sim}{u}_3]}. \tag{4.9.87}$$

Die skalare Größe auf der linken Seite von (4.9.87) nennen wir *Determinante* des Tensors $\underset{\sim}{T}$. Hierfür führen wir das Symbol *det* ein:

$$\det \underset{\sim}{T} = \frac{1}{6} (\underset{\sim}{T} \divideontimes \underset{\sim}{T}) \cdot \underset{\sim}{T}. \tag{4.9.88}$$

Mit der Beziehung (4.9.88) finden wir sofort eine wichtige Rechenregel für die Bildung der Determinante der Tensorsumme zweier Tensoren $\underset{\sim}{T}$ und $\underset{\sim}{S}$; denn mit (4.9.88) erhalten wir für

$$\det (\underset{\sim}{T} + \underset{\sim}{S}) = \frac{1}{6} [(\underset{\sim}{T} + \underset{\sim}{S}) \divideontimes (\underset{\sim}{T} + \underset{\sim}{S})] \cdot (\underset{\sim}{T} + \underset{\sim}{S})$$

oder mit (4.9.63b)sowie den entsprechenden Rechenregeln für das Skalarprodukt für Tensoren

$$\det (\underset{\sim}{T} + \underset{\sim}{S}) = \frac{1}{6} (\underset{\sim}{T} \divideontimes \underset{\sim}{T}) \cdot \underset{\sim}{T} + \frac{1}{6} (\underset{\sim}{T} \divideontimes \underset{\sim}{T}) \cdot \underset{\sim}{S} + \frac{1}{3} (\underset{\sim}{T} \divideontimes \underset{\sim}{S}) \cdot \underset{\sim}{T} + \frac{1}{3} (\underset{\sim}{T} \divideontimes \underset{\sim}{S}) \cdot \underset{\sim}{S} + \frac{1}{6} (\underset{\sim}{S} \divideontimes \underset{\sim}{S}) \cdot \underset{\sim}{T} + \frac{1}{6} (\underset{\sim}{S} \divideontimes \underset{\sim}{S}) \cdot \underset{\sim}{S}.$$

Beachten wir (4.9.69) sowie (4.9.86) und (4.9.88), vereinfacht sich der vorige Ausdruck zu

$$\det (\underset{\sim}{T} + \underset{\sim}{S}) = \det \underset{\sim}{T} + \overset{+}{\underset{\sim}{T}} \cdot \underset{\sim}{S} + \underset{\sim}{T} \cdot \overset{+}{\underset{\sim}{S}} + \det \underset{\sim}{S}. \tag{4.9.89}$$

Die Rechenregel (4.9.89) kann *beispielsweise* vorteilhaft zur Formulierung der *Inkompressibilitätsbedingung* in der Kontinuumsmechanik verwandt werden. Die Bedingung der Inkompressibilität ist mit dem Deformationsgradienten $\underset{\sim}{F}$ durch

$$\det \underset{\sim}{F}^T\underset{\sim}{F} = 1 \tag{4.9.90}$$

gegeben. Diese Bedingung soll durch das *Greensche Verzerrungsmaß*

$$\underset{\sim}{E} = \frac{1}{2} (\underset{\sim}{F}^T\underset{\sim}{F} - \underset{\sim}{I}) \tag{4.9.91}$$

ausgedrückt werden:

$$\det(2\underset{\sim}{E} + \underset{\sim}{I}) = 1. \tag{4.9.92}$$

Mit (4.9.89) und (4.9.63 b) ergibt sich unmittelbar die explizite Darstellung

$$\det(2\underset{\sim}{E} + \underset{\sim}{I}) = \det 2\underset{\sim}{E} + (2\underset{\sim}{E})^{+} \bullet \underset{\sim}{I} + 2\underset{\sim}{E} \bullet \underset{\sim}{I} + \det \underset{\sim}{I}. \tag{4.9.93}$$

Weiterhin sei eine für die *Invertierung* von Tensoren wichtige Beziehung entwickelt. Durch Skalarmultiplikation von (4.9.86) mit dem Tensor $\underset{\sim}{T}$ finden wir

$$3\det \underset{\sim}{T} = \overset{+}{\underset{\sim}{T}} \bullet \underset{\sim}{T} = (\underset{\sim}{T}\overset{+}{\underset{\sim}{T}}{}^{T}) \bullet \underset{\sim}{I} = (\overset{+}{\underset{\sim}{T}}{}^{T}\underset{\sim}{T}) \bullet \underset{\sim}{I}.$$

Mit der in E^3 gültigen Aussage $\underset{\sim}{I} \bullet \underset{\sim}{I} = 3$ gelangen wir zu

$$(\det \underset{\sim}{T})\underset{\sim}{I} \bullet \underset{\sim}{I} = \underset{\sim}{T}\overset{+}{\underset{\sim}{T}}{}^{T} \bullet \underset{\sim}{I} = \overset{+}{\underset{\sim}{T}}{}^{T}\underset{\sim}{T} \bullet \underset{\sim}{I}$$

oder zu

$$\underset{\sim}{T}\overset{+}{\underset{\sim}{T}}{}^{T} = \overset{+}{\underset{\sim}{T}}{}^{T}\underset{\sim}{T} = (\det \underset{\sim}{T})\underset{\sim}{I}. \tag{4.9.94}$$

Hieraus gewinnen wir eine explizite Form für die Invertierung des Tensors $\underset{\sim}{T}$:

$$\underset{\sim}{T}^{-1} = \frac{\overset{+}{\underset{\sim}{T}}{}^{T}}{\det \underset{\sim}{T}}. \tag{4.9.95}$$

Ergänzend geben wir ohne Beweis (s. [2]) einige weitere Rechenregeln an:

$$\overset{+}{(\underset{\sim}{T}\underset{\sim}{S})} = \overset{+}{\underset{\sim}{T}}\overset{+}{\underset{\sim}{S}}, \quad \overset{+}{\underset{\sim}{T}}{}^{T} = \overset{+}{(\underset{\sim}{T}^{T})}, \tag{4.9.96}$$

$$\det(\alpha\underset{\sim}{T}) = \alpha^3 \det \underset{\sim}{T}, \quad \det \underset{\sim}{I} = 1, \tag{4.9.97}$$

$$\det(\underset{\sim}{T}\underset{\sim}{S}) = \det \underset{\sim}{T} \det \underset{\sim}{S}, \tag{4.9.98}$$

$$\det \underset{\sim}{T}^{T} = \det \underset{\sim}{T}, \tag{4.9.99}$$

$$(\det \underset{\sim}{Q})^2 = 1, \text{ wenn } \underset{\sim}{Q} \text{ ein orthogonaler Tensor ist,} \tag{4.9.100}$$

$$\det \underset{\sim}{T}^{-1} = (\det \underset{\sim}{T})^{-1}, \text{ vorausgesetzt } \underset{\sim}{T}^{-1} \text{ existiert,} \tag{4.9.101}$$

$$\det \overset{+}{\underset{\sim}{T}} = (\det \underset{\sim}{T})^2. \tag{4.9.102}$$

b) Das Eigenwertproblem und die Invarianten

Es seien $\underset{\sim}{v}$ ein beliebiger Vektor und $\underset{\sim}{T}$ ein beliebiger zweistufiger Tensor. Wir formulieren das Eigenwertproblem eines Tensors $\underset{\sim}{T}$

$$\underset{\sim}{T}\underset{\sim}{v} = \gamma\underset{\sim}{v}, \tag{4.9.103}$$

wobei γ eine reelle skalare Größe ist. Statt (4.9.103) können wir auch schreiben

$$(\underset{\sim}{T} - \gamma\underset{\sim}{I})\underset{\sim}{v} = \underset{\sim}{0}. \tag{4.9.104}$$

Diese Gleichung können wir als Bestimmungsgleichung für $\underset{\sim}{v}$ auffassen; sie ist homogen und besitzt nicht-triviale Lösungen nur dann, wenn $\underset{\sim}{T} - \gamma\underset{\sim}{I}$ singulär ist, d.h. wenn

$$\det(\underset{\sim}{T} - \gamma\underset{\sim}{I}) = 0 \tag{4.9.105}$$

ist. Mit (4.9.89) finden wir

$$\det(\underset{\sim}{T} - \gamma\underset{\sim}{I}) = \det \underset{\sim}{T} + \overset{+}{\underset{\sim}{T}} \cdot (-\gamma\underset{\sim}{I}) + \underset{\sim}{T} \cdot (-\gamma\underset{\sim}{I})^{+} + \det(-\gamma\underset{\sim}{I}) = 0$$

oder unter Berücksichtigung einiger vorhin angegebenen Rechenregeln

$$\det(\underset{\sim}{T} - \gamma\underset{\sim}{I}) = \det \underset{\sim}{T} - \gamma \cdot \frac{1}{2}(\underset{\sim}{T} \divideontimes \underset{\sim}{T}) \cdot \underset{\sim}{I} + \frac{1}{2}\gamma^2\underset{\sim}{T} \cdot (\underset{\sim}{I} \divideontimes \underset{\sim}{I}) - \gamma^3 \det \underset{\sim}{I} = 0. \tag{4.9.106}$$

Hierfür können wir abkürzend schreiben

$$\det(\underset{\sim}{T} - \gamma\underset{\sim}{I}) = \Phi(\gamma) = -\gamma^3 + I_{\underset{\sim}{T}}\gamma^2 - II_{\underset{\sim}{T}}\gamma + III_{\underset{\sim}{T}} = 0 \tag{4.9.107}$$

mit

$$I_{\underset{\sim}{T}} = \frac{1}{2}(\underset{\sim}{T} \divideontimes \underset{\sim}{I}) \cdot \underset{\sim}{I}, \tag{4.9.108}$$

$$II_{\underset{\sim}{T}} = \frac{1}{2}(\underset{\sim}{T} \divideontimes \underset{\sim}{T}) \cdot \underset{\sim}{I}, \tag{4.9.109}$$

$$III_{\underset{\sim}{T}} = \frac{1}{6}(\underset{\sim}{T} \divideontimes \underset{\sim}{T}) \cdot \underset{\sim}{T} = \det \underset{\sim}{T}. \tag{4.9.110}$$

Die Koeffizienten $I_{\underset{\sim}{T}}$, $II_{\underset{\sim}{T}}$, $III_{\underset{\sim}{T}}$ sind die drei *skalaren Hauptinvarianten* eines Tensors $\underset{\sim}{T}$, die in der Mechanik eine wichtige Rolle spielen. Sie lassen sich ebenfalls mit den Rechenregeln des Abschnittes 4.9.3 durch Skalarprodukte darstellen:

$$I_{\underset{\sim}{T}} = \underset{\sim}{T} \cdot \underset{\sim}{I}, \quad II_{\underset{\sim}{T}} = \frac{1}{2}[(\underset{\sim}{T} \cdot \underset{\sim}{I})^2 - \underset{\sim}{T}^T \cdot \underset{\sim}{T}],$$
$$III_{\underset{\sim}{T}} = \frac{1}{6}(\underset{\sim}{T} \cdot \underset{\sim}{I})^3 - \frac{1}{2}(\underset{\sim}{T} \cdot \underset{\sim}{I})(\underset{\sim}{T}^T \cdot \underset{\sim}{T}) + \frac{1}{3}\underset{\sim}{T}^T\underset{\sim}{T}^T \cdot \underset{\sim}{T}. \tag{4.9.111}$$

Die Gleichung (4.9.107) wird als *charakteristische Gleichung* von $\underset{\sim}{T}$ bezeichnet. Die Lösung der kubischen Gleichung $\Phi(\gamma)$ liefert die drei *Hauptwerte* oder *Eigenwerte* von $\underset{\sim}{T}$, nämlich γ_1, γ_2 und γ_3. Die den Eigenwerten nach (4.9.104) zugeordneten Vektoren werden *Eigenvektoren* von $\underset{\sim}{T}$ genannt. Wir nehmen an, daß die drei Wurzeln γ_1, γ_2 und γ_3 bekannt sind, und betrachten die folgenden Fälle:

α) Die Wurzeln γ_1, γ_2 und γ_3 sind alle verschieden. Die zugehörigen Eigenvektoren seien $\underset{\sim}{v}_1$, $\underset{\sim}{v}_2$ und $\underset{\sim}{v}_3$, so daß gilt

$$\underset{\sim}{T}\underset{\sim}{v}_i = \gamma_i\underset{\sim}{v}_i, \quad \forall i. \tag{4.9.112}$$

Wenn $\underset{\sim}{T}$ symmetrisch ist, läßt sich aus (4.9.112) ableiten:

$$(\gamma_i - \gamma_j)\underset{\sim}{v}_i \cdot \underset{\sim}{v}_j = 0, \quad \forall i, \quad \forall j. \tag{4.9.113}$$

Für $i \neq j$ ist der erste Faktor in (4.9.113) verschieden von Null, so daß $\underset{\sim}{v}_i \cdot \underset{\sim}{v}_j$ verschwinden muß, damit die Gleichung erfüllt ist. Ist allerdings $i = j$, verschwindet der erste Faktor und $\underset{\sim}{v}_i \cdot \underset{\sim}{v}_j$ ist verschieden von Null. Setzen wir weiter voraus, daß der Vektor $\underset{\sim}{v}$ ein Einheitsvektor ist, so nimmt für $i = j$ das Skalarprodukt $\underset{\sim}{v}_i \cdot \underset{\sim}{v}_j$ den Wert Eins an, und es gilt:

$$\underset{\sim}{v}_i \cdot \underset{\sim}{v}_j = \delta_{ij},$$

d.h. die $\underset{\sim}{v}_i$ bilden eine orthonormierte Basis. Die Koeffizienten von $\underset{\sim}{T}$ haben die Werte:

$$t_{ik}: \left\{ \begin{matrix} \gamma_1; & 0; & 0; \\ 0; & \gamma_2; & 0; \\ 0; & 0; & \gamma_3 \end{matrix} \right\} . \tag{4.9.114}$$

β) Es sei $\gamma_1 = \gamma_2 = \gamma \neq \gamma_3$. Ein einzelner Eigenvektor $\underset{\sim}{v}_3$ ist γ_3 zugeordnet, und jeder Vektor orthogonal zu $\underset{\sim}{v}_3$ ist mit γ verbunden.

γ) Es sei $\gamma_1 = \gamma_2 = \gamma_3 = \gamma$. Dann gilt $\underset{\sim}{T} = \gamma\underset{\sim}{I}$, und alle Vektoren $\underset{\sim}{v}$ sind Eigenvektoren.

Wir wollen im folgenden aufzeigen, daß bei symmetrischen Tensoren die drei Wurzeln reell sind. Den Beweis führen wir durch einen Widerspruchsbeweis. Dazu nehmen wir an, daß ein Wurzelpaar von (4.9.107) konjugiert komplex ist: $\gamma = \alpha + i\beta$. Dann sind ebenfalls die zugehörigen Eigenvektoren $\underset{\sim}{v}$ komplex: $\underset{\sim}{v} = \underset{\sim}{p} + i\underset{\sim}{q}$. Somit gilt nach (4.9.104):

$$[\underset{\sim}{T} - (\alpha + i\beta)\underset{\sim}{I}](\underset{\sim}{p} + i\underset{\sim}{q}) = \underset{\sim}{0} \tag{4.9.115}$$

oder

$$\underset{\sim}{T}\underset{\sim}{p} - \alpha\underset{\sim}{p} + \beta\underset{\sim}{q} = \underset{\sim}{0}, \quad \underset{\sim}{T}\underset{\sim}{q} - \beta\underset{\sim}{p} - \alpha\underset{\sim}{q} = \underset{\sim}{0}. \tag{4.9.116}$$

Durch Skalarmultiplikation mit den Vektoren $\underset{\sim}{q}$ und $\underset{\sim}{p}$ und Subtraktion der beiden Gleichungen in (4.9.116) folgt:

$$\underset{\sim}{q} \cdot \underset{\sim}{T}\underset{\sim}{p} - \underset{\sim}{p} \cdot \underset{\sim}{T}\underset{\sim}{q} + \beta(\underset{\sim}{q} \cdot \underset{\sim}{q} + \underset{\sim}{p} \cdot \underset{\sim}{p}) = 0. \tag{4.9.117}$$

Wenn der Tensor $\underset{\sim}{T}$ symmetrisch ist, verbleibt:

$$\beta(\underset{\sim}{q} \cdot \underset{\sim}{q} + \underset{\sim}{p} \cdot \underset{\sim}{p}) = 0. \tag{4.9.118}$$

Der Klammerausdruck enthält quadratische Terme und ist daher von Null verschieden. Somit muß β verschwinden, wenn (4.9.118) erfüllt sein soll. Es folgt also, daß bei einem symmetrischen Tensor alle drei Wurzeln reell sind.

Wir wollen nun die drei Invarianten $I_{\underset{\sim}{T}}$, $II_{\underset{\sim}{T}}$ und $III_{\underset{\sim}{T}}$ durch die drei Lösungen γ_1, γ_2 und γ_3 von (4.9.107) darstellen. Die erste Invariante wird mit (4.9.68) berechnet:

$$(\underset{\sim}{T} \otimes \underset{\sim}{I}) \cdot \underset{\sim}{I}[\underset{\sim}{v}_1\underset{\sim}{v}_2\underset{\sim}{v}_3] = 2(\underset{\sim}{T}\underset{\sim}{v}_1 \times \underset{\sim}{v}_2) \cdot \underset{\sim}{v}_3 + 2(\underset{\sim}{v}_1 \times \underset{\sim}{T}\underset{\sim}{v}_2) \cdot \underset{\sim}{v}_3 + $$

$$+ 2(\underset{\sim}{v}_1 \times \underset{\sim}{v}_2) \cdot \underset{\sim}{T}\underset{\sim}{v}_3 .$$

Nun gilt mit (4.9.112)

$$\frac{1}{2}(\underset{\sim}{I} \otimes \underset{\sim}{I}) \cdot \underset{\sim}{T}[\underset{\sim}{v}_1\underset{\sim}{v}_2\underset{\sim}{v}_3] = (\gamma_1 + \gamma_2 + \gamma_3)[\underset{\sim}{v}_1\underset{\sim}{v}_2\underset{\sim}{v}_3],$$

so daß wir mit (4.9.108) auf

$$I_{\underset{\sim}{T}} = \frac{1}{2}(\underset{\sim}{T} \otimes \underset{\sim}{I}) \cdot \underset{\sim}{I} = \gamma_1 + \gamma_2 + \gamma_3 \tag{4.9.119}$$

schließen können, wenn das Spatprodukt verschieden von Null ist. Entsprechend folgt für die zweite und dritte Invariante des Tensors $\underset{\sim}{T}$:

$$II_{\underset{\sim}{T}} = \frac{1}{2}(\underset{\sim}{T} \otimes \underset{\sim}{T}) \cdot \underset{\sim}{I} = \gamma_1\gamma_2 + \gamma_2\gamma_3 + \gamma_3\gamma_1, \tag{4.9.120}$$

$$III_{\underset{\sim}{T}} = \frac{1}{6}(\underset{\sim}{T} \otimes \underset{\sim}{T}) \cdot \underset{\sim}{T} = \gamma_1\gamma_2\gamma_3. \tag{4.9.121}$$

Unter der Voraussetzung, daß ein Tensor $\underset{\sim}{T}$ invertierbar ist, läßt sich mit Hilfe des adjungierten Tensors in einfacher Weise das *Theorem von Caley-Hamilton* entwickeln. Hierzu gehen wir aus von (4.9.86) und bilden

$$\overset{+T}{\underset{\sim}{T}} = \frac{1}{2}(\underset{\sim}{T} \otimes \underset{\sim}{T})^T .$$

Eine alternative Form für den adjungierten Tensor finden wir mit Hilfe von (4.9.74) sowie (4.9.111)

$$\overset{+T}{\underset{\sim}{T}} = II_{\underset{\sim}{T}}\underset{\sim}{I} - I_{\underset{\sim}{T}}\underset{\sim}{T} + \underset{\sim}{T}^2 . \tag{4.9.122}$$

Setzen wir diese Beziehung in (4.9.94) ein, so ergibt sich unmittelbar das Theorem von Caley-Hamilton

$$\underset{\sim}{T}^3 - I_{\underset{\sim}{T}}\underset{\sim}{T}^2 + II_{\underset{\sim}{T}}\underset{\sim}{T} - III_{\underset{\sim}{T}}\underset{\sim}{I} = \underset{\sim}{0}, \tag{4.9.123}$$

und wir erkennen im Vergleich mit (4.9.107), daß jeder Tensor $\underset{\sim}{T}$ die eigene charakteristische Gleichung erfüllt.

c) Drehung des starren Körpers

Im Zusammenhang mit der Einführung des orthogonalen Tensors in Abschnitt 4.5.4 sowie bei der orthogonalen Transformation in Abschnitt 4.7 hatten wir bereits auf die Bedeutung dieses Tensors bei Starrkörperrotationen hingewiesen und den orthogonalen Tensor durch neun Richtungswinkel ausgedrückt. Nun ist es in der Anwendung mühselig, mit neun

Winkeln zu rechnen, die außerdem noch den sechs Bedingungsgleichungen (4.5.22) genügen müssen. Vielmehr ist es vorteilhafter, von vornherein die Drehung des starren Körpers durch drei Winkel, die *Eulerschen Winkel*, zu beschreiben.

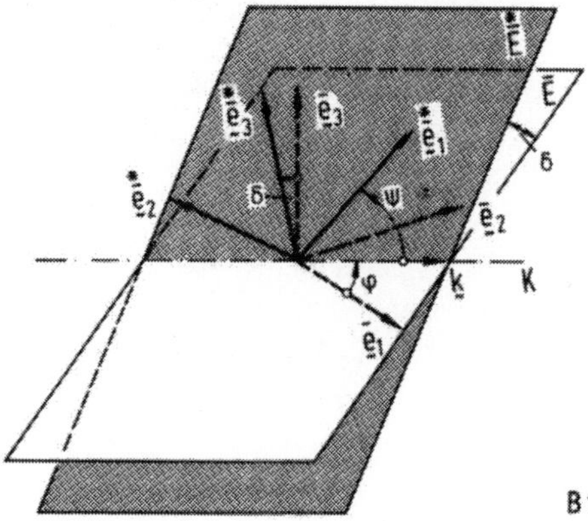

Bild 4.6 Die Eulerschen Winkel

Dazu betrachten wir wiederum die orthonormierten Basissysteme $\underset{\sim}{\bar{e}}_1$, $\underset{\sim}{\bar{e}}_2$, $\underset{\sim}{\bar{e}}_3$ sowie $\underset{\sim}{\overset{*}{e}}_1$, $\underset{\sim}{\overset{*}{e}}_2$, $\underset{\sim}{\overset{*}{e}}_3$, die wir als Rechtssysteme voraussetzen wollen. Die von den Basisvektoren $\underset{\sim}{\bar{e}}_1$, $\underset{\sim}{\bar{e}}_2$ und $\underset{\sim}{\overset{*}{e}}_1$, $\underset{\sim}{\overset{*}{e}}_2$ aufgespannten Ebenen $\bar{E}$ und $\overset{*}{E}$ schneiden sich unter dem Winkel δ in der Knotenlinie K, der der Einheitsvektor $\underset{\sim}{k}$ zugeordnet ist. Den Winkel zwischen $\underset{\sim}{\bar{e}}_1$ und $\underset{\sim}{k}$ bezeichnen wir mit φ und zwischen $\underset{\sim}{\overset{*}{e}}_1$ und $\underset{\sim}{k}$ mit ψ. Die Winkel sind in der eingezeichneten Art (Bild 4.6) als positiv anzunehmen. Die Überführung des Basissystems $\underset{\sim}{\bar{e}}_1$, $\underset{\sim}{\bar{e}}_2$, $\underset{\sim}{\bar{e}}_3$ in die neue Lage $\underset{\sim}{\overset{*}{e}}_1$, $\underset{\sim}{\overset{*}{e}}_2$, $\underset{\sim}{\overset{*}{e}}_3$ läßt sich durch drei Schritte erreichen:

1. Das Basissystem $\underset{\sim}{\bar{e}}_1$, $\underset{\sim}{\bar{e}}_2$, $\underset{\sim}{\bar{e}}_3$ wird zunächst um die Achse, in der $\underset{\sim}{\bar{e}}_3$ liegt, mit dem Winkel φ gedreht. Es geht über in die Lage mit den Basisvektoren $\underset{\sim}{k}$, $\underset{\sim}{\hat{k}}$, $\underset{\sim}{\bar{e}}_3$, wobei $\underset{\sim}{\hat{k}}$ als Einheitsvektor in $\bar{E}$ liegt und auf der Knotenlinie K senkrecht steht. Die Transformationsformeln lauten:

$$\underset{\sim}{k} = (\cos\varphi)\underset{\sim}{\bar{e}}_1 + (\sin\varphi)\underset{\sim}{\bar{e}}_2,$$
$$\underset{\sim}{\hat{k}} = -(\sin\varphi)\underset{\sim}{\bar{e}}_1 + (\cos\varphi)\underset{\sim}{\bar{e}}_2,$$
$$\underset{\sim}{\bar{e}}_3 = \underset{\sim}{\bar{e}}_3.$$

2. Die Basis $\underset{\sim}{k}$, $\underset{\sim}{\hat{k}}$, $\underset{\sim}{\bar{e}}_3$ bringen wir nun mit dem Winkel δ durch eine Drehung um die Knotenlinie K in die Lage mit dem Einheitsvektor $\underset{\sim}{k}$, $\underset{\sim}{\overset{*}{k}}$, $\underset{\sim}{\overset{*}{e}}_3$, wobei $\underset{\sim}{\overset{*}{k}}$ in der $\overset{*}{E}$-Ebene auf der Knotenlinie K senkrecht steht:

$$\underset{\sim}{k} = \underset{\sim}{k},$$
$$\underset{\sim}{\overset{*}{k}} = (\cos\delta)\underset{\sim}{\hat{k}} + (\sin\delta)\underset{\sim}{\bar{e}}_3,$$
$$\underset{\sim}{\overset{*}{e}}_3 = -(\sin\delta)\underset{\sim}{\hat{k}} + (\cos\delta)\underset{\sim}{\overset{*}{e}}_3.$$

3. Schließlich drehen wir die Basis $\underset{\sim}{k}$, $\overset{*}{\underset{\sim}{k}}$, $\overset{*}{\bar{\underset{\sim}{e}}}_3$ mit dem Winkel ψ um die Achse, in der der Einheitsvektor $\overset{*}{\bar{\underset{\sim}{e}}}_3$ liegt. Die Basis $\underset{\sim}{k}$, $\overset{*}{\underset{\sim}{k}}$, $\overset{*}{\bar{\underset{\sim}{e}}}_3$ geht dann über in die Lage mit den Basisvektoren $\overset{\underline{*}}{\underset{\sim}{e}}_1$, $\overset{\underline{*}}{\underset{\sim}{e}}_2$, $\overset{\underline{*}}{\underset{\sim}{e}}_3$:

$$\overset{\underline{*}}{\underset{\sim}{e}}_1 = (\cos\psi)\underset{\sim}{k} + (\sin\psi)\overset{*}{\underset{\sim}{k}},$$
$$\overset{\underline{*}}{\underset{\sim}{e}}_2 = -\ (\sin\psi)\underset{\sim}{k} + (\cos\psi)\overset{*}{\underset{\sim}{k}},$$
$$\overset{\underline{*}}{\underset{\sim}{e}}_3 = \overset{*}{\bar{\underset{\sim}{e}}}_3 .$$

Damit sind alle Transformationsbeziehungen gegeben. Nach Elimination von $\underset{\sim}{k}$, $\hat{\underset{\sim}{k}}$ und $\overset{*}{\underset{\sim}{k}}$ erhalten wir endgültig die Beziehungen zwischen den Basissystemen $\overset{\underline{*}}{\underset{\sim}{e}}_1$, $\overset{\underline{*}}{\underset{\sim}{e}}_2$, $\overset{\underline{*}}{\underset{\sim}{e}}_3$ und $\bar{\underset{\sim}{e}}_1$, $\bar{\underset{\sim}{e}}_2$, $\bar{\underset{\sim}{e}}_3$:

$$\overset{\underline{*}}{\underset{\sim}{e}}_1 = (\cos\varphi\cos\psi - \sin\varphi\cos\delta\sin\psi)\bar{\underset{\sim}{e}}_1 + (\sin\varphi\cos\psi + \cos\varphi\cos\delta\sin\psi)\bar{\underset{\sim}{e}}_2 + $$
$$+ (\sin\delta\sin\psi)\bar{\underset{\sim}{e}}_3,$$
$$\overset{\underline{*}}{\underset{\sim}{e}}_2 = (-\ \cos\varphi\sin\psi - \sin\varphi\cos\delta\cos\psi)\bar{\underset{\sim}{e}}_1 + (-\ \sin\varphi\sin\psi + \cos\varphi\cos\delta\cos\psi)\bar{\underset{\sim}{e}}_2 + $$
$$+ (\sin\delta\cos\psi)\bar{\underset{\sim}{e}}_3,$$
$$\overset{\underline{*}}{\underset{\sim}{e}}_3 = (\sin\varphi\sin\delta)\bar{\underset{\sim}{e}}_1 - (\cos\varphi\sin\delta)\bar{\underset{\sim}{e}}_2 + (\cos\delta)\bar{\underset{\sim}{e}}_3 . \qquad (4.9.124)$$

Die Koeffizienten des orthogonalen Tensors lassen sich nun unmittelbar aus dem Vergleich der Beziehungen (4.5.19) und (4.9.124) ermitteln.

Abschließend untersuchen wir die *Drehung des starren Körpers um eine vorgegebene Drehachse* (mit dem Einheitsvektor $\underset{\sim}{e}$) und entwickeln für diesen Fall den orthogonalen Tensor.

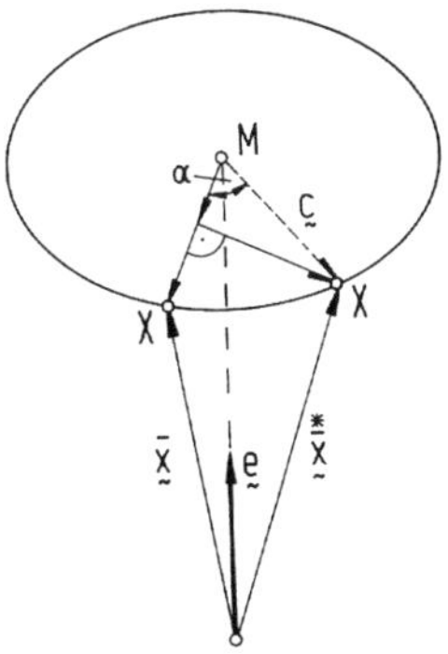

Bild 4.7 Drehung um eine vorgegebene Drehachse

Aus Bild 4.7 ist ersichtlich, daß wir $\overset{*}{\underset{\sim}{x}}$ als Summe dreier Vektoren darstellen können. Der erste fällt in die Achsenrichtung und sein Betrag ist gleich der Projektion des Ortsvektors $\bar{\underset{\sim}{x}}$ auf die Drehachse: $(\underset{\sim}{x} \cdot \underset{\sim}{e})\underset{\sim}{e}$. Der zweite Vektor weist in Richtung der Vektordifferenz $\bar{\underset{\sim}{x}} - (\bar{\underset{\sim}{x}} \cdot \underset{\sim}{e})\underset{\sim}{e}$. Der dritte Vektor schließlich steht senkrecht auf der von den Vektoren $\underset{\sim}{e}$ und $\underset{\sim}{\bar{x}}$ aufgespannten Ebene. Mit den unbekannten Koeffizienten a und b können wir den Vektor $\underset{\sim}{\overset{*}{\bar{x}}}$ durch

$$\underset{\sim}{\overset{*}{\bar{x}}} = (\underset{\sim}{e} \cdot \underset{\sim}{\bar{x}})\underset{\sim}{e} + a[\underset{\sim}{\bar{x}} - (\underset{\sim}{e} \cdot \underset{\sim}{\bar{x}})\underset{\sim}{e}] + b(\underset{\sim}{e} \times \underset{\sim}{\bar{x}})$$

darstellen. Zur Ermittlung des unbekannten Koeffizienten a multiplizieren wir den Vektor

$$\underset{\sim}{c} = a[\underset{\sim}{\bar{x}} - (\underset{\sim}{e} \cdot \underset{\sim}{\bar{x}})\underset{\sim}{e}] + b(\underset{\sim}{e} \times \underset{\sim}{\bar{x}})$$

skalar mit $[\underset{\sim}{\bar{x}} - (\underset{\sim}{e} \cdot \underset{\sim}{\bar{x}})\underset{\sim}{e}]$ und erhalten

$$|\underset{\sim}{c}|\,|\underset{\sim}{\bar{x}} - (\underset{\sim}{e} \cdot \underset{\sim}{\bar{x}})\underset{\sim}{e}|\cos\alpha = a|\underset{\sim}{\bar{x}} - (\underset{\sim}{e} \cdot \underset{\sim}{\bar{x}})\underset{\sim}{a}|^2 .$$

Da der Betrag von $\underset{\sim}{c}$ gleich $|\underset{\sim}{\bar{x}} - (\underset{\sim}{e} \cdot \underset{\sim}{\bar{x}})\underset{\sim}{e}|$ ist (s. Bild 4.7), folgt $a = \cos\alpha$. Entsprechend liefert die skalare Multiplikation von $\underset{\sim}{c}$ mit dem Vektor $\underset{\sim}{e} \times \underset{\sim}{\bar{x}}$ den Wert für die Koeffizienten b: $b = \sin\alpha$. Somit gilt:

$$\underset{\sim}{\overset{*}{\bar{x}}} = (\underset{\sim}{e} \cdot \underset{\sim}{\bar{x}})\underset{\sim}{e} + \cos\alpha\,[\underset{\sim}{\bar{x}} - (\underset{\sim}{e} \cdot \underset{\sim}{\bar{x}})\underset{\sim}{e}] + \sin\alpha(\underset{\sim}{e} \times \underset{\sim}{\bar{x}})$$

oder

$$\underset{\sim}{\overset{*}{\bar{x}}} = [\underset{\sim}{e} \otimes \underset{\sim}{e} + (\underset{\sim}{I} - \underset{\sim}{e} \otimes \underset{\sim}{e})\cos\alpha + \underset{\sim}{e} \times \underset{\sim}{I}\,\sin\alpha]\underset{\sim}{\bar{x}}, \tag{4.9.125}$$

wenn wir bei der Umformung (M1) beachten. Der orthogonale Tensor läßt sich also durch

$$\underset{\sim}{Q} = \underset{\sim}{e} \otimes \underset{\sim}{e} + (\underset{\sim}{I} - \underset{\sim}{e} \otimes \underset{\sim}{e})\cos\alpha + \underset{\sim}{e} \times \underset{\sim}{I}\,\sin\alpha \tag{4.9.126}$$

angeben. Die Auswertung in einer orthonormierten Basis $\underset{\sim}{\bar{e}}_1$, $\underset{\sim}{\bar{e}}_2$, $\underset{\sim}{\bar{e}}_3$ wobei $\underset{\sim}{\bar{e}}_3$ gleich $\underset{\sim}{e}$ ist, führt auf

$$\underset{\sim}{Q} = \underset{\sim}{\bar{e}}_3 \otimes \underset{\sim}{\bar{e}}_3 + (\underset{\sim}{\bar{e}}_1 \otimes \underset{\sim}{\bar{e}}_1 + \underset{\sim}{\bar{e}}_2 \otimes \underset{\sim}{\bar{e}}_2)\cos\alpha + \sin\alpha(\underset{\sim}{\bar{e}}_2 \otimes \underset{\sim}{\bar{e}}_1 - \underset{\sim}{\bar{e}}_1 \otimes \underset{\sim}{\bar{e}}_2).$$

In der Darstellung des orthogonalen Tensors macht sich störend bemerkbar, daß dieser neben dem Einheitsvektor $\underset{\sim}{e}$ die Winkelfunktionen $\cos\alpha$ und $\sin\alpha$ enthält. Zu einer einfacheren Form gelangen wir, wenn als *Vektor der Drehung*

$$\underset{\sim}{w} = \frac{2\underset{\sim}{\overset{A}{q}}}{1 + \underset{\sim}{Q} \cdot \underset{\sim}{I}} \tag{4.9.127}$$

eingeführt wird; dabei ist $\underset{\sim}{\overset{A}{q}}$ der axiale Vektor zu $\underset{\sim}{Q}$. Dieser läßt sich in einfacher Weise angeben. Die ersten beiden Tensoren in (4.9.126) sind symmetrisch; nach Abschnitt 4.9.1 ist hierfür der axiale Vektor der Nullvektor. Der axiale Vektor zu $\underset{\sim}{e} \times \underset{\sim}{I}\,\sin\alpha$ ist nach Abschnitt 4.9.2 durch $(\sin\alpha)\underset{\sim}{e}$ gegeben, so daß wir erhalten:

$$\underset{\sim}{\overset{A}{q}} = (\sin\alpha)\underset{\sim}{e}. \tag{4.9.128}$$

Außerdem ist

$$\underset{\sim}{Q} \cdot \underset{\sim}{I} = 1 + 2\cos\alpha,$$

wenn wir berücksichtigen, daß $\underset{\sim}{e} \times \underset{\sim}{I}\,\sin\alpha$ nach (4.9.57) ein schiefsymmetrischer Tensor ist. Für den Vektor $\underset{\sim}{w}$ ergibt sich also der Wert

$$\underset{\sim}{w} = \frac{2\sin\alpha}{2 + 2\cos\alpha}\underset{\sim}{e} = (\tan\frac{\alpha}{2})\underset{\sim}{e}. \tag{4.9.129}$$

Daraus folgt mit $|\underset{\sim}{w}| = w$

$$\sin\alpha = \frac{2w}{1 + w^2}, \qquad \cos\alpha = \frac{1 - w^2}{1 + w^2},$$

und wir können (4.9.126) allein als Funktion von $\underset{\sim}{w}$ schreiben:

$$\underset{\sim}{Q} = \frac{(1 - \underset{\sim}{w} \cdot \underset{\sim}{w})\underset{\sim}{I} + 2\underset{\sim}{w} \otimes \underset{\sim}{w} + 2\underset{\sim}{w} \times \underset{\sim}{I}}{1 + \underset{\sim}{w} \cdot \underset{\sim}{w}}. \tag{4.9.130}$$

Wählen wir speziell $\alpha = \frac{\pi}{2}$, so wird nach (4.9.129) $\underset{\sim}{w} = \underset{\sim}{e}$ und nach (4.9.130)

$$\underset{\sim}{Q} = \underset{\sim}{e} \otimes \underset{\sim}{e} + \underset{\sim}{e} \times \underset{\sim}{I}. \tag{4.9.131}$$

Für $\alpha = \pi$ erhalten wir aus (4.9.126)

$$\underset{\sim}{Q} = 2\underset{\sim}{e} \otimes \underset{\sim}{e} - \underset{\sim}{I} = \hat{\underset{\sim}{Q}}. \tag{4.9.132}$$

Der orthogonale Tensor $\hat{\underset{\sim}{Q}}$ bewirkt eine Drehung um 180°, die auch als *Umklappung* bezeichnet wird. Er ist ein symmetrischer Tensor.

Wir betrachten nun die Zusammensetzung zweier Drehungen um zwei durch denselben Punkt verlaufende Achsen. Die resultierende Drehung erfolgt um eine Achse, die ebenfalls durch denselben Punkt geht. Die erste und zweite Drehung werden beschrieben durch

$$\overset{*}{\underset{\sim}{x}} = \overset{1}{\underset{\sim}{Q}}\bar{\underset{\sim}{x}} \quad \text{und} \quad \overset{*}{\underset{\sim}{x}}' = \overset{2}{\underset{\sim}{Q}}\overset{*}{\underset{\sim}{x}}, \tag{4.9.133}$$

d.h. der orthogonale Tensor $\overset{1}{\underset{\sim}{Q}}$ führt $\bar{\underset{\sim}{x}}$ nach $\overset{*}{\underset{\sim}{x}}$ und der orthogonale Tensor $\overset{2}{\underset{\sim}{Q}}$ schließlich den Ortsvektor $\overset{*}{\underset{\sim}{x}}$ in die Endlage $\overset{*}{\underset{\sim}{x}}'$. Die resultierende Drehung wird somit durch

$$\overset{*}{\underset{\sim}{x}}' = \overset{2}{\underset{\sim}{Q}}\overset{1}{\underset{\sim}{Q}}\bar{\underset{\sim}{x}} \tag{4.9.134}$$

vermittelt. Der orthogonale Tensor der resultierenden Drehung

$$\underset{\sim}{Q} = \overset{2}{\underset{\sim}{Q}}\overset{1}{\underset{\sim}{Q}} \tag{4.9.135}$$

und damit die resultierende Drehung selbst hängt also von der Reihenfolge der beiden Drehungen ab, da das Tensorprodukt nicht kommutativ ist.

Die Berechnung des orthogonalen Tensors $\underset{\sim}{Q}$ kann grundsätzlich mit $\overset{2}{\underset{\sim}{Q}}$ und $\overset{1}{\underset{\sim}{Q}}$ erfolgen. Es ist jedoch nicht ratsam, die orthogonalen Tensoren $\overset{2}{\underset{\sim}{Q}}$ und $\overset{1}{\underset{\sim}{Q}}$ mit Hilfe von (4.9.130) durch die Vektoren der Drehungen auszudrücken, da diese Vorgehensweise sehr mühsam ist. Vielmehr empfiehlt es sich, jede Drehung aus zwei geeignet gewählten Umklappungen aufzubauen; denn jeder orthogonale Tensor $\underset{\sim}{Q}$ läßt sich in zwei Umklappungen um zwei sich schneidende Achsen mit den Einheitsvektoren $\mathbf{a}$ und $\mathbf{b}$ zerlegen, d.h.

$$\mathbf{Q} = \overset{2}{\hat{\mathbf{Q}}}\overset{1}{\hat{\mathbf{Q}}} = (2\mathbf{b} \otimes \mathbf{b} - \mathbf{I})(2\mathbf{a} \otimes \mathbf{a} - \mathbf{I}); \tag{4.9.136}$$

dabei müssen die Achsen mit den Einheitsvektoren $\mathbf{a}$ und $\mathbf{b}$ den halben Winkel der resultierenden Drehung, also $\frac{\alpha}{2}$, einschließen. Dies ist leicht einzusehen. Klappt man zunächst um die Achse mit $\mathbf{a}$, dann um die Achse mit $\mathbf{b}$, so entsteht eine Drehung um eine Achse, die auf $\mathbf{a}$ und $\mathbf{b}$ senkrecht steht und die dieselbe Richtung hat wie die der Drehung von $\mathbf{a}$ nach $\mathbf{b}$. Der resultierende Drehwinkel ist dann gerade α. Den Vektor der Drehung (4.9.129) können wir nun in einfacher Weise durch die beiden Umklappungen um die Achsen mit den Einheitsvektoren $\mathbf{a}$ und $\mathbf{b}$ darstellen. Es gilt nämlich

$$\mathbf{a} \cdot \mathbf{b} = \cos\frac{\alpha}{2}, \qquad \mathbf{a} \times \mathbf{b} = \left(\sin\frac{\alpha}{2}\right)\mathbf{w}.$$

Somit folgt nach (4.9.129)

$$\mathbf{w} = \frac{\mathbf{a} \times \mathbf{b}}{\mathbf{a} \cdot \mathbf{b}}. \tag{4.9.137}$$

Wir kehren nun zu der vorhin formulierten Problemstellung zurück und bauen die orthogonalen Tensoren $\overset{1}{\mathbf{Q}}$ und $\overset{2}{\mathbf{Q}}$ aus jeweils zwei Umklappungen auf. Dabei gehen wir in der Weise vor, daß die Umklappung um die gemeinsame Senkrechte auf beiden Drehachsen in der Zerlegung jeder der beiden Drehungen enthalten ist. Wir zerlegen die beiden orthogonalen Tensoren $\overset{1}{\mathbf{Q}}$ und $\overset{2}{\mathbf{Q}}$ wie folgt:

$$\overset{1}{\mathbf{Q}} = \overset{b}{\hat{\mathbf{Q}}}\overset{a}{\hat{\mathbf{Q}}}, \qquad \overset{2}{\mathbf{Q}} = \overset{c}{\hat{\mathbf{Q}}}\overset{b}{\hat{\mathbf{Q}}}, \tag{4.9.138}$$

worin $\overset{b}{\hat{\mathbf{Q}}}$ die Umklappung um die gemeinsame Senkrechte mit dem Einheitsvektor $\mathbf{b}$ beinhaltet; die Achsen mit den Einheitsvektoren $\mathbf{a}$ und $\mathbf{b}$ der beiden Umklappungen $\overset{a}{\hat{\mathbf{Q}}}$ und $\overset{b}{\hat{\mathbf{Q}}}$ sind damit bestimmt. Die resultierende Drehung, die durch $\mathbf{Q}$ vermittelt wird, ist durch die beiden Umklappungen $\overset{a}{\hat{\mathbf{Q}}}$ und $\overset{c}{\hat{\mathbf{Q}}}$ aufgebaut; denn mit (4.9.136) und (4.9.138) wird

$$\mathbf{Q} = \overset{c}{\hat{\mathbf{Q}}}\overset{b}{\hat{\mathbf{Q}}}\overset{b}{\hat{\mathbf{Q}}}\overset{a}{\hat{\mathbf{Q}}}.$$

Da die Umklappungen orthogonale und symmetrische Tensoren sind, folgt

$$\mathbf{Q} = \overset{c}{\hat{\mathbf{Q}}}\overset{a}{\hat{\mathbf{Q}}}. \tag{4.9.139}$$

Nach (4.9.132) haben die Umklappungen die explizite Form

$$\overset{a}{\hat{\mathbf{Q}}} = 2\mathbf{a} \otimes \mathbf{a} - \mathbf{I}, \qquad \overset{b}{\hat{\mathbf{Q}}} = 2\mathbf{b} \otimes \mathbf{b} - \mathbf{I}, \qquad \overset{c}{\hat{\mathbf{Q}}} = 2\mathbf{c} \otimes \mathbf{c} - \mathbf{I}. \tag{4.9.140}$$

Mit Hilfe der Umklappungen können wir nun den Vektor der resultierenden Drehung in einfacher Weise ermitteln. Die zu den orthogonalen Tensoren

$\overset{1}{\underset{\sim}{Q}}$, $\overset{2}{\underset{\sim}{Q}}$ und $\underset{\sim}{Q} = \overset{21}{\underset{\sim}{Q}\underset{\sim}{Q}}$ gehörenden Vektoren der Drehung bezeichnen wir mit $\underset{\sim}{w}_1$, $\underset{\sim}{w}_2$ und $\underset{\sim}{w}$. Dann gilt nach (4.9.137) mit (4.9.138) und (4.9.139)

$$\underset{\sim}{w}_1 = \frac{\underset{\sim}{a} \times \underset{\sim}{b}}{\underset{\sim}{a} \cdot \underset{\sim}{b}}, \quad \underset{\sim}{w}_2 = \frac{\underset{\sim}{b} \times \underset{\sim}{c}}{\underset{\sim}{b} \cdot \underset{\sim}{c}}, \quad \underset{\sim}{w} = \frac{\underset{\sim}{a} \times \underset{\sim}{c}}{\underset{\sim}{a} \cdot \underset{\sim}{c}}. \qquad (4.9.141)$$

Hieraus folgt, daß der Vektor $\underset{\sim}{w}$ der resultierenden Drehung durch die Vektoren $\underset{\sim}{w}_1$ und $\underset{\sim}{w}_2$ der beiden aufeinanderfolgenden Drehungen ersetzt werden kann:

$$\underset{\sim}{w} = \frac{\underset{\sim}{w}_1 + \underset{\sim}{w}_2 + \underset{\sim}{w}_2 \times \underset{\sim}{w}_1}{1 - \underset{\sim}{w}_1 \cdot \underset{\sim}{w}_2}. \qquad (4.9.142)$$

Diese Relation läßt sich leicht verifizieren, indem man den Vektor der resultierenden Drehung als Linearkombination der Vektoren $\underset{\sim}{w}_1$, $\underset{\sim}{w}_2$ und $\underset{\sim}{w}_1 \times \underset{\sim}{w}_2$ ansetzt, und die in der Linearkombination auftretenden Koeffizienten durch Skalarmultiplikation mit den Einheitsvektoren $\underset{\sim}{a}$, $\underset{\sim}{b}$ und $\underset{\sim}{c}$ bestimmt.

Im Sonderfall *infinitesimaler Drehungen* vereinfacht sich (4.9.142) mit Vernachlässigung der Größen, die von höherer Ordnung klein sind, zu:

$$\underset{\sim}{w} = \underset{\sim}{w}_1 + \underset{\sim}{w}_2. \qquad (4.9.143)$$

Es addieren sich dann die Drehungen nach den Regeln der Vektoralgebra, und da die Vektoraddition kommutativ ist, hat die Reihenfolge der Drehungen keinen Einfluß auf die resultierende Drehung. Bei endlichen Drehungen ist die Reihenfolge der Drehungen nur dann beliebig, wenn $\underset{\sim}{w}_2 \times \underset{\sim}{w}_1 = \underset{\sim}{0}$ ist, wenn also beide Drehungen um dieselbe Achse erfolgen.

Es gilt in diesem Fall:

$$\underset{\sim}{w} = \frac{\underset{\sim}{w}_1 + \underset{\sim}{w}_2}{1 - \underset{\sim}{w}_1 \cdot \underset{\sim}{w}_2}. \qquad (4.9.144)$$

Nach (4.9.129) folgt dann für die Drehung um eine vorgegebene Drehachse mit dem Einheitsvektor $\underset{\sim}{e}$

$$\underset{\sim}{w} = \frac{\tan\frac{\alpha_1}{2} + \tan\frac{\alpha_2}{2}}{1 - \tan\frac{\alpha_1}{2}\tan\frac{\alpha_2}{2}}\,\underset{\sim}{e} = \tan\left(\frac{\alpha_1}{2} + \frac{\alpha_2}{2}\right)\underset{\sim}{e}, \qquad (4.9.145)$$

ein anschaulich sofort einsehbares Resultat.

■ *Übungsaufgaben zu 4.9.5:*

(1) Gegeben ist der Tensor $\underset{\sim}{T} = t_i^{\cdot k}\, \underset{\sim}{g}^i \otimes \underset{\sim}{g}_k$ mit

$$t_i^{\cdot k} : \left\{ \begin{matrix} 10; & 3; & 7; \\ 3; & 5; & 6; \\ 0; & 9; & 8 \end{matrix} \right\}.$$

Berechnen Sie det $\underset{\sim}{T}$.

(2) Gegeben sind der Tensor $\underset{\sim}{T} = t^{i}_{.k}\, \underset{\sim}{g}_i \otimes \underset{\sim}{g}^k$ und die kovarianten Metrikkoeffizienten g_{ik} mit

$$t^{i}_{.k} : \begin{Bmatrix} 9; & 4; & 6; \\ 1; & 3; & 5; \\ 0; & 2; & 7 \end{Bmatrix} \quad \text{und } g_{ik} : \begin{Bmatrix} 1; & 0; & \frac{1}{2}; \\ 0; & 2; & \frac{1}{4}; \\ \frac{1}{2}; & \frac{1}{4}; & 3 \end{Bmatrix} .$$

a) Berechnen Sie die Hauptinvarianten $I_{\underset{\sim}{T}}$, $II_{\underset{\sim}{T}}$, $III_{\underset{\sim}{T}}$.

b) Bestimmen Sie die Eigenwerte γ_1, γ_2, γ_3.

c) Ermitteln Sie den zu γ_1 gehörenden normierten Vektor.

(3) Der ebene Spannungszustand in einem materiellen Punkt sei durch $\underset{\sim}{T} = t_{\alpha\beta}\, \underset{\sim}{e}_\alpha \otimes \underset{\sim}{e}_\beta$ ausgedrückt, wobei die griechischen Buchstaben die Zahlen 1, 2 durchlaufen. Leiten Sie mit den Mitteln der Tensorrechnung eine Formel für die Hauptspannungen ab.

(4) Zeigen Sie, daß gilt $\overset{+}{\underset{\sim}{Q}} = \underset{\sim}{Q}$, wenn $\underset{\sim}{Q}$ ein eigentlich orthogonaler Tensor ist.

(5) Leiten Sie aus (4.9.124) den orthogonalen Tensor zur Beschreibung der ebenen Rotation eines starren Körpers her. ■

4.10 Die Fundamentaltensoren

In den vorigen Abschnitten haben wir verschiedene Fundamentaltensoren kennengelernt, wie den Identitätstensor $\underset{\sim}{I}$ sowie die drei- und sechsstufigen Fundamentaltensoren $\overset{3}{\underset{\sim}{E}}$ und $\overset{6}{\underset{\sim}{E}}$. Sie zeichnen sich dadurch aus, daß sie unabhängig von jeglichen skalaren, vektoriellen und tensoriellen Variablen sind; vielmehr sind sie allein durch die Metrik bestimmt. Zur Darstellung von Abbildungen, inneren und äußeren Produkten in Basissystemen können diese Fundamentaltensoren sehr vorteilhaft verwendet werden, wie wir bereits in einigen Fällen gesehen haben. Wegen ihrer großen Bedeutung werden im folgenden die Fundamentaltensoren systematisch zusammengestellt und einige wesentliche Eigenschaft aufgezeigt.

Es seien $\underset{\sim}{u}$ und $\underset{\sim}{v}$ Vektoren sowie $\underset{\sim}{T}$ und $\underset{\sim}{S}$ Tensoren zweiter Stufe. Die Fundamentaltensoren bis sechster Stufe geben wir durch folgende Beziehungen an:

$$\underset{\sim}{v} = \underset{\sim}{I}\underset{\sim}{v}, \tag{4.10.1}$$

$$\underset{\sim}{u} \times \underset{\sim}{v} = \overset{3}{\underset{\sim}{E}}(\underset{\sim}{u} \otimes \underset{\sim}{v}), \tag{4.10.2}$$

$$\underset{\sim}{T} = \overset{4}{\underset{\sim}{I}}\underset{\sim}{T}, \quad (\underset{\sim}{T} \cdot \underset{\sim}{I})\underset{\sim}{I} = \overset{4}{\bar{\underset{\sim}{I}}}\underset{\sim}{T} = (\underset{\sim}{I} \otimes \underset{\sim}{I})\underset{\sim}{T}, \tag{4.10.3}$$

$$\underset{\sim}{T}^T = \overset{4}{\underset{\approx}{\bar{\bar{I}}}}\underset{\sim}{T}, \tag{4.10.4}$$

$$\underset{\sim}{T} \ast \underset{\sim}{S} = \overset{6}{\underset{\approx}{E}}(\underset{\sim}{T} \otimes \underset{\sim}{S}). \tag{4.10.5}$$

Bei der Durchführung des Tensorkalküls wird eine bestimmte Basis zugrunde gelegt. In Abhängigkeit von der gewählten Basis wird die Metrik durch die Fundamentaltensoren festgelegt. Die Koeffizienten der Fundamentaltensoren bilden die Metrik durch Skalarprodukte der Basisvektoren. Für den Fall der rein kovarianten Basis sei die Basisdarstellung der Fundamentaltensoren auf der Grundlage der in (4.10.1) bis (4.10.5) dargelegten Beziehungen angegeben:

$$\underset{\sim}{I} = \underset{\sim}{g}^i \cdot \underset{\sim}{g}^j \quad \underset{\sim}{g}_i \otimes \underset{\sim}{g}_j, \tag{4.10.6}$$

$$\overset{3}{\underset{\approx}{E}} = \underset{\sim}{g}^i \cdot (\underset{\sim}{g}^j \times \underset{\sim}{g}^k)\, \underset{\sim}{g}_i \otimes \underset{\sim}{g}_j \otimes \underset{\sim}{g}_k, \tag{4.10.7}$$

$$\overset{4}{\underset{\approx}{I}} = (\underset{\sim}{g}^i \otimes \underset{\sim}{g}^j) \cdot (\underset{\sim}{g}^k \otimes \underset{\sim}{g}^l)\underset{\sim}{g}_i \otimes \underset{\sim}{g}_j \otimes \underset{\sim}{g}_k \otimes \underset{\sim}{g}_l, \tag{4.10.8}$$

$$\overset{4}{\underset{\approx}{\bar{I}}} = (\underset{\sim}{g}^i \otimes \underset{\sim}{g}^k) \cdot (\underset{\sim}{g}^j \otimes \underset{\sim}{g}^l)\underset{\sim}{g}_i \otimes \underset{\sim}{g}_j \otimes \underset{\sim}{g}_k \otimes \underset{\sim}{g}_l, \tag{4.10.9}$$

$$\overset{4}{\underset{\approx}{\bar{\bar{I}}}} = (\underset{\sim}{g}^i \otimes \underset{\sim}{g}^j) \cdot (\underset{\sim}{g}^l \otimes \underset{\sim}{g}^k)\underset{\sim}{g}_i \otimes \underset{\sim}{g}_j \otimes \underset{\sim}{g}_k \otimes \underset{\sim}{g}_l, \tag{4.10.10}$$

$$\overset{6}{\underset{\approx}{E}} = (\underset{\sim}{g}^i \times \underset{\sim}{g}^j) \cdot \underset{\sim}{g}^k(\underset{\sim}{g}^l \times \underset{\sim}{g}^m) \cdot \underset{\sim}{g}^n\, \underset{\sim}{g}_i \otimes \underset{\sim}{g}_l \otimes \underset{\sim}{g}_j \otimes \underset{\sim}{g}_m \otimes \underset{\sim}{g}_k \otimes \underset{\sim}{g}_n. \tag{4.10.11}$$

Alternative Formen findet man leicht durch Austauschen von kontravarianten Basisvektoren gegen kovariante in den Koeffizienten bei gleichzeitigem Wechsel des zugehörigen Basisvektors in der Tensorbasis. Die Fundamentaltensoren haben gewisse Symmetrieeigenschaften, die aus (4.10.6) bis (4.10.11) ersichtlich sind, wenn man für die Koeffizienten die Rechenregeln für die Skalarprodukte beachtet. Für diese Koeffizienten führen wir die folgende Schreibweise ein:

$$(\underset{\sim}{I})^{ij} = g^{ij}, \quad (\underset{\sim}{I})_{ij} = g_{ij}, \quad (\underset{\sim}{I})^i_j = \delta^i_j, \tag{4.10.12}$$

$$(\overset{3}{\underset{\approx}{E}})^{ijk} = \bar{e}^{ijk}, \quad (\overset{3}{\underset{\approx}{E}})_{ijk} = \bar{e}_{ijk}, \quad (\overset{3}{\underset{\approx}{E}})^{i.k}_{.j} = \bar{e}^{i.k}_{.j}, \tag{4.10.13}$$

$$(\overset{4}{\underset{\approx}{I}})^{ijkl} = g^{ik}g^{jl}, \quad (\overset{4}{\underset{\approx}{I}})_{ijkl} = g_{ik}g_{jl}, \quad (\overset{4}{\underset{\approx}{I}})^{ij}_{..kl} = \delta^i_k\delta^j_l, \tag{4.10.14}$$

$$(\overset{4}{\underset{\approx}{\bar{I}}})^{ijkl} = g^{ij}g^{kl}, \quad (\overset{4}{\underset{\approx}{\bar{I}}})_{ijkl} = g_{ij}g_{kl}, \quad (\overset{4}{\underset{\approx}{\bar{I}}})^{i.k}_{.j.l} = \delta^i_j\delta^k_l, \tag{4.10.15}$$

$$(\overset{4}{\underset{\approx}{\bar{\bar{I}}}})^{ijkl} = g^{il}g^{jk}, \quad (\overset{4}{\underset{\approx}{\bar{\bar{I}}}})_{ijkl} = g_{il}g_{jk}, \quad (\overset{4}{\underset{\approx}{\bar{\bar{I}}}})^{ij}_{..kl} = \delta^i_l\delta^j_k, \tag{4.10.16}$$

$$(\overset{6}{\underset{\approx}{E}})^{ijklmn} = \bar{e}^{ijklmn} = \bar{e}^{ikm}\bar{e}^{jln},$$

$$(\overset{6}{\underset{\approx}{E}})_{ijklmn} = \bar{e}_{ijklmn} = \bar{e}_{ikm}\bar{e}_{jln}, \tag{4.10.17}$$

$$(\overset{6}{\underset{\approx}{E}})^{i.k.m}_{.j.l.n} = \bar{e}^{i.k.m}_{.j.l.n} = \bar{e}^{ikm}\bar{e}_{jln}.$$

Aus dieser Zusammenstellung sowie den Darlegungen in Abschnitt 4.9 ist ersichtlich, daß sich für die Koeffizienten der Fundamentaltensoren ausgezeichnete Wert nur für eine spezielle Wahl der Basis ergeben. Im einzelnen stellen wir fest:

$$\bar{e}_{ijk} = \sqrt{g}\, e_{ijk}, \qquad \bar{e}^{ijk} = \frac{1}{\sqrt{g}}\, e^{ijk},$$

$$\bar{e}_{ijklmn} = g\, e_{ikm} e_{jln}, \qquad \bar{e}^{ijklmn} = \frac{1}{g}\, e^{ikm} e^{jln},$$

$$\bar{e}^{i.k.m}_{.j.l.n} = e^{ikm} e_{jln}. \qquad (4.10.18)$$

Mit Hilfe der Fundamentaltensoren lassen sich die Skalarprodukte von Vektoren und Tensoren in einfacher Weise ausdrücken:

$$\underset{\sim}{u} \cdot \underset{\sim}{v} = \underset{\sim}{I} \cdot (\underset{\sim}{u} \otimes \underset{\sim}{v}), \qquad (4.10.19)$$

$$(\underset{\sim}{u} \times \underset{\sim}{v}) \cdot \underset{\sim}{w} = \overset{3}{\underset{\sim}{E}} \cdot (\underset{\sim}{u} \otimes \underset{\sim}{v} \otimes \underset{\sim}{w}), \qquad (4.10.20)$$

$$\underset{\sim}{T} \cdot \underset{\sim}{S} = \underset{\sim}{I} \cdot (\underset{\sim}{T} \underset{\sim}{S}^T) = \overset{4}{\underset{\sim}{I}} \cdot (\underset{\sim}{T} \otimes \underset{\sim}{S}), \qquad (4.10.21)$$

$$(\underset{\sim}{T} \circledast \underset{\sim}{S}) \cdot \underset{\sim}{R} = \overset{6}{\underset{\sim}{E}} \cdot (\underset{\sim}{T} \otimes \underset{\sim}{S} \otimes \underset{\sim}{R}). \qquad (4.10.22)$$

Wir stellen nun noch einige weitere Eigenschaften der Fundamentaltensoren heraus. Sie zeichnen sich zunächst dadurch aus, daß *sie unabhängig von der Wahl der Basis eine bestimmte Norm besitzen*:

$$|\underset{\sim}{I}| = \sqrt{\underset{\sim}{I} \cdot \underset{\sim}{I}} = \sqrt{3}, \qquad |\overset{3}{\underset{\sim}{E}}| = \sqrt{\overset{3}{\underset{\sim}{E}} \cdot \overset{3}{\underset{\sim}{E}}} = \sqrt{3!} = \sqrt{6},$$

$$|\overset{4}{\underset{\sim}{I}}| = \sqrt{\overset{4}{\underset{\sim}{I}} \cdot \overset{4}{\underset{\sim}{I}}} = \sqrt{3 \cdot 3} = 3, \qquad |\overset{4}{\underset{\sim}{\overline{I}}}| = |\overset{4}{\underset{\sim}{\overline{I}}}| = |\overset{4}{\underset{\sim}{I}}|,$$

$$|\overset{6}{\underset{\sim}{E}}| = \sqrt{\overset{6}{\underset{\sim}{E}} \cdot \overset{6}{\underset{\sim}{E}}} = \sqrt{6 \cdot 6} = 6. \qquad (4.10.23)$$

Als weitere Eigenschaft stellen wir fest, daß *bei einem eigentlich orthogonalen Wechsel der Basisvektoren die Koeffizienten ungeändert bleiben*. Diese Eigenschaft wollen wir im folgenden nachweisen: Der Fundamentaltensor $\underset{\sim}{I}$ läßt sich nach (4.10.12) in einem kovarianten Basissystem durch

$$\underset{\sim}{I} = g^i \cdot g^j\, g_i \otimes g_j$$

angeben. Andererseits erhalten wir, wenn wir einen orthogonalen Wechsel der Basis vornehmen

$$\underset{\sim}{I} = (\underset{\sim}{Q} g^i) \cdot (\underset{\sim}{Q} g^j)\, \underset{\sim}{Q} g_i \otimes \underset{\sim}{Q} g_j.$$

Beachten wir hierin die Definition für den orthogonalen Tensor, können wir auch schreiben:

$$\underset{\sim}{I} = g^i \cdot g^j\, \underset{\sim}{Q} g_i \otimes \underset{\sim}{Q} g_j.$$

Entsprechend gehen wir beim Fundamentaltensor $\underset{\sim}{\overset{3}{E}}$ vor:

$$\begin{aligned}\underset{\sim}{\overset{3}{E}} &= \underset{\sim}{g}^i \cdot (\underset{\sim}{g}^j \times \underset{\sim}{g}^k)\, \underset{\sim}{g}_i \otimes \underset{\sim}{g}_j \otimes \underset{\sim}{g}_k \\ &= \underset{\sim}{Q}\underset{\sim}{g}^i \cdot (\underset{\sim}{Q}\underset{\sim}{g}^j \times \underset{\sim}{Q}\underset{\sim}{g}^k)\, \underset{\sim}{Q}\underset{\sim}{g}_i \otimes \underset{\sim}{Q}\underset{\sim}{g}_j \otimes \underset{\sim}{Q}\underset{\sim}{g}_k .\end{aligned}$$

Mit (4.9.59) unter Berücksichtigung von (4.9.79) und (4.9.91) finden wir:

$$\begin{aligned}\underset{\sim}{Q}\underset{\sim}{g}^i \cdot (\underset{\sim}{Q}\underset{\sim}{g}^j \times \underset{\sim}{Q}\underset{\sim}{g}^k) &= \frac{1}{6}\,[(\underset{\sim}{Q} \overset{\times}{\times} \underset{\sim}{Q}) \cdot \underset{\sim}{Q}][\underset{\sim}{g}^i \cdot (\underset{\sim}{g}^j \times \underset{\sim}{g}^k)] \\ &= \det \underset{\sim}{Q}[\underset{\sim}{g}^i \cdot (\underset{\sim}{g}^j \times \underset{\sim}{g}^k)] \\ &= \underset{\sim}{g}^i \cdot (\underset{\sim}{g}^j \times \underset{\sim}{g}^k).\end{aligned}$$

Somit wird

$$\underset{\sim}{\overset{3}{E}} = \underset{\sim}{g}^i \cdot (\underset{\sim}{g}^j \times \underset{\sim}{g}^k)\, \underset{\sim}{Q}\underset{\sim}{g}_i \otimes \underset{\sim}{Q}\underset{\sim}{g}_j \otimes \underset{\sim}{Q}\underset{\sim}{g}_k .$$

Dieselben Überlegungen führen beim Fundamentaltensor $\underset{\sim}{\overset{4}{I}}$ zu

$$\begin{aligned}\underset{\sim}{\overset{4}{I}} &= (\underset{\sim}{g}^i \otimes \underset{\sim}{g}^j) \cdot (\underset{\sim}{g}^k \otimes \underset{\sim}{g}^l)\underset{\sim}{g}_i \otimes \underset{\sim}{g}_j \otimes \underset{\sim}{g}_k \otimes \underset{\sim}{g}_l \\ &= g^{ik}g^{jl}\, \underset{\sim}{g}_i \otimes \underset{\sim}{g}_j \otimes \underset{\sim}{g}_k \otimes \underset{\sim}{g}_l ,\end{aligned}$$

$$\begin{aligned}\underset{\sim}{\overset{4}{I}} &= (\underset{\sim}{Q}\underset{\sim}{g}^i \otimes \underset{\sim}{Q}\underset{\sim}{g}^j) \cdot (\underset{\sim}{Q}\underset{\sim}{g}^k \otimes \underset{\sim}{Q}\underset{\sim}{g}^l)\underset{\sim}{Q}\underset{\sim}{g}_i \otimes \underset{\sim}{Q}\underset{\sim}{g}_j \otimes \underset{\sim}{Q}\underset{\sim}{g}_k \otimes \underset{\sim}{Q}\underset{\sim}{g}_l \\ &= g^{ik}g^{jl}\, \underset{\sim}{Q}\underset{\sim}{g}_i \otimes \underset{\sim}{Q}\underset{\sim}{g}_j \otimes \underset{\sim}{Q}\underset{\sim}{g}_k \otimes \underset{\sim}{Q}\underset{\sim}{g}_l .\end{aligned}$$

Die Gültigkeit der Aussage für die übrigen Fundamentaltensoren ist unmittelbar ersichtlich.

Im Hinblick auf einige Fragestellungen in der Mechanik sind folgende Identitäten im Zusammenhang mit den Fundamentaltensoren von Bedeutung. Mit dem beliebigen zweistufigen Tensor $\underset{\sim}{S}$ gilt:

$$\underset{\sim}{I} = \underset{\sim}{Q}\underset{\sim}{I}\underset{\sim}{Q}^T, \tag{4.10.24}$$

$$\underset{\sim}{\overset{3}{E}}(\underset{\sim}{Q}\underset{\sim}{S}\underset{\sim}{Q}^T) = \underset{\sim}{Q}(\underset{\sim}{\overset{3}{E}}\underset{\sim}{S}), \tag{4.10.25}$$

$$\underset{\sim}{\overset{4}{I}}(\underset{\sim}{Q}\underset{\sim}{S}\underset{\sim}{Q}^T) = \underset{\sim}{Q}(\underset{\sim}{\overset{4}{I}}\underset{\sim}{S})\underset{\sim}{Q}^T, \tag{4.10.26}$$

$$\underset{\sim}{\overset{4}{\bar{I}}}(\underset{\sim}{Q}\underset{\sim}{S}\underset{\sim}{Q}^T) = \underset{\sim}{Q}(\underset{\sim}{\overset{4}{\bar{I}}}\underset{\sim}{S})\underset{\sim}{Q}^T, \tag{4.10.27}$$

$$\underset{\sim}{\overset{4}{\bar{\bar{I}}}}(\underset{\sim}{Q}\underset{\sim}{S}\underset{\sim}{Q}^T) = \underset{\sim}{Q}(\underset{\sim}{\overset{4}{\bar{\bar{I}}}}\underset{\sim}{S})\underset{\sim}{Q}^T. \tag{4.10.28}$$

Wir bezeichnen skalare Vielfache der Fundamentaltensoren als *isotrope Tensoren*. Sie spielen bei der Formulierung von konstitutiven Gleichungen isotroper Materialien eine hervorragende Rolle (s. auch Abschnitt 6.5). Als Beispiel betrachten wir die Stoffgleichung des isotropen linear elastischen Werkstoffes. Diese gibt den symmetrischen Spannungstensor $\underset{\sim}{T}$ in Abhängigkeit des linearisierten symmetrischen Greenschen Verzerrungsmaßes $\overset{L}{\underset{\sim}{E}}$ an:

$$\underset{\sim}{T} = \overset{4}{\underset{\sim}{K}}\overset{L}{\underset{\sim}{E}}. \qquad (4.10.29)$$

Die konstitutive Größe $\overset{4}{\underset{\sim}{K}}$ wird im folgenden diskutiert. Die Isotropiebedingung bezüglich des Materialverhaltens beinhaltet die Forderung (s. auch Abschnitt 6.5.1)

$$\overset{4}{\underset{\sim}{K}}(\underset{\sim}{Q}\overset{L}{\underset{\sim}{E}}\underset{\sim}{Q}^T) = \underset{\sim}{Q}(\overset{4}{\underset{\sim}{K}}\overset{L}{\underset{\sim}{E}})\underset{\sim}{Q}^T. \qquad (4.10.30)$$

Aus dem Vergleich mit (4.10.26) bis (4.10.28) finden wir mit den skalaren Größen α, β, γ, die Stoffkenngrößen enthalten,

$$\overset{4}{\underset{\sim}{K}} = \alpha\overset{4}{\underset{\sim}{I}} + \beta\overset{\underline{4}}{\underset{\sim}{I}} + \gamma\overset{\underline{\underline{4}}}{\underset{\sim}{I}}. \qquad (4.10.31)$$

Da der Greensche Verzerrungstensor $\overset{L}{\underset{\sim}{E}}$ symmetrisch ist, gilt weiterhin wegen (4.10.3 a) und (4.10.4)

$$(\alpha\overset{4}{\underset{\sim}{I}} + \gamma\overset{\underline{\underline{4}}}{\underset{\sim}{I}})\overset{L}{\underset{\sim}{E}} = (\alpha + \gamma)\overset{L}{\underset{\sim}{E}} = \mu\overset{L}{\underset{\sim}{E}},$$

so daß sich die konstitutive Gleichung (4.10.29) mit (4.10.31) und (4.10.3 b) auf

$$\underset{\sim}{T} = \mu\overset{L}{\underset{\sim}{E}} + \beta(\overset{L}{\underset{\sim}{E}} \cdot \underset{\sim}{I})\underset{\sim}{I}$$

oder mit (4.10.3) auf

$$\underset{\sim}{T} = (\mu\overset{4}{\underset{\sim}{I}} + \beta\overset{\underline{4}}{\underset{\sim}{I}})\overset{L}{\underset{\sim}{E}} \qquad (4.10.32)$$

reduziert.

In der Analysis werden wir im Zusammenhang mit der Entwicklung von Ableitungsregeln und der Einführung von Differentialoperationen auf die Fundamentaltensoren zurückkommen. Wir werden erkennen, daß diese u. a. die explizite Angabe der Differentialoperatoren erlauben und somit die Berechnung der Differentialoperationen wesentlich erleichtern.

■ *Übungsaufgaben zu 4.10:*

(1) Berechnen Sie die Koeffizienten $(\overset{4}{\underset{\sim}{I}})^{ij}_{\;\;..kl}$ mit Hilfe der Rechenregel (4.10.4).

(2) Bestimmen Sie die Koeffizienten $(\overset{6}{\underset{\sim}{E}})^{ij..m}_{\;\;..kln}$.

(3) Leiten Sie aus (4.10.3 a) eine Regel für die Transformation der kovarianten Koeffizienten der Tensorkomponenten bei einem Wechsel der Basis ab.

(4) Zeigen Sie, daß die konstitutive Gleichung zur Beschreibung das Stoffverhalten der linear-viskosen Flüssigkeit

$$\underset{\sim}{T} = \alpha\underset{\sim}{I} + \gamma(\underset{\sim}{D} \bullet \underset{\sim}{I})\underset{\sim}{I} + 2\mu\underset{\sim}{D}$$

gleich ist der Darstellung

$$\underset{\sim}{T} = \alpha\underset{\sim}{I} + (2\mu\overset{4}{\underset{\sim}{I}} + \gamma\overset{4}{\underset{\sim}{I}})\underset{\sim}{D}.$$

Hierin sind $\underset{\sim}{T}$ der Cauchysche Spannungstensor, $\underset{\sim}{D}$ der symmetrische Anteil des Geschwindigkeitsgradienten sowie α, μ und γ Werkstoffkenngrößen. ∎

5 Vektor- und Tensoranalysis

Die in der Physik auftretenden Skalare, Vektoren und Tensoren können Funktionen von reellen skalaren, vektoriellen und tensoriellen Parametern sein. Wir bezeichnen diese Funktionen als skalar-, vektor- und tensorwertig. Die Bestimmung der Veränderung dieser Funktionen infolge eines infinitesimalen Zuwachses der Parameter ist ein wesentlicher Bestandteil bei der Entwicklung physikalischer Gesetze. In diesem Zusammenhang wird man u.a. auf die Ableitung der Funktionen, auf den Differentialquotienten, die partielle Ableitung und das totale Differential geführt. Die Klärung und Angabe dieser Begriffe ist das Anliegen dieses Kapitels. Dabei klammern wir die skalarwertigen Funktionen, die von reellen skalaren Parametern abhängen, aus und setzen die Analysis dieser Funktionen als bekannt voraus. Die dort angestellten Überlegungen werden wir auf die Vektor- und Tensoranalysis übertragen, wobei wir jedoch bei den skalar-, vektor- und tensorwertigen Funktionen, die von vektoriellen und tensoriellen Parametern abhängen, modifizierte Ableitungsdefinitionen einführen müssen.

Wegen der großen Bedeutung in der Mechanik und in den Ingenieurwissenschaften behandeln wir zunächst die vektor- und tensorwertigen Funktionen, die von reellen skalaren Parametern abhängen. Breiten Raum nimmt in diesem Zusammenhang die Behandlung des Ortsvektors ein, der von metrischen Variablen abhängt. Die aufeinander folgenden Untersuchungen der Raumkurven, der Flächen und der Geometrie des Raumes - als Differentialgeometrie bekannt - führt zwar oft zu Wiederholungen; die ausführliche Diskussion dieser Gebiete hat jedoch den großen Vorteil, daß jeder Abschnitt für sich weitgehend abgeschlossen ist, so daß der Leser solche Abschnitte übergehen kann, die für ihn von geringerem Interesse sind. Außerdem hat sich gezeigt, daß die gewählte Vorgehensweise aus didaktischen Gründen zweckmäßig ist; denn der Ingenieur kann bei der Durcharbeitung der folgenden Abschnitte unmittelbar an die im Grundstudium - im Rahmen der Mathematik- und Mechanikausbildung - vermittelten Grundkenntnisse über die Differentialgeometrie anknüpfen.

In Abschnitt 5.5 wird die Theorie der Felder abgeleitet. Danach werden solche Funktionen betrachtet, die von beliebigen vektor- und tensorwertigen Variablen abhängen. Abschließend behandeln wir die Integralsätze, die die Umwandlung von Flächen- in Volumenintegrale sowie von Linien- in Flächenintegrale erlauben.

5.1 Funktionen von skalarwertigen Parametern

Wir nehmen an, daß der Vektor $\underset{\sim}{u}$ eine Funktion[7] einer reellen skalaren Variablen α ist. Die *Ableitung* dieser Funktion $\underset{\sim}{u}$, wenn sie in irgendeinem offenen Gebiet des Euklidischen Raumes existiert, ist der Wert der Funktion $\underset{\sim}{v}$. Sie ist durch den folgenden Grenzübergang definiert:

$$(01) \quad \lim_{\tau \to \alpha} \frac{\underset{\sim}{u}(\tau) - \underset{\sim}{u}(\alpha) - \underset{\sim}{v}(\alpha)(\tau - \alpha)}{|\tau - \alpha|} = \underset{\sim}{o},$$

wobei τ ebenfalls eine reelle skalare Variable ist. Die Ableitung $\underset{\sim}{v}(\alpha)$ wird üblicherweise auch als

$$\underset{\sim}{v}(\alpha) = \frac{d\underset{\sim}{u}(\alpha)}{d\alpha} \qquad \text{oder} \qquad \underset{\sim}{v}(\alpha) = \underset{\sim}{u}'(\alpha)$$

geschrieben.

Das *Differential* der Funktion $\underset{\sim}{u}$ für einen gegebenen Wert α und einen gegebenen Wert des Differentials $d\alpha$ ist gleich dem Produkt $\underset{\sim}{u}'(\alpha)$ und $d\alpha$:

$$(02) \quad d\underset{\sim}{u}(\alpha) = \underset{\sim}{u}'(\alpha)d\alpha .$$

Weiterhin können wir *Ableitungen* und *Differentiale höherer Ordnung* definieren. So ist die *zweite Ableitung* von $\underset{\sim}{u}$ durch

$$(03) \quad \frac{d^2\underset{\sim}{u}}{d\alpha^2} = \underset{\sim}{u}'' = \frac{d}{d\alpha}\left(\frac{d\underset{\sim}{u}}{d\alpha}\right)$$

gegeben. Dabei ist $\underset{\sim}{u}''$ wiederum ein Vektor, der von α abhängt. Entsprechend werden die höheren Ableitungen definiert. Das *zweite Differential* einer vektorwertigen Funktion $\underset{\sim}{u}$ in Abhängigkeit einer Veränderlichen α ist das Differential des ersten Differentials:

$$(04) \quad d^2\underset{\sim}{u} = d(d\underset{\sim}{u}) = \underset{\sim}{u}''(\alpha)d\alpha^2 .$$

Analog werden *Differentiale höherer Ordnung* eingeführt:

$$(05) \quad d^3\underset{\sim}{u} = d(d^2\underset{\sim}{u}) = \underset{\sim}{u}''(\alpha)d\alpha^3 \text{ usw.}$$

---

[7] Wir betrachten nur eindeutige Funktionen. Außerdem werden wir für die Funktion und den Wert der Funktion die gleichen Symbole benutzen, solange keine Verwechslung möglich ist.

Die *partielle Ableitung* $\underset{\sim}{w}$ einer vektorwertigen Funktion $\underset{\sim}{u}$ mehrerer skalarer Variablen α, β, γ,... nach einer dieser Variablen, wie etwa nach α, wird durch

$$(06)\quad \lim_{\tau\to\alpha} \frac{\underset{\sim}{u}(\tau, \beta, \gamma,\ldots) - \underset{\sim}{u}(\alpha, \beta, \gamma,\ldots) - \underset{\sim}{w}(\alpha, \beta, \gamma,\ldots)(\tau - \alpha)}{|\tau - \alpha|} = \underset{\sim}{o}$$

definiert. Die partielle Ableitung $\underset{\sim}{w}$, die wiederum eine Funktion der reellen skalaren Variablen α, β, γ,... ist, schreiben wir als

$$\underset{\sim}{w} = \frac{\partial \underset{\sim}{u}}{\partial\alpha}.$$

Das *vollständige (totale) Differential* einer vektorwertigen Funktion $\underset{\sim}{u}$ mehrerer reeller skalarer Variablen ist durch

$$(07)\quad d\underset{\sim}{u} = \frac{\partial \underset{\sim}{u}}{\partial\alpha}\, d\alpha + \frac{\partial \underset{\sim}{u}}{\partial\beta}\, d\beta + \frac{\partial \underset{\sim}{u}}{\partial\gamma}\, d\gamma + \ldots$$

gegeben.

Die *partielle Ableitung zweiter Ordnung* läßt mehrere Möglichkeiten der Ableitung zu. Entweder kann diese nach derselben Variablen wie die erste Ableitung

$$(08)\quad \frac{\partial^2 \underset{\sim}{u}}{\partial\alpha^2},\quad \frac{\partial^2 \underset{\sim}{u}}{\partial\beta^2},\ldots$$

oder nach einer anderen Variablen

$$(09)\quad \frac{\partial^2 \underset{\sim}{u}}{\partial\alpha\partial\beta},\quad \frac{\partial^2 \underset{\sim}{u}}{\partial\beta\partial\gamma},\ldots$$

gebildet werden. Die letztgenannten Ausdrücke werden auch als *gemischte Ableitungen* bezeichnet.

Das *vollständige Differential n-ter Ordnung* für vektorwertige Funktionen mit mehreren Variablen läßt sich durch

$$(010)\quad d^n\underset{\sim}{u} = \left(\frac{\partial}{\partial\alpha}\, d\alpha + \frac{\partial}{\partial\beta}\, d\beta + \ldots\right)^n \underset{\sim}{u}$$

darstellen.

In ähnlicher Weise können wir Ableitungen und Differentiale für *tensorwertige Funktionen* einer oder mehrerer reeller skalarer Variablen definieren. Die Ableitung einer tensorwertigen Funktion $\underset{\sim}{T}$ nach einer reellen skalaren Variablen ist wiederum eine tensorwertige Funktion. Wir brauchen daher für tensorwertige Funktionen keinen gesonderten Kalkül zu entwickeln; in den für vektorwertige Funktionen gültigen Definitionen haben wir lediglich die Vektoren durch Tensoren zu ersetzen.

Die gebräuchlichen Regeln des Differentialkalküls für skalarwertige

Funktionen lassen sich leicht auf vektor- und tensorwertige Funktionen ausdehnen. Zum Beispiel seien λ ein Skalar, $\underset{\sim}{a}$, $\underset{\sim}{b}$, $\underset{\sim}{u}$ Vektoren sowie $\underset{\sim}{T}$, $\underset{\sim}{S}$, $\overset{3}{\underset{\sim}{L}}$ Tensoren, die jeweils von einer reellen skalaren Variablen abhängen. Die Definitionen und die entsprechenden Grenzwertbetrachtungen für Tensoren liefern Ableitungsregeln, von denen wir einige Sonderfälle angeben wollen:

$$(\lambda\underset{\sim}{a})' = \lambda'\underset{\sim}{a} + \lambda\underset{\sim}{a}' \tag{5.1.1}$$

$$\begin{aligned}(\underset{\sim}{a} \otimes \underset{\sim}{b})' &= \underset{\sim}{a}' \otimes \underset{\sim}{b} + \underset{\sim}{a} \otimes \underset{\sim}{b}', \quad (\underset{\sim}{a} \cdot \underset{\sim}{b})' = \underset{\sim}{a}' \cdot \underset{\sim}{b} + \underset{\sim}{a} \cdot \underset{\sim}{b}', \\ (\underset{\sim}{a} \times \underset{\sim}{b})' &= \underset{\sim}{a}' \times \underset{\sim}{b} + \underset{\sim}{a} \times \underset{\sim}{b}',\end{aligned} \tag{5.1.2}$$

$$(\underset{\sim}{T}\underset{\sim}{u})' = \underset{\sim}{T}'\underset{\sim}{u} + \underset{\sim}{T}\underset{\sim}{u}', \tag{5.1.3}$$

$$(\underset{\sim}{T}^{-1})' = -\underset{\sim}{T}^{-1}\underset{\sim}{T}'\underset{\sim}{T}^{-1}, \quad (\underset{\sim}{T}^{T})' = \underset{\sim}{T}'^{T}, \tag{5.1.4}$$

$$\begin{aligned}(\underset{\sim}{T}\underset{\sim}{S})' &= \underset{\sim}{T}'\underset{\sim}{S} + \underset{\sim}{T}\underset{\sim}{S}', \quad (\underset{\sim}{T} \cdot \underset{\sim}{S})' = \underset{\sim}{T}' \cdot \underset{\sim}{S} + \underset{\sim}{T} \cdot \underset{\sim}{S}', \\ (\underset{\sim}{T} \divideontimes \underset{\sim}{S})' &= \underset{\sim}{T}' \divideontimes \underset{\sim}{S} + \underset{\sim}{T} \divideontimes \underset{\sim}{S}',\end{aligned} \tag{5.1.5}$$

$$(\overset{3}{\underset{\sim}{L}}\underset{\sim}{u})' = \overset{3}{\underset{\sim}{L}}'\underset{\sim}{u} + \overset{3}{\underset{\sim}{L}}\underset{\sim}{u}', \tag{5.1.6}$$

$$\begin{aligned}I_{\underset{\sim}{T}}' &= \underset{\sim}{I} \cdot \underset{\sim}{T}', \quad II_{\underset{\sim}{T}}' = (\underset{\sim}{T} \divideontimes \underset{\sim}{I}) \cdot \underset{\sim}{T}', \quad III_{\underset{\sim}{T}}' = \overset{+}{\underset{\sim}{T}} \cdot \underset{\sim}{T}', \\ \overset{+}{\underset{\sim}{T}}' &= (\underset{\sim}{T} \divideontimes \underset{\sim}{T}').\end{aligned} \tag{5.1.7}$$

Die Gültigkeit der Beziehung (5.1.4 a) setzt die Invertierbarkeit des Tensors $\underset{\sim}{T}$ voraus.

Wir erkennen, daß die aus der Literatur bekannten Produktregeln für skalarwertige Funktionen, die von reellen skalaren Parametern abhängen, auch entsprechend für vektor- und tensorwertigen Funktionen gültig sind. Dies gilt z.B. auch für die Kettenregel.

Mit Hilfe der Definition (01) lassen sich die Rechenregeln (5.1.1) bis (5.1.7) leicht beweisen. Wir geben daher nur exemplarisch die Beweisführung für die Rechenregel (5.1.5 a) an.

▲ Beweis zu (5.1.5 a):

Nach (01) gilt für die tensorwertige Funktion $\underset{\sim}{R}$

$$\lim_{\tau\to\alpha} \frac{\underset{\sim}{R}(\tau) - \underset{\sim}{R}(\alpha)}{|\tau - \alpha|} = \pm\, \underset{\sim}{R}'$$

oder, wenn wir $\tau - \alpha = \bar{\Delta}\alpha$, $R(\tau) - R(\alpha) = \bar{\Delta}\underset{\sim}{R}$ setzen,

$$\lim_{|\bar{\Delta}\alpha| \to o} \frac{\bar{\Delta}\underset{\sim}{R}}{|\bar{\Delta}\alpha|} = \pm \underset{\sim}{R}'. \qquad (*)$$

Wählen wir nun für $\underset{\sim}{R} = \underset{\sim}{T}\underset{\sim}{S}$, so ergibt sich

$$\bar{\Delta}\underset{\sim}{R} = \bar{\Delta}(\underset{\sim}{T}\underset{\sim}{S}) = (\underset{\sim}{T} + \bar{\Delta}\underset{\sim}{T})(\underset{\sim}{S} + \bar{\Delta}\underset{\sim}{S}) - \underset{\sim}{T}\underset{\sim}{S} \quad \text{oder}$$

$$\bar{\Delta}\underset{\sim}{R} = \bar{\Delta}(\underset{\sim}{T}\underset{\sim}{S}) = \bar{\Delta}\underset{\sim}{T}\underset{\sim}{S} + \underset{\sim}{T}\bar{\Delta}\underset{\sim}{S},$$

wenn wir die Glieder, die von höherer Ordnung klein sind, vernachlässigen. Somit folgt aus (*)

$$\lim_{|\bar{\Delta}\alpha| \to o} \frac{\bar{\Delta}\underset{\sim}{T}}{|\bar{\Delta}\alpha|} \underset{\sim}{S} + \lim_{|\bar{\Delta}\alpha| \to o} \underset{\sim}{T} \frac{\bar{\Delta}\underset{\sim}{S}}{|\bar{\Delta}\alpha|} = \pm (\underset{\sim}{T}\underset{\sim}{S})'.$$

Beachten wir wiederum (*), so erhalten wir

$$\pm \underset{\sim}{T}'\underset{\sim}{S} \pm \underset{\sim}{T}\underset{\sim}{S}' = \pm (\underset{\sim}{T}\underset{\sim}{S})' \quad \text{oder} \quad (\underset{\sim}{T}\underset{\sim}{S})' = \underset{\sim}{T}'\underset{\sim}{S} + \underset{\sim}{T}\underset{\sim}{S}'. \quad \blacktriangle$$

Gesondert sei noch eine Eigenschaft der tensorwertigen Funktion $\underset{\sim}{Q}$ betrachtet, deren Werte orthogonale Tensoren sind. Mit (I) und (5.1.5 a) folgt

$$\underset{\sim}{Q}'\underset{\sim}{Q}^T + \underset{\sim}{Q}(\underset{\sim}{Q}^T)' = \underset{\sim}{O}.$$

Daraus leiten wir unter Berücksichtigung von (5.1.4 b) ab:

$$\underset{\sim}{Q}'\underset{\sim}{Q}^T = - \underset{\sim}{Q}\underset{\sim}{Q}'^T. \qquad (+)$$

Für den zweistufigen Tensor $\underset{\sim}{\Omega} = \underset{\sim}{Q}'\underset{\sim}{Q}^T$ gilt nach (4.5.8) $\underset{\sim}{\Omega}^T = (\underset{\sim}{Q}'\underset{\sim}{Q}^T)^T = \underset{\sim}{Q}\underset{\sim}{Q}'^T$. Im Vergleich mit (+) erkennen wir, daß $\underset{\sim}{\Omega} = - \underset{\sim}{\Omega}^T$ ein schiefsymmetrischer Tensor (s. (H2)) ist.

Betrachten wir als speziellen Vektor den *Ortsvektor* $\underset{\sim}{x}$, so können wir eine Reihe von wichtigen mechanischen und geometrischen Beziehungen ableiten. Identifiziert man den Parameter α mit der Zeit t, so beschreibt $\underset{\sim}{x}(t)$ die Bewegung eines materiellen Punktes im Anschauungsraum. Die erste Ableitung der Bewegungsfunktion nach der Zeit t liefert die *Geschwindigkeit* $\underset{\sim}{v}(t)$

$$\underset{\sim}{v}(t) = \frac{d\underset{\sim}{x}}{dt} = \dot{\underset{\sim}{x}} \qquad (5.1.8)$$

und die zweite Ableitung die *Beschleunigung* $\underset{\sim}{a}(t)$

$$\underset{\sim}{a}(t) = \frac{d^2\underset{\sim}{x}}{dt^2} = \ddot{\underset{\sim}{x}}, \qquad (5.1.9)$$

wobei wir, wie allgemein üblich, die Ableitung nach der Zeit durch einen Punkt kennzeichnen. Läßt man dagegen den Ortsvektor $\underset{\sim}{x}$ als Funktion eines metrischen Parameters Θ^1 eine stetige Folge von vektoriellen Werten durchlaufen, erhält man mit

$$\underset{\sim}{x} = \underset{\sim}{x}(\Theta^1) \tag{5.1.10}$$

die vektorielle Darstellung einer *Raumkurve*. Zur Darstellung der im dreidimensionalen Raum eingebetteten *Fläche* werden wir geführt, wenn der Ortsvektor $\underset{\sim}{x}$ als Funktion zweier metrischer Parameter Θ^1 und Θ^2 gegeben ist:

$$\underset{\sim}{x} = \underset{\sim}{x}(\Theta^1, \Theta^2). \tag{5.1.11}$$

Schließlich können wir den *Euklidischen Punktraum* in der Weise beschreiben, daß der Ortsvektor $\underset{\sim}{x}$ in Abhängigkeit von drei metrischen Parametern Θ^1, Θ^2, Θ^3 dargestellt wird:

$$\underset{\sim}{x} = \underset{\sim}{x}(\Theta^1, \Theta^2, \Theta^3). \tag{5.1.12}$$

Die Untersuchung der Raumkurven, der Flächen sowie des Euklidischen Punktraumes werden wir in den folgenden Kapiteln vornehmen.

■ *Übungsaufgaben zu 5.1:*

(1) Gegeben sind zwei Vektoren $\underset{\sim}{u}$ und $\underset{\sim}{v}$ als Funktionen des reellen Parameters α:

$$\underset{\sim}{u}(\alpha) = \alpha^2 \underset{\sim}{e}_1 - \alpha \underset{\sim}{e}_2 + (2\alpha + 1)\underset{\sim}{e}_3, \quad \underset{\sim}{v}(\alpha) = (2\alpha - 3)\underset{\sim}{e}_1 + \underset{\sim}{e}_2 - \alpha \underset{\sim}{e}_3.$$

Berechnen Sie für $\alpha = 1$:

a) $(\underset{\sim}{u} \cdot \underset{\sim}{v})'$, b) $(\underset{\sim}{u} \times \underset{\sim}{v})'$, c) $|\underset{\sim}{u} + \underset{\sim}{v}|'$, d) $(\underset{\sim}{u} \times \underset{\sim}{v}')'$.

(2) Die Bewegung eines materiellen Punktes in Abhängigkeit von der Zeit t sei durch

$$\underset{\sim}{x}(t) = e^{-t} \underset{\sim}{e}_1 + 2\cos 3t \underset{\sim}{e}_2 + 2\sin 3t \underset{\sim}{e}_3$$

gegeben. Bestimmen Sie die Geschwindigkeit und die Beschleunigung des materiellen Punktes.

(3) Gegeben ist die Bewegung eines materiellen Punktes in Abhängigkeit von der Zeit t durch:

$$\underset{\sim}{x}(t) = e^{-t} \underset{\sim}{e}_1 + \ln(t^2 + 1)\underset{\sim}{e}_2 - \tan t \, \underset{\sim}{e}_3.$$

Berechnen Sie jeweils für $t = 0$:

a) Die Geschwindigkeit und deren Betrag.

b) Die Beschleunigung und deren Betrag.

(4) Die Bewegung eines starren Körpers kann mit dem zeitlich veränderlichen orthogonalen Tensor $\underset{\sim}{Q}(t)$ durch die Vektorgleichung

$$\underset{\sim}{x}(t) = \underset{\sim}{c}(t) + \underset{\sim}{Q}(t)(\overset{\circ}{\underset{\sim}{x}} - \overset{\circ}{\underset{\sim}{c}})$$

dargestellt werden. Dabei gibt $\underset{\sim}{x}(t)$ die Lage eines beliebigen materiellen Punktes und $\underset{\sim}{c}(t)$ die Lage eines gewählten Bezugspunktes zum Zeitpunkt t an. Die Vektoren $\overset{\circ}{\underset{\sim}{x}}$ und $\overset{\circ}{\underset{\sim}{c}}$ sind die entsprechenden Größen zum Zeitpunkt Null.

Bestimmen Sie die Geschwindigkeit und die Beschleunigung des starren Körpers und weisen Sie insbesondere die aus der Kinematik bekannten Formeln nach. ■

5.2 Die Raumkurven

Die in der Differentialgeometrie betrachteten Raumkurven sind solche, die sich durch die hinreichend oft differenzierbare Vektorfunktion

$$\underset{\sim}{x} = \underset{\sim}{x}(\Theta^1) \tag{5.2.1}$$

beschreiben lassen. *Sonderfälle* der Raumkurven sind die *gerade Linie* durch den Endpunkt des Vektors $\underset{\sim}{a}$ in der Richtung des Vektors $\underset{\sim}{b}$

$$\underset{\sim}{x} = \underset{\sim}{a} + \Theta^1 \underset{\sim}{b}\,, \tag{5.2.2}$$

der *Kreis* mit dem Vektor $\underset{\sim}{c}$, der den Mittelpunkt festlegt, und dem Radius r

$$\underset{\sim}{x} = \underset{\sim}{c} + (r \cos \Theta^1)\underset{\sim}{e}_1 + (r \sin \Theta^1)\underset{\sim}{e}_2 \tag{5.2.3}$$

sowie die *Schraubenlinie*

$$\underset{\sim}{x} = (r \cos \Theta^1)\underset{\sim}{e}_1 + (r \sin \Theta^1)\underset{\sim}{e}_2 + h\Theta^1 \underset{\sim}{e}_3 . \tag{5.2.4}$$

Die Bezeichnungen in Gl. (5.2.4) können dem Bild 5.1 entnommen werden. Dabei sind r und h feste positive Zahlen; $2\pi h$ heißt Ganghöhe.

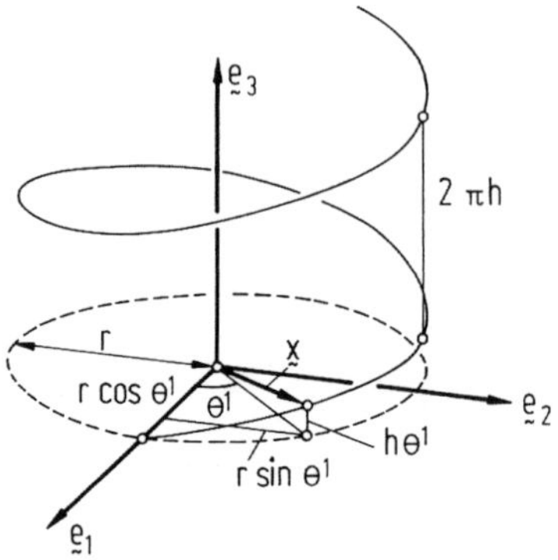

Bild 5.1 Die Schraubenlinie

Zur Untersuchung der geometrischen Eigenschaften der Raumkurve und zur Beschreibung mechanischer Vorgänge ist es zweckmäßig, eine der Raumkurve angepaßte Basis zu wählen. Betrachten wir z.B. die Geschwindigkeit $\underset{\sim}{v}$ eines materiellen Punktes, der sich längs einer Raumkurve bewegt. Die

Bewegung des materiellen Punktes kann mit der *Bogenlänge* $\bar{\Theta}^1$ als metrischem Parameter durch

$$\underset{\sim}{x} = \underset{\sim}{x}[\bar{\Theta}^1(t)] \tag{5.2.5}$$

angegeben werden. Nach (5.1.8) ist die Geschwindigkeit aus

$$\underset{\sim}{v} = \frac{d\underset{\sim}{x}[\bar{\Theta}^1(t)]}{dt} \tag{5.2.6}$$

zu ermitteln. Unter Verwendung der Kettenregel finden wir

$$\underset{\sim}{v} = \frac{d\underset{\sim}{x}}{d\bar{\Theta}^1}\frac{d\bar{\Theta}^1}{dt}. \tag{5.2.7}$$

Die zeitliche Ableitung der Bogenlänge gibt den Betrag der Geschwindigkeit v an, während die Ableitung des Ortsvektors $\underset{\sim}{x}$ nach der Bogenlänge $\bar{\Theta}^1$ gerade den *Tangentenvektor*, den wir mit $\underset{\sim}{b}_1$ bezeichnen wollen, liefert. Wir sehen also, daß die Geschwindigkeit mit Hilfe des Tangentenvektors $\underset{\sim}{b}_1$ in sehr einfacher Weise durch

$$\underset{\sim}{v} = v\underset{\sim}{b}_1 \tag{5.2.8}$$

dargestellt werden kann. Bezüglich einer raumfesten Basis hätten wir im allgemeinen drei Komponenten zu erwarten.

Als erster Basisvektor eines an die Raumkurve gebundenen Basissystems bietet sich somit der *Tangentenvektor* $\underset{\sim}{b}_1$ an. Als Kurvenparameter könnte grundsätzlich jeder metrische Parameter gewählt werden. Es ist jedoch vorteilhaft, die Bogenlänge $\bar{\Theta}^1$ einzuführen; denn in diesem Fall ist der Tangentenvektor

$$\underset{\sim}{b}_1 = \frac{d\underset{\sim}{x}(\bar{\Theta}^1)}{d\bar{\Theta}^1} = \underset{\sim}{x}_{,1} \;^{8)} \tag{5.2.9}$$

ein Einheitsvektor, da der Betrag von $d\underset{\sim}{x}$ gleich dem Bogenelement $d\bar{\Theta}^1$ ist. Als zweiten Basisvektor $\underset{\sim}{b}_2$ wählen wir ebenfalls einen Einheitsvektor

$$\underset{\sim}{b}_2 = \frac{\underset{\sim}{b}_{1,1}}{|\underset{\sim}{b}_{1,1}|} = \frac{\underset{\sim}{x}_{,11}}{|\underset{\sim}{x}_{,11}|}. \tag{5.2.10}$$

Dieser Basisvektor ist zu dem Basisvektor $\underset{\sim}{b}_1$ orthogonal; denn die Differentiation des Skalarproduktes $\underset{\sim}{b}_1 \cdot \underset{\sim}{b}_1 = 1$ nach $\bar{\Theta}^1$ führt mit (5.1.2 b) zu

$$\underset{\sim}{b}_{1,1} \cdot \underset{\sim}{b}_1 + \underset{\sim}{b}_1 \cdot \underset{\sim}{b}_{1,1} = 0 \quad \text{oder} \quad 2\underset{\sim}{b}_{1,1} \cdot \underset{\sim}{b}_1 = 0.$$

Der Vektor $\underset{\sim}{b}_{1,1}$ ist also orthogonal zu $\underset{\sim}{b}_1$. Da nach (5.2.10) $\underset{\sim}{b}_2$ parallel

---

8) Diese Notation kennzeichnet die Ableitung nach dem metrischen Parameter $\bar{\Theta}^1$.

zu $\underset{\sim}{b}_{1,1}$ ist, folgt ebenfalls, daß $\underset{\sim}{b}_2$ zu $\underset{\sim}{b}_1$ orthogonal ist. Man bezeichnet den Einheitsvektor $\underset{\sim}{b}_2$ daher als *Normalenvektor*.

Wir ergänzen das Paar der Basisvektoren $\underset{\sim}{b}_1$ und $\underset{\sim}{b}_2$ zu einem orthonormierten Dreibein

$$\underset{\sim}{b}_3 = \underset{\sim}{b}_1 \times \underset{\sim}{b}_2 \tag{5.2.11}$$

und nennen den Einheitsvektor $\underset{\sim}{b}_3$ *Binormalenvektor*. Die Vektoren $\underset{\sim}{b}_1$, $\underset{\sim}{b}_2$ und $\underset{\sim}{b}_3$ bilden eine *ortsveränderliche Basis*. In der Literatur ist diese Basis als *begleitendes Dreibein* bekannt.

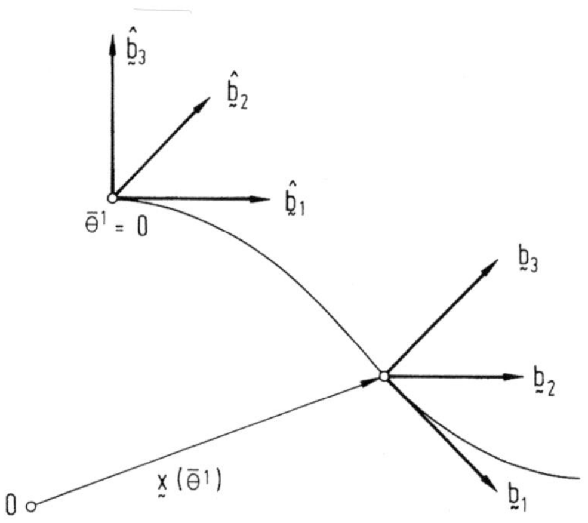

Bild 5.2
Die Raumkurve mit den Basisvektoren

Um die Ortsveränderlichkeit der Basis zu untersuchen, bilden wir die Ableitung nach der Bogenlänge $\bar{\Theta}^1$. Diese Untersuchung ist nicht allein von theoretischem Interesse, vielmehr ist sie bei der Formulierung von bestimmten mechanischen Problemen erforderlich, wie wir später noch sehen werden. Die Differentiation der Basisvektoren $\underset{\sim}{b}_i$ nach $\bar{\Theta}^1$ liefert wiederum Vektoren:

$$\frac{d\underset{\sim}{b}_i}{d\bar{\Theta}^1} = \underset{\sim}{b}_{i,1}. \tag{5.2.12}$$

Diese Vektoren wollen wir jetzt in Richtung der Basisvektoren $\underset{\sim}{b}_r$ zerlegen:

$$\underset{\sim}{b}_{i,1} = \Gamma_{i1}^{..r}\, \underset{\sim}{b}_r. \tag{5.2.13}$$

Die Ableitungsgleichungen (5.2.13) bezeichnet man als *Frenetsche Ableitungsgleichungen*.

Die $\Gamma_{i1}^{..r}$ sind die Koeffizienten der Komponenten von $\underset{\sim}{b}_{i,1}$ in der Basis $\underset{\sim}{b}_r$. Zur Bestimmung dieser Koeffizienten multiplizieren wir (5.2.13) skalar mit dem Basisvektor $\underset{\sim}{b}^s$ (der duale Basisvektor $\underset{\sim}{b}^s$ ist in einem orthonormierten Basissystem bekanntlich gleich dem Basisvektor $\underset{\sim}{b}_s$):

$$\underset{\sim}{b}_{i,1} \cdot \underset{\sim}{b}^s = \Gamma_{i1}^{\cdot\cdot r} \, \underset{\sim}{b}_r \cdot \underset{\sim}{b}^s , \qquad \Gamma_{i1}^{\cdot\cdot r} = \underset{\sim}{b}_{i,1} \cdot \underset{\sim}{b}^r . \tag{5.2.14}$$

Wir werten jetzt die Beziehung (5.2.14) aus und betrachten zunächst

$$\Gamma_{11}^{\cdot\cdot 2} = \underset{\sim}{b}_{1,1} \cdot \underset{\sim}{b}^2 = \underset{\sim}{b}_{1,1} \cdot \underset{\sim}{b}_2 .$$

Mit (5.2.10) finden wir

$$\Gamma_{11}^{\cdot\cdot 2} = \underset{\sim}{b}_{1,1} \cdot \underset{\sim}{b}_{1,1} \frac{1}{|\underset{\sim}{b}_{1,1}|} , \qquad \Gamma_{11}^{\cdot\cdot 2} = |\underset{\sim}{b}_{1,1}| . \tag{5.2.15}$$

Die Größe

$$\Gamma_{11}^{\cdot\cdot 2} = |\underset{\sim}{b}_{1,1}| = |\underset{\sim}{x}_{,11}| = \kappa \tag{5.2.16}$$

nennen wir die *Krümmung* der Raumkurve. Weiterhin ermitteln wir

$$\Gamma_{21}^{\cdot\cdot 3} = \underset{\sim}{b}_{2,1} \cdot \underset{\sim}{b}^3 = \underset{\sim}{b}_{2,1} \cdot \underset{\sim}{b}_3 = \underset{\sim}{b}_{2,1} \cdot (\underset{\sim}{b}_1 \times \underset{\sim}{b}_2) . \tag{5.2.17}$$

Die Ableitung von $\underset{\sim}{b}_2$ nach $\bar{\Theta}^1$ liefert:

$$\underset{\sim}{b}_{2,1} = \left(\frac{\underset{\sim}{b}_{1,1}}{|\underset{\sim}{b}_{1,1}|} \right)_{,1} = \left(\frac{\underset{\sim}{b}_{1,1}}{\kappa} \right)_{,1} = \frac{1}{\kappa} \underset{\sim}{b}_{1,11} + \left(\frac{1}{\kappa} \right)_{,1} \underset{\sim}{b}_{1,1} .$$

Somit erhalten wir für

$$\Gamma_{21}^{\cdot\cdot 3} = \frac{1}{\kappa} \underset{\sim}{b}_{1,11} \cdot (\underset{\sim}{b}_1 \times \underset{\sim}{b}_2) + \left(\frac{1}{\kappa}\right)_{,1} \underset{\sim}{b}_{1,1} \cdot (\underset{\sim}{b}_1 \times \underset{\sim}{b}_2) .$$

Da $\underset{\sim}{b}_2$ parallel zu $\underset{\sim}{b}_{1,1}$ ist, verschwindet wegen (4.9.8 a) und (4.9.2) der letzte Ausdruck auf der rechten Seite, so daß

$$\Gamma_{21}^{\cdot\cdot 3} = \frac{1}{\kappa^2} \underset{\sim}{b}_{1,11} \cdot (\underset{\sim}{b}_1 \times \underset{\sim}{b}_{1,1}) = \tau \tag{5.2.18}$$

wird.

Den Ausdruck

$$\tau = \frac{1}{\kappa^2} \underset{\sim}{b}_{1,11} \cdot (\underset{\sim}{b}_1 \times \underset{\sim}{b}_{1,1}) \tag{5.2.19}$$

bezeichnet man als *Windung* der Raumkurve. Aus (5.2.14) errechnen wir weiterhin

$$\Gamma_{21}^{\cdot\cdot 1} = -\kappa , \qquad \Gamma_{31}^{\cdot\cdot 2} = -\tau , \tag{5.2.20}$$

während sich die übrigen Koeffizienten $\Gamma_{i1}^{\cdot\cdot r}$ zu Null ergeben. Mit (5.2.9) können wir die Koeffizienten durch den Ortsvektor $\underset{\sim}{x}$ ausdrücken:

$$\Gamma_{11}^{\cdot\cdot 2} = |\underset{\sim}{x}_{,11}| , \qquad \Gamma_{21}^{\cdot\cdot 3} = \frac{1}{\kappa^2} \underset{\sim}{x}_{,111} \cdot (\underset{\sim}{x}_{,1} \times \underset{\sim}{x}_{,11}) . \tag{5.2.21}$$

Führen wir im raumfesten Bezugspunkt O eine orthonormierte Basis $\underset{\sim}{e}_i$ ein, so lassen sich die Zahlenwerte $\Gamma_{i1}^{\cdot\cdot r}$ durch die Koeffizienten der Komponenten des Ortsvektors darstellen; denn mit

$$\underset{\sim}{x} = x^i(\overline{\Theta}^1)\underset{\sim}{e}_i$$

folgt für

$$\Gamma_{11}^{\cdot\cdot 2} = \kappa = \sqrt{(x^1{}_{,11})^2 + (x^2{}_{,11})^2 + (x^3{}_{,11})^2}\,, \tag{5.2.22}$$

$$\Gamma_{21}^{\cdot\cdot 3} = \tau = \frac{1}{\kappa^2}\det \begin{Vmatrix} x^1{}_{,1} & x^2{}_{,1} & x^3{}_{,1} \\ x^1{}_{,11} & x^2{}_{,11} & x^3{}_{,11} \\ x^1{}_{,111} & x^2{}_{,111} & x^3{}_{,111} \end{Vmatrix} \,. \tag{5.2.23}$$

Abschließend geben wir die Koeffizienten $\Gamma_{i1}^{\cdot\cdot r}$ in Form einer Matrix an:

$$\Gamma_{i1}^{\cdot\cdot r} = \begin{Vmatrix} \Gamma_{11}^{\cdot\cdot 1} & \Gamma_{11}^{\cdot\cdot 2} & \Gamma_{11}^{\cdot\cdot 3} \\ \Gamma_{21}^{\cdot\cdot 1} & \Gamma_{21}^{\cdot\cdot 2} & \Gamma_{21}^{\cdot\cdot 3} \\ \Gamma_{31}^{\cdot\cdot 1} & \Gamma_{31}^{\cdot\cdot 2} & \Gamma_{31}^{\cdot\cdot 3} \end{Vmatrix} \,, \qquad \Gamma_{i1}^{\cdot\cdot r} = \begin{Vmatrix} 0 & \kappa & 0 \\ -\kappa & 0 & \tau \\ 0 & -\tau & 0 \end{Vmatrix} \,. \tag{5.2.24}$$

Wie man unmittelbar erkennt, ist die Matrix der Koeffizienten $\Gamma_{i1}^{\cdot\cdot r}$ schiefsymmetrisch.

Die *geometrischen Bedeutungen von Krümmung und Windung* sind leicht zu erkennen. Die Krümmung ist ein Maß für die Abweichung der Kurve vom geradlinigen Verlauf, da $\kappa = 0$ für die Geraden kennzeichnend ist. Setzen wir die Windung τ gleich Null, so ergibt sich aus der Frenetschen Ableitungsgleichung (5.2.13)

$$\underset{\sim}{b}_{3,1} = \underset{\sim}{0} \quad \text{oder} \quad \underset{\sim}{b}_3 = \underset{\sim}{c}\,,$$

wobei $\underset{\sim}{c}$ ein konstanter Vektor ist. Wegen $\underset{\sim}{b}_1 \cdot \underset{\sim}{b}_3 = 0$ gilt $\underset{\sim}{x}_{,1} \cdot \underset{\sim}{c} = 0$ und somit $\underset{\sim}{x} \cdot \underset{\sim}{c} = \underset{\sim}{x}_o \cdot \underset{\sim}{c}$ mit $\underset{\sim}{x}_o$ als konstantem Vektor. Dafür können wir auch schreiben $(\underset{\sim}{x} - \underset{\sim}{x}_o) \cdot \underset{\sim}{c} = 0$. Wir erkennen, daß die Raumkurve, falls die Windung gleich Null ist, in einer Ebene durch $\underset{\sim}{x}_o$ verläuft, die senkrecht auf dem Vektor $\underset{\sim}{c}$ steht. Die Windung τ gibt also die Abweichung der Raumkurve von einer ebenen Kurve an.

Mit der Krümmung κ und der Windung τ lassen sich die Frenetschen Ableitungsgleichungen (5.2.13) wie folgt darstellen:

$$\underset{\sim}{b}_{1,1} = \kappa \underset{\sim}{b}_2,$$
$$\underset{\sim}{b}_{2,1} = -\kappa \underset{\sim}{b}_1 + \tau \underset{\sim}{b}_3, \qquad (5.2.25)$$
$$\underset{\sim}{b}_{3,1} = -\tau \underset{\sim}{b}_2.$$

Eine alternative Darstellung der Frenetschen Ableitungsgleichungen erhalten wir, wenn wir von der Überlegung ausgehen, daß das orthonormierte Basissystem $\hat{\underset{\sim}{b}}_1$, $\hat{\underset{\sim}{b}}_2$, $\hat{\underset{\sim}{b}}_3$ in Bild 5.2 mit einem orthogonalen Tensor $\underset{\sim}{Q}(\bar{\Theta}^1)$ in die Basis $\underset{\sim}{b}_1$, $\underset{\sim}{b}_2$, $\underset{\sim}{b}_3$ überführt wird:

$$\underset{\sim}{b}_i = \underset{\sim}{Q}\hat{\underset{\sim}{b}}_i. \qquad (5.2.26)$$

Daraus folgt für die Ableitung nach der Bogenlänge $\bar{\Theta}^1$ - wir berücksichtigen dabei, daß das Basissystem $\hat{\underset{\sim}{b}}_1$, $\hat{\underset{\sim}{b}}_2$, $\hat{\underset{\sim}{b}}_3$ von $\bar{\Theta}^1$ unabhängig ist -

$$\underset{\sim}{b}_{i,1} = \underset{\sim}{Q}_{,1}\hat{\underset{\sim}{b}}_i$$

oder unter Beachtung von (5.2.26)

$$\underset{\sim}{b}_{i,1} = \underset{\sim}{Q}_{,1}\underset{\sim}{Q}^T \underset{\sim}{b}_i. \qquad (5.2.27)$$

Nach Abschnitt 5.1 ist das Tensorprodukt in (5.2.27) ein schiefsymmetrischer Tensor, dem wir den axialen Vektor $\overset{A}{\underset{\sim}{q}}$ zuordnen können, so daß gilt:

$$\underset{\sim}{b}_{i,1} = \overset{A}{\underset{\sim}{q}} \times \underset{\sim}{b}_i. \qquad (5.2.28)$$

Der axiale Vektor $\overset{A}{\underset{\sim}{q}}$ ist in der Literatur als *Darbouxscher Vektor* bekannt. Im Vergleich mit (5.2.25) ergibt sich aus (5.2.28) die Komponentendarstellung des Darbouxschen Vektors zu

$$\overset{A}{\underset{\sim}{q}} = \tau \underset{\sim}{b}_1 + \kappa \underset{\sim}{b}_3. \qquad (5.2.29)$$

Abschließend sei der schiefsymmetrische Tensor $\underset{\sim}{Q}_{,1}\underset{\sim}{Q}^T$ bestimmt. Mit der Abkürzung $\underset{\sim}{\Omega} = \underset{\sim}{Q}_{,1}\underset{\sim}{Q}^T$ schreiben wir anstelle von (5.2.27)

$$\underset{\sim}{b}_{i,1} = \underset{\sim}{\Omega}\underset{\sim}{b}_i, \qquad (5.2.30)$$

wobei $\underset{\sim}{\Omega}$ nach (5.2.28) und (M1) durch den axialen Vektor $\overset{A}{\underset{\sim}{q}}$ ausgedrückt werden kann

$$\underset{\sim}{\Omega} = \overset{A}{\underset{\sim}{q}} \times \underset{\sim}{I}. \qquad (5.2.31)$$

Die Auswertung dieser Beziehung liefert mit (5.2.29) und (4.9.58)

$$\underset{\sim}{\Omega} = \tau(\underset{\sim}{b}_3 \otimes \underset{\sim}{b}_2 - \underset{\sim}{b}_2 \otimes \underset{\sim}{b}_3) + \kappa(\underset{\sim}{b}_2 \otimes \underset{\sim}{b}_1 - \underset{\sim}{b}_1 \otimes \underset{\sim}{b}_2). \qquad (5.2.32)$$

Auf eine weitere Diskussion der Raumkurve wollen wir verzichten und auf die Spezialliteratur (s. z.B. [14]) verweisen.

Für die Anwendung ist die Darstellung von Vektoren und Tensoren in der an die Raumkurve gebundenen Basis sowie die Ableitung dieser Größen nach dem Parameter $\bar{\Theta}^1$ von Interesse. Einen beliebigen Vektor $\underset{\sim}{u}$ zerlegen wir in der Basis $\underset{\sim}{b}_i$ in seine Komponenten

$$\underset{\sim}{u} = u^i \underset{\sim}{b}_i . \tag{5.2.33}$$

Die Ableitung dieses Vektors nach dem Parameter $\bar{\Theta}^1$ liefert unter Beachtung von (5.1.1) und (5.2.13)

$$\underset{\sim}{u}_{,1} = (u^i{}_{,1} + u^r \Gamma^{..i}_{r1}) \underset{\sim}{b}_i , \tag{5.2.34}$$

wofür wir auch

$$\underset{\sim}{u}_{,1} = u^i|_1 \underset{\sim}{b}_i , \qquad u^i|_1 = u^i{}_{,1} + u^r \Gamma^{..i}_{r1} \tag{5.2.35}$$

schreiben können. Die Ableitung $u^i|_1$ bezeichnet man als *kovariante Ableitung*. Entsprechend folgt für einen beliebigen Tensor

$$\underset{\sim}{T} = t^{ik} \underset{\sim}{b}_i \otimes \underset{\sim}{b}_k \tag{5.2.36}$$

unter Beachtung von (5.1.2 a) die Ableitung

$$\underset{\sim}{T}_{,1} = t^{ik}{}_{,1} \underset{\sim}{b}_i \otimes \underset{\sim}{b}_k + t^{ik} \underset{\sim}{b}_{i,1} \otimes \underset{\sim}{b}_k + t^{ik} \underset{\sim}{b}_i \otimes \underset{\sim}{b}_{k,1} ,$$

die wir mit Hilfe der Frenetschen Ableitungsgleichungen (5.2.13) auf die Form

$$\underset{\sim}{T}_{,1} = t^{ik}|_1 \underset{\sim}{b}_i \otimes \underset{\sim}{b}_k \tag{5.2.37}$$

bringen können. Dabei ist

$$t^{ik}|_1 = t^{ik}{}_{,1} + t^{rk} \Gamma^{..i}_{r1} + t^{ir} \Gamma^{..k}_{r1} \tag{5.2.38}$$

die *kovariante Ableitung der Tensorkoeffizienten* nach $\bar{\Theta}^1$.

Da das Basissystem $\underset{\sim}{b}_1$, $\underset{\sim}{b}_2$, $\underset{\sim}{b}_3$ orthonormiert ist, dürfen in (5.2.33) bis (5.2.35) die kontravarianten Koeffizienten der Vektorkomponenten durch die kovarianten ersetzt werden. Entsprechend gilt, daß in (5.2.36) bis (5.2.38) statt der kontravarianten Koeffizienten der Tensorkomponenten ko- und gemischtvariante Koeffizienten eingeführt werden können.

Zur Untersuchung der geometrischen Eigenschaften der Raumkurve sind die in diesem Kapitel durchgeführten differentialgeometrischen Überlegungen von großer Wichtigkeit. In der Mechanik und in den Ingenieurwissenschaften spielen sie dann eine Rolle, wenn bestimmte physikalische Größen und Vorgänge an Raumkurven gebunden sind. So wird man stets auf sie zurückgreifen müssen, wenn z.B. die Geschwindigkeit und Beschleunigung eines sich längs einer Raumkurve bewegenden Massenpunktes gesucht wird.

Auch in der *Stabtheorie*, nämlich bei der Behandlung des Formänderungs- und Spannungszustands gekrümmter und gewundener Stäbe, sind differentialgeometrische Überlegungen erforderlich. Allerdings ist bezüglich der Entwicklung einer allgemeinen Stabtheorie die in der Differentialgeometrie der Raumkurven eingeführte Basis $\underset{\sim}{b}_1$, $\underset{\sim}{b}_2$, $\underset{\sim}{b}_3$ wenig sinnvoll; denn die natürliche Basis ist für die gerade Stabachse nicht definiert und der gerade Stab wäre als Sonderfall in einer solchen „allgemeinen" Stabtheorie nicht enthalten.

Zur Entwicklung einer allgemeinen Stabtheorie und insbesondere zur Beschreibung der Kinematik der Deformationen des Stabraumes ist vielmehr folgende Vorgehensweise zweckmäßig. Wir betrachten eine Raumkurve, die im Anschauungsraum durch

$$\underset{\sim}{x} = \underset{\sim}{x}(\Theta^1) \tag{5.2.39}$$

beschrieben wird. Dabei ist Θ^1 ein metrischer Kurvenparameter, der Punkte auf der Raumkurve definiert. Als ersten Basisvektor führen wir

$$\underset{\sim}{d}_1 = \frac{d\underset{\sim}{x}}{d\Theta^1} = \underset{\sim}{x}_{,1} \;^{9)} \tag{5.2.40}$$

ein, der tangential zur Raumkurve gerichtet ist und dann ein Einheitsvektor wird, wenn als Kurvenparameter $\bar{\Theta}^1$ gewählt wird. In diesem Fall würde $\underset{\sim}{d}_1$ mit dem Tangentenvektor $\underset{\sim}{b}_1$ (s. (5.2.9)) übereinstimmen. Die Stabachse sei nun definiert als Raumkurve, deren Punkte zusätzlich zwei Basisvektoren $\underset{\sim}{d}_2(\Theta^1)$ und $\underset{\sim}{d}_3(\Theta^1)$ - auch *Direktoren* genannt - zugeordnet sind. Die eingeführten Vektoren (Direktoren) $\underset{\sim}{d}_1$, $\underset{\sim}{d}_2$ und $\underset{\sim}{d}_3$, die linear unabhängig sein sollen, bilden eine Basis, die im allgemeinen von dem in diesem Kapitel eingeführten begleitenden Dreibein verschieden ist. Die Direktoren $\underset{\sim}{d}_2$ und $\underset{\sim}{d}_3$ können als materielle Linienelemente des Stabraumes identifiziert werden. Die Basis $\underset{\sim}{d}_1$, $\underset{\sim}{d}_2$, $\underset{\sim}{d}_3$ dient als Grundlage für die Entwicklung der Grundgleichungen der allgemeinen Stabtheorie. Bezüglich der Bildung einer dualen Basis, der Metriktensoren sowie der Ableitungsgleichungen gelten die entsprechenden Überlegungen dieses Abschnittes.

Wenn ein Vektor $\underset{\sim}{u}$ als Funktion von Θ^1 gegeben ist, finden wir für die Komponentendarstellung

$$\underset{\sim}{u} = u^i\underset{\sim}{d}_i = u_i\underset{\sim}{d}^i \tag{5.2.41}$$

und für die Ableitung nach Θ^1

$$\underset{\sim}{u}_{,1} = u^i|_1\underset{\sim}{d}_i = u_i|_1\underset{\sim}{d}^i, \tag{5.2.42}$$

wobei die sogenannten kovarianten Ableitungen $u^i|_1$ und $u_i|_1$ durch

$$u^i|_1 = u^i_{,1} + u^s\hat{\Gamma}^{\cdot\cdot i}_{s1}, \qquad (\hat{\Gamma}^{\cdot\cdot i}_{s1} = \underset{\sim}{d}_{s,1} \cdot \underset{\sim}{d}^i), \tag{5.2.43}$$

$$u_i|_1 = u_{i,1} - u_s\hat{\Gamma}^{\cdot\cdot s}_{i1} \tag{5.2.44}$$

---

9) Die Ableitung des Ortsvektors $\underset{\sim}{x}$ nach dem beliebigen metrischen Parameter Θ^1 kennzeichnen wir ebenfalls durch $\underset{\sim}{x}_{,1}$.

definiert sind. Entsprechende Überlegungen gelten für Tensoren, die Funktionen des Kurvenparameters Θ^1 sind (s. auch (5.2.38)). Die differentialgeometrischen Untersuchungen (5.2.39) bis (5.2.44) bilden die Grundlage für die Entwicklung der Grundgleichungen einer allgemeinen Stabtheorie, d.h. für die Untersuchung der Kinematik der Deformationen, der Formulierung der Gleichgewichtsaussagen, sowie der Angabe der konstitutiven Gleichungen und der Hauptgleichungen der Stabtheorie. Auf die Beschreibung der Kinematik der Deformationen wollen wir nicht weiter eingehen und auf die Spezialliteratur verweisen (s. [27], [29]), zumal es sehr schwierig ist, die aus der Theorie des geraden Stabes bekannten Effekte, wie Verwölbung der Querschnitte bei Torsion, Schubdeformationen bei Biegung und Querschnittsdeformationen, in eine allgemeine Stabtheorie einzubeziehen. Dasselbe gilt - selbst bei Beschränkung auf elastische Werkstoffe - dann auch für die Entwicklung der konstitutiven Beziehung für den Stabraum.

Zur Erläuterung seien lediglich die *Gleichgewichtsbedingungen* für einen gekrümmten und gewundenen Stab formuliert. Als Kurvenparameter wählen wir die Bogenlänge $\bar{\Theta}^1$. Der Direktor $\underset{\sim}{d}_1$ (5.2.40) wird in diesem Fall zum Einheitsvektor. Die Direktoren $\underset{\sim}{d}_2$ und $\underset{\sim}{d}_3$ führen wir, um die Gleichgewichtsbedingungen zu vereinfachen, als Einheitsvektoren ein. Sie sollen außerdem mit $\underset{\sim}{d}_1$ ein rechtshändiges orthogonales Basissystem bilden. Es sei noch einmal betont, daß die in dieser Weise gebildete Basis im allgemeinen nicht mit dem Basissystem $\underset{\sim}{b}_1$, $\underset{\sim}{b}_2$, $\underset{\sim}{b}_3$ übereinstimmt.

Die Gleichgewichtsbedingungen für den Stab können grundsätzlich aus der dreidimensionalen Theorie entwickelt werden (s. [28]). Wegen der Anschaulichkeit gehen wir jedoch von einem Stabelement der Länge $d\bar{\Theta}^1$ aus und formulieren das Kräfte- und Momentengleichgewicht.

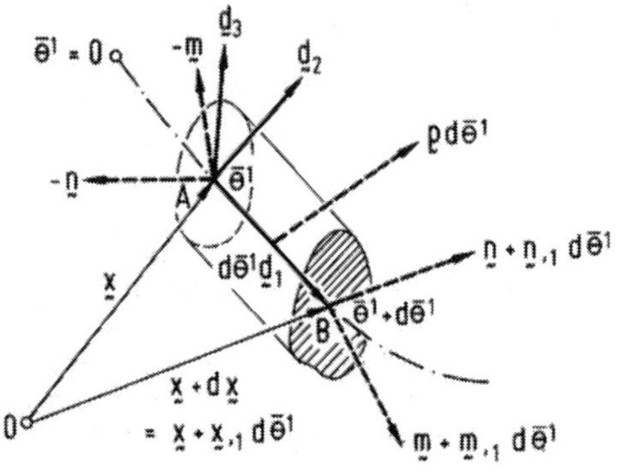

Bild 5.3 Das Stabelement

Der Stab sei belastet durch die auf die Bogenlänge $\bar{\Theta}^1$ bezogene Streckenlast $\underset{\sim}{p}$, so daß auf das Stabelement die resultierende Kraft $\underset{\sim}{p}d\bar{\Theta}^1$ wirkt.

An dem negativen Schnittufer des Stabelementes sind die Schnittkräfte $-\underset{\sim}{n}(\bar{\Theta}^1)$ und das Schnittmoment $-\underset{\sim}{m}(\bar{\Theta}^1)$ wirksam. Diese Schnittgrößen verändern sich, wenn wir um $d\bar{\Theta}^1$ zum positiven Schnittufer $\bar{\Theta}^1 + d\bar{\Theta}^1$ fortschreiten, um einen differentiellen Zuwachs zu $\underset{\sim}{n}(\bar{\Theta}^1) + \underset{\sim}{n}_{,1} d\bar{\Theta}^1$ und $\underset{\sim}{m}(\bar{\Theta}^1) + \underset{\sim}{m}_{,1} d\bar{\Theta}^1$.

Die Kräftegleichgewichtsbedingung liefert nun

$$-\underset{\sim}{n} + \underset{\sim}{n} + \underset{\sim}{n}_{,1} d\bar{\Theta}^1 + \underset{\sim}{p} d\bar{\Theta}^1 = \underset{\sim}{o}$$

oder

$$\underset{\sim}{n}_{,1} + \underset{\sim}{p} = \underset{\sim}{o}. \tag{5.2.45}$$

Weiterhin erhalten wir aus der Momentengleichgewichtsbedingung bezüglich des Punktes A (s. Bild 5.3)

$$-\underset{\sim}{m} + \underset{\sim}{m} + \underset{\sim}{m}_{,1} d\bar{\Theta}^1 + d\bar{\Theta}^1 \underset{\sim}{d}_1 \times (\underset{\sim}{n} + \underset{\sim}{n}_{,1} d\bar{\Theta}^1) + \frac{1}{2} d\bar{\Theta}^1 \underset{\sim}{d}_1 \times \underset{\sim}{p} d\bar{\Theta}^1 = \underset{\sim}{o}.$$

Wir vernachlässigen die Größen, die von höherer Ordnung klein sind. Die Momentengleichgewichtsbedingung reduziert sich dann auf

$$\underset{\sim}{m}_{,1} + \underset{\sim}{d}_1 \times \underset{\sim}{n} = \underset{\sim}{o}. \tag{5.2.46}$$

Stellen wir die Schnittkraft $\underset{\sim}{n}$ und das Schnittmoment $\underset{\sim}{m}$ in der eingeführten Basis (Bild 5.3) dar, so erhalten wir aus (5.2.45) und (5.2.46) die folgenden Koeffizientengleichungen:

$$n^i|_1 + p^i = 0, \tag{5.2.47}$$

$$m^i|_1 + n^2 \delta_3^i - n^3 \delta_2^i = 0. \tag{5.2.48}$$

Die Beziehungen (5.2.47) und (5.2.48) beinhalten sechs gekoppelte Differentialgleichungen für die sechs unbekannten Größen n^i und m^i. Für den Sonderfall des geraden Stabes gehen die Gleichungen (5.2.47) und (5.2.48) in die bekannten Differentialbeziehungen der Statik über:

$$n^i{}_{,1} + p^i = 0, \tag{5.2.49}$$

$$m^1{}_{,1} = 0, \quad m^2{}_{,1} - n^3 = 0, \quad m^3{}_{,1} + n^2 = 0. \tag{5.2.50}$$

Nur für den geraden Stab sind somit die Differentialbeziehungen für die Schnittkräfte entkoppelt. Es sei daran erinnert, daß in der Statik für die Koeffizienten der Komponenten folgende Bezeichnungen üblich sind: $n^1 \hat{=}$ Normalkraft, n^2, $n^3 \hat{=}$ Querkraft, $m^1 \hat{=}$ Drill- oder Torsionsmoment, m^2, $m^3 \hat{=}$ Biegemoment.

■ *Übungsaufgaben zu 5.2:*

(1) Bestimmen Sie das begleitende Dreibein und die Krümmung des durch Gl. (5.2.3) gegebenen Kreisbogens.

(2) Ermitteln Sie das begleitende Dreibein, Krümmung und Windung der durch Gl. (5.2.4) gegebenen Schraubenlinie (s. auch Bild 2.1).

(3) Formulieren Sie die Gleichgewichtsbedingungen für den Kreisringträger.

(4) Ermitteln Sie Geschwindigkeit und Beschleunigung eines materiellen Punktes, der sich längs einer Raumkurve bewegt. ■

5.3 Die Flächen

Die im dreidimensionalen Euklidischen Raum eingebettete Fläche läßt sich durch verschiedene Beziehungen beschreiben. Am gebräuchlichsten ist wohl die von Gauß eingeführte Darstellungsweise. Danach werden alle Punkte der Fläche eindeutig auf ein Paar von metrischen Parametern Θ^1 und Θ^2 bezogen.

Ziel dieses Abschnittes ist die Bestimmung einer der Fläche angepaßten Basis sowie die Untersuchung der geometrischen Eigenschaften der Fläche. Bezüglich der Behandlung von Ausnahmefällen sowie bei weitergehenden Problemen der inneren Geometrie verweisen wir auf die Spezialliteratur (s. z.B. [14]). Wir werden außerdem nur solche Ergebnisse mitteilen, die für die Mechanik und die Ingenieurwissenschaften von besonderem Interesse sind.

Eine Fläche ist in der Gaußschen Darstellungsweise durch

$$\underset{\sim}{x} = \underset{\sim}{x}(\Theta^1, \Theta^2), \quad \underset{\sim}{x} = x^i(\Theta^1, \Theta^2)\underset{\sim}{g}_i \tag{5.3.1}$$

gegeben.

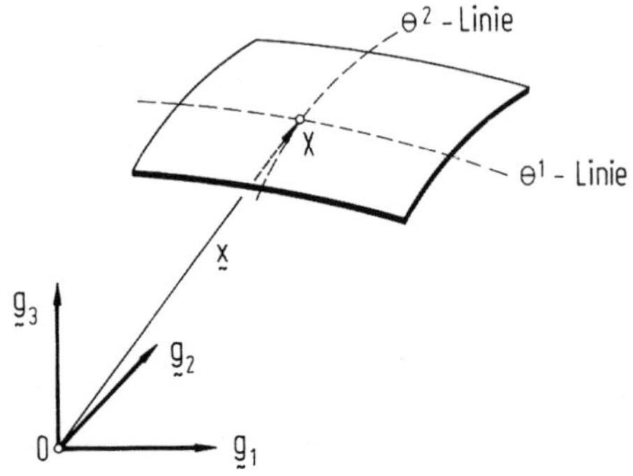

Bild 5.4
Die Gaußschen Parameter der Fläche

Geht man von der Darstellung der Fläche in der Form (5.3.1) aus und variiert den Parameter Θ^1, während Θ^2 konstant bleibt, so beschreibt der Vektor

$$\underset{\sim}{x} = \underset{\sim}{x}(\Theta^1,\ \Theta^2 = \text{konst.}) \tag{5.3.2}$$

eine Raumkurve auf der Fläche. Für verschiedene konstante Θ^2-Werte erhält man eine Schar von Kurven auf der Fläche. Diese Kurven bezeichnet man als Θ^1-Linien. In analoger Weise gelangt man zu den Θ^2-Linien, wenn Θ^1 konstant ist und Θ^2 variiert wird. Es entsteht in dieser Weise ein Netz von Parameterlinien. Diese werden in der Literatur auch als *krummlinige Koordinatenlinien oder Gaußsche Koordinatenlinien* bezeichnet. Zwei Zahlen Θ^1 und Θ^2 sind dann die *krummlinigen* oder *Gaußschen Koordinaten* eines bestimmten Punktes.

Als *Beispiel* betrachten wir die Kugelfläche (s. Bild 5.5). In der Vektorgleichung mit a als Radius der Kugelfläche

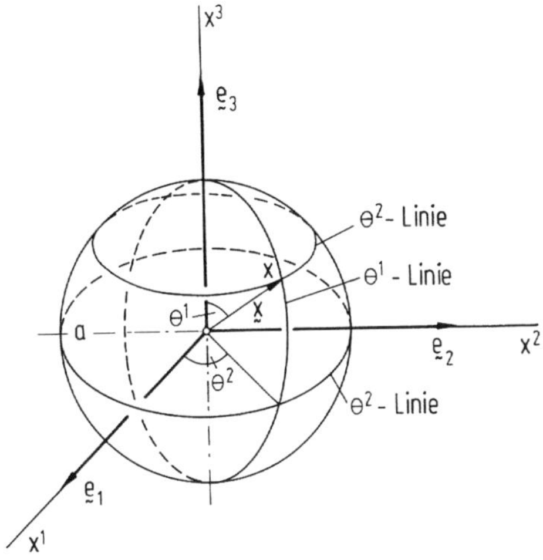

Bild 5.5
Die Koordinaten der Kugelfläche

$$\underset{\sim}{x} = a(\cos\Theta^2 \sin\Theta^1 \underset{\sim}{e}_1 + \sin\Theta^1 \sin\Theta^2 \underset{\sim}{e}_2 + \cos\Theta^1 \underset{\sim}{e}_3) \tag{5.3.3}$$

sind Θ^2 die geographische Länge des Punktes x und Θ^1 die geographische Breite. Die Θ^2-Linien sind die Parallelkreise und die Θ^1-Linien die Meridiane.

5.3.1 Einführung der Basis

Wie bei den Raumkurven ist es für viele Problemstellungen zweckmäßig, in dem Punkt x der Fläche ein ortsveränderliches Basissystem zu errichten. Als Basisvektoren $\underset{\sim}{a}_1$ und $\underset{\sim}{a}_2$ im Punkt x wählen wir die Tangentenvektoren an die Parameterlinien Θ^1 und Θ^2

$$\underset{\sim}{a}_1 = \frac{\partial \underset{\sim}{x}}{\partial \Theta^1} = \underset{\sim}{x}_{,1}\,, \qquad \underset{\sim}{a}_2 = \frac{\partial \underset{\sim}{x}}{\partial \Theta^2} = \underset{\sim}{x}_{,2}\,. \tag{5.3.4}$$

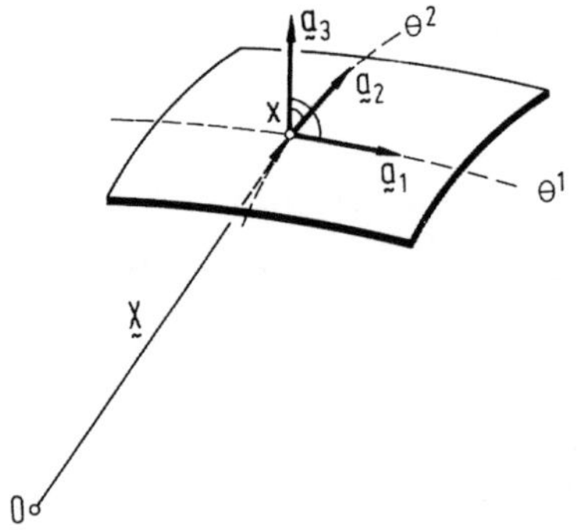

Bild 5.6 Die Basisvektoren der Fläche

Die Basisvektoren $\underset{\sim}{a}_1$ und $\underset{\sim}{a}_2$ sind im allgemeinen nicht orthogonal. Außerdem sind sie nicht normiert; dies wäre nur dann der Fall, wenn die Θ^1- und Θ^2-Linien Bogenlängen wären. Die Basisvektoren $\underset{\sim}{a}_1$ und $\underset{\sim}{a}_2$ spannen im Punkt x eine *Tangentialebene* auf.

Der dritte Basisvektor $\underset{\sim}{a}_3$ wird als Einheitsvektor und orthogonal zu $\underset{\sim}{a}_1$ und $\underset{\sim}{a}_2$ eingeführt:

$$\underset{\sim}{a}_3 = \frac{\underset{\sim}{a}_1 \times \underset{\sim}{a}_2}{|\underset{\sim}{a}_1 \times \underset{\sim}{a}_2|}; \tag{5.3.5}$$

dieser Vektor steht somit senkrecht auf der Tangentialebene in x. Es gilt außerdem

$$\underset{\sim}{a}_3 = \underset{\sim}{a}^3. \tag{5.3.6}$$

Wir bilden nun die von Gauß eingeführten *metrischen Fundamentalgrößen 1. Ordnung*, die wir auch als Maßkoeffizienten oder Metrikkoeffizienten bezeichnen können:

$$\underset{\sim}{a}_i \cdot \underset{\sim}{a}_k = a_{ik}. \tag{5.3.7}$$

Wegen (5.3.5) erhalten wir speziell:

$$\underset{\sim}{a}_3 \cdot \underset{\sim}{a}_\alpha = a_{3\alpha} = 0, \quad \underset{\sim}{a}_3 \cdot \underset{\sim}{a}_3 = 1, \tag{5.3.8}$$

- wobei griechische Indizes die Zahlen 1, 2 durchlaufen -, so daß sich die Fundamentalgrößen 1. Ordnung in Form einer Matrix wie folgt angeben lassen:

$$a_{ik} = \left\| \begin{matrix} a_{11} & a_{12} & 0 \\ a_{21} & a_{22} & 0 \\ 0 & 0 & 1 \end{matrix} \right\| . \tag{5.3.9}$$

Bezüglich der Bildung der kontravarianten Basisvektoren und der kontravarianten Metrikkoeffizienten sowie der Darstellung von Vektoren und

Tensoren in den unterschiedlichen Basissystemen gelten die Überlegungen der Vektor- und Tensoralgebra entsprechend.

Weiterhin schließen wir aus den Untersuchungen des äußeren Produktes der Basisvektoren in Abschnitt 4.9.1 unter Berücksichtigung von (4.9.28), (4.9.30) und (4.9.31) sowie (5.3.9) auf

$$\underset{\sim}{a}_\alpha \times \underset{\sim}{a}_\beta = \bar{\bar{e}}_{\alpha\beta 3}\underset{\sim}{a}^3, \quad \underset{\sim}{a}_3 \times \underset{\sim}{a}_\alpha = \bar{\bar{e}}_{3\alpha\rho}\underset{\sim}{a}^\rho \tag{5.3.10}$$

und

$$\underset{\sim}{a}^\alpha \times \underset{\sim}{a}^\beta = \bar{\bar{e}}^{\alpha\beta 3}\underset{\sim}{a}_3, \quad \underset{\sim}{a}^3 \times \underset{\sim}{a}^\alpha = \bar{\bar{e}}^{3\alpha\rho}\underset{\sim}{a}_\rho . \tag{5.3.11}$$

Dabei sind

$$\bar{\bar{e}}_{\alpha\beta 3} = \sqrt{a}\, e_{\alpha\beta 3}, \quad \bar{\bar{e}}^{\alpha\beta 3} = \frac{1}{\sqrt{a}}\, e^{\alpha\beta 3} \tag{5.3.12}$$

und

$$a = \det \| a_{\alpha\beta} \| . \tag{5.3.13}$$

In der Literatur ist es üblich, für das Permutationssymbol $e_{\alpha\beta 3}$ das Symbol $e_{\alpha\beta}$ zu verwenden, wobei $e_{\alpha\beta}$ den Wert Null für α gleich β, den Wert + 1 für α gleich 1 und β gleich 2 sowie den Wert - 1 für α gleich 2 und β gleich 1 annimmt. Entsprechendes gilt für das Permutationssymbol $e^{\alpha\beta 3}$.

5.3.2 Die Ableitung der Basisvektoren

Die Basisvektoren $\underset{\sim}{a}_i$ sind Funktionen der Gaußschen Parameter Θ^1 und Θ^2. Die partiellen Ableitungen der Basisvektoren, die wiederum Vektoren darstellen, seien im folgenden untersucht. Mit (06) bilden wir

$$\underset{\sim}{a}_{i,\alpha} = \frac{\partial \underset{\sim}{a}_i}{\partial \Theta^\alpha} . \tag{5.3.14}$$

Den Vektor $\underset{\sim}{a}_{i,\alpha}$ zerlegen wir in Richtung der Basisvektoren $\underset{\sim}{a}_r$

$$\underset{\sim}{a}_{i,\alpha} = \Gamma_{i\alpha}^{\cdot\cdot r}\underset{\sim}{a}_r . \tag{5.3.15}$$

Die $\Gamma_{i\alpha}^{\cdot\cdot r}$ geben die Koeffizienten der Komponenten des Vektors $\underset{\sim}{a}_{i,\alpha}$ in der Basis $\underset{\sim}{a}_r$ an. Diese Zahlenwerte wollen wir im folgenden bestimmen:

$$\underset{\sim}{a}_{i,\alpha} \cdot \underset{\sim}{a}^s = \Gamma_{i\alpha}^{\cdot\cdot r}\, \underset{\sim}{a}_r \cdot \underset{\sim}{a}^s, \quad \Gamma_{i\alpha}^{\cdot\cdot r} = \underset{\sim}{a}_{i,\alpha} \cdot \underset{\sim}{a}^r . \tag{5.3.16}$$

Der Koeffizient $\Gamma_{3\alpha}^{\cdot\cdot 3}$ ist in (5.3.16) identisch Null. Dies ist sofort aus folgender Rechnung ersichtlich. Es gilt

$$\underset{\sim}{a}_3 \cdot \underset{\sim}{a}_3 = 1 \quad \text{oder} \quad \underset{\sim}{a}_3 \cdot \underset{\sim}{a}^3 = 1.$$

Die Differentiation nach Θ^α liefert

$$2\underset{\sim}{a}_{3,\alpha} \cdot \underset{\sim}{a}^3 = 0,$$

womit die obige Aussage bestätigt ist.

Die Koeffizienten $\Gamma_{\beta\alpha}^{\cdot\cdot 3}$ bzw. $\Gamma_{3\alpha}^{\cdot\cdot\rho}$ werden nach Gauß als *Fundamentalgrößen 2. Ordnung* bezeichnet. Sie beschreiben die Krümmung der Fläche. Man schreibt hierfür auch

$$\Gamma_{\beta\alpha}^{\cdot\cdot 3} = -\, b_{\beta\alpha}, \qquad \Gamma_{3\alpha}^{\cdot\cdot\rho} = b_{\alpha}^{\cdot\rho}. \tag{5.3.17}$$

Die Koeffizienten $\Gamma_{\alpha\beta}^{\cdot\cdot\nu}$ sind die *Christoffelsymbole 2. Art der Fläche*. Sie können allein durch die Fundamentalgrößen 1. Ordnung ausgedrückt werden. Zur Ableitung dieser Beziehung gehen wir aus von

$$a_{\beta\rho,\alpha} = (\underset{\sim}{a}_\beta \cdot \underset{\sim}{a}_\rho)_{,\alpha} = \underset{\sim}{a}_{\beta,\alpha} \cdot \underset{\sim}{a}_\rho + \underset{\sim}{a}_\beta \cdot \underset{\sim}{a}_{\rho,\alpha},$$

$$a_{\alpha\rho,\beta} = (\underset{\sim}{a}_\alpha \cdot \underset{\sim}{a}_\rho)_{,\beta} = \underset{\sim}{a}_{\alpha,\beta} \cdot \underset{\sim}{a}_\rho + \underset{\sim}{a}_\alpha \cdot \underset{\sim}{a}_{\rho,\beta}.$$

Wir addieren beide Gleichungen und beachten, daß $\underset{\sim}{a}_{\beta,\alpha} = \underset{\sim}{a}_{\alpha,\beta}$ ist:

$$a_{\beta\rho,\alpha} + a_{\alpha\rho,\beta} = 2\underset{\sim}{a}_{\alpha,\beta} \cdot \underset{\sim}{a}_\rho + \underset{\sim}{a}_\beta \cdot \underset{\sim}{a}_{\rho,\alpha} + \underset{\sim}{a}_\alpha \cdot \underset{\sim}{a}_{\rho,\beta} =$$

$$= 2\underset{\sim}{a}_{\alpha,\beta} \cdot \underset{\sim}{a}_\rho + \underset{\sim}{a}_{\alpha\beta,\rho}.$$

Daraus ergibt sich

$$\underset{\sim}{a}_{\alpha,\beta} \cdot \underset{\sim}{a}_\rho = \frac{1}{2}\,(a_{\beta\rho,\alpha} + a_{\alpha\rho,\beta} - a_{\alpha\beta,\rho}).$$

Mit diesem Wert bestimmen wir aus (5.3.16)

$$\Gamma_{\alpha\beta}^{\cdot\cdot\gamma} = \frac{1}{2}\, a^{\gamma\rho}(a_{\beta\rho,\alpha} + a_{\alpha\rho,\beta} - a_{\alpha\beta,\rho}). \tag{5.3.18}$$

Die Koeffizienten $\Gamma_{\alpha\beta}^{\cdot\cdot\gamma}$ sind hinsichtlich der Indizes α und β wegen $\underset{\sim}{a}_{\beta,\alpha} = \underset{\sim}{a}_{\alpha,\beta}$ symmetrisch. Ausgehend von (5.3.15) erhalten wir unter Berücksichtigung von (5.3.17)

$$\underset{\sim}{a}_{\beta,\alpha} = \Gamma_{\beta\alpha}^{\cdot\cdot\rho}\underset{\sim}{a}_\rho - b_{\beta\alpha}\underset{\sim}{a}_3, \tag{5.3.19}$$

$$\underset{\sim}{a}_{3,\alpha} = b_{\alpha}^{\cdot\rho}\underset{\sim}{a}_\rho. \tag{5.3.20}$$

Die Gleichungen (5.3.19) und (5.3.20) werden die *Ableitungsgleichungen* nach *Gauß* und *Weingarten* genannt.

Für die Ableitung der dualen Basisvektoren $\underset{\sim}{a}^i$ gelten ganz entsprechende Überlegungen:

$$\underset{\sim}{a}^i{}_{,\alpha} = \frac{\partial \underset{\sim}{a}^i}{\partial \Theta^\alpha}. \tag{5.3.21}$$

Den Vektor $\underset{\sim}{a}^i{}_{,\alpha}$ stellen wir in der dualen Basis $\underset{\sim}{a}^r$ dar:

$$\underset{\sim}{a}^i{}_{,\alpha} = \bar{\Gamma}^i{}_{.\alpha r}\underset{\sim}{a}^r. \tag{5.3.22}$$

Die Symbole $\bar{\Gamma}^i{}_{.\alpha r}$ wollen wir durch die vorhin eingeführten $\Gamma_{i\alpha}^{..r}$ ausdrükken; denn ausgehend von

$$\underset{\sim}{a}^i \cdot \underset{\sim}{a}_k = \delta^i_k$$

führt die Differentiation dieses Ausdruckes nach Θ^α zu

$$\underset{\sim}{a}^i{}_{,\alpha} \cdot \underset{\sim}{a}_k = - \underset{\sim}{a}^i \cdot \underset{\sim}{a}_{k,\alpha}.$$

Setzen wir in diese Gleichung die Beziehungen (5.3.22) und (5.3.15) ein, so erhalten wir

$$\bar{\Gamma}^i{}_{.\alpha k} = - \Gamma_{k\alpha}^{..i}. \tag{5.3.23}$$

Somit können wir für (5.3.22) schreiben:

$$\underset{\sim}{a}^i{}_{,\alpha} = - \Gamma_{k\alpha}^{..i}\underset{\sim}{a}^k. \tag{5.3.24}$$

Es ist grundsätzlich möglich, die Ableitung der ko- bzw. kontravarianten Basisvektoren in dem kontra- bzw. kovarianten Basissystemen darzustellen; dies kann für die Anwendung manchmal von Vorteil sein. Aus (5.3.15) und (5.3.24) folgt:

$$\begin{aligned} \underset{\sim}{a}_{i,\alpha} &= \Gamma_{i\alpha r}\underset{\sim}{a}^r, \\ \underset{\sim}{a}^i{}_{,\alpha} &= - \Gamma_{k\alpha}^{..i} a^{kr}\underset{\sim}{a}_r. \end{aligned} \tag{5.3.25}$$

Die Koeffizienten $\Gamma_{i\alpha r}$ sind durch

$$\Gamma_{i\alpha r} = \Gamma_{i\alpha}^{..s} a_{rs} \tag{5.3.26}$$

gegeben. Die Zahlenwerte $\Gamma_{\beta\alpha\rho}$ werden als *Christoffelsymbole 1. Art der Fläche* bezeichnet. Sie lassen sich nach (5.3.18) ebenfalls durch die Metrikkoeffizienten ausdrücken:

$$\Gamma_{\alpha\beta\lambda} = \frac{1}{2}\,(a_{\beta\lambda,\alpha} + a_{\alpha\lambda,\beta} - a_{\alpha\beta,\lambda}). \tag{5.3.27}$$

In der Schalentheorie interessiert neben der Ableitung der Basisvektoren ebenfalls die Ableitung der Wurzel der Determinante $\|a_{\alpha\beta}\|$ nach dem Gaußschen Parametern Θ^α, d.h. $\sqrt{a}_{,\alpha}$. Nun ist nach Gl. (5.3.10) mit (5.3.12) und (5.3.13)

$$\sqrt{a} = (\underset{\sim}{a}_1 \times \underset{\sim}{a}_2) \cdot \underset{\sim}{a}_3. \tag{5.3.28}$$

Die Ableitung dieses Ausdruckes liefert unter Berücksichtigung von (5.1.2)

$$\sqrt{a}_{,\alpha} = (\underset{\sim}{a}_{1,\alpha} \times \underset{\sim}{a}_2) \cdot \underset{\sim}{a}_3 + (\underset{\sim}{a}_1 \times \underset{\sim}{a}_{2,\alpha}) \cdot \underset{\sim}{a}_3 + (\underset{\sim}{a}_1 \times \underset{\sim}{a}_2) \cdot \underset{\sim}{a}_{3,\alpha}.$$

Hierin können wir die Ableitungen der Basisvektoren durch die Ableitungsgleichungen (5.3.15) ausdrücken:

$$\sqrt{a}_{,\alpha} = \Gamma_{1\alpha}^{\cdot\cdot r}\,(\underset{\approx}{a}_r \times \underset{\approx}{a}_2) \bullet \underset{\approx}{a}_3 + \Gamma_{2\alpha}^{\cdot\cdot r}\,(\underset{\approx}{a}_1 \times \underset{\approx}{a}_r) \bullet \underset{\approx}{a}_3 + \Gamma_{3\alpha}^{\cdot\cdot r}\,(\underset{\approx}{a}_1 \times \underset{\approx}{a}_2) \bullet \underset{\approx}{a}_r .$$

Dieser Ausdruck läßt sich unter Beachtung von (4.9.8) wesentlich vereinfachen:

$$\sqrt{a}_{,\alpha} = \Gamma_{1\alpha}^{\cdot\cdot\rho}\,(\underset{\approx}{a}_\rho \times \underset{\approx}{a}_2) \bullet \underset{\approx}{a}_3 + \Gamma_{2\alpha}^{\cdot\cdot\rho}\,(\underset{\approx}{a}_1 \times \underset{\approx}{a}_\rho) \bullet \underset{\approx}{a}_3$$

oder

$$\sqrt{a}_{,\alpha} = \Gamma_{\lambda\alpha}^{\cdot\cdot\lambda}\,\sqrt{a}, \qquad (5.3.29)$$

wenn wir im letzten Schritt wiederum (4.9.8) und (5.3.28) berücksichtigen.

Wir greifen noch einmal auf (5.3.20) zurück. Die Ableitung von $\underset{\approx}{a}_3$ nach Θ^α läßt sich als lineare Abbildung mit dem symmetrischen *Krümmungstensor* $\underset{\approx}{B}$ *der Fläche* angeben:

$$\underset{\approx}{a}_{3,\alpha} = \underset{\approx}{B}\,\underset{\approx}{a}_\alpha . \qquad (5.3.30)$$

Die Koeffizienten von $\underset{\approx}{B}$ sind die Fundamentalgrößen 2. Ordnung. In einer gemischtvarianten Basis ist $\underset{\approx}{B}$ durch

$$\underset{\approx}{B} = \Gamma_{3k}^{\cdot\cdot i}\,\underset{\approx}{a}^k \otimes \underset{\approx}{a}_i \qquad (5.3.31)$$

darstellbar.

Wir betrachten nun das *Eigenwertproblem* (s. Abschnitt 4.9.5 b). Die charakteristische Gleichung für $\underset{\approx}{B}$ (s. (4.9.107) ist

$$\kappa^3 - I_{\underset{\approx}{B}}\kappa^2 + II_{\underset{\approx}{B}}\kappa - III_{\underset{\approx}{B}} = 0, \qquad (5.3.32)$$

wobei die Invarianten nach (4.9.111) durch

$$I_{\underset{\approx}{B}} = \underset{\approx}{B} \bullet \underset{\approx}{I}, \quad II_{\underset{\approx}{B}} = \frac{1}{2}\,[(\underset{\approx}{B} \bullet \underset{\approx}{I})^2 - \underset{\approx}{B}^T \bullet \underset{\approx}{B}],$$
$$III_{\underset{\approx}{B}} = \frac{1}{6}\,(\underset{\approx}{B} \bullet \underset{\approx}{I})^3 - \frac{1}{2}\,(\underset{\approx}{B} \bullet \underset{\approx}{I})(\underset{\approx}{B}^T \bullet \underset{\approx}{I}) + \frac{1}{3}\,\underset{\approx}{B}^T\underset{\approx}{B}^T \bullet \underset{\approx}{B} \qquad (5.3.33)$$

gegeben sind. Die Auswertung dieser Beziehungen liefert mit (5.3.31),

$$I_{\underset{\approx}{B}} = b_{\rho}^{\cdot\rho}, \quad II_{\underset{\approx}{B}} = \det \|b_{\beta}^{\cdot\rho}\|, \quad III_{\underset{\approx}{B}} = 0, \qquad (5.3.34)$$

so daß wir für die charakteristische Gleichung (5.3.32)

$$\kappa(\kappa^2 - b_{\rho}^{\cdot\rho}\kappa + \det \|b_{\beta}^{\cdot\rho}\|) = 0 \qquad (5.3.35)$$

erhalten. Als charakteristische Gleichung der Flächentheorie verbleibt somit

$$\kappa^2 - 2H\kappa + K = 0, \qquad (5.3.36)$$

wobei wir

$$H = \frac{1}{2}\, b_{\rho}^{\cdot\rho} \quad \text{und} \quad K = \det \| b_{\beta}^{\cdot\rho} \| \tag{5.3.37}$$

gesetzt haben. Die Größen H und K werden als *mittlere* und *Gaußsche Krümmung* bezeichnet. Die Lösungen κ_1 und κ_2 der Gl. (5.3.36), von denen wir annehmen wollen, daß sie verschieden von Null sind, werden als *Hauptkrümmungen* bezeichnet. Für sie gelten nach den Wurzelsätzen von Vieta:

$$\kappa_1 + \kappa_2 = 2H \quad \text{und} \quad \kappa_1\kappa_2 = K. \tag{5.3.38}$$

Die den Lösungen κ_1 und κ_2 (Eigenwerte) zugeordneten Eigenvektoren bilden nach Abschnitt 4.9.5 b ein orthonormiertes Basissystem.

Ist allerdings $\kappa_1 = \kappa_2$, so besitzt (5.3.36) eine Doppelwurzel; dann gilt

$$\kappa_1 = \kappa_2 = H \tag{5.3.39}$$

und die beiden Hauptkrümmungen in einem Punkt der Fläche sind gleich. Solche Flächenpunkte heißen *Nabelpunkte*. Bei einer Kugelfläche sind alle Punkte Nabelpunkte (s. Übungsaufgaben zu 5.3 (2)).

Weiterhin kann man allein durch Untersuchung der Gaußschen Krümmung K auf die Flächenform schließen. So gilt für

$K > 0$: es liegt ein elliptischer Flächenpunkt vor,

$K < 0$: es liegt ein hyperbolischer Flächenpunkt vor,

$K = 0$: es liegt ein parabolischer Flächenpunkt vor.

Die eingeführte mittlere Krümmung H und die Gaußsche Krümmung K sind nicht voneinander unabhängig. Um den Zusammenhang herzustellen, gehen wir von der charakteristischen Gleichung (5.3.36) aus. Nach Caley-Hamilton (s. Abschnitt 4.9.5 b) erfüllt jeder Tensor seine eigene charakteristische Gleichung, d.h.

$$\underset{\sim}{B}^2 - 2H\underset{\sim}{B} + K\underset{\sim}{I} = \underset{\sim}{O}$$

oder

$$K\delta_{\alpha}^{\beta} = 2Hb_{\alpha}^{\cdot\beta} - b_{\alpha}^{\cdot\rho}b_{\rho}^{\cdot\beta}$$

$$K = \frac{1}{2}\,(2Hb_{\alpha}^{\cdot\alpha} - b_{\alpha}^{\cdot\rho}b_{\rho}^{\cdot\alpha}). \tag{5.3.40}$$

Damit ist der gesuchte Zusammenhang zwischen der Gaußschen und der mittleren Krümmung bestimmt.

Die Ableitungsgleichungen (5.3.15) können als ein System von partiellen Differentialgleichungen zur Bestimmung der Basisvektoren $\underset{\sim}{a}_i$ aufgefaßt werden, wenn die Christoffelsymbole $\Gamma_{i\alpha}^{\cdot\cdot r}$ vorgegeben sind. Um nachzuweisen, daß das Differentialgleichungssystem überhaupt integrierbar ist, muß die Integrabilitätsbedingung

$$\underset{\sim}{a}_{i,\beta\gamma} = \underset{\sim}{a}_{i,\gamma\beta} \tag{5.3.41}$$

eingehalten werden. Diese Bedingung wollen wir im weiteren auswerten und greifen dazu auf (5.3.15) zurück. Wir erhalten

$$\underset{\sim}{a}_{i,\beta\gamma} = \Gamma^{\cdot\cdot r}_{i\beta,\gamma}\underset{\sim}{a}_r + \Gamma^{\cdot\cdot r}_{i\beta}\underset{\sim}{a}_{r,\gamma} = (\Gamma^{\cdot\cdot r}_{i\beta,\gamma} + \Gamma^{\cdot\cdot s}_{i\beta}\Gamma^{\cdot\cdot r}_{s\gamma})\underset{\sim}{a}_r,$$

$$\underset{\sim}{a}_{i,\gamma\beta} = \Gamma^{\cdot\cdot r}_{i\gamma,\beta}\underset{\sim}{a}_r + \Gamma^{\cdot\cdot r}_{i\gamma}\underset{\sim}{a}_{r,\beta} = (\Gamma^{\cdot\cdot r}_{i\gamma,\beta} + \Gamma^{\cdot\cdot s}_{i\gamma}\Gamma^{\cdot\cdot r}_{s\beta})\underset{\sim}{a}_r.$$

Gleichung (5.3.41) liefert somit

$$G^{\cdot\cdot r}_{i\beta\cdot\gamma}\underset{\sim}{a}_r = \underset{\sim}{0}, \tag{5.3.42}$$

wobei wir zur Abkürzung die Größe

$$G^{\cdot\cdot r}_{i\beta\cdot\gamma} = \Gamma^{\cdot\cdot r}_{i\gamma,\beta} - \Gamma^{\cdot\cdot r}_{i\beta,\gamma} + \Gamma^{\cdot\cdot s}_{i\gamma}\Gamma^{\cdot\cdot r}_{s\beta} - \Gamma^{\cdot\cdot s}_{i\beta}\Gamma^{\cdot\cdot r}_{s\gamma} \tag{5.3.43}$$

eingeführt haben. Wegen der linearen Unabhängigkeit von $\underset{\sim}{a}_1$, $\underset{\sim}{a}_2$ und $\underset{\sim}{a}_3$ müssen die Koeffizienten in (5.3.42) einzeln zu Null werden, d.h.

$$G^{\cdot\cdot r}_{i\beta\cdot\gamma} = 0. \tag{5.3.44}$$

Die Erfüllung von (5.3.44) ist notwendig und hinreichend für die Integrierbarkeit des Systems (5.3.15).

Die Bedingung (5.3.44) wollen wir im folgenden auswerten:

$$G^{\cdot\cdot\rho}_{\alpha\beta\cdot\gamma} = \Gamma^{\cdot\cdot\rho}_{\alpha\gamma,\beta} - \Gamma^{\cdot\cdot\rho}_{\alpha\beta,\gamma} + \Gamma^{\cdot\cdot\lambda}_{\alpha\gamma}\Gamma^{\cdot\cdot\rho}_{\lambda\beta} - \Gamma^{\cdot\cdot\lambda}_{\alpha\beta}\Gamma^{\cdot\cdot\rho}_{\lambda\gamma} + \Gamma^{\cdot\cdot 3}_{\alpha\gamma}\Gamma^{\cdot\cdot\rho}_{3\beta} - \Gamma^{\cdot\cdot 3}_{\alpha\beta}\Gamma^{\cdot\cdot\rho}_{3\gamma} = 0, \tag{5.3.45}$$

$$G^{\cdot\cdot 3}_{\alpha\beta\cdot\gamma} = \Gamma^{\cdot\cdot 3}_{\alpha\gamma,\beta} - \Gamma^{\cdot\cdot 3}_{\alpha\beta,\gamma} + \Gamma^{\cdot\cdot\lambda}_{\alpha\gamma}\Gamma^{\cdot\cdot 3}_{\lambda\beta} - \Gamma^{\cdot\cdot\lambda}_{\alpha\beta}\Gamma^{\cdot\cdot 3}_{\lambda\gamma} = 0, \tag{5.3.46}$$

$$G^{\cdot\cdot\rho}_{3\beta\cdot\gamma} = \Gamma^{\cdot\cdot\rho}_{3\gamma,\beta} - \Gamma^{\cdot\cdot\rho}_{3\beta,\gamma} + \Gamma^{\cdot\cdot\lambda}_{3\gamma}\Gamma^{\cdot\cdot\rho}_{\lambda\beta} - \Gamma^{\cdot\cdot\lambda}_{3\beta}\Gamma^{\cdot\cdot\rho}_{\lambda\gamma} = 0, \tag{5.3.47}$$

$$G^{\cdot\cdot 3}_{3\beta\cdot\gamma} = \Gamma^{\cdot\cdot\lambda}_{3\gamma}\Gamma^{\cdot\cdot 3}_{\lambda\beta} - \Gamma^{\cdot\cdot\lambda}_{3\beta}\Gamma^{\cdot\cdot 3}_{\lambda\gamma} = 0. \tag{5.3.48}$$

Mit den Koeffizienten des *Riemannschen Krümmungstensors der Fläche*

$$R^{\cdot\cdot\rho}_{\alpha\beta\cdot\gamma} = \Gamma^{\cdot\cdot\rho}_{\alpha\gamma,\beta} - \Gamma^{\cdot\cdot\rho}_{\alpha\beta,\gamma} + \Gamma^{\cdot\cdot\lambda}_{\alpha\gamma}\Gamma^{\cdot\cdot\rho}_{\lambda\beta} - \Gamma^{\cdot\cdot\lambda}_{\alpha\beta}\Gamma^{\cdot\cdot\rho}_{\lambda\gamma} \tag{5.3.49}$$

und der in (5.3.17) festgelegten Notation folgen aus (5.3.45) die *Gleichung von Gauß*

$$R^{\cdot\cdot\rho}_{\alpha\beta\cdot\gamma} = b_{\alpha\gamma}b^{\cdot\rho}_{\beta} - b_{\alpha\beta}b^{\cdot\rho}_{\gamma} \tag{5.3.50}$$

sowie aus (5.3.46) die *Gleichungen von Mainardi und Codazzi*

$$b_{\alpha\beta,\gamma} - b_{\alpha\gamma,\beta} + \Gamma^{\cdot\cdot\lambda}_{\alpha\beta}b_{\lambda\gamma} - \Gamma^{\cdot\cdot\lambda}_{\alpha\gamma}b_{\lambda\beta} = 0. \tag{5.3.51}$$

Wie man leicht verifizieren kann, beinhaltet (5.3.47) die Gleichungen von Mainardi und Codazzi sowie (5.3.48)

$$R_{\alpha\beta.\gamma}^{..\alpha} = 0.$$

Die Gleichungen von Gauß sowie die von Mainardi und Codazzi wollen wir im folgenden ausführlicher diskutieren. Zunächst betrachten wir die Gleichungen von Gauß. Aus (5.3.50) ergibt sich

$$R_{\alpha\beta\psi\gamma} = b_{\alpha\gamma}b_{\beta\psi} - b_{\alpha\beta}b_{\gamma\psi}. \qquad (5.3.52)$$

$R_{\alpha\beta\psi\gamma}$ kann allein durch die Christoffelsymbole ausgedrückt werden und ist somit nur von den Maßzahlen $a_{\alpha\beta}$ abhängig. Die Gleichungen von Gauß stellen somit den Zusammenhang zwischen den Metrikkoeffizienten $a_{\alpha\beta}$ und den Krümmungsgrößen $b_{\alpha\beta}$ her. Wie man leicht verifizieren kann, verschwinden alle Zahlenwerte des *Riemannschen* Krümmungstensors der Fläche bis auf die Größe

$$R_{2112} = b_{22}b_{11} - b_{21}b_{21} = b_{22}b_{11} - b_{12}b_{12} = \det \| b_{\alpha\beta} \| = b. \qquad (5.3.53)$$

Mit b bezeichnen wir die Determinante der Fundamentalgrößen 2. Ordnung. Unter Beachtung der Rechenregeln der Matrizenrechnung folgt aus (5.3.53) mit (5.3.37 b) und (5.3.13) das bekannte *Theorema egregium* von Gauß

$$K = \frac{b}{a} = \frac{R_{2112}}{a},$$

welches besagt, daß die Gaußsche Krümmung eine Größe der inneren Flächengeometrie ist.

Die ausführliche Form der Gleichungen von Mainardi und Codazzi lautet

$$b_{\alpha\beta,\gamma} + \Gamma_{\alpha\beta}^{..\lambda} b_{\lambda\gamma} = b_{\alpha\gamma,\beta} + \Gamma_{\alpha\gamma}^{..\lambda} b_{\lambda\beta}. \qquad (5.3.54)$$

Diese Beziehung kann einfacher geschrieben werden

$$b_{\alpha\beta\|\gamma} = b_{\alpha\gamma\|\beta}, \qquad (5.3.55)$$

wenn wir die *kovariante Ableitung der Flächentheorie* einführen, die durch zwei senkrechte Stricke gekennzeichnet wird und mit den Christoffelsymbolen $\Gamma_{\alpha\beta}^{..\rho}$ zu bilden ist:

$$b_{\alpha\beta\|\gamma} = b_{\alpha\beta,\gamma} + \Gamma_{\alpha\beta}^{..\lambda} b_{\lambda\gamma} + \Gamma_{\beta\gamma}^{..\lambda} b_{\alpha\lambda}. \qquad (5.3.56)$$

Die Gl. (5.3.55) von Mainardi und Codazzi enthalten zwei wesentlich verschiedene Aussagen, nämlich

$$b_{\alpha 1\|2} = b_{\alpha 2\|1}. \qquad (5.3.57)$$

5.3.3 Die Ableitung von Vektoren und Tensoren

Wir stellen einen beliebigen Vektor $\underset{\sim}{u}$ in dem Basissystem $\underset{\sim}{a}_i$ der Fläche als

$$\underset{\sim}{u} = u^i \underset{\sim}{a}_i . \tag{5.3.58}$$

dar.

Die Ableitung dieses Vektors nach dem Flächenparameter Θ^α liefert

$$\underset{\sim}{u}_{,\alpha} = u^i{}_{,\alpha} \underset{\sim}{a}_i + u^i \underset{\sim}{a}_{i,\alpha}$$

oder unter Beachtung von (5.3.15)

$$\underset{\sim}{u}_{,\alpha} = u^i|_\alpha \underset{\sim}{a}_i , \qquad u^i|_\alpha = u^i{}_{,\alpha} + u^r \Gamma_{r\alpha}^{\cdot\cdot i} . \tag{5.3.59}$$

Dabei ist $u^i|_\alpha$ die kovariante Ableitung der Koeffizienten der Vektorkomponenten u^i. Entsprechend folgt für die Ableitung eines Tensors

$$\underset{\sim}{T} = t^{ik}\, \underset{\sim}{a}_i \otimes \underset{\sim}{a}_k \tag{5.3.60}$$

nach den metrischen Parametern Θ^α die Ableitungsgleichung

$$\underset{\sim}{T}_{,\alpha} = t^{ik}|_\alpha\, \underset{\sim}{a}_i \otimes \underset{\sim}{a}_k \quad \text{mit} \quad t^{ik}|_\alpha = t^{ik}{}_{,\alpha} + t^{rk}\Gamma_{r\alpha}^{\cdot\cdot i} + t^{ir}\Gamma_{r\alpha}^{\cdot\cdot k} . \tag{5.3.61}$$

Dabei sind $t^{ik}|_\alpha$ die kovarianten Ableitungen der Koeffizienten der Tensorkomponenten t^{ik}.

Es mag für manche spezielle Problemstellungen vorteilhaft sein, die Ableitungen von Vektoren und Tensoren nach den metrischen Parametern aufzuspalten in Anteile, die in der Tangentialebene und senkrecht zu ihr liegen. Im allgemeinen Fall führt diese Aufspaltung jedoch zu länglichen und unübersichtlichen Ausdrücken, auf deren Angabe wir verzichten wollen.

5.3.4 Die Flächenkurve

Wir betrachten eine Kurve, die in einer Fläche eingebettet ist. Die Überlegungen bezüglich einer solchen Flächenkurve geben Aufschluß über die geometrischen Eigenschaften der Kurve und der Fläche, die die Kurve beinhaltet. Diese Untersuchungen sind nicht nur von theoretischem Interesse, sondern auch von praktischem Nutzen; denn es können z.B. die Spannglieder bei vorgespannten Schalentragwerken aus Beton hinsichtlich ihrer geometrischen Eigenschaften als Flächenkurven behandelt werden (s. [23]).

Zur Beschreibung der Flächenkurve führen wir zunächst den Kurvenparameter r ein und nehmen an, daß die Gaußschen Parameter Θ^1 und Θ^2 in Abhängigkeit von r gegeben sind. Dann lautet die vektorielle Gleichung der Flächenkurve

$$\underset{\sim}{x} = \underset{\sim}{x}\,[\Theta^1(r),\ \Theta^2(r)] \quad \text{oder} \quad \underset{\sim}{x} = x^i\,[\Theta^1(r),\ \Theta^2(r)]\underset{\sim}{g}_i. \tag{5.3.62}$$

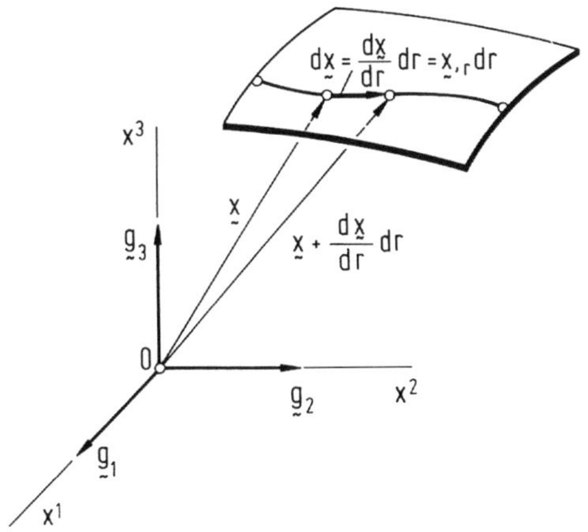

Bild 5.7 Die Flächenkurve

Den Tangentenvektor $\underset{\sim}{t}$ an die Flächenkurve erhalten wir durch Ableitung des Ortsvektors $\underset{\sim}{x}$ nach dem Kurvenparameter r. Es gilt

$$\underset{\sim}{t} = \frac{d\underset{\sim}{x}}{dr} = \frac{\partial \underset{\sim}{x}}{\partial \Theta^1}\frac{d\Theta^1}{dr} + \frac{\partial \underset{\sim}{x}}{\partial \Theta^2}\frac{d\Theta^2}{dr} = \frac{d\Theta^\alpha}{dr}\,\underset{\sim}{a}_\alpha\,. \tag{5.3.63}$$

Das Quadrat der Bogenlänge eines Kurvenstückes ergibt sich nach Bild 5.7 und (5.3.63) zu

$$(d\bar{\Theta}^1)^2 = d\underset{\sim}{x} \cdot d\underset{\sim}{x} = \frac{d\Theta^\alpha}{dr}\frac{d\Theta^\beta}{dr}\,a_{\alpha\beta}\,dr\,dr. \tag{5.3.64}$$

Die Bogenlänge einer Flächenkurve wird demnach durch die Maßzahlen $a_{\alpha\beta}$ der Fläche festgelegt. Diese ermöglichen auch die Messung von Winkeln zwischen zwei Flächenkurven, die sich in einem Flächenpunkt x schneiden, sowie der Flächeninhalte eines differentiellen Flächenstückes, wie man leicht zeigen kann. Insofern ist es gerechtfertigt, von den $a_{\alpha\beta}$ als metrischen Fundamentalgrößen zu sprechen; die Beziehung (5.3.64) wird daher auch als *metrische* oder *1. Fundamentalform der Fläche* bezeichnet.

In ähnlicher Weise können wir nun die Christoffelsymbole und die Fundamentalgrößen 2. Ordnung geometrisch interpretieren. Dazu bilden wir zunächst den sogenannten Krümmungsvektor der Flächenkurve. Hierbei ist es vorteilhaft, die Bogenlänge $\bar{\Theta}^1$ der Flächenkurve als Kurvenparameter einzuführen, d.h. wir gehen aus von

$$\underset{\sim}{x} = \underset{\sim}{x}[\Theta^1(\bar{\Theta}^1),\ \Theta^2(\bar{\Theta}^1)]. \tag{5.3.65}$$

Der Krümmungsvektor $\underset{\sim}{\kappa}$ ist in Anlehnung an (5.2.16) durch

$$\underset{\sim}{\kappa} = \frac{d^2\underset{\sim}{x}}{d(\bar{\Theta}^1)^2} \tag{5.3.66}$$

definiert. Mit (5.3.65) folgt

$$\underset{\sim}{\kappa} = \frac{d^2\Theta^\alpha}{d(\bar{\Theta}^1)^2}\,\underset{\sim}{a}_\alpha + \frac{d\Theta^\alpha}{d\bar{\Theta}^1}\frac{d\Theta^\beta}{d\bar{\Theta}^1}\,\underset{\sim}{a}_{\alpha,\beta}\,.$$

Berücksichtigen wir nun die Ableitungsgleichungen (5.3.19), so erhalten wir

$$\underset{\sim}{\kappa} = \frac{d^2\Theta^\alpha}{d(\bar{\Theta}^1)^2}\,\underset{\sim}{a}_\alpha + \frac{d\Theta^\alpha}{d\bar{\Theta}^1}\frac{d\Theta^\beta}{d\bar{\Theta}^1}\,(\Gamma^{\cdot\cdot\rho}_{\alpha\beta}\,\underset{\sim}{a}_\rho - b_{\alpha\beta}\underset{\sim}{a}_3)\,,$$

$$\underset{\sim}{\kappa} = \left(\frac{d^2\Theta^\rho}{d(\bar{\Theta}^1)^2} + \frac{d\Theta^\alpha}{d\bar{\Theta}^1}\frac{d\Theta^\beta}{d\bar{\Theta}^1}\,\Gamma^{\cdot\cdot\rho}_{\alpha\beta}\right)\underset{\sim}{a}_\rho - b_{\alpha\beta}\,\frac{d\Theta^\alpha}{d\bar{\Theta}^1}\frac{d\Theta^\beta}{d\bar{\Theta}^1}\,\underset{\sim}{a}_3\,. \tag{5.3.67}$$

Die Koeffizienten der in der Tangentialebene liegenden Komponenten des Krümmungsvektors bezeichnet man mit *geodätischer Krümmung* κ_G und die Koeffizienten der in $\underset{\sim}{a}_3$-Richtung weisenden Komponente mit *Normalenkrümmung* κ_N:

$$\kappa_G = \frac{d^2\Theta^\rho}{d(\bar{\Theta}^1)^2} + \frac{d\Theta^\alpha}{d\bar{\Theta}^1}\frac{d\Theta^\beta}{d\bar{\Theta}^1}\,\Gamma^{\cdot\cdot\rho}_{\alpha\beta}\,, \tag{5.3.68}$$

$$\kappa_N = \qquad - \frac{d\Theta^\alpha}{d\bar{\Theta}^1}\frac{d\Theta^\beta}{d\bar{\Theta}^1}\,b_{\alpha\beta}\,. \tag{5.3.69}$$

Wir ersehen aus diesen Beziehungen, daß die Christoffelsymbole $\Gamma^{\cdot\cdot\rho}_{\alpha\beta}$ die geodätische Krümmung bestimmen, während die Fundamentalgrößen 2. Ordnung $b_{\alpha\beta}$ die Normalenkrümmung festlegen.

Im folgenden bringen wir die Fläche $\underset{\sim}{x} = \underset{\sim}{x}(\Theta^1, \Theta^2)$ im Punkt x zum Schnitt mit einer Normalenebene.

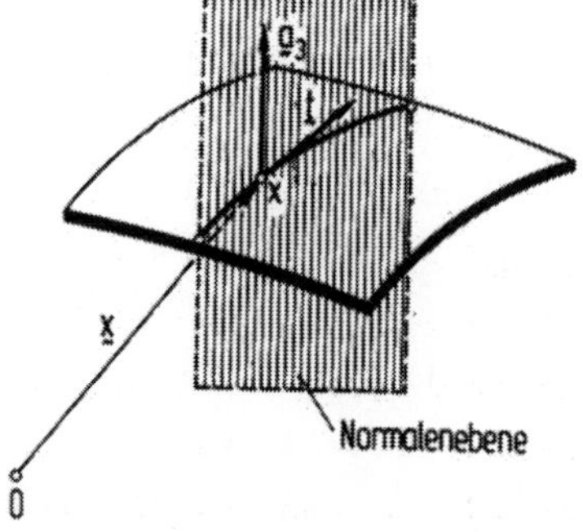

Bild 5.8 Der Normalenschnitt

Dabei ist die Normalenebene eine Ebene, die den Normalenvektor $\underset{\sim}{a}_3$ der Fläche in dem Punkt x enthält. Die Flächenkurve als Schnittkurve der Fläche mit der Normalenebene ist, da sie hierin enthalten ist, eine ebene Flächenkurve. Wie wir nun nachweisen können, ist in dem Punkt x die einzige Komponente des Krümmungsvektors die Normalenkrümmung, d.h. die geodätische Krümmung verschwindet; denn aus der Bedingung, daß $\underset{\sim}{t} = \frac{d\underset{\sim}{x}}{d\bar{\Theta}^1}$ ein Einheitsvektor ist, folgt

$$\frac{d\underset{\sim}{x}}{d\bar{\Theta}^1} \cdot \frac{d\underset{\sim}{x}}{d\bar{\Theta}^1} = 1$$

und nach Differentiation nach $\bar{\Theta}^1$

$$2\,\frac{d^2\underset{\sim}{x}}{d(\bar{\Theta}^1)^2} \cdot \frac{d\underset{\sim}{x}}{d\bar{\Theta}^1} = 0. \qquad (5.3.70)$$

Daraus ersehen wir, daß der Krümmungsvektor $\underset{\sim}{\kappa}$ orthogonal zu $\underset{\sim}{t}$ ist. Da nun andererseits $\underset{\sim}{t}$ senkrecht auf $\underset{\sim}{a}_3$ steht und der Krümmungsvektor $\underset{\sim}{\kappa}$ in der Normalenebene wie $\underset{\sim}{a}_3$ liegt - dies ergibt sich daraus, daß die Flächenkurve in der Normalenebene liegt -, ist der Krümmungsvektor in x parallel zu $\underset{\sim}{a}_3$, d.h. es gilt

$$\underset{\sim}{\kappa} = \kappa_N \underset{\sim}{a}_3 \qquad (5.3.71)$$

mit der Normalenkrümmung κ_N nach (5.3.69). Außerdem können wir schließen, daß die geodätische Krümmung κ_G bei Normalenschnittkurven verschwindet. Nach (5.3.36) gibt es in dem Punkt x im allgemeinen zwei Hauptkrümmungen, die Extremwerte der Normalenkrümmung darstellen.

In den Ingenieurwissenschaften bilden die Ergebnisse der Flächentheorie die Grundlage der Behandlung von Schalentragwerken. Auf eine ausführliche Diskussion wollen wir jedoch verzichten und auf Abschnitt 7 verweisen. Zur Erläuterung der Überlegungen bezüglich der Flächenkurve greifen wir ein Anwendungsbeispiel aus dem Spannbetonbau heraus. Die Vorteile des Spannbetonbaus sind allgemein bekannt. Man erreicht mit der Vorspannung eine günstige Beeinflussung des Formänderungs- und Spannungsverhaltens von Tragwerken, so daß große Spannweiten wirtschaftlich überbrückt werden können. Dies gilt insbesondere auch für die Schalentragwerke, z.B. für weitgespannte Schalendächer (s. Bild 5.9).

Von besonderem Interesse für die statische Berechnung solcher vorgespannten Flächentragwerken ist die Bestimmung der durch die Vorspannung bewirkten Umlenkkräfte, die wir im folgenden ermitteln wollen. Dabei behandeln wir die Spannglieder in der Schalenmittelfläche hinsichtlich ihrer geometrischen Eigenschaften als Flächenkurven (s. auch [23]). Zur

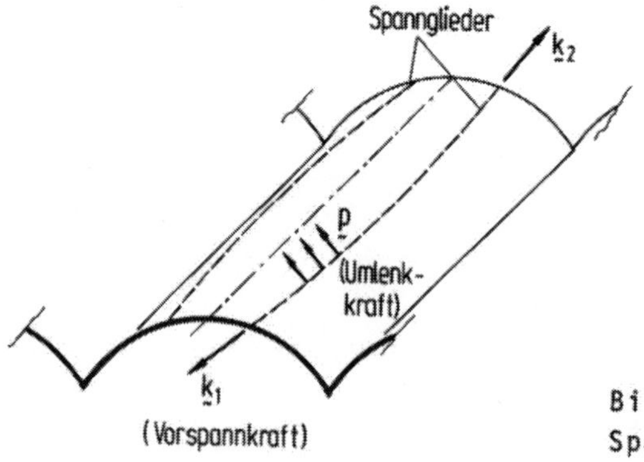

Bild 5.9
Spanngliedverlauf bei Tonnenschalen

Ermittlung der Umlenkkraft $\underset{\sim}{p}$ betrachten wir das differentielle Spanngliedelement. Die auf das Spannglied einwirkende Umlenkkraft bezogen auf

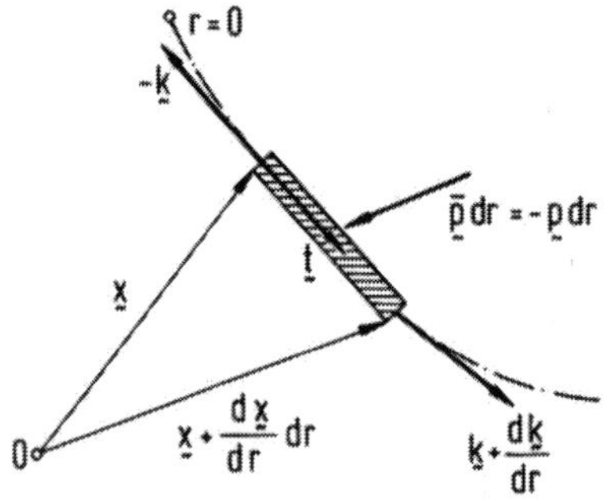

Bild 5.10
Kraftbild des Spanngliedelements

den Kurvenparameter r als Reaktionskraft bezeichnen wir mit $\bar{\underset{\sim}{p}}$ und die Vorspannkraft mit $\underset{\sim}{k}$. Das Kräftegleichgewichtsaxiom liefert

$$- \underset{\sim}{k} + \underset{\sim}{k} + \frac{d\underset{\sim}{k}}{dr}\, dr + \bar{\underset{\sim}{p}}\, dr = 0, \qquad \underset{\sim}{p} = - \bar{\underset{\sim}{p}} = \frac{d\underset{\sim}{k}}{dr} . \tag{*}$$

Die gegebene Vorspannkraft mit dem Betrag k wirkt in Richtung des Einheitstangentenvektors $\overset{*}{\underset{\sim}{t}}$. Diesen Vektor bestimmen wir aus (5.3.63) zu

$$\overset{*}{\underset{\sim}{t}} = \frac{\underset{\sim}{t}}{\sqrt{\underset{\sim}{t} \cdot \underset{\sim}{t}}} = \frac{\Theta^{\alpha\prime} \underset{\sim}{a}_{\alpha}}{\sqrt{\Theta^{\alpha\prime}\, \Theta^{\beta\prime}\, a_{\alpha\beta}}} .$$

Dabei sind Θ^{α} die Gaußschen Parameter und $\underset{\sim}{a}_{\alpha}$ die Basisvektoren der Schalenmittelfläche. Der übergesetzte Strich bedeutet Ableitung nach dem Kurvenparameter r. Die Ableitung des Einheitstangentenvektors $\overset{*}{\underset{\sim}{t}}$ nach r, die wir im folgenden benötigen, liefert mit der Abkürzung $\Theta = a_{\alpha\beta}\Theta^{\alpha\prime}\Theta^{\beta\prime}$

$$\overset{*}{\underset{\sim}{t}}{}' = \frac{1}{\Theta\sqrt{\Theta}} \{\Theta(\Theta^{\rho\prime\prime} + \Theta^{\alpha\prime}\Theta^{\beta\prime}\Gamma_{\alpha\beta}^{\cdot\cdot\rho}) - \Theta^{\rho\prime}(\Gamma_{\alpha\beta\gamma}\Theta^{\alpha\prime}\Theta^{\beta\prime}\Theta^{\gamma\prime} + a_{\alpha\beta}\Theta^{\alpha\prime\prime}\Theta^{\beta\prime})\}\underset{\sim}{a}_{\rho}$$
$$+ \frac{1}{\sqrt{\Theta}}\, \Theta^{\alpha\prime}\Theta^{\beta\prime}\Gamma_{\alpha\beta}^{\cdot\cdot 3}\underset{\sim}{a}_{3} .$$

Mit den angegebenen Beziehungen läßt sich die Bestimmungsgleichung für die Umlenkkraft (*) weiter auswerten:

$$\underset{\sim}{p} = (k\overset{*}{\underset{\sim}{t}})' = k\overset{*}{\underset{\sim}{t}}' + k'\overset{*}{\underset{\sim}{t}} . \qquad (**)$$

Der letzte Ausdruck auf der rechten Seite von (**) beinhaltet den Spannkraftverlust infolge Reibung. Wird dieser Anteil vernachlässigt, so erkennen wir, daß die Umlenkkraft proportional zum Betrag der Vorspannkraft und zu $\overset{*}{\underset{\sim}{t}}'$ ist. Zur Berechnung der physikalischen (wahren) Größe muß die Umlenkkraft $\underset{\sim}{p}$ noch auf den Einheitsvektor bezogen werden.

■ *Übungsaufgaben zu 5.3:*

(1) Bestimmen Sie die kovarianten Metrikkoeffizienten, Christoffelsymbole 2. Art und die Fundamentalgrößen 2. Ordnung einer Kreiszylinderfläche.

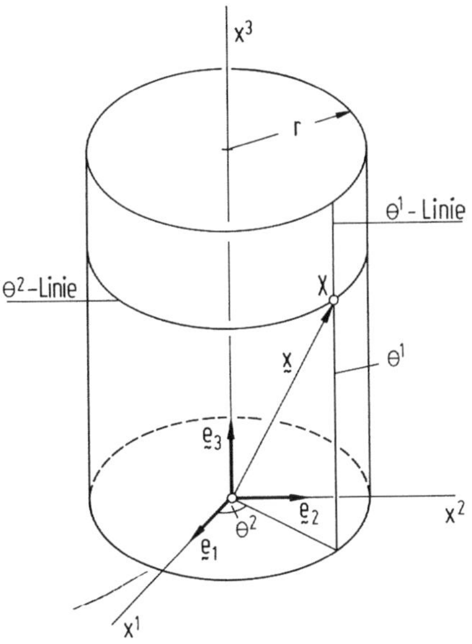

(2) Ermitteln Sie die kovarianten Metrikkoeffizienten, Christoffelsymbole 2. Art und die Fundamentalgrößen 2. Ordnung einer Kugelfläche. Weisen Sie weiterhin nach, daß alle Punkte der Kugelfläche Nabelpunkte sind (s. Bild 5.5).

(3) Berechnen Sie die Ableitung nach den Parametern Θ^1 und Θ^2 eines Vektors $\underset{\sim}{u}$, der im Punkt X an die Kreiszylinderfläche gebunden ist.

(4) Bestimmen Sie die mittlere und die Gauß'sche Krümmung sowie die Hauptkrümmungen einer einschaligen Hyperboloidfläche.

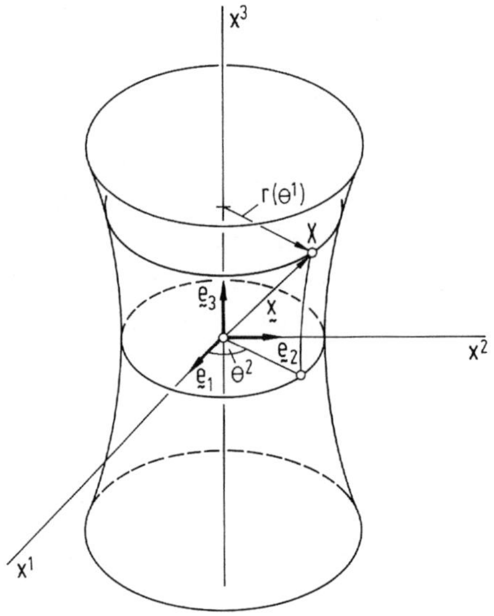

Hinweis: Benutzen Sie "oblate spheroidal coordinates":

$$\underset{\sim}{x}(\Theta^1, \Theta^2) = r(\Theta^1)\cos\Theta^2 \underset{\sim}{e}_1 + r(\Theta^1)\sin\Theta^2 \underset{\sim}{e}_2 + x^3(\Theta^1)\underset{\sim}{e}_3$$

mit $r(\Theta^1) = a \cos v \cosh \Theta^1,$

$x^3(\Theta^1) = a \sin v \sinh \Theta^1$

und $a = \text{konst}, \quad v = \text{konst}, \quad -\frac{\pi}{2} \leqq v \leqq \frac{\pi}{2}.$ ■

5.4 Die natürliche Geometrie des Raumes

5.4.1 Einführung der natürlichen Basis

Zur Festlegung eines Punktes x im dreidimensionalen Euklidischen Raum E^3 hatten wir in Abschnitt 3.1 den Ortsvektor $\underset{\sim}{x}$ eingeführt. Der Ortsvektor $\underset{\sim}{x}$ ist in einem Basissystem $\underset{\sim}{g}_i$ nach (3.4.7) darstellbar durch

$$\underset{\sim}{x} = x^i \underset{\sim}{g}_i . \tag{5.4.1}$$

Ist das Basissystem $\underset{\sim}{g}_i$ vorgegeben, so kann jeder Punkt des Euklidischen Punktraumes durch die Angabe der drei Koordinaten x^1, x^2, x^3 beschrieben werden, die metrische Größen darstellen. Wir können jedoch zur Festlegung des Punktes x auch drei andere metrische Größen $\Theta^1, \Theta^2, \Theta^3$ wählen, z.B. die Norm des Ortsvektors oder spezielle Winkel. Hierfür hat sich die Bezeichnungsweise *krummlinige Koordinaten* eingebürgert. Wenn man eine dieser Koordinaten variiert, bildet die Menge der Punkte x eine im allgemeinen gekrümmte *Koordinatenlinie*. Wir ersetzen nun im folgenden die Koordinaten x^i durch die krummlinigen Koordinaten Θ^i

$$x^i = x^i(\Theta^1, \Theta^2, \Theta^3) \tag{5.4.2}$$

und fordern, daß die Umkehrung

$$\Theta^i = \Theta^i(x^1, x^2, x^3) \tag{5.4.3}$$

existiert. Im Hinblick auf die weiteren Betrachtungen setzen wir voraus, daß diese Funktionen mindestens zweifach stetig differenzierbar sind. Mit den eingeführten Funktionen können wir den Ortsvektor $\underset{\sim}{x}$ wie folgt ausdrücken:

$$\underset{\sim}{x} = x^i(\Theta^1, \Theta^2, \Theta^3)\underset{\sim}{g}_i, \tag{5.4.4}$$

$$\underset{\sim}{x} = \underset{\sim}{x}(\Theta^1, \Theta^2, \Theta^3). \tag{5.4.5}$$

Für viele Problemstellungen ist es vorteilhaft, ein neues Basissystem nach der Vorschrift

$$\underset{\sim}{h}_m = \frac{\partial \underset{\sim}{x}}{\partial \Theta^m} \tag{5.4.6}$$

einzuführen. Wir bezeichnen dieses Basissystem als *natürliche Basis des Raumes* in bezug auf die krummlinigen Koordinaten Θ^m. Der kovariante Basisvektor $\underset{\sim}{h}_m$ ist tangential zu der Koordinatenlinie Θ^m im Punkt x gerichtet und bei krummlinigen Koordinaten immer ortsabhängig. Explizit lassen sich die kovarianten Basisvektoren aus der Vorschrift (5.4.6) mit (5.4.4) und (5.4.5) bestimmen:

$$\underset{\sim}{h}_m = \frac{\partial x^i}{\partial \Theta^m}\underset{\sim}{g}_i. \tag{5.4.7}$$

Die *Metrikkoeffizienten* des natürlichen Basissystems sind durch das Skalarprodukt der Basisvektoren definiert:

$$h_{km} = \underset{\sim}{h}_k \cdot \underset{\sim}{h}_m. \tag{5.4.8}$$

Das *duale* Basissystem mit den kontravarianten Basisvektoren $\underset{\sim}{h}^k$ legen wir durch die Vorschrift (s. auch Abschn. 3.3)

$$\underset{\sim}{h}^k \cdot \underset{\sim}{h}_m = \delta^k_m \tag{5.4.9}$$

fest. Die Metrikkoeffizienten in dem dualen Basissystem werden entsprechend dem obigen Vorgehen durch

$$h^{km} = \underset{\sim}{h}^k \cdot \underset{\sim}{h}^m \tag{5.4.10}$$

gebildet.

Die Beziehung (5.4.7) stellt eine Basistransformation von dem ortsfesten Basissystem $\underset{\sim}{g}_i$ zu der natürlichen Basis $\underset{\sim}{h}_m$ dar, die wir mit den Überlegungen in Abschnitt 4.7 als

$$\underset{\sim}{h}_m = \bar{\underset{\sim}{A}}\underset{\sim}{g}_m, \quad \bar{\underset{\sim}{A}} = \frac{\partial x^i}{\partial \Theta^j} \underset{\sim}{g}_i \otimes \underset{\sim}{g}^j \tag{5.4.11}$$

schreiben können. Entsprechend setzen wir für die Transformation des kontravarianten Basisvektors $\underset{\sim}{h}^k$ an:

$$\underset{\sim}{h}^k = \bar{\underset{\sim}{B}}\underset{\sim}{g}^k \quad \text{mit} \quad \bar{\underset{\sim}{B}} = \bar{\underset{\sim}{A}}^{T^{-1}}. \tag{5.4.12}$$

Die Koeffizienten des Tensors $\bar{\underset{\sim}{B}}$ erhalten wir aus der Vorschrift (5.4.9) in Verbindung mit (5.4.11) zu

$$\bar{B}_s^{\cdot r} = \frac{\partial \Theta^r}{\partial x^s}. \tag{5.4.13}$$

In ähnlicher Weise können wir die Transformation der Basisvektoren von einem natürlichen Basissystem $\underset{\sim}{h}_m$ zu einem anderen natürlichen Basissystem $\bar{\underset{\sim}{h}}_m$ als lineare Abbildung mit dem Tensor $\underset{\sim}{A}$ formulieren:

$$\bar{\underset{\sim}{h}}_m = \underset{\sim}{A}\underset{\sim}{h}_m. \tag{5.4.14}$$

Dieser Wechsel beinhaltet den funktionalen Zusammenhang zwischen den krummlinigen Koordinaten in den beiden natürlichen Basissystemen

$$\bar{\Theta}^k = \bar{\Theta}^k(\Theta^1, \Theta^2, \Theta^3). \tag{5.4.15}$$

Bezüglich der Umkehrbarkeit, Stetigkeit und Differenzierbarkeit gelten die entsprechenden vorigen Bemerkungen. Mit der Vorschrift (5.4.6) finden wir für den Transformationstensor $\underset{\sim}{A}$:

$$\underset{\sim}{A} = \frac{\partial \Theta^k}{\partial \bar{\Theta}^i} \underset{\sim}{h}_k \otimes \underset{\sim}{h}^i. \tag{5.4.16}$$

Entsprechende Überlegungen gelten für die dualen Basissysteme $\bar{\underset{\sim}{h}}^m$ und $\underset{\sim}{h}^m$:

$$\bar{\underset{\sim}{h}}^m = \underset{\sim}{B}\underset{\sim}{h}^m, \quad \underset{\sim}{B} = \frac{\partial \bar{\Theta}^k}{\partial \Theta^i} \underset{\sim}{h}^i \otimes \underset{\sim}{h}_k. \tag{5.4.17}$$

Dabei ist $\underset{\sim}{B} = \underset{\sim}{A}^{T^{-1}}$. Die eingeführten Basisvektoren $\bar{\underset{\sim}{h}}_m$ und $\bar{\underset{\sim}{h}}^m$ lassen sich ebenfalls durch die ortsfeste Basis ausdrücken. Aus (5.4.14) bzw. (5.4.17) finden wir in Verbindung mit (5.4.11) bzw. (5.4.12):

$$\bar{\underset{\sim}{h}}_m = \underset{\sim}{A}\bar{\underset{\sim}{A}}\underset{\sim}{g}_m, \quad \bar{\underset{\sim}{h}}^k = \underset{\sim}{B}\bar{\underset{\sim}{B}}\underset{\sim}{g}^k \tag{5.4.18}$$

Die Auswertung dieser Beziehung liefert

$$\bar{\underset{\sim}{h}}_m = \frac{\partial x^i}{\partial \Theta^j}\frac{\partial \Theta^j}{\partial \bar{\Theta}^m} \underset{\sim}{g}_i, \quad \bar{\underset{\sim}{h}}^k = \frac{\partial \bar{\Theta}^k}{\partial \Theta^j}\frac{\partial \Theta^j}{\partial x^i} \underset{\sim}{g}^i. \tag{5.4.19}$$

Bezüglich der Eigenschaften der Transformationstensoren und weiteren Gesetzmäßigkeiten der Transformationen sei auf Abschn. 4.7 verwiesen.

Zum Abschluß dieses Kapitels gehen wir kurz auf die Darstellung von Vektoren und Tensoren, deren Koeffizienten in Abhängigkeit der Koordinaten x^i bzw. Θ^i gegeben sind, in einem natürlichen Basissystem ein. Den beliebigen Vektor $\underset{\sim}{v}$ können wir sowohl im ortsfesten Basissystem als auch in der natürlichen Basis eindeutig angeben:

$$\underset{\sim}{v} = \bar{v}^i(x^1, x^2, x^3)\underset{\sim}{g}_i, \quad \underset{\sim}{v} = \bar{v}_i(x^1, x^2, x^3)\underset{\sim}{g}^i, \tag{5.4.20}$$

$$\underset{\sim}{v} = v^i(\Theta^1, \Theta^2, \Theta^3)\underset{\sim}{h}_i, \quad \underset{\sim}{v} = v_i(\Theta^1, \Theta^2, \Theta^3)\underset{\sim}{h}^i. \tag{5.4.21}$$

Entsprechende Beziehungen gelten für Tensoren. Alle Aussagen, die wir für die Darstellung der Vektoren und Tensoren in Basissystemen in den Abschnitten der Tensoralgebra gewonnen haben, behalten auch die Gültigkeit in natürlichen Basissystemen.

5.4.2 Die Ableitung der Basisvektoren

Die eingeführten Basisvektoren $\underset{\sim}{h}_i$ sind abhängig von den Koordinaten Θ^i. Für viele Problemstellungen ist die Untersuchung der partiellen Ableitung der Basisvektoren nach den krummlinigen Koordinaten erforderlich:

$$\underset{\sim}{h}_{i,k} = \frac{\partial \underset{\sim}{h}_i}{\partial \Theta^k}. \tag{5.4.22}$$

Den Vektor $\underset{\sim}{h}_{i,k}$ stellen wir nun in dem natürlichen Basissystem $\underset{\sim}{h}_r$ dar:

$$\underset{\sim}{h}_{i,k} = \Gamma_{ik}^{\cdot\cdot r}\underset{\sim}{h}_r. \tag{5.4.23}$$

Die Zahlenwerte $\Gamma_{ik}^{\cdot\cdot r}$ werden *Christoffelsymbole 2. Art* genannt. Rechnerisch sind sie durch Skalarmultiplikation mit dem kontravarianten Basisvektor $\underset{\sim}{h}^s$ aus (5.4.23) bestimmbar:

$$\underset{\sim}{h}_{i,k} \cdot \underset{\sim}{h}^s = \Gamma_{ik}^{\cdot\cdot r}\,\underset{\sim}{h}_r \cdot \underset{\sim}{h}^s, \quad \Gamma_{ik}^{\cdot\cdot r} = h_{i,k} \cdot \underset{\sim}{h}^r = \underset{\sim}{h}_{i,k} \cdot \underset{\sim}{h}_l h^{rl}. \tag{5.4.24}$$

Wie in Abschnitt 5.3.2 läßt sich nachweisen, daß die Christoffelsymbole 2. Art in den Indizes i und k symmetrisch sind. Grundsätzlich ist die Ermittlung der Christoffelsymbole mit der Beziehung (5.4.24) möglich. Oft ist es jedoch vorteilhafter, diese mit Hilfe der Metrikkoeffizienten zu berechnen. Analog zu (5.3.18) ergibt sich

$$\Gamma_{ik}^{\cdot\cdot r} = \frac{1}{2}\,h^{rl}(h_{kl,i} + h_{il,k} - h_{ik,l}). \tag{5.4.25}$$

Für die Koeffizienten

$$\Gamma_{ikl} = \frac{1}{2}\,(h_{kl,i} + h_{il,k} - h_{ik,l}) \tag{5.4.26}$$

ist wie in der Flächentheorie die Bezeichnung *Christoffelsymbole 1. Art* gebräuchlich.

Weiterhin folgt, wenn wir die Überlegungen in der Flächentheorie auf den Raum übertragen,

$$\underset{\sim}{h}_{i,k} = \Gamma_{ikr}\underset{\sim}{h}^r \qquad (5.4.27)$$

und

$$\underset{\sim}{h}^i{}_{,k} = - \Gamma_{rk}^{\cdot\cdot i}\underset{\sim}{h}^r = - \Gamma_{rk}^{\cdot\cdot i}h^{rs}\underset{\sim}{h}_s. \qquad (5.4.28)$$

Sind die Christoffelsymbole gegeben, so stellt (5.4.23) ein System von partiellen Differentialgleichungen zur Bestimmung der Basisvektoren $\underset{\sim}{h}_i$ dar (siehe auch die entsprechenden Überlegungen in Abschnitt 5.3). Die notwendige und hinreichende Bedingung für die Integrierbarkeit des Systems (5.4.23) lautet:

$$\underset{\sim}{h}_{j,kl} = \underset{\sim}{h}_{j,lk}\,. \qquad (5.4.29)$$

Die Auswertung dieser Bedingung liefert mit (5.4.23)

$$R_{jk\cdot l}^{\cdot\cdot r}\, \underset{\sim}{h}_r = \underset{\sim}{0}, \qquad (5.4.30)$$

wobei

$$R_{jk\cdot l}^{\cdot\cdot r} = \Gamma_{jl,k}^{\cdot\cdot r} - \Gamma_{jk,l}^{\cdot\cdot r} + \Gamma_{jl}^{\cdot\cdot s}\Gamma_{sk}^{\cdot\cdot r} - \Gamma_{jk}^{\cdot\cdot s}\Gamma_{sl}^{\cdot\cdot r} \qquad (5.4.31)$$

die Koeffizienten des *Riemannschen Krümmungstensors des Raumes* sind. Da die Basisvektoren $\underset{\sim}{h}_1$, $\underset{\sim}{h}_2$, $\underset{\sim}{h}_3$ linear unabhängig sind, folgt aus (5.4.30), daß die Koeffizienten des Riemannschen Krümmungstensors zu Null werden:

$$R_{jk\cdot l}^{\cdot\cdot r} = 0. \qquad (5.4.32)$$

Das Verschwinden der Koeffizienten des Riemannschen Krümmungstensors stellt die Integrierbarkeit des Differentialgleichungssystems (5.4.23) sicher. Somit können die Christoffelsymbole in (5.4.23) nicht beliebig vorgegeben werden; vielmehr haben sie der Bedingung (5.4.32) zu genügen.

5.4.3 Die Ableitung von Vektoren und Tensoren

Gegeben sei der Vektor $\underset{\sim}{v}$, der in dem natürlichen Basissystem $\underset{\sim}{h}_i$ entsprechend (5.4.21) wie folgt angegeben werden kann:

$$\underset{\sim}{v} = v^i\underset{\sim}{h}_i, \qquad (5.4.33)$$

wobei sowohl die Koeffizienten v^i als auch die Basisvektoren $\underset{\sim}{h}_i$ Funktionen der drei krummlinigen Koordinaten Θ^1, Θ^2 und Θ^3 sind. Wir bilden nun die partielle Ableitung des Vektors $\underset{\sim}{v}$ nach Θ^k. Unter Beachtung von (5.4.23) und den analogen Überlegungen in der Flächentheorie gelangen wir zu

$$\underset{\sim}{v}_{,k} = v^i|_k\, \underset{\sim}{h}_i, \qquad (5.4.34)$$

wobei die Größe

$$v^i|_k = v^i{}_{,k} + v^r\Gamma_{rk}^{\cdot\cdot i} \qquad (5.4.35)$$

die kovariante Ableitung darstellt.

Geben wir den Vektor $\underset{\sim}{v}$ in dem dualen Basissystem $\underset{\sim}{h}^i$ an, so folgt in entsprechender Weise

$$\underset{\sim}{v}_{,k} = v_{i|k} \underset{\sim}{h}^i \tag{5.4.36}$$

mit der kovarianten Ableitung

$$v_{i|k} = v_{i,k} - v_r \Gamma^{\cdot\cdot r}_{ik} . \tag{5.4.37}$$

Schließlich sei noch die partielle Ableitung eines Tensors zweiter Stufe $\underset{\sim}{T}$ bestimmt. Den Tensor $\underset{\sim}{T}$ beziehen wir auf die kovariante Basis. Dann liefert die partielle Ableitung nach Θ^k, wenn wir die kovarianten Ableitung

$$t^{is}|_k = t^{is}{}_{,k} + t^{rs} \Gamma^{\cdot\cdot i}_{rk} + t^{ir} \Gamma^{\cdot\cdot s}_{rk} \tag{5.4.38}$$

einführen,

$$\underset{\sim}{T}_{,k} = t^{is}|_k \underset{\sim}{h}_i \otimes \underset{\sim}{h}_s . \tag{5.4.39}$$

Geben wir den Tensor $\underset{\sim}{T}$ in einer gemischtvarianten und in einer kontravarianten Basis an, so erhalten wir für die Ableitung des Tensor $\underset{\sim}{T}$ nach dem Parameter Θ^k in entsprechender Weise

$$\underset{\sim}{T}_{,k} = t^i_{.s|k} \underset{\sim}{h}_i \otimes \underset{\sim}{h}^s \tag{5.4.40}$$

und

$$\underset{\sim}{T}_{,k} = t_{is|k} \underset{\sim}{h}^i \otimes \underset{\sim}{h}^s , \tag{5.4.41}$$

wobei die kovarianten Ableitungen durch

$$t^i_{.s|k} = t^i_{.s,k} + t^r_{.s} \Gamma^{\cdot\cdot i}_{rk} - t^i_{.r} \Gamma^{\cdot\cdot r}_{sk} , \tag{5.4.42}$$

$$t_{is|k} = t_{is,k} - t_{rs} \Gamma^{\cdot\cdot r}_{ik} - t_{ir} \Gamma^{\cdot\cdot r}_{sk} \tag{5.4.43}$$

gegeben sind.

Auf spezielle Operationen wollen wir in diesem Abschnitt verzichten und auf das folgende Kapitel verweisen.

■ *Übungsaufgaben zu 5.4:*

(1) Der Euklidische Punktraum wird mit dem Ortsvektor $\underset{\sim}{x} = x^i \underset{\sim}{e}_i$ beschrieben. Die Koordinaten x^i seien durch die krummlinigen Koordinaten Θ^i wie folgt ersetzt:

$$x^i = \hat{x}^i(\Theta^1, \Theta^2, \Theta^3) \text{ mit } \hat{x}^1 = \Theta^3 \cos\Theta^2, \quad \hat{x}^2 = \Theta^3 \sin\Theta^2, \quad \hat{x}^3 = \Theta^1 .$$

Die krummlinigen Koordinaten Θ^i werden als Zylinderkoordinaten bezeichnet.

a) Welche geometrischen Figuren entstehen, wenn jeweils eine krummlinige Koordinate variiert wird?

b) Welche geometrischen Figuren entstehen, wenn jeweils zwei krummlinige Koordinaten variiert werden?

c) Berechnen Sie $\Theta^k = \Theta^k(x^1, x^2, x^3)$.

d) Bestimmen Sie die natürlichen Basisvektoren $\underset{\sim}{h}_i = \underset{\sim}{x}_{,i} = \underset{\sim}{A}\underset{\sim}{e}_i$ sowie det $\underset{\sim}{A}$.

e) Berechnen Sie kontravarianten Basisvektoren $\underset{\sim}{h}^k$ über $\underset{\sim}{h}^k = \frac{\partial \Theta^k}{\partial x^i} \underset{\sim}{e}_i$.

f) Berechnen Sie die Christoffelsymbole 2. Art.

(2) Gegeben ist die Bewegung eines materiellen Punktes in Abhängigkeit der Zeit t

$$\underset{\sim}{x} = \underset{\sim}{x}[\Theta^1(t), \Theta^2(t), \Theta^3(t)].$$

a) Beschreiben Sie die Bewegung im System der Zylinderkoordinaten.

b) Berechnen Sie die Geschwindigkeit $\dot{\underset{\sim}{x}}(t)$ und die Beschleunigung $\ddot{\underset{\sim}{x}}(t)$ im natürlichen Basissystem.

c) Berechnen Sie die physikalischen Komponenten von $\dot{\underset{\sim}{x}}$ sowie $\ddot{\underset{\sim}{x}}$ und vergleichen Sie diese mit den bekannten Ergebnissen der Kinematik.

(3) Bei der Beschreibung des Euklidischen Punktraumes mit dem Ortsvektor $\underset{\sim}{x} = x^i \underset{\sim}{e}_i$ sollen die Koordinaten x^i durch die krummlinigen Koordinaten Θ^1, Θ^2, Θ^3 (Kugelkoordinaten) wie folgt ersetzt werden:

$$x^i = x^i(\Theta^1, \Theta^2, \Theta^3) \text{ mit } x^1 = \Theta^3 \sin\Theta^1 \cos\Theta^2, \quad x^2 = \Theta^3 \sin\Theta^1 \sin\Theta^2,$$
$$x^3 = \Theta^3 \cos\Theta^1.$$

Bearbeiten Sie die Aufgabenstellungen a) bis f) aus (1).

(4) Bei Grenzwertbetrachtungen in der Bodenmechanik kann es zweckmäßig sein, logarithmische Spiralen als Gleitlinien anzunehmen. Diese lassen sich durch $\underset{\sim}{x} = x^i \underset{\sim}{e}_i$ beschreiben, wobei die Koordinaten x^i durch die krummlinigen Koordinaten Θ^1, Θ^2, Θ^3 in folgender Weise gegeben sind: $x^i = x^i(\Theta^1, \Theta^2, \Theta^3)$ mit $x^1 = \Theta^1 e^{\Theta^2} \sin\Theta^2$, $x^2 = \Theta^1 e^{\Theta^2} \cos\Theta^2$, $x^3 = \Theta^3$.

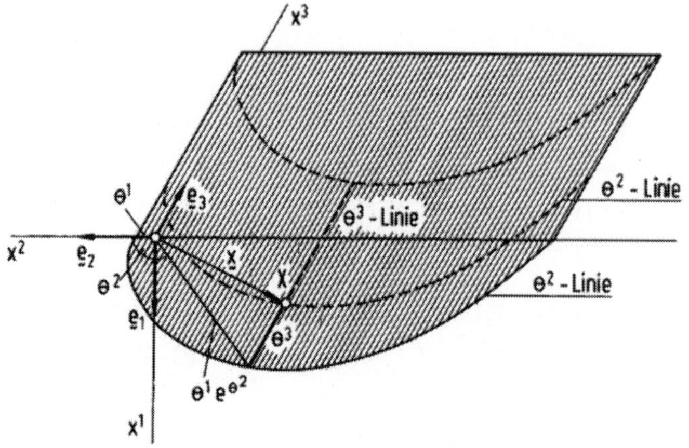

Bearbeiten Sie die Aufgabenstellungen a) bis f) aus (1). ■

5.5 Theorie der Felder

Die im vorigen Abschnitt behandelten Vektoren und Tensoren, die als Funktionen der Koordinaten Θ^i betrachtet wurden, sind den Punkten x des Euklidischen Punktraumes, die durch den Ortsvektor $\underset{\sim}{x}$ beschrieben werden, zugeordnet. Man bezeichnet solche Funktionen auch als *Felder*. Allgemein unterscheidet man zwischen *Skalar-*, *Vektor-* und *Tensorfeldern*, die Funktionen des Ortsvektors $\underset{\sim}{x}$ sind. In der Physik spielen die Feldfunktionen eine große Rolle. Es sei in diesem Zusammenhang an die Temperatur, die ein Skalarfeld darstellt, an die Kraft- und Verschiebungsfelder, die Vektorfelder sind, und an das Spannungsfeld, das als Beispiel für ein Tensorfeld steht, erinnert; diese Felder sind im allgemeinen auch noch zeitabhängig.

Bezüglich der Analysis solcher Funktionen können wir uns von der Einführung spezieller Koordinaten freimachen und direkt von der funktionalen Abhängigkeit von dem Ortsvektor $\underset{\sim}{x}$ ausgehen, wie wir in den nächsten Abschnitten zeigen werden. Dieses Vorgehen hat den Vorteil einer verkürzten Darstellung der Ableitungen und einer größeren Übersichtlichkeit.

Bei den Feldfunktionen setzen wir voraus, daß sie eindeutig, stetig und stetig differenzierbar sind.

5.5.1 Der Gradient

Es sei ϕ eine *skalarwertige Funktion* des Ortsvektors $\underset{\sim}{x}$, die in einem offenen Gebiet definiert ist. Dann ist ϕ differenzierbar in diesem Gebiet, wenn es dort ein Vektorfeld $\underset{\sim}{w}(x)$ gibt, so daß mit $\underset{\sim}{x}$ und $\underset{\sim}{y}$ als beliebige Ortsvektoren

$$\text{(P1)} \quad \lim_{\underset{\sim}{y} \to \underset{\sim}{x}} \frac{\phi(\underset{\sim}{y}) - \phi(\underset{\sim}{x}) - \underset{\sim}{w}(\underset{\sim}{x}) \cdot (\underset{\sim}{y} - \underset{\sim}{x})}{|\underset{\sim}{y} - \underset{\sim}{x}|} = 0$$

wird.

Wenn die Beziehung (P1) gültig ist, ist $\underset{\sim}{w}$ eindeutig bestimmt. Wir nennen diese Größe *Gradient des Skalarfeldes* $\phi(\underset{\sim}{x})$ und schreiben

$$\underset{\sim}{w} = \operatorname{grad} \phi(\underset{\sim}{x}) . \tag{5.5.1}$$

Für den Gradienten wollen wir auch die Bezeichnungen

$$\underset{\sim}{w} = \frac{d\phi(\underset{\sim}{x})}{d\underset{\sim}{x}} = \nabla\phi(\underset{\sim}{x}) \tag{5.5.2}$$

zulassen.

Das *Differential* des Skalarfeldes $\phi(\underset{\sim}{x})$ für einen gegebenen Wert $\underset{\sim}{x}$ und einen gegebenen Wert des Differentials $d\underset{\sim}{x}$ ist gleich dem Skalarprodukt aus grad ϕ und $d\underset{\sim}{x}$:

(P2) $d\phi = \text{grad}\ \phi \cdot d\underset{\sim}{x}$.

Die *partielle Ableitung* einer skalarwertigen Funktion, die von dem Ortsvektor $\underset{\sim}{x}$ und einer reellen skalaren Variablen α abhängt, nach dem Ortsvektor $\underset{\sim}{x}$ wird durch die Beziehung

(P3) $$\lim_{\underset{\sim}{y} \to \underset{\sim}{x}} \frac{\phi(\underset{\sim}{y}, \alpha) - \phi(\underset{\sim}{x}, \alpha) - \underset{\sim}{u}(\underset{\sim}{x}, \alpha) \cdot (\underset{\sim}{y} - \underset{\sim}{x})}{|\underset{\sim}{y} - \underset{\sim}{x}|} = 0$$

definiert. Die partielle Ableitung $\underset{\sim}{u}(\underset{\sim}{x}, \alpha)$ schreiben wir als

$$\underset{\sim}{u} = \frac{\partial\phi(\underset{\sim}{x}, \alpha)}{\partial\underset{\sim}{x}}. \tag{5.5.3}$$

Für die partielle Ableitung der skalarwertigen Funktion $\phi = \phi(\underset{\sim}{x}, \alpha)$ nach dem Ortsvektor $\underset{\sim}{x}$ hat sich auch die Bezeichnung grad ϕ bzw. $\nabla\phi$ eingebürgert. Dasselbe gilt für die im folgenden aufgeführten partiellen Ableitungen der vektor- und tensorwertigen Funktionen, die von dem Ortsvektor $\underset{\sim}{x}$ und der reellen skalaren Variablen α abhängen.

Das *vollständige (totale) Differential* von $\phi(x, \alpha)$ ist mit den Überlegungen aus Abschnitt 5.1 durch

(P4) $$d\phi(\underset{\sim}{x}, \alpha) = \frac{\partial\phi}{\partial\underset{\sim}{x}} \cdot d\underset{\sim}{x} + \frac{\partial\phi}{\partial\alpha} d\alpha$$

gegeben.

Wir betrachten jetzt die *vektorwertige Funktion* $\underset{\sim}{v}$ des Ortsvektors $\underset{\sim}{x}$, die ebenfalls in einem offenen Gebiet existieren soll. Dann ist in entsprechender Weise der *Gradient des Vektorfeldes* $\underset{\sim}{v}(x)$ als Tensorfeld $R(\underset{\sim}{x})$ durch

(P5) $$\lim_{\underset{\sim}{y} \to \underset{\sim}{x}} \frac{\underset{\sim}{v}(\underset{\sim}{y}) - \underset{\sim}{v}(\underset{\sim}{x}) - \underset{\sim}{R}(\underset{\sim}{x})(\underset{\sim}{y} - \underset{\sim}{x})}{|\underset{\sim}{y} - \underset{\sim}{x}|} = \underset{\sim}{o}$$

definiert für jedes $\underset{\sim}{x}$ in dem offenen Gebiet:

$$\underset{\sim}{R}(\underset{\sim}{x}) = \text{grad}\ \underset{\sim}{v}(\underset{\sim}{x}) = \frac{d\underset{\sim}{v}(\underset{\sim}{x})}{d\underset{\sim}{x}} = \nabla\underset{\sim}{v}(\underset{\sim}{x}). \tag{5.5.4}$$

Das *Differential* des Vektorfeldes $\underset{\sim}{v}(\underset{\sim}{x})$ für einen gegebenen Wert $\underset{\sim}{x}$ und einen gegebenen Wert des Differentials $d\underset{\sim}{x}$ ist durch die lineare Abbildung

(P6) $d\underset{\sim}{v} = (\text{grad}\ \underset{\sim}{v})d\underset{\sim}{x} = \nabla\underset{\sim}{v}\ d\underset{\sim}{x}$

bestimmt.

Weiterhin können wir die *partielle Ableitung* eines Vektorfeldes $\underset{\sim}{v}$, das außer von dem Ortsvektor noch von einer reellen skalaren Größe α abhängt, nach dem Ortsvektor $\underset{\sim}{x}$ durch

$$\text{(P7)} \quad \lim_{\underset{\sim}{y}\to\underset{\sim}{x}} \frac{\underset{\sim}{v}(\underset{\sim}{y},\alpha) - \underset{\sim}{v}(\underset{\sim}{x},\alpha) - \underset{\sim}{S}(\underset{\sim}{x},\alpha)(\underset{\sim}{y}-\underset{\sim}{x})}{|\underset{\sim}{y}-\underset{\sim}{x}|} = \underset{\sim}{0}$$

festlegen mit

$$\underset{\sim}{S}(\underset{\sim}{x},\alpha) = \frac{\partial \underset{\sim}{v}(\underset{\sim}{x},\alpha)}{\partial \underset{\sim}{x}} = \text{grad } \underset{\sim}{v} = \nabla \underset{\sim}{v}. \tag{5.5.5}$$

Damit läßt sich das *vollständige (totale)* Differential von $\underset{\sim}{v}(\underset{\sim}{x},\alpha)$ angeben:

$$\text{(P8)} \quad d\underset{\sim}{v}(\underset{\sim}{x},\alpha) = \frac{\partial \underset{\sim}{v}}{\partial \underset{\sim}{x}}\, d\underset{\sim}{x} + \frac{\partial \underset{\sim}{v}}{\partial \alpha}\, d\alpha.$$

Schließlich untersuchen wir noch die *tensorwertige Funktion* $\underset{\sim}{T}$ des Ortsvektors $\underset{\sim}{x}$, die ebenfalls in einem offenen Gebiet vorhanden sein soll. Dann ist der Gradient des Tensorfeldes $\underset{\sim}{T}(\underset{\sim}{x})$ als das Tensorfeld $\overset{3}{\underset{\sim}{S}}(\underset{\sim}{x})$ definiert durch

$$\text{(P9)} \quad \lim_{\underset{\sim}{y}\to\underset{\sim}{x}} \frac{\underset{\sim}{T}(\underset{\sim}{y}) - \underset{\sim}{T}(\underset{\sim}{x}) - \overset{3}{\underset{\sim}{S}}(\underset{\sim}{x})(\underset{\sim}{y}-\underset{\sim}{x})}{|\underset{\sim}{y}-\underset{\sim}{x}|} = \underset{\sim}{0}$$

für jedes $\underset{\sim}{x}$ in dem offenen Gebiet, wobei wir

$$\overset{3}{\underset{\sim}{S}} = \text{grad } \underset{\sim}{T}(\underset{\sim}{x}) = \frac{d\underset{\sim}{T}(\underset{\sim}{x})}{d\underset{\sim}{x}} = \nabla \underset{\sim}{T}(\underset{\sim}{x}) \tag{5.5.6}$$

schreiben.

Das *Differential* $d\underset{\sim}{T}(\underset{\sim}{x})$ ist durch die lineare Abbildung

$$\text{(P10)} \quad d\underset{\sim}{T}(\underset{\sim}{x}) = (\text{grad } \underset{\sim}{T})d\underset{\sim}{x} = \nabla \underset{\sim}{T}\, d\underset{\sim}{x}$$

festgelegt.

Entsprechend dem Vorgehen bei den Skalar- und Vektorfeldern führen wir die *partielle Ableitung* des Tensorfeldes $\underset{\sim}{T}$, das eine Funktion des Ortsvektors $\underset{\sim}{x}$ und der reellen Größe α ist, nach dem Ortsvektor $\underset{\sim}{x}$ ein:

$$\text{(P11)} \quad \lim_{\underset{\sim}{y}\to\underset{\sim}{x}} \frac{\underset{\sim}{T}(\underset{\sim}{y},\alpha) - \underset{\sim}{T}(\underset{\sim}{x},\alpha) - \overset{3}{\underset{\sim}{R}}(\underset{\sim}{x},\alpha)(\underset{\sim}{y}-\underset{\sim}{x})}{|\underset{\sim}{y}-\underset{\sim}{x}|} = \underset{\sim}{0}.$$

Dabei ist

$$\overset{3}{\underset{\sim}{R}}(\underset{\sim}{x},\alpha) = \frac{\partial \underset{\sim}{T}(\underset{\sim}{x},\alpha)}{\partial \underset{\sim}{x}} = \text{grad } \underset{\sim}{T} = \nabla \underset{\sim}{T}. \tag{5.5.7}$$

Für das *vollständige (totale) Differential* von $\underset{\sim}{T}(\underset{\sim}{x},\alpha)$ folgt entsprechend den vorigen Ausführungen:

$$\text{(P12)} \quad d\underset{\sim}{T}(\underset{\sim}{x},\alpha) = \frac{\partial \underset{\sim}{T}}{\partial \underset{\sim}{x}}\, dx + \frac{\partial \underset{\sim}{T}}{\partial \alpha}\, d\alpha.$$

Die Übertragung der Überlegungen hinsichtlich der Bildung des Gradienten und des totalen Differentials auf solche skalar-, vektor- und tensorwertigen Funktionen, die vom Ortsvektor $\underset{\sim}{x}$ und mehreren reellen skalaren Variablen abhängen, ist ohne Schwierigkeiten mit den Ergebnissen des Abschnittes 5.1 möglich.

Mit Hilfe der angegebenen Definitionen lassen sich nun folgende Regeln über die Bildung des Gradienten von Produktausdrücken herleiten:

$$\nabla(\phi\psi) = \phi\nabla\psi + \psi\nabla\phi, \tag{5.5.8}$$

$$\nabla(\phi\underset{\sim}{v}) = \underset{\sim}{v} \otimes \nabla\phi + \phi\nabla\underset{\sim}{v}, \tag{5.5.9}$$

$$\nabla(\phi\underset{\sim}{T}) = \underset{\sim}{T} \otimes \nabla\phi + \phi\nabla\underset{\sim}{T}, \tag{5.5.10}$$

$$\nabla(\underset{\sim}{u} \cdot \underset{\sim}{v}) = (\nabla\underset{\sim}{u})^T\underset{\sim}{v} + (\nabla\underset{\sim}{v})^T\underset{\sim}{u}, \tag{5.5.11}$$

$$\nabla(\underset{\sim}{u} \times \underset{\sim}{v}) = \underset{\sim}{u} \times \nabla\underset{\sim}{v} + \nabla\underset{\sim}{u} \times \underset{\sim}{v}, \tag{5.5.12}$$

$$\nabla(\underset{\sim}{a} \otimes \underset{\sim}{b}) = [\nabla\underset{\sim}{a} \otimes \underset{\sim}{b} + \underset{\sim}{a} \otimes (\nabla\underset{\sim}{b})^T]^{\overset{23}{T}}, \tag{5.5.13}$$

$$\nabla(\underset{\sim}{T}\underset{\sim}{v}) = (\nabla\underset{\sim}{T})^{\overset{23}{T}} \underset{\sim}{v} + \underset{\sim}{T}\nabla\underset{\sim}{v}, \tag{5.5.14}$$

$$\nabla(\underset{\sim}{T}\underset{\sim}{S}) = [(\nabla\underset{\sim}{T})^{\overset{23}{T}} \underset{\sim}{S}]^{3\overset{23}{T}} + (\underset{\sim}{T}\nabla\underset{\sim}{S})^3, \tag{5.5.15}$$

$$\nabla(\underset{\sim}{T} \cdot \underset{\sim}{S}) = (\nabla\underset{\sim}{T})^{\overset{13}{T}} \underset{\sim}{S}^T + (\nabla\underset{\sim}{S})^{\overset{13}{T}} \underset{\sim}{T}^T. \tag{5.5.16}$$

Weiterhin gilt für den Gradienten des Ortsvektors:

$$\nabla\underset{\sim}{x} = \underset{\sim}{I}. \tag{5.5.17}$$

Im folgenden beweisen wir examplarisch einige Rechenregeln:

▲ Beweis zu (5.5.11):

Mit den Abkürzungen

$$\bar{\Delta}\underset{\sim}{u} = \underset{\sim}{u}(\underset{\sim}{y}) - \underset{\sim}{u}(\underset{\sim}{x}), \quad \bar{\Delta}\underset{\sim}{v} = \underset{\sim}{v}(\underset{\sim}{y}) - \underset{\sim}{v}(\underset{\sim}{x}), \quad \bar{\Delta}\underset{\sim}{x} = \underset{\sim}{y} - \underset{\sim}{x}$$

ergibt sich aus der Definition (P1), wenn wir Glieder streichen, die von höherer Ordnung klein sind:

$$\lim_{|\bar{\Delta}\underset{\sim}{x}|\to 0} \frac{\underset{\sim}{u} \cdot \bar{\Delta}\underset{\sim}{v} + \bar{\Delta}\underset{\sim}{u} \cdot \underset{\sim}{v}}{|\bar{\Delta}\underset{\sim}{x}|} - \nabla(\underset{\sim}{u} \cdot \underset{\sim}{v}) \cdot \underset{\sim}{e} = 0,$$

wobei wir den Vektor $\lim_{|\bar{\Delta}\underset{\sim}{x}|\to 0} \frac{\bar{\Delta}\underset{\sim}{x}}{|\bar{\Delta}\underset{\sim}{x}|}$ mit $\underset{\sim}{e}$ bezeichnet haben. Hierfür können wir unter Beachtung von (P5) und (5.5.4) schreiben

$$\underset{\sim}{u} \cdot \nabla\underset{\sim}{v}\,\underset{\sim}{e} + \nabla\underset{\sim}{u}\,\underset{\sim}{e} \cdot \underset{\sim}{v} - \nabla(\underset{\sim}{u} \cdot \underset{\sim}{v}) \cdot \underset{\sim}{e} = 0 \quad \text{oder}$$

$$[(\nabla\underset{\sim}{v})^T\underset{\sim}{u} + (\nabla\underset{\sim}{u})^T\underset{\sim}{v} - \nabla(\underset{\sim}{u} \cdot \underset{\sim}{v})] \cdot \underset{\sim}{e} = 0.$$

Da der Klammerausdruck unabhängig von dem Vektor $\underset{\sim}{e}$ ist, folgt die in (5.5.11) angegebene Rechenregel. ▲

▲ Beweis zu (5.5.13):

Setzen wir abkürzend

$$\bar{\Delta}\underset{\sim}{a} = \underset{\sim}{a}(\underset{\sim}{y}) - \underset{\sim}{a}(\underset{\sim}{x}), \quad \bar{\Delta}\underset{\sim}{b} = \underset{\sim}{b}(\underset{\sim}{y}) - \underset{\sim}{b}(\underset{\sim}{x}), \quad \bar{\Delta}\underset{\sim}{x} = \underset{\sim}{y} - \underset{\sim}{x},$$

so erhalten wir mit der Definition (P9) bei Vernachlässigung von Gliedern höherer Ordnung:

$$\lim_{|\bar{\Delta}\underset{\sim}{x}| \to 0} \left[\underset{\sim}{a} \otimes \frac{\bar{\Delta}\underset{\sim}{b}}{|\bar{\Delta}\underset{\sim}{x}|} + \frac{\bar{\Delta}\underset{\sim}{a}}{|\bar{\Delta}\underset{\sim}{x}|} \otimes \underset{\sim}{b}\right] - \nabla(\underset{\sim}{a} \otimes \underset{\sim}{b})\underset{\sim}{e} = \underset{\sim}{0},$$

$$\underset{\sim}{a} \otimes (\nabla \underset{\sim}{b}\underset{\sim}{e}) + (\nabla \underset{\sim}{a}\underset{\sim}{e}) \otimes \underset{\sim}{b} - \nabla(\underset{\sim}{a} \otimes \underset{\sim}{b})\underset{\sim}{e} = \underset{\sim}{0},$$

wenn wir zusätzlich (P5) berücksichtigen. Die ersten beiden Ausdrücke lassen sich mit Hilfe der Rechenregeln für Tensoren höherer Stufe (Abschnitt 4.8) umformen:

$$\{[\underset{\sim}{a} \otimes (\nabla\underset{\sim}{b})^{T}]^{\overset{23}{T}} + (\nabla\underset{\sim}{a} \otimes \underset{\sim}{b})^{\overset{23}{T}} - \nabla(\underset{\sim}{a} \otimes \underset{\sim}{b})]\}\underset{\sim}{e} = \underset{\sim}{0}.$$

Diese Gleichung beinhaltet die Rechenregel (5.3.13). ▲

▲ Beweis zu (5.5.17):

Aus (P5) folgt

$$\underset{\sim}{e} - \nabla\underset{\sim}{x}\,\underset{\sim}{e} = \underset{\sim}{0} \quad \text{oder} \quad (\underset{\sim}{I} - \nabla\underset{\sim}{x}) = \underset{\sim}{0},$$

woraus wir auf (5.5.17) schließen. ▲

5.5.2 Höhere Ableitungen

Wir definieren zunächst die *zweite Ableitung eines Skalarfeldes* $\phi(\underset{\sim}{x})$:

(P13) $$\frac{d^2\phi}{d\underset{\sim}{x} \otimes d\underset{\sim}{x}} = \frac{d}{d\underset{\sim}{x}}\left(\frac{d\phi}{d\underset{\sim}{x}}\right) = \nabla\nabla\phi.$$

Dabei ist $\nabla\nabla\phi$ ein Tensor zweiter Stufe, der ebenfalls von $\underset{\sim}{x}$ abhängt. Entsprechend lassen sich die höheren Ableitungen definieren.

Das *zweite Differential* einer skalarwertigen Feldfunktion $\phi(\underset{\sim}{x})$ ist das Differential des ersten Differentials:

(P14) $$d^2\phi = d(d\phi) = \nabla\nabla\phi \cdot (d\underset{\sim}{x} \otimes d\underset{\sim}{x}).$$

In ähnlicher Weise läßt sich die *zweite Ableitung eines Vektorfeldes* $\underset{\sim}{v}(\underset{\sim}{x})$ festlegen:

$$\text{(P15)} \quad \frac{d^2\underset{\sim}{v}}{d\underset{\sim}{x} \otimes d\underset{\sim}{x}} = \frac{d}{d\underset{\sim}{x}}\left(\frac{d\underset{\sim}{v}}{d\underset{\sim}{x}}\right) = \nabla\nabla\underset{\sim}{v},$$

wobei $\nabla\nabla\underset{\sim}{v}$ ein Tensor dritter Stufe ist. Die höheren Ableitungen ergeben sich entsprechend. Das *zweite Differential* einer vektorwertigen Feldfunktion $\underset{\sim}{v}(\underset{\sim}{x})$ lautet dann:

$$\text{(P16)} \quad d^2\underset{\sim}{v} = d(d\underset{\sim}{v}) = (\nabla\nabla\underset{\sim}{v})(d\underset{\sim}{x} \otimes d\underset{\sim}{x}).$$

Schließlich geben wir noch die *zweite Ableitung eines Tensorfeldes* $\underset{\sim}{T}(\underset{\sim}{x})$ an:

$$\text{(P17)} \quad \frac{d^2\underset{\sim}{T}}{d\underset{\sim}{x} \otimes d\underset{\sim}{x}} = \frac{d}{d\underset{\sim}{x}}\left(\frac{d\underset{\sim}{T}}{d\underset{\sim}{x}}\right) = \nabla\nabla\underset{\sim}{T}$$

mit $\nabla\nabla\underset{\sim}{T}$ als vierstufigem Tensor. Für das zweite Differential einer tensorwertigen Feldfunktion $\underset{\sim}{T}(\underset{\sim}{x})$ schreiben wir:

$$\text{(P18)} \quad d^2\underset{\sim}{T} = d(d\underset{\sim}{T}) = (\nabla\nabla\underset{\sim}{T})(d\underset{\sim}{x} \otimes d\underset{\sim}{x}).$$

In entsprechender Weise werden höhere Ableitungen von Tensorfeldern definiert.

Auf die Erweiterung der Definition bezüglich der Bildung höherer Ableitungen von skalar-, vektor- und tensorwertigen Funktionen, die vom Ortsvektor $\underset{\sim}{x}$ und von reellen skalaren Veränderlichen abhängen, wollen wir verzichten, da sie von geringerem Interesse ist. Im übrigen sind die Definitionen leicht entsprechend dem obigen Vorgehen mit den Ergebnissen des Abschnittes 5.1 zu bilden.

5.5.3 Spezielle Operationen (Divergenz, Rotation, Laplace-Operator)

In der Physik hat es sich als sinnvoll erwiesen, bestimmte Operatoren einzuführen, die eine abgekürzte Schreibweise und zum Teil auch physikalische Deutungen erlauben. Wir wenden uns zunächst dem Operator *div (Divergenz)* zu. Dieser ist für ein *Vektorfeld* $\underset{\sim}{v}(\underset{\sim}{x})$ wie folgt definiert:

$$\text{(Q1)} \quad \operatorname{div} \underset{\sim}{v}(\underset{\sim}{x}) = \nabla\underset{\sim}{v}(\underset{\sim}{x}) \cdot \underset{\sim}{I}.$$

Die Divergenz eines Vektorfeldes $\underset{\sim}{v}(\underset{\sim}{x})$ ist somit ein Skalarfeld.

Die *Divergenz* eines *Tensorfeldes* $\underset{\sim}{T}(\underset{\sim}{x})$ ist durch die Definition

$$\text{(Q2)} \quad \operatorname{div} \underset{\sim}{T}(\underset{\sim}{x}) = \nabla\underset{\sim}{T}(\underset{\sim}{x})\underset{\sim}{I}$$

gegeben. Die Divergenz eines Tensorfeldes ist also ein Vektorfeld.

Aus den obigen Definitionen und aus den Rechenregeln des Abschnittes 5.5.1 lassen sich unmittelbar die folgenden Rechenregeln ermitteln:

$$\operatorname{div}(\phi \underset{\sim}{v}) = \underset{\sim}{v} \cdot \nabla\phi + \phi \operatorname{div} \underset{\sim}{v}, \quad (5.5.18)$$

$$\operatorname{div}(\underset{\sim}{T}\underset{\sim}{v}) = (\operatorname{div} \underset{\sim}{T}^T) \cdot \underset{\sim}{v} + \underset{\sim}{T}^T \cdot \nabla\underset{\sim}{v}, \quad (5.5.19)$$

$$\operatorname{div}(\nabla\underset{\sim}{v})^T = \nabla \operatorname{div} \underset{\sim}{v}, \quad (5.5.20)$$

$$\operatorname{div}(\underset{\sim}{a} \otimes \underset{\sim}{b}) = (\nabla\underset{\sim}{a})\underset{\sim}{b} + (\operatorname{div} \underset{\sim}{b})\underset{\sim}{a}, \quad (5.5.21)$$

$$\operatorname{div}(\underset{\sim}{u} \times \underset{\sim}{v}) = (\nabla\underset{\sim}{u} \times \underset{\sim}{v}) \cdot \underset{\sim}{I} - (\nabla\underset{\sim}{v} \times \underset{\sim}{u}) \cdot \underset{\sim}{I}. \quad (5.5.22\ a)$$

Unter Verwendung der Operation rot (Rotation) - die Operation rot wird in (Q3) und (Q4) eingeführt - läßt sich hierfür auch schreiben:

$$\operatorname{div}(\underset{\sim}{u} \times \underset{\sim}{v}) = \underset{\sim}{v} \cdot \operatorname{rot} \underset{\sim}{u} - \underset{\sim}{u} \cdot \operatorname{rot} \underset{\sim}{v}, \quad (5.5.22\ b)$$

$$\operatorname{div}(\phi\underset{\sim}{T}) = \underset{\sim}{T}\nabla\phi + \phi \operatorname{div} \underset{\sim}{T}, \quad (5.5.23)$$

$$\operatorname{div}(\underset{\sim}{T}\underset{\sim}{S}) = (\nabla\underset{\sim}{T})\underset{\sim}{S} + \underset{\sim}{T} \operatorname{div} \underset{\sim}{S}, \quad (5.5.24)$$

$$\operatorname{div}(\underset{\sim}{v} \times \underset{\sim}{T}) = \underset{\sim}{v} \times \operatorname{div} \underset{\sim}{T} + \nabla\underset{\sim}{v} \times \underset{\sim}{T}, \quad (5.5.25)$$

$$\operatorname{div}(\nabla\underset{\sim}{v})^+ = \underset{\sim}{O}, \quad \operatorname{div}(\nabla\underset{\sim}{v} \divideontimes \underset{\sim}{I}) = \underset{\sim}{O}. \quad (5.5.26)$$

Die explizite Form für die Operation *rot (Rotation)* eines *Vektor-* und *Tensorfeldes* legen wir mit Hilfe des Fundamentaltensors $\overset{3}{\underset{\sim}{E}}$ fest:

(Q3) $\operatorname{rot} \underset{\sim}{v}(\underset{\sim}{x}) = \overset{3}{\underset{\sim}{E}}(\nabla\underset{\sim}{v})^T,$

(Q4) $\operatorname{rot} \underset{\sim}{T}(\underset{\sim}{x}) = [\overset{3}{\underset{\sim}{E}}(\nabla\underset{\sim}{T})^{\overset{13}{T}}]^2 .$

Dabei ist rot $\underset{\sim}{v}$ ein eindeutiges Vektorfeld und rot $\underset{\sim}{T}$ ein eindeutiges Tensorfeld. Für die Anwendung sind die folgenden Identitäten nützlich. Es seien ϕ ein Skalarfeld, $\underset{\sim}{v}$ ein Vektorfeld und $\underset{\sim}{T}$ ein Tensorfeld. Alle Felder seien stetig und differenzierbar. Dann gelten die folgenden Beziehungen:

$$\operatorname{rot} \nabla\phi = \underset{\sim}{o}, \quad (5.5.27)$$

$$\operatorname{div} \operatorname{rot} \underset{\sim}{v} = 0, \quad (5.5.28)$$

$$\operatorname{rot} \nabla\underset{\sim}{v} = \underset{\sim}{O}, \quad (5.5.29)$$

$$\operatorname{rot}(\nabla\underset{\sim}{v})^T = \nabla \operatorname{rot} \underset{\sim}{v}, \quad \operatorname{rot}(\phi\underset{\sim}{v}) = \phi \operatorname{rot} \underset{\sim}{v} + \nabla\phi \times \underset{\sim}{v}, \quad (5.5.30)$$

$$\operatorname{rot}(\underset{\sim}{u} \times \underset{\sim}{v}) = \underset{\sim}{u} \operatorname{div} \underset{\sim}{v} - \nabla\underset{\sim}{v}\underset{\sim}{u} - \underset{\sim}{v} \operatorname{div} \underset{\sim}{u} + \nabla\underset{\sim}{u}\underset{\sim}{v} = \operatorname{div}(\underset{\sim}{u} \otimes \underset{\sim}{v} - \underset{\sim}{v} \otimes \underset{\sim}{u}), \quad (5.5.31)$$

$$\operatorname{div} \operatorname{rot} \underset{\sim}{T} = \operatorname{rot} \operatorname{div} \underset{\sim}{T}^T, \quad (5.5.32)$$

$$\operatorname{div}(\operatorname{rot} \underset{\sim}{T})^T = \underset{\sim}{o}, \tag{5.5.33}$$

$$(\operatorname{rot}\operatorname{rot} \underset{\sim}{T})^T = \operatorname{rot}\operatorname{rot} \underset{\sim}{T}^T, \tag{5.5.34}$$

$$\operatorname{rot}(\phi \underset{\sim}{I}) = -[\operatorname{rot}(\phi \underset{\sim}{I})]^T, \tag{5.5.35}$$

$$\operatorname{rot}(\underset{\sim}{T}\underset{\sim}{v}) = \operatorname{rot} \underset{\sim}{T}^T \underset{\sim}{v} + (\nabla \underset{\sim}{v})^T \times \underset{\sim}{T}. \tag{5.5.36}$$

Wenn $\underset{\sim}{T}$ symmetrisch ist, gilt

$$\operatorname{rot} \underset{\sim}{T} \cdot \underset{\sim}{I} = 0. \tag{5.5.37}$$

Ist $\underset{\sim}{T}$ ein schiefsymmetrischer Tensor und $\underset{\sim}{u}$ der zugehörige axiale Vektor, so läßt sich nachweisen, daß

$$\operatorname{rot} \underset{\sim}{T} = (\operatorname{div} \underset{\sim}{u})\underset{\sim}{I} - \nabla \underset{\sim}{u}. \tag{5.5.38}$$

ist.

Für die Rotation des Vektorfeldes $\underset{\sim}{v}(\underset{\sim}{x})$ findet man die alternativen Formen

$$\operatorname{rot} \underset{\sim}{v}(\underset{\sim}{x}) = \operatorname{div}(\underset{\sim}{I} \times \underset{\sim}{v}) = \underset{\sim}{I} \times \nabla \underset{\sim}{v}. \tag{5.5.39}$$

Weiterhin führen wir den *Laplace-Operator* Δ ein. Gegeben sei das Skalarfeld $\phi(\underset{\sim}{x})$. Dann ist der Laplace-Operator angewandt auf $\phi(\underset{\sim}{x})$ durch

(Q5) $\Delta\phi = \nabla\nabla\phi \cdot \underset{\sim}{I}$

definiert; $\Delta\phi$ ist eine skalare Größe.

Entsprechend definieren wir für das Vektor- und Tensorfeld $\underset{\sim}{v}(\underset{\sim}{x})$ und $\underset{\sim}{T}(\underset{\sim}{x})$:

(Q6) $\Delta \underset{\sim}{v} = (\nabla\nabla \underset{\sim}{v})\underset{\sim}{I}$,

(Q7) $\Delta \underset{\sim}{T} = (\nabla\nabla \underset{\sim}{T})\underset{\sim}{I}$.

Hierin sind $\Delta \underset{\sim}{v}$ ein Vektorfeld und $\Delta \underset{\sim}{T}$ ein Tensorfeld. Im Zusammenhang mit dem Laplace-Operator seien noch folgende Identitäten ergänzt:

$$\operatorname{div}[\nabla \underset{\sim}{v} \pm (\nabla \underset{\sim}{v})^T] = \Delta \underset{\sim}{v} \pm \nabla \operatorname{div} \underset{\sim}{v}, \tag{5.5.40}$$

$$\operatorname{rot}\operatorname{rot} \underset{\sim}{v} = \nabla \operatorname{div} \underset{\sim}{v} - \Delta \underset{\sim}{v}, \tag{5.5.41}$$

$$\Delta \operatorname{tr} \underset{\sim}{T} = \operatorname{tr} \Delta \underset{\sim}{T}, \tag{5.5.42}$$

$$\operatorname{rot}\operatorname{rot} \underset{\sim}{T} = -\Delta \underset{\sim}{T} + \nabla \operatorname{div} \underset{\sim}{T} + (\nabla \operatorname{div} \underset{\sim}{T})^T - \nabla\nabla \operatorname{tr} \underset{\sim}{T} + \underset{\sim}{I}[\Delta(\operatorname{tr} \underset{\sim}{T}) - \operatorname{div}\operatorname{div} \underset{\sim}{T}], \tag{5.5.43}$$

Wenn $\underset{\sim}{T}$ symmetrisch ist und $\underset{\sim}{T} = \underset{\sim}{S} - \underset{\sim}{I} \operatorname{tr} \underset{\sim}{S}$, gilt

$$\operatorname{rot}\operatorname{rot} \underset{\sim}{T} = -\Delta \underset{\sim}{S} + \nabla \operatorname{div} \underset{\sim}{S} + (\nabla \operatorname{div} \underset{\sim}{S})^T - \underset{\sim}{I} \operatorname{div}\operatorname{div} \underset{\sim}{S}. \tag{5.5.44}$$

5.5.4 Spezielle Felder

Ein Vektorfeld $\underset{\sim}{u}(\underset{\sim}{x})$, für das in allen Raumpunkten die Rotation verschwindet, d.h. rot $\underset{\sim}{u} = \underset{\sim}{0}$, heißt *wirbelfrei* oder *lamellar*. Dies spezielle Vektorfeld $\underset{\sim}{u}(\underset{\sim}{x})$ wird auch als *Quellenfeld* bezeichnet, sofern die Divergenz von $\underset{\sim}{u}(\underset{\sim}{x})$ verschieden von Null ist, d.h. div $\underset{\sim}{u}(\underset{\sim}{x}) = r(\underset{\sim}{x}) \neq 0$. Ein Quellenfeld läßt sich mit Blick auf (5.5.27) bis auf eine additive Konstante, durch $\underset{\sim}{u} = \nabla\phi$ darstellen. Für das Skalarfeld $\phi(\underset{\sim}{x})$, das auch das skalare Potential des Vektorfeldes genannt wird, gilt:

$$r(\underset{\sim}{x}) = \text{div}\ \underset{\sim}{u} = \text{div}\ (\nabla\phi) = \nabla\nabla\phi \bullet \underset{\sim}{I}$$

oder

$$\Delta\phi = r(\underset{\sim}{x}). \tag{5.5.45}$$

Gl. (5.5.45) ist als *Poissonsche Differentialgleichung* bekannt; sie beschreibt eine Reihe von mechanischen Problemstellungen, u.a. das Torsionsproblem in der Elastizitätstheorie.

Ist für ein Vektorfeld $\underset{\sim}{v}(\underset{\sim}{x})$ im Definitionsbereich die Divergenz gleich Null - div $\underset{\sim}{v} = 0$ -, so spricht man von *quellenfreien* oder *solenoidalen Feldern*. Ein Beispiel für quellenfreie Felder ist die Geschwindigkeit inkompressibler Flüssigkeiten, sofern wir das Feld $\underset{\sim}{v}(\underset{\sim}{x})$ mit der Geschwindigkeit identifizieren. Jedes quellenfreie Feld ist, bis auf einen additiven konstanten Vektor, durch $\underset{\sim}{v} = \text{rot}\ \underset{\sim}{w}$ darstellbar, was unmittelbar aus (5.5.28) folgt, wenn rot $\underset{\sim}{v} = \underset{\sim}{z}(\underset{\sim}{x})$ *(Wirbelfeld)* verschieden von Null ist. Für das Vektorfeld $\underset{\sim}{w}(\underset{\sim}{x})$ gilt unter Beachtung von (5.5.41):

$$\Delta\underset{\sim}{w} = -\ \underset{\sim}{z}(\underset{\sim}{x}), \tag{5.5.46}$$

wenn wir für das Vektorfeld $\underset{\sim}{w}(\underset{\sim}{x})$ zusätzlich fordern, daß div $\underset{\sim}{w}$ gleich Null ist. Diese Vektorgleichung beinhaltet drei Poissonsche Differentialgleichungen für die Koeffizienten der Komponenten von $\underset{\sim}{w}$. In Anlehnung an die vorigen Überlegungen bezeichnen wir $\underset{\sim}{w}$ als das vektorielle Potential.

Schließlich betrachten wir ein solches Vektorfeld $\underset{\sim}{u}(\underset{\sim}{x})$, das sowohl *quellen-* als auch *wirbelfrei* ist, so daß gilt div $\underset{\sim}{u} = 0$ und rot $\underset{\sim}{u} = \underset{\sim}{0}$. Dann ist $\underset{\sim}{u}$ der Gradient eines Skalarfeldes $\psi(\underset{\sim}{x})$. Die skalare Feldfunktion genügt der *Laplace Gleichung (Potentialgleichung)*

$$\Delta\psi = 0. \tag{5.5.47}$$

Die Bestimmung des Skalarfeldes $\psi(\underset{\sim}{x})$ führt auf die Randwertaufgabe der Potentialtheorie. Die Lösungsfunktionen der homogenen Differentialgleichung (5.5.47) nennt man harmonische Funktionen.

Entsprechende Überlegungen gelten für Tensorfelder. Wir betrachten ein wirbelfreies Feld $\underset{\sim}{T}(\underset{\sim}{x})$, d.h. rot $\underset{\sim}{T} = \underset{\sim}{0}$ und div $\underset{\sim}{T} = \underset{\sim}{r}(\underset{\sim}{x})$. Dann finden wir mit Rückgriff auf (5.5.29), daß sich mit den analogen Voraussetzungen wie bei den Vektorfeldern das Tensorfeld durch $\underset{\sim}{T} = \nabla\underset{\sim}{v}$ angeben läßt. Das Vektorfeld $\underset{\sim}{v}(\underset{\sim}{x})$ ist aus der Poissonschen Differentialgleichung (5.5.48 b)

$$\text{div}\,\underset{\sim}{T} = \text{div}\,\nabla\underset{\sim}{v}; \qquad \Delta\underset{\sim}{v} = \underset{\sim}{r}(\underset{\sim}{x}) \tag{5.5.48}$$

zu ermitteln.

■ *Übungsaufgaben zu 5.5:*

(1) Weisen Sie nach, daß die Identität

$$\underset{\sim}{n} \cdot \text{rot}(\underset{\sim}{n} \times \underset{\sim}{c}) = -\,\underset{\sim}{c} \cdot (\text{div}\,\underset{\sim}{n})\underset{\sim}{n}$$

gültig ist, wobei $\underset{\sim}{n}$ ein Vektorfeld von Einheitsvektoren und $\underset{\sim}{c}$ ein konstantes Vektorfeld ist.

(2) Zeigen Sie, daß

$$\text{rot}(\phi\underset{\sim}{v}) = \phi\,\text{rot}\,\underset{\sim}{v} + \nabla\phi \times \underset{\sim}{v}$$

ist, wobei ϕ und $\underset{\sim}{v}$ ein Skalar- und ein Vektorfeld darstellen.

(3) Beweisen Sie die Identität

$$\text{rot}(\phi\nabla\psi) = \nabla\phi \times \nabla\psi,$$

wobei ϕ und ψ Skalarfelder sind.

(4) Es sei div$(\underset{\sim}{u} \times \underset{\sim}{x}) = 0$, wobei $\underset{\sim}{u}$ ein Vektorfeld ist. Zeigen Sie, daß in diesem Fall rot $\underset{\sim}{u}$ orthogonal zu dem Ortsvektor $\underset{\sim}{x}$ ist. ■

5.6 Funktionen von vektor- und tensorwertigen Variablen

In Abschnitt 5.5.1 hatten wir die Entfernung zwischen zwei Punkten y und x, die durch die Norm $|\underset{\sim}{x} - \underset{\sim}{y}|$ gegeben ist, zur Definition der Ableitungen von Skalar-, Vektor- und Tensorfeldern benutzt. Diese Vorgehensweise legt den Gedanken nahe, bei Skalar-, Vektor- und Tensorfunktionen, die von beliebigen vektoriellen und tensoriellen Veränderlichen abhängen sollen, die Norm einer Variablen ebenfalls zur Definition der Ableitungen zu verwenden. Von dieser Idee werden wir im folgenden Gebrauch machen.

Es sei $\phi(\underset{\sim}{q})$ eine skalarwertige Funktion des Vektors $\underset{\sim}{q}$, die in einem offenen Gebiet definiert ist. Dann ist ϕ differenzierbar in diesem Gebiet, wenn es eine vektorwertige Funktion $\underset{\sim}{w}(\underset{\sim}{q})$ gibt, so daß mit $\underset{\sim}{q}$ und $\underset{\sim}{p}$ als beliebige Vektoren

$$\text{(R1)}\quad \lim_{\underset{\sim}{p}\to\underset{\sim}{q}} \frac{\phi(\underset{\sim}{p}) - \phi(\underset{\sim}{q}) - \underset{\sim}{w}(\underset{\sim}{q}) \cdot (\underset{\sim}{p} - \underset{\sim}{q})}{|\underset{\sim}{p} - \underset{\sim}{q}|} = 0$$

wird. Wir schreiben

$$\underset{\sim}{w}(\underset{\sim}{q}) = \frac{d\phi(\underset{\sim}{q})}{d\underset{\sim}{q}}. \tag{5.6.1}$$

Wenn der Vektor $\underset{\sim}{w}(\underset{\sim}{q})$ existiert, ist dieser eindeutig durch (R1) bestimmt. Das *Differential* der skalarwertigen Funktion $\phi(\underset{\sim}{q})$, nämlich $d\phi$ für einen gegebenen Wert $\underset{\sim}{q}$ und einen gegebenen Wert $d\underset{\sim}{q}$ ist gleich dem Skalarprodukt

$$\text{(R2)}\quad d\phi = \frac{d\phi}{d\underset{\sim}{q}} \cdot d\underset{\sim}{q}.$$

Wir wenden uns nun der vektorwertigen Funktion $\underset{\sim}{v}(\underset{\sim}{q})$ zu, die ebenfalls in einem offenen Gebiet definiert ist. Dann führen wir die Ableitung von $\underset{\sim}{v}$ nach $\underset{\sim}{q}$ durch die Definition

$$\text{(R3)}\quad \lim_{\underset{\sim}{p}\to\underset{\sim}{q}} \frac{\underset{\sim}{v}(\underset{\sim}{p}) - \underset{\sim}{v}(\underset{\sim}{q}) - \underset{\sim}{R}(\underset{\sim}{q})(\underset{\sim}{p} - \underset{\sim}{q})}{|\underset{\sim}{p} - \underset{\sim}{q}|} = \underset{\sim}{0}$$

ein. Dabei schreiben wir für die tensorwertige Funktion $\underset{\sim}{R}(\underset{\sim}{q})$

$$\underset{\sim}{R} = \frac{d\underset{\sim}{v}}{d\underset{\sim}{q}}. \tag{5.6.2}$$

Das *Differential* der Vektorfunktion $\underset{\sim}{v}(\underset{\sim}{q})$ können wir durch die lineare Abbildung

$$\text{(R4)}\quad d\underset{\sim}{v} = \left(\frac{d\underset{\sim}{v}}{d\underset{\sim}{q}}\right) d\underset{\sim}{q}$$

angeben.

Wir betrachten jetzt die tensorwertige Funktion $\underset{\sim}{T}(\underset{\sim}{q})$ in einem offenen Gebiet. Dann ist die Ableitung nach $\underset{\sim}{q}$ als eine tensorwertige Funktion dritter Stufe $\overset{3}{\underset{\sim}{S}}(\underset{\sim}{q})$ durch

$$\text{(R5)}\quad \lim_{\underset{\sim}{p}\to\underset{\sim}{q}} \frac{\underset{\sim}{T}(\underset{\sim}{p}) - \underset{\sim}{T}(\underset{\sim}{q}) - \overset{3}{\underset{\sim}{S}}(\underset{\sim}{q})(\underset{\sim}{p} - \underset{\sim}{q})}{|\underset{\sim}{p} - \underset{\sim}{q}|} = \underset{\sim}{0}$$

definiert. Wir setzen

$$\overset{3}{\underset{\sim}{S}} = \frac{d\underset{\sim}{T}}{d\underset{\sim}{q}}. \tag{5.6.3}$$

Das *Differential* $d\underset{\sim}{T}(\underset{\sim}{q})$ ist damit durch die lineare Abbildung

(R6) $d\underset{\sim}{T}(\underset{\sim}{q}) = \overset{3}{\underset{\sim}{S}}(\underset{\sim}{q})d\underset{\sim}{q}$

festgelegt.

Wir lassen jetzt skalar-, vektor- und tensorwertige Funktionen zu, die von einer tensoriellen Variablen $\underset{\sim}{M}$ abhängen, nämlich $\phi(\underset{\sim}{M})$, $\underset{\sim}{v}(\underset{\sim}{M})$ und $\underset{\sim}{T}(\underset{\sim}{M})$. Wir definieren die Ableitungen dieser Funktionen nach der Variablen $\underset{\sim}{M}$ mit $\underset{\sim}{M}$ und $\underset{\sim}{N}$ als beliebigen Tensoren durch:

(R7) $$\lim_{\underset{\sim}{N}\to\underset{\sim}{M}} \frac{\phi(\underset{\sim}{N}) - \phi(\underset{\sim}{M}) - \underset{\sim}{U}(\underset{\sim}{M}) \cdot (\underset{\sim}{N} - \underset{\sim}{M})}{|\underset{\sim}{N} - \underset{\sim}{M}|} = 0,$$

(R8) $$\lim_{\underset{\sim}{N}\to\underset{\sim}{M}} \frac{\underset{\sim}{v}(\underset{\sim}{N}) - \underset{\sim}{v}(\underset{\sim}{M}) - \overset{3}{\underset{\sim}{V}}(\underset{\sim}{M})(\underset{\sim}{N} - \underset{\sim}{M})}{|\underset{\sim}{N} - \underset{\sim}{M}|} = \underset{\sim}{o},$$

(R9) $$\lim_{\underset{\sim}{N}\to\underset{\sim}{M}} \frac{\underset{\sim}{T}(\underset{\sim}{N}) - \underset{\sim}{T}(\underset{\sim}{M}) - \overset{4}{\underset{\sim}{W}}(\underset{\sim}{M})(\underset{\sim}{N} - \underset{\sim}{M})}{|\underset{\sim}{N} - \underset{\sim}{M}|} = \underset{\sim}{O}$$

und schreiben für die Ableitungen

$$\underset{\sim}{U}(\underset{\sim}{M}) = \frac{d\phi(\underset{\sim}{M})}{d\underset{\sim}{M}}, \quad \overset{3}{\underset{\sim}{V}}(\underset{\sim}{M}) = \frac{d\underset{\sim}{v}(\underset{\sim}{M})}{d\underset{\sim}{M}}, \quad \overset{4}{\underset{\sim}{W}}(\underset{\sim}{M}) = \frac{d\underset{\sim}{T}(\underset{\sim}{M})}{d\underset{\sim}{M}}. \qquad (5.6.4)$$

Die *Differentiale* der skalar-, vektor- und tensorwertigen Funktionen $\phi(\underset{\sim}{M})$, $\underset{\sim}{v}(\underset{\sim}{M})$ und $\underset{\sim}{T}(\underset{\sim}{M})$ sind dann für gegebene Werte $\underset{\sim}{M}$ und $d\underset{\sim}{M}$ durch

(R10) $d\phi = \frac{d\phi}{d\underset{\sim}{M}} \cdot d\underset{\sim}{M}$,

(R11) $d\underset{\sim}{v} = \frac{d\underset{\sim}{v}}{d\underset{\sim}{M}}\, d\underset{\sim}{M}$,

(R12) $d\underset{\sim}{T} = \frac{d\underset{\sim}{T}}{d\underset{\sim}{M}}\, d\underset{\sim}{M}$

gegeben.

Schließlich betrachten wir solche skalar-, vektor- und tensorwertige Funktionen, die von reellen skalaren Variablen und von vektoriellen und tensoriellen Variablen abhängen, d.h.

$$\phi = \phi\ (\alpha, \beta, \ldots, \underset{\sim}{q}, \underset{\sim}{r}, \ldots, \underset{\sim}{M}, \underset{\sim}{P}, \ldots), \qquad (5.6.5)$$

$$\underset{\sim}{v} = \underset{\sim}{v}\ (\alpha, \beta, \ldots, \underset{\sim}{q}, \underset{\sim}{r}, \ldots, \underset{\sim}{M}, \underset{\sim}{P}, \ldots), \qquad (5.6.6)$$

$$\underset{\sim}{T} = \underset{\sim}{T}\ (\alpha, \beta, \ldots, \underset{\sim}{q}, \underset{\sim}{r}, \ldots, \underset{\sim}{M}, \underset{\sim}{P}, \ldots). \qquad (5.6.7)$$

Die *partiellen Ableitungen* dieser Funktionen nach den vektoriellen und tensoriellen Veränderlichen - die partiellen Ableitungen nach den skalaren Variablen sind in Abschn. 5.1 festgelegt - geben wir durch die folgenden Definitionen an, wobei $\underset{\sim}{p}$ und $\underset{\sim}{q}$ beliebige Vektoren sowie $\underset{\sim}{N}$ und $\underset{\sim}{M}$ beliebige Tensoren sind. Allerdings wollen wir uns auf die Angabe der

Definitionen für die partiellen Ableitungen der skalarwertigen Funktion ϕ beschränken; für die partiellen Ableitungen der vektor- und tensorwertigen Funktionen $\underset{\sim}{v}$ (5.6.6) und $\underset{\sim}{T}$ (5.6.7) sind entsprechende Definitionen gültig.

$$\text{(R13)}\quad \lim_{\underset{\sim}{p}\to\underset{\sim}{q}} \frac{\phi(\underset{\sim}{p}, \ldots) - \phi(\underset{\sim}{q}, \ldots) - \underset{\sim}{u}(\underset{\sim}{q}, \ldots) \bullet (\underset{\sim}{p} - \underset{\sim}{q})}{|\underset{\sim}{p} - \underset{\sim}{q}|} = 0,$$

$$\text{(R14)}\quad \lim_{\underset{\sim}{N}\to\underset{\sim}{M}} \frac{\phi(\underset{\sim}{N}, \ldots) - \phi(\underset{\sim}{M}, \ldots) - \underset{\sim}{U}(\underset{\sim}{M}, \ldots) \bullet (\underset{\sim}{N} - \underset{\sim}{M})}{|\underset{\sim}{N} - \underset{\sim}{M}|} = 0.$$

Die partiellen Ableitungen - die vektor- und tensorwertigen Funktionen $\underset{\sim}{u}$ urd $\underset{\sim}{U}$ - kennzeichnen wir durch

$$\underset{\sim}{u} = \frac{\partial\phi}{\partial\underset{\sim}{q}} \quad \text{und} \quad \underset{\sim}{U} = \frac{\partial\phi}{\partial\underset{\sim}{M}}. \tag{5.6.8}$$

Weiterhin schreiben wir für die partiellen Ableitungen der vektor- und tensorwertigen Funktionen $\underset{\sim}{v}$ und $\underset{\sim}{T}$ nach den vektoriellen und tensoriellen Variablen $\underset{\sim}{q}$ und $\underset{\sim}{M}$:

$$\frac{\partial\underset{\sim}{v}}{\partial\underset{\sim}{q}} \quad \text{und} \quad \frac{\partial\underset{\sim}{v}}{\partial\underset{\sim}{M}}, \qquad \frac{\partial\underset{\sim}{T}}{\partial\underset{\sim}{q}} \quad \text{sowie} \quad \frac{\partial\underset{\sim}{T}}{\partial\underset{\sim}{M}}. \tag{5.6.9}$$

Diese sind tensorwertige Funktionen zweiter und dritter sowie vierter Stufe.

Für die *vollständigen (totalen) Differentiale* finden wir

$$\text{(R15)}\quad d\phi = \frac{\partial\phi}{\partial\alpha}\,d\alpha + \ldots + \frac{\partial\phi}{\partial\underset{\sim}{q}} \bullet d\underset{\sim}{q} + \ldots + \frac{\partial\phi}{\partial\underset{\sim}{M}} \bullet d\underset{\sim}{M} + \ldots,$$

$$\text{(R16)}\quad d\underset{\sim}{v} = \frac{\partial\underset{\sim}{v}}{\partial\alpha}\,d\alpha + \ldots + \frac{\partial\underset{\sim}{v}}{\partial\underset{\sim}{q}}\,d\underset{\sim}{q} + \ldots + \frac{\partial\underset{\sim}{v}}{\partial\underset{\sim}{M}}\,d\underset{\sim}{M} + \ldots,$$

$$\text{(R17)}\quad d\underset{\sim}{T} = \frac{\partial\underset{\sim}{T}}{\partial\alpha}\,d\alpha + \ldots + \frac{\partial\underset{\sim}{T}}{\partial\underset{\sim}{q}}\,d\underset{\sim}{q} + \ldots + \frac{\partial\underset{\sim}{T}}{\partial\underset{\sim}{M}}\,d\underset{\sim}{M} + \ldots.$$

Auf die höheren Ableitungen von skalar-, vektor- und tensorwertigen Funktionen, die von skalaren, vektoriellen und tensoriellen Variablen abhängen, werden wir nicht weiter eingehen. Diese können unmittelbar entsprechend dem Vorgehen in Abschn. 5.5.2 gebildet werden. Die angegebenen Definitionen erlauben die Entwicklung von Rechenregeln. Dabei können wir auf die Angabe solcher Regeln verzichten, die die Ableitung nach einem Vektor beinhalten, da die Rechenregeln (5.5.8) bis (5.5.17) sinngemäß auf beliebige skalar-, vektor- und tensorwertige Funktionen übertragen werden können. Wir beschränken uns somit auf einige wichtige Rechenregeln für die Ableitung von Produktausdrücken der skalar- und vektor- sowie der tensorwertigen Funktion ϕ, ψ und $\underset{\sim}{v}$, $\underset{\sim}{u}$ sowie $\underset{\sim}{T}$, $\underset{\sim}{S}$, die unter anderem von der tensoriellen Variablen $\underset{\sim}{M}$ abhängen, nach der Variablen $\underset{\sim}{M}$:

$$\frac{\partial(\phi\psi)}{\partial \underset{\sim}{M}} = \phi \frac{\partial \psi}{\partial \underset{\sim}{M}} + \psi \frac{\partial \phi}{\partial \underset{\sim}{M}}, \tag{5.6.10}$$

$$\frac{\partial(\phi \underset{\sim}{v})}{\partial \underset{\sim}{M}} = \underset{\sim}{v} \otimes \frac{\partial \phi}{\partial \underset{\sim}{M}} + \phi \frac{\partial \underset{\sim}{v}}{\partial \underset{\sim}{M}}, \tag{5.6.11}$$

$$\frac{\partial(\phi \underset{\sim}{T})}{\partial \underset{\sim}{M}} = \underset{\sim}{T} \otimes \frac{\partial \phi}{\partial \underset{\sim}{M}} + \phi \frac{\partial \underset{\sim}{T}}{\partial \underset{\sim}{M}}, \tag{5.6.12}$$

$$\frac{\partial(\underset{\sim}{u} \cdot \underset{\sim}{v})}{\partial \underset{\sim}{M}} = \underset{\sim}{v} \frac{\partial \underset{\sim}{u}}{\partial \underset{\sim}{M}} + \underset{\sim}{u} \frac{\partial \underset{\sim}{v}}{\partial \underset{\sim}{M}}, \tag{5.6.13}$$

$$\frac{\partial(\underset{\sim}{T} \cdot \underset{\sim}{S})}{\partial \underset{\sim}{M}} = \left(\frac{\partial \underset{\sim}{T}}{\partial \underset{\sim}{M}}\right)^T \underset{\sim}{S} + \left(\frac{\partial \underset{\sim}{S}}{\partial \underset{\sim}{M}}\right)^T \underset{\sim}{T}. \tag{5.6.14}$$

Weiterhin gelten die Ableitungsregeln:

$$\frac{\partial \underset{\sim}{M}}{\partial \underset{\sim}{M}} = \overset{4}{\underset{\sim}{I}}, \qquad \frac{\partial(\underset{\sim}{M} \cdot \underset{\sim}{I})\underset{\sim}{I}}{\partial \underset{\sim}{M}} = \overset{4}{\bar{\underset{\sim}{I}}}, \qquad \frac{\partial \underset{\sim}{M}^T}{\partial \underset{\sim}{M}} = \overset{4}{\bar{\bar{\underset{\sim}{I}}}}, \tag{5.6.15}$$

$$\frac{\partial I_{\underset{\sim}{M}}}{\partial \underset{\sim}{M}} = \underset{\sim}{I}, \qquad \frac{\partial II_{\underset{\sim}{M}}}{\partial \underset{\sim}{M}} = \underset{\sim}{M} \mathbin{⨳} \underset{\sim}{I}, \qquad \frac{\partial III_{\underset{\sim}{M}}}{\partial \underset{\sim}{M}} = \overset{+}{\underset{\sim}{M}}, \qquad \frac{\partial \overset{A}{\underset{\sim}{t}}(\underset{\sim}{M})}{\partial \underset{\sim}{M}} = -\frac{1}{2} \overset{3}{\underset{\sim}{E}}. \tag{5.6.16}$$

Die in diesem Abschnitt angegebenen Definitionen ermöglichen uns - in Verbindung mit den Definitionen des Abschnittes 5.1 -, stufenweise Differentiationen *(Kettenregel)* für zusammengesetzte Funktionen anzugeben. So gilt z.B. für die skalarwertige Funktion $\phi(\underset{\sim}{q}, \underset{\sim}{M})$, wobei $\underset{\sim}{q}$ und $\underset{\sim}{M}$ wiederum von der reellen skalaren Variablen α abhängen,

$$\frac{d\phi}{d\alpha} = \frac{\partial \phi}{\partial \underset{\sim}{q}} \cdot \frac{d\underset{\sim}{q}}{d\alpha} + \frac{\partial \phi}{\partial \underset{\sim}{M}} \cdot \frac{d\underset{\sim}{M}}{d\alpha}. \tag{5.6.17}$$

Analog können wir für die vektor- und tensorwertigen Funktionen $\underset{\sim}{v}(\underset{\sim}{q}, \underset{\sim}{M})$ und $\underset{\sim}{T}(\underset{\sim}{q}, \underset{\sim}{M})$, wenn $\underset{\sim}{q}$ und $\underset{\sim}{M}$ Funktionen von α sind, die Ableitungen nach α wie folgt angeben:

$$\frac{d\underset{\sim}{v}}{d\alpha} = \frac{\partial \underset{\sim}{v}}{\partial \underset{\sim}{q}} \frac{d\underset{\sim}{q}}{d\alpha} + \frac{\partial \underset{\sim}{v}}{\partial \underset{\sim}{M}} \frac{d\underset{\sim}{M}}{d\alpha}, \tag{5.6.18}$$

$$\frac{d\underset{\sim}{T}}{d\alpha} = \frac{\partial \underset{\sim}{T}}{\partial \underset{\sim}{q}} \frac{d\underset{\sim}{q}}{d\alpha} + \frac{\partial \underset{\sim}{T}}{\partial \underset{\sim}{M}} \frac{d\underset{\sim}{M}}{d\alpha}. \tag{5.6.19}$$

Diese Vorgehensweise läßt sich auch auf örtlich veränderliche Funktionen übertragen. Wir betrachten die skalar-, vektor- und tensorwertigen Funktionen $\phi(\alpha, \underset{\sim}{q}, \underset{\sim}{M})$, $\underset{\sim}{v}(\alpha, \underset{\sim}{q}, \underset{\sim}{M})$ und $\underset{\sim}{T}(\alpha, \underset{\sim}{q}, \underset{\sim}{M})$, wobei α, $\underset{\sim}{q}$ und $\underset{\sim}{M}$ örtlich veränderliche Funktionen sein sollen. Dann erhalten wir für die Gradienten dieser Funktionen:

$$\nabla\phi = \frac{\partial \phi}{\partial \alpha} \nabla\alpha + (\nabla\underset{\sim}{q})^T \frac{\partial \phi}{\partial \underset{\sim}{q}} + (\nabla\underset{\sim}{M})^{\overset{13}{T}} \left(\frac{\partial \phi}{\partial \underset{\sim}{M}}\right)^T, \tag{5.6.20}$$

$$\nabla \underset{\sim}{v} = \frac{\partial \underset{\sim}{v}}{\partial \alpha} \otimes \nabla\alpha + \frac{\partial \underset{\sim}{v}}{\partial \underset{\sim}{q}} \nabla \underset{\sim}{q} + \left(\frac{\partial \underset{\sim}{v}}{\partial \underset{\sim}{M}} \nabla \underset{\sim}{M}\right)^2 , \tag{5.6.21}$$

$$\nabla \underset{\sim}{T} = \frac{\partial \underset{\sim}{T}}{\partial \alpha} \otimes \nabla\alpha + \left(\frac{\partial \underset{\sim}{T}}{\partial \underset{\sim}{q}} \nabla \underset{\sim}{q}\right)^3 + \left(\frac{\partial \underset{\sim}{T}}{\partial \underset{\sim}{M}} \nabla \underset{\sim}{M}\right)^3 . \tag{5.6.22}$$

Ein *Beispiel* aus der Plastizitätstheorie soll einige Aussagen dieses Abschnittes illustrieren. Das Melan-Pragersche Verfestigungsgesetz für die lineare Verfestigung plastisch deformierter Kontinua lautet mit der skalarwertigen Funktion F, die von den tensoriellen Variablen $\underset{\sim}{T}^D$ und $\underset{\sim}{E}^{D''}$ abhängt, wobei $\underset{\sim}{T}^D$ und $\underset{\sim}{E}^{D''}$ die Deviatoren des Spannungstensors und des plastischen Anteils des Verzerrungstensors sind:

$$F(\underset{\sim}{T}^D, \underset{\sim}{E}^{D''}) = (\underset{\sim}{T}^D - c\underset{\sim}{E}^{D''}) \cdot (\underset{\sim}{T}^D - c\underset{\sim}{E}^{D''}) - K^2 = 0.$$

Die konstanten Größen c und K geben Werkstoffeigenschaften an. Das Andauern plastischer Formänderungen ist an die sogenannte Konsistenzbedingung dF = 0 gebunden, die mit (R15) auf die Beziehung

$$dF = \frac{\partial F}{\partial \underset{\sim}{T}^D} \cdot d\underset{\sim}{T}^D + \frac{\partial F}{\partial \underset{\sim}{E}^{D''}} \cdot d\underset{\sim}{E}^{D''}$$

führt. Nun ist nach (5.6.14) mit der vorhin erläuterten Kettenregel

$$\frac{\partial F}{\partial \underset{\sim}{T}^D} = 2\overset{4}{\underset{\sim}{I}}{}^T (\underset{\sim}{T}^D - c\underset{\sim}{E}^{D''}) = 2(\underset{\sim}{T}^D - c\underset{\sim}{E}^{D''})$$

und

$$\frac{\partial F}{\partial \underset{\sim}{E}^{D''}} = -\,2\,c\overset{4}{\underset{\sim}{I}}{}^T(\underset{\sim}{T}^D - c\underset{\sim}{E}^{D''}) = -\,2\,c(\underset{\sim}{T}^D - c\underset{\sim}{E}^{D''}),$$

so daß wir endgültig die explizite Form der Konsistenzbedingung mit

$$dF = (\underset{\sim}{T}^D - c\underset{\sim}{E}^{D''}) \cdot d\underset{\sim}{T}^D - c(\underset{\sim}{T}^D - c\underset{\sim}{E}^{D''}) \cdot d\underset{\sim}{E}^{D''} = 0$$

erhalten.

■ *Übungsaufgaben zu 5.6:*

(1) Beweisen Sie die Ableitungsregel (5.6.16 b).

(2) In der Plastizitätstheorie ist die Prager-Druckersche Fließbedingung

$$F = \sqrt{\frac{1}{2}\,\underset{\sim}{T}^D \cdot \underset{\sim}{T}^D} + \alpha\underset{\sim}{T} \cdot \underset{\sim}{I} - K$$

bekannt. Hierin sind $\underset{\sim}{T}$ der Spannungstensor, α und K konstante Werkstoffkenngrößen. Zur Berechnung der plastischen Verzerrungsanteile ist die Ableitung der Fließbedingung nach dem Spannungstensor erforderlich. Bestimmen Sie diese Ableitung. ■

5.7 Analysis in Basissystemen

Mit dem in den vorigen Abschnitten entwickelten Differentialkalkül lassen sich grundsätzlich physikalische Probleme formulieren, ohne daß irgendwelche spezielle Koordinatensysteme eingeführt werden müssen. Erst die explizite Berechnung von physikalischen Aufgabenstellungen macht die Einführung von Basissystemen und Koordinaten erforderlich. Wir wählen als Basissysteme die Basis $\underset{\sim}{g}_1$, $\underset{\sim}{g}_2$, $\underset{\sim}{g}_3$ mit den Koordinaten x^1, x^2, x^3 und das natürliche Basissystem $\underset{\sim}{h}_1$, $\underset{\sim}{h}_2$, $\underset{\sim}{h}_3$ mit den krummlinigen Koordinaten Θ^i (s. Abschn. 5.4). Der Ortsvektor $\underset{\sim}{x}$ ist in dem Basissystem $\underset{\sim}{g}_1$, $\underset{\sim}{g}_2$, $\underset{\sim}{g}_3$ wie folgt darstellbar:

$$\underset{\sim}{x} = x^i \underset{\sim}{g}_i . \tag{5.7.1}$$

Durch Skalarmultiplikation mit dem kontravarianten Basisvektor $\underset{\sim}{g}^r$ ermitteln wir die Koordinaten x^i in Abhängigkeit des Ortsvektors und des kontravarianten Basisvektors

$$x^i = \underset{\sim}{x} \cdot \underset{\sim}{g}^i . \tag{5.7.2}$$

Aus (5.7.2) lassen sich die kontravarianten Basisvektoren aus dem Skalarfeld x^i nach der Vorschrift

$$\underset{\sim}{g}^i = \frac{\partial x^i}{\partial \underset{\sim}{x}} \tag{5.7.3}$$

bestimmen.

Wir gehen jetzt über zu dem natürlichen Basissystem. Nach (5.4.2), (5.4.3) und (5.4.5) soll gelten:

$$\begin{gathered} x^i = x^i(\Theta^1, \Theta^2, \Theta^3), \qquad \underset{\sim}{x} = \underset{\sim}{x}(\Theta^1, \Theta^2, \Theta^3), \\ \Theta^i = \Theta^i(x^1, x^2, x^3) = \Theta^i(\underset{\sim}{x}; \underset{\sim}{g}^1, \underset{\sim}{g}^2, \underset{\sim}{g}^3). \end{gathered} \tag{5.7.4}$$

Die kovarianten Basisvektoren sind nach (5.4.6) durch

$$\underset{\sim}{h}_i = \frac{\partial \underset{\sim}{x}}{\partial \Theta^i} \tag{5.7.5}$$

festgelegt. Im Gegensatz zu den Überlegungen in Abschnitt 5.4 bestimmen wir die kontravarianten Basisvektoren der natürlichen Basis aus dem Skalarfeld (5.7.4 c)

$$\underset{\sim}{h}^i = \frac{\partial \Theta^i}{\partial \underset{\sim}{x}} . \tag{5.7.6}$$

Explizit folgen unter Berücksichtigung von (5.7.4 b), (5.7.2) und (5.7.3)

$$\underset{\sim}{h}_i = \frac{\partial x^k}{\partial \Theta^i} \underset{\sim}{g}_k , \tag{5.7.7}$$

$$\underset{\sim}{h}^i = \frac{\partial \Theta^i}{\partial x^k} \underset{\sim}{g}^k. \qquad (5.7.8)$$

5.7.1 Der Gradient der natürlichen Basis

Für die weiteren Überlegungen ist die Bildung des Gradienten der natürlichen Basis erforderlich. Nach den vorigen Ausführungen ist

$$\underset{\sim}{h}_p = \underset{\sim}{h}_p[\Theta^k(\underset{\sim}{x}, \underset{\sim}{g}_k)]. \qquad (5.7.9)$$

Mit Hilfe der Kettenregel (5.6.21) erhalten wir somit für den Gradienten des Basisvektors $\underset{\sim}{h}_p$

$$\frac{\partial \underset{\sim}{h}_p}{\partial \underset{\sim}{x}} = \frac{\partial \underset{\sim}{h}_p}{\partial \Theta^k} \otimes \frac{\partial \Theta^k}{\partial \underset{\sim}{x}} \qquad (5.7.10)$$

oder mit (5.7.6)

$$\frac{\partial \underset{\sim}{h}_p}{\partial \underset{\sim}{x}} = \frac{\partial \underset{\sim}{h}_p}{\partial \Theta^k} \otimes \underset{\sim}{h}^k. \qquad (5.7.11)$$

Mit (5.4.23) ist der Gradient des kovarianten Basisvektors in der Form

$$\frac{\partial \underset{\sim}{h}_p}{\partial \underset{\sim}{x}} = \Gamma_{pk}^{\cdot\cdot r}\, \underset{\sim}{h}_r \otimes \underset{\sim}{h}^k \qquad (5.7.12)$$

bestimmt.

In entsprechender Weise ergibt sich für den Gradienten des kontravarianten Basisvektors $\underset{\sim}{h}^p$ unter Beachtung von (5.4.28):

$$\frac{\partial \underset{\sim}{h}^p}{\partial \underset{\sim}{x}} = -\, \Gamma_{rk}^{\cdot\cdot p}\, \underset{\sim}{h}^r \otimes \underset{\sim}{h}^k. \qquad (5.7.13)$$

5.7.2 Der Gradient eines Skalar-, Vektor- und Tensorfeldes

Gegeben sei das *Skalarfeld* $\phi(\underset{\sim}{x})$. Dann ist der *Gradient* dieses Skalarfeldes in einem Basissystem $\underset{\sim}{g}^1$, $\underset{\sim}{g}^2$, $\underset{\sim}{g}^3$ durch

$$\frac{d\phi(\underset{\sim}{x})}{d\underset{\sim}{x}} = \frac{\partial \phi}{\partial x^k} \frac{\partial x^k}{\partial \underset{\sim}{x}}, \qquad \frac{d\phi(\underset{\sim}{x})}{d\underset{\sim}{x}} = \frac{\partial \phi}{\partial x^k} \underset{\sim}{g}^k \qquad (5.7.14)$$

gegeben.

Bezüglich eines natürlichen Basissystems erhalten wir für den Gradienten

$$\frac{d\phi(\underset{\sim}{x})}{d\underset{\sim}{x}} = \frac{\partial \phi}{\partial \Theta^k} \frac{\partial \phi^k}{\partial \underset{\sim}{x}}, \qquad \frac{d\phi(\underset{\sim}{x})}{d\underset{\sim}{x}} = \frac{\partial \phi}{\partial \Theta^k} \underset{\sim}{h}^k. \qquad (5.7.15)$$

Der *Gradient eines Vektorfeldes* $\underset{\sim}{v}(\underset{\sim}{x})$ läßt sich unter Berücksichtigung von (5.5.9) in einem kartesischen Basissystem wie folgt ableiten:

$$\frac{d\underset{\sim}{v}(\underset{\sim}{x})}{d\underset{\sim}{x}} = \frac{\partial[\bar{v}^i(\underset{\sim}{x})\underset{\sim}{g}_i]}{\partial\underset{\sim}{x}} = \underset{\sim}{g}_i \otimes \frac{\partial\bar{v}^i(\underset{\sim}{x})}{\partial\underset{\sim}{x}} .$$

Beachten wir (5.7.14), so ergibt sich

$$\frac{d\underset{\sim}{v}(\underset{\sim}{x})}{d\underset{\sim}{x}} = \frac{\partial\bar{v}^i}{\partial x^k}\underset{\sim}{g}_i \otimes \underset{\sim}{g}^k \quad \text{oder} \quad \frac{d\underset{\sim}{v}(\underset{\sim}{x})}{d\underset{\sim}{x}} = \frac{\partial\bar{v}_i}{\partial x^k}\underset{\sim}{g}^i \otimes \underset{\sim}{g}^k. \tag{5.7.16}$$

Entsprechend folgt in einem natürlichen Basissystem

$$\frac{d\underset{\sim}{v}(\underset{\sim}{x})}{d\underset{\sim}{x}} = \frac{\partial[v^i(\underset{\sim}{x})\underset{\sim}{h}_i(\underset{\sim}{x})]}{\partial\underset{\sim}{x}} = \underset{\sim}{h}_i \otimes \frac{\partial v^i}{\partial\underset{\sim}{x}} + v^i\frac{\partial\underset{\sim}{h}_i}{\partial\underset{\sim}{x}}$$

oder, wenn wir (5.7.15) und (5.7.12) sowie (5.4.35) berücksichtigen,

$$\frac{d\underset{\sim}{v}(\underset{\sim}{x})}{d\underset{\sim}{x}} = \frac{\partial v^i}{\partial\Theta^k}\underset{\sim}{h}_i \otimes \underset{\sim}{h}^k + v^r\Gamma_{rk}^{\cdot\cdot i}\,\underset{\sim}{h}_i \otimes \underset{\sim}{h}^k,$$

$$\frac{d\underset{\sim}{v}(\underset{\sim}{x})}{d\underset{\sim}{x}} = v^i|_k\,\underset{\sim}{h}_i \otimes \underset{\sim}{h}^k. \tag{5.7.17}$$

Stellen wir das Vektorfeld $\underset{\sim}{v}(\underset{\sim}{x})$ in einem kontravarianten Basissystem dar, so folgt analog

$$\frac{d\underset{\sim}{v}(\underset{\sim}{x})}{d\underset{\sim}{x}} = v_i|_k\,\underset{\sim}{h}^i \otimes \underset{\sim}{h}^k. \tag{5.7.18}$$

Weiterhin sei noch der *Gradient des Tensorfeldes* $\underset{\sim}{T}(\underset{\sim}{x})$ angegeben. In einem kartesischen Basissystem erhalten wir, wenn wir die Ableitungsregel (5.5.10) anwenden,

$$\frac{d\underset{\sim}{T}(\underset{\sim}{x})}{d\underset{\sim}{x}} = \frac{\partial(\bar{t}^r_{\cdot s}\,\underset{\sim}{g}_r \otimes \underset{\sim}{g}^s)}{\partial\underset{\sim}{x}} = \underset{\sim}{g}_r \otimes \underset{\sim}{g}^s \otimes \frac{\partial\bar{t}^r_{\cdot s}}{\partial\underset{\sim}{x}} .$$

Unter Beachtung von (5.7.14) erhalten wir endgültig

$$\frac{d\underset{\sim}{T}(\underset{\sim}{x})}{d\underset{\sim}{x}} = \frac{\partial\bar{t}^r_{\cdot s}}{\partial x^k}\underset{\sim}{g}_r \otimes \underset{\sim}{g}^s \otimes \underset{\sim}{g}^k = \frac{\partial\bar{t}^{rs}}{\partial x^k}\underset{\sim}{g}_r \otimes \underset{\sim}{g}_s \otimes \underset{\sim}{g}^k = \frac{\partial\bar{t}_{rs}}{\partial x^k}\underset{\sim}{g}^r \otimes \underset{\sim}{g}^s \otimes \underset{\sim}{g}^k, \tag{5.7.19}$$

wenn wir das Tensorfeld zusätzlich in einer kovarianten und kontravarianten Basis angeben.

In einem natürlichen Basissystem finden wir für den Gradienten eines Tensorfeldes

$$\frac{d\underset{\sim}{T}(\underset{\sim}{x})}{d\underset{\sim}{x}} = \frac{\partial(t^r_{\cdot s}\,\underset{\sim}{h}_r \otimes \underset{\sim}{h}^s)}{\partial\underset{\sim}{x}} = \underset{\sim}{h}_r \otimes \underset{\sim}{h}^s \otimes \frac{\partial t^r_{\cdot s}}{\partial\underset{\sim}{x}} + t^r_{\cdot s}\frac{\partial(\underset{\sim}{h}_r \otimes \underset{\sim}{h}^s)}{\partial\underset{\sim}{x}} .$$

Mit (5.7.15) sowie der Ableitungsregel (5.5.13) folgt

$$\frac{d\underset{\sim}{T}(\underset{\sim}{x})}{d\underset{\sim}{x}} = t^{r}_{.s,k}\,\underset{\sim}{h}_r \otimes \underset{\sim}{h}^s \otimes \underset{\sim}{h}^k + t^{r}_{.s}\Big[\frac{\partial \underset{\sim}{h}_r}{\partial \underset{\sim}{x}} \otimes \underset{\sim}{h}^s + \underset{\sim}{h}^r \otimes \Big(\frac{\partial \underset{\sim}{h}^s}{\partial \underset{\sim}{x}}\Big)^{T}\Big]^{\overset{23}{T}} .$$

Für die Gradienten der Basisvektoren setzen wir die Beziehungen (5.7.12) und (5.7.13) ein

$$\frac{d\underset{\sim}{T}(\underset{\sim}{x})}{d\underset{\sim}{x}} = t^{r}_{.s,k}\,\underset{\sim}{h}_r \otimes \underset{\sim}{h}^s \otimes \underset{\sim}{h}^k + t^{r}_{.s}\Big[\Gamma^{..l}_{kr}\,\underset{\sim}{h}_l \otimes \underset{\sim}{h}^k \otimes \underset{\sim}{h}^s - \Gamma^{..s}_{lk}\,\underset{\sim}{h}_r \otimes \underset{\sim}{h}^k \otimes \underset{\sim}{h}^l\Big]^{\overset{23}{T}} .$$

Nach einigen Umformungen erhalten wir

$$\frac{d\underset{\sim}{T}(\underset{\sim}{x})}{d\underset{\sim}{x}} = t^{r}_{.s|k}\,\underset{\sim}{h}_r \otimes \underset{\sim}{h}^s \otimes \underset{\sim}{h}^k. \tag{5.7.20}$$

Für die Darstellung des Tensorfeldes $\underset{\sim}{T}(\underset{\sim}{x})$ in einer ko- und kontravarianten Basis ergibt sich analog

$$\frac{d\underset{\sim}{T}(\underset{\sim}{x})}{d\underset{\sim}{x}} = t^{rs}{}_{|k}\,\underset{\sim}{h}_r \otimes \underset{\sim}{h}_s \otimes \underset{\sim}{h}^k, \qquad \frac{d\underset{\sim}{T}(\underset{\sim}{x})}{d\underset{\sim}{x}} = t_{rs|k}\,\underset{\sim}{h}^r \otimes \underset{\sim}{h}^s \otimes \underset{\sim}{h}^k. \tag{5.7.21}$$

Die obige Ableitung der Bildung des Gradienten eines Tensorfeldes wurde gewählt, um die Ableitungsregel (5.5.13) zu illustrieren. Schneller zum Ziel gelangt man, wenn man die Kettenregel in der Form

$$\frac{d\underset{\sim}{T}}{d\underset{\sim}{x}} = \frac{\partial \underset{\sim}{T}}{\partial \Theta^k} \otimes \frac{\partial \Theta^k}{\partial \underset{\sim}{x}} \tag{5.7.22}$$

verwendet. Unter Beachtung von (5.4.39) bis (5.4.41) gelangt man dann unmittelbar zu den Darstellungen (5.7.20) und (5.7.21).

Die Gradienten der feldlich konstanten Fundamentaltensoren (s. Abschn. 4.10) sind Nulltensoren. Hieraus folgt speziell für den Identitätstensor $\underset{\sim}{I}$, daß die kovarianten Ableitungen der Metrikkoeffizienten zu Null werden. Diese Aussage ist in der Literatur als *Ricci-Lemma* bekannt:

$$h_{ik|r} = 0 \quad \text{bzw.} \quad h^{ik}{}_{|r} = 0. \tag{5.7.23}$$

Es ist nicht schwierig, die Untersuchungen bezüglich des Gradienten auf solche Felder auszudehnen, die zusätzlich von skalarwertigen Parametern abhängen. In den Gleichungen für die Gradienten haben wir lediglich das totale Differentiationszeichen durch das partielle zu ersetzen.

Abschließend ermitteln wir noch die zweiten Ableitungen der Vektor- und Tensorfelder $\underset{\sim}{v}(\underset{\sim}{x})$ und $\underset{\sim}{T}(\underset{\sim}{x})$, wobei wir uns auf die Angabe in einem natürlichen Basissystem beschränken. Ausgehend von (5.7.18) finden wir für die zweite Ableitung des Vektorfeldes $\underset{\sim}{v}(\underset{\sim}{x})$ entsprechend der Herleitung der Beziehung (5.7.19)

$$\frac{d^2\underset{\sim}{v}(\underset{\sim}{x})}{d\underset{\sim}{x} \otimes d\underset{\sim}{x}} = v^i|_{kr}\, \underset{\sim}{h}_i \otimes \underset{\sim}{h}^k \otimes \underset{\sim}{h}^r = v_i|_{kr}\, \underset{\sim}{h}^i \otimes \underset{\sim}{h}^k \otimes \underset{\sim}{h}^r \tag{5.7.24}$$

mit den zweifachen kovarianten Ableitungen

$$v^i|_{kr} = \left(v^i|_k\right)_{,r} + v^l|_k \Gamma_{lr}^{..i} - v^i|_l \Gamma_{kr}^{..l}, \tag{5.7.25}$$

$$v_i|_{kr} = \left(v_i|_k\right)_{,r} - v_l|_k \Gamma_{ir}^{..l} - v_i|_l \Gamma_{kr}^{..l}. \tag{5.7.26}$$

Weiterhin bekommen wir für die zweite Ableitung des Tensorfeldes $\underset{\sim}{T}(\underset{\sim}{x})$ den vierstufigen Tensor

$$\frac{d^2\underset{\sim}{T}(\underset{\sim}{x})}{d\underset{\sim}{x} \otimes d\underset{\sim}{x}} = t^r_{.s}|_{kl}\, \underset{\sim}{h}_r \otimes \underset{\sim}{h}^s \otimes \underset{\sim}{h}^k \otimes \underset{\sim}{h}^l, \tag{5.7.27}$$

wobei die zweifache kovariante Ableitung durch

$$t^r_{.s}|_{kl} = \left(t^r_{.s}|_k\right)_{,l} + t^i_{.s}|_k \Gamma_{il}^{..r} - t^r_{.i}|_k \Gamma_{sl}^{..i} - t^r_{.s}|_i \Gamma_{kl}^{..i} \tag{5.7.28}$$

gegeben ist. Ganz analoge Formen entstehen, wenn wir den Tensor $\underset{\sim}{T}$ in einer kovarianten bzw. in einer kontravarianten Basis darstellen. Bei der Herleitung von (5.7.27) geht man zweckmäßigerweise wie folgt vor: Man setzt

$$\frac{d^2\underset{\sim}{T}(\underset{\sim}{x})}{d\underset{\sim}{x} \otimes d\underset{\sim}{x}} = \frac{d\left(\frac{d\underset{\sim}{T}(\underset{\sim}{x})}{d\underset{\sim}{x}}\right)}{d\underset{\sim}{x}} = \frac{\partial\left(\frac{d\underset{\sim}{T}(\underset{\sim}{x})}{d\underset{\sim}{x}}\right)}{\partial\Theta^l} \otimes \frac{\partial\Theta^l}{\partial\underset{\sim}{x}} = \left(\frac{d\underset{\sim}{T}(\underset{\sim}{x})}{d\underset{\sim}{x}}\right)_{,l} \otimes \underset{\sim}{h}^l. \tag{5.7.29}$$

Mit (5.7.21) erhält man dann unmittelbar die Ergebnisse (5.7.27) und (5.7.28).

Die angezeigte Vorgehensweise ermöglicht in verhältnismäßig einfacher Weise auch die Bestimmung von höheren Ableitungen der Vektor- und Tensorfelder. Auf ihre Angabe wollen wir jedoch verzichten, da der Leser die eventuell benötigten Formen, wie z.B. die in der Schalentheorie (s. Abschn. 7) erforderlichen, ohne Schwierigkeiten selbst bilden kann, zumal die Bildung der kovarianten Ableitungen einer strengen Systematik unterliegt, wie man unmittelbar aus den kovarianten Ableitungen in Abschn. 5.4 sowie aus (5.7.25), (5.7.26) und (5.7.28) erkennt.

5.7.3 Die Ableitung nach einem Vektor und einem Tensor

Wir beschränken uns zunächst auf skalarwertige Funktionen, die von einem Vektor und einem Tensor 2. Stufe abhängen sollen. Die Ableitung einer skalarwertigen Funktion $\phi(\underset{\sim}{q}, M)$ nach dem Vektor $\underset{\sim}{q}$, die eine vektorwertige Funktion ergibt, ist in (R13) und (5.6.8) angegeben:

$$\underset{\sim}{u} = \frac{\partial\phi(\underset{\sim}{q},\ \underset{\sim}{M})}{\partial \underset{\sim}{q}} . \tag{5.7.30}$$

Mit der Komponentendarstellung in einem kartesischen kovarianten Basissystem

$$\underset{\sim}{q} = \bar{q}^i \underset{\sim}{g}_i \quad \text{und} \quad \bar{q}^i = \underset{\sim}{q} \cdot \underset{\sim}{g}^i \tag{5.7.31}$$

wird

$$\underset{\sim}{u} = \frac{\partial\phi(\bar{q}^i \underset{\sim}{g}_i,\ \underset{\sim}{M})}{\partial \underset{\sim}{q}} = \frac{\partial\phi}{\partial \bar{q}^i} \frac{\partial \bar{q}^i}{\partial \underset{\sim}{q}}$$

und schließlich mit (5.7.31)

$$\underset{\sim}{u} = \frac{\partial\phi}{\partial \bar{q}^i} \underset{\sim}{g}^i = \frac{\partial\phi}{\partial \bar{q}_i} \underset{\sim}{g}_i , \tag{5.7.32}$$

wobei im letzten Schritt der Vektor $\underset{\sim}{q}$ im dualen Basissystem angegeben wurde.

Bezüglich einer *natürlichen Basis* ermitteln wir

$$\underset{\sim}{u} = \frac{\partial\phi(q^i \underset{\sim}{h}_i,\ \underset{\sim}{M})}{\partial \underset{\sim}{q}} = \frac{\partial\phi}{\partial q^i} \frac{\partial q^i}{\partial \underset{\sim}{q}} .$$

Es ist

$$\underset{\sim}{q} = q^i \underset{\sim}{h}_i \quad \text{und} \quad q^i = \underset{\sim}{q} \cdot \underset{\sim}{h}^i .$$

Damit bekommen wir für die Ableitung der skalarwertigen Funktion ϕ:

$$\underset{\sim}{u} = \frac{\partial\phi}{\partial q^i} \underset{\sim}{h}_i = \frac{\partial\phi}{\partial q_i} \underset{\sim}{h}^i . \tag{5.7.33}$$

Die Ableitung einer skalarwertigen Funktion $\phi(\underset{\sim}{q},\ \underset{\sim}{M})$ nach dem Tensor $\underset{\sim}{M}$ ist in (R14) und (5.6.8) erklärt. Es ergab sich eine tensorwertige Funktion

$$\underset{\sim}{U} = \frac{\partial\phi(\underset{\sim}{q},\ \underset{\sim}{M})}{\partial \underset{\sim}{M}} \quad \text{oder} \quad \underset{\sim}{U} = \frac{\partial\phi(\underset{\sim}{q},\ m^i_{.k}\ \underset{\sim}{h}_i \otimes \underset{\sim}{h}^k)}{\partial m^i_{.k}} \frac{\partial m^i_{.k}}{\partial \underset{\sim}{M}} ,$$

wenn der Tensor $\underset{\sim}{M}$ in einem natürlichen Basissystem in gemischtvarianter Darstellung angegeben wird. Weiterhin ist

$$m^i_{.k} = \underset{\sim}{M} \cdot (\underset{\sim}{h}^i \otimes \underset{\sim}{h}_k) . \tag{5.7.34}$$

Somit erhalten wir

$$\underset{\sim}{U} = \frac{\partial\phi}{\partial m^i_{.k}} \underset{\sim}{h}^i \otimes \underset{\sim}{h}_k \tag{5.7.35}$$

oder bei Darstellung des Tensors $\underset{\sim}{M}$ in einer ko- und kontravarianten Basis

$$\underset{\sim}{U} = \frac{\partial \phi}{\partial m^{ik}}\, \underset{\sim}{h}^i \otimes \underset{\sim}{h}^k, \qquad \underset{\sim}{U} = \frac{\partial \phi}{\partial m_{ik}}\, \underset{\sim}{h}_i \otimes \underset{\sim}{h}_k. \tag{5.7.36}$$

Zu entsprechenden Ergebnissen gelangen wir in einem kartesischen Basissystem.

Die vorigen Überlegungen können ohne Schwierigkeiten auf die Ableitungen von vektor- und tensorwertigen Funktionen von Vektoren und Tensoren übertragen werden. Wir betrachten abschließend noch die Ableitung einer tensorwertigen Funktion $\underset{\sim}{T} = \underset{\sim}{T}(\underset{\sim}{q}, \underset{\sim}{M})$ nach dem Tensor $\underset{\sim}{M}$. Diese liefert einen Tensor vierter Stufe

$$\overset{4}{\underset{\sim}{S}} = \frac{\partial \underset{\sim}{T}}{\partial \underset{\sim}{M}}\,. \tag{5.7.37}$$

In einem *natürlichen Basissystem* ist

$$\overset{4}{\underset{\sim}{S}} = \frac{\partial t^m_{.s}(\underset{\sim}{q},\, m^i_{.k}\, \underset{\sim}{h}_i \otimes \underset{\sim}{h}^k)}{\partial m^i_{.k}}\, \underset{\sim}{h}_m \otimes \underset{\sim}{h}^s \otimes \frac{\partial m^i_{.k}}{\partial \underset{\sim}{M}}\,.$$

Unter Beachtung von (5.7.34) ergibt sich

$$\overset{4}{\underset{\sim}{S}} = \frac{\partial t^m_{.s}}{\partial m^i_{.k}}\, \underset{\sim}{h}_m \otimes \underset{\sim}{h}^s \otimes \underset{\sim}{h}^i \otimes \underset{\sim}{h}_k.$$

Weitere alternative Formen lassen sich angeben, wenn wir ko- oder kontravariante Basissysteme wählen. Die Bildung der Ableitung von $\underset{\sim}{T}$ nach $\underset{\sim}{M}$ in einer kartesischen Basis erfolgt in entsprechender Weise.

5.7.4 Divergenz, Rotation und Laplace-Operator

Die Operationen Divergenz, Rotation und Laplace-Operator sind in basisfreier Darstellung in Abschnitt 5.5.3 angegeben.

Wir ermitteln zunächst die *Divergenz des Vektorfeldes* $\underset{\sim}{v}(\underset{\sim}{x})$ in den Basissystemen. Nach (Q1) gilt

$$\operatorname{div} \underset{\sim}{v}(\underset{\sim}{x}) = \nabla \underset{\sim}{v}(\underset{\sim}{x}) \cdot \underset{\sim}{I}.$$

In einem kartesischen Basissystem ist (s. (5.7.16))

$$\nabla \underset{\sim}{v}(\underset{\sim}{x}) = \frac{\partial \bar{v}^i}{\partial x^k}\, \underset{\sim}{g}_i \otimes \underset{\sim}{g}^k.$$

Durch Skalarmultiplikation mit den Identitätstensor $\underset{\sim}{I}$ erhalten wir

$$\operatorname{div} \underset{\sim}{v}(\underset{\sim}{x}) = \frac{\partial \bar{v}_i}{\partial x^i}\,. \tag{5.7.38}$$

Entsprechend ergibt sich in einem natürlichen Basissystem, wenn wir (5.7.17) beachten,

$$\operatorname{div} \underset{\sim}{v}(\underset{\sim}{x}) = v^i{}_{|i}\,. \tag{5.7.39}$$

Die *Divergenz des Tensorfeldes* $\underset{\sim}{T}(\underset{\sim}{x})$ ist in (Q2) durch

$$\operatorname{div} \underset{\sim}{T}(\underset{\sim}{x}) = \nabla \underset{\sim}{T}(\underset{\sim}{x}) \underset{\sim}{I}$$

definiert. Mit (5.7.19) läßt sich die Divergenz des Tensorfeldes in einem kartesischen Basissystem wie folgt ermitteln:

$$\operatorname{div} \underset{\sim}{T}(\underset{\sim}{x}) = \frac{\partial \bar{t}_{s}^{\cdot k}}{\partial x^{k}} \underset{\sim}{g}^{s} . \tag{5.7.40}$$

Entsprechend erhalten wir mit (5.7.20) in einer natürlichen Basis

$$\operatorname{div} \underset{\sim}{T}(\underset{\sim}{x}) = t_{s}^{\cdot k}|_{k} \underset{\sim}{h}^{s} \tag{5.7.41}$$

oder die alternative Beziehung

$$\operatorname{div} \underset{\sim}{T}(\underset{\sim}{x}) = t^{sk}|_{k} \underset{\sim}{h}_{s} . \tag{5.7.42}$$

Zur Darstellung der *Rotation des Vektorfeldes* $\underset{\sim}{v}(\underset{\sim}{x})$ gehen wir aus von der Definition (Q3)

$$\operatorname{rot} \underset{\sim}{v}(\underset{\sim}{x}) = \overset{3}{\underset{\sim}{E}} (\nabla \underset{\sim}{v})^{T} .$$

In einem kartesischen Basissystem folgt mit (5.7.16) sowie (4.9.45) und (4.9.41)

$$\operatorname{rot} \underset{\sim}{v}(\underset{\sim}{x}) = \frac{\partial \bar{v}^{i}}{\partial x^{j}} g^{rj} \sqrt{g}\, e_{rik} \underset{\sim}{g}^{k} . \tag{5.7.43}$$

Entsprechend nimmt die Rotation des Vektorfeldes $\underset{\sim}{v}(\underset{\sim}{x})$ in einem natürlichen Basissystem die Form

$$\operatorname{rot} \underset{\sim}{v}(\underset{\sim}{x}) = v^{i}|_{j}\, h^{rj} \sqrt{h}\, e_{rik} \underset{\sim}{h}^{k} \tag{5.7.44}$$

an, wobei $h = \det\|h_{ik}\|$ ist.

Die *Rotation des Tensorfeldes* $\underset{\sim}{T}(\underset{\sim}{x})$ ist in (Q4) durch

$$\operatorname{rot} \underset{\sim}{T}(\underset{\sim}{x}) = [\overset{3}{\underset{\sim}{E}} (\nabla \underset{\sim}{T})^{\overset{13}{T}}]^{2}$$

erklärt. Unter Beachtung von (4.9.45) und (4.9.41) folgt mit (5.7.19) in einer kartesischen Basis

$$\operatorname{rot} \underset{\sim}{T}(\underset{\sim}{x}) = \frac{\partial \bar{t}_{i}^{\cdot j}}{\partial x^{r}} g^{rs} \sqrt{g}\, e_{sjk} \underset{\sim}{g}^{k} \otimes \underset{\sim}{g}^{i} . \tag{5.7.45}$$

Entsprechend läßt sich die Rotation des Tensorfeldes $\underset{\sim}{T}(\underset{\sim}{x})$ in einem natürlichen Basissystem angeben:

$$\operatorname{rot} \underset{\sim}{T}(\underset{\sim}{x}) = t_{i}^{\cdot j}|_{r}\, h^{rs} \sqrt{h}\, e_{sjk} \underset{\sim}{h}^{k} \otimes \underset{\sim}{h}^{i} . \tag{5.7.46}$$

Zum Abschluß dieses Kapitels wollen wir den *Laplace-Operator* in den Basissystemen ermitteln. Für ein *Skalarfeld* $\phi(x)$ finden wir die Definition in (Q5)

$$\Delta\phi = \nabla\nabla\phi \cdot \underset{\sim}{I} .$$

In einem kartesischen Basissystem ist

$$\nabla\nabla\phi = \frac{\partial^2\phi}{\partial x^i \partial x^k} \underset{\sim}{g}^i \otimes \underset{\sim}{g}^k,$$

so daß

$$\Delta\phi = \frac{\partial^2\phi}{\partial x^i \partial x^k} g^{ik} \tag{5.7.47}$$

wird.

Entsprechend ergibt sich in einem natürlichen Basissystem

$$\Delta\phi = \phi|_{ik}\, h^{ik}. \tag{5.7.48}$$

Für ein *Vektorfeld* $\underset{\sim}{v}(\underset{\sim}{x})$ bilden wir den Laplace-Operator mit (Q6) zunächst wiederum in einem kartesischen System:

$$\nabla\underset{\sim}{v} = \frac{\partial \bar{v}^i}{\partial x^k} \underset{\sim}{g}_i \otimes \underset{\sim}{g}^k, \quad \nabla\nabla\underset{\sim}{v} = \frac{\partial^2 \bar{v}^i}{\partial x^k \partial x^r} \underset{\sim}{g}_i \otimes \underset{\sim}{g}^k \otimes \underset{\sim}{g}^r, \quad \Delta\underset{\sim}{v} = \frac{\partial^2 \bar{v}^i}{\partial x^k \partial x^r} g^{kr} \underset{\sim}{g}_i. \tag{5.7.49}$$

Weiterhin geben wir den Laplace-Operator für das Vektorfeld $\underset{\sim}{v}(\underset{\sim}{x})$ in einem natürlichen Basissystem an:

$$\Delta\underset{\sim}{v} = v^i|_{kr}\, h^{kr} \underset{\sim}{h}_i. \tag{5.7.50}$$

Schließlich stellen wir den Laplace-Operator für ein *Tensorfeld* $\underset{\sim}{T}(\underset{\sim}{x})$ in einem raumfesten und einem natürlichen Basissystem mit Hilfe der Definition (Q7) dar:

$$\Delta\underset{\sim}{T} = \frac{\partial^2 \bar{t}^i_{\cdot k}}{\partial x^r \partial x^s} g^{rs} \underset{\sim}{g}_i \otimes \underset{\sim}{g}^k, \tag{5.7.51}$$

$$\Delta\underset{\sim}{T} = t^i_{\cdot k}|_{rs}\, h^{rs} \underset{\sim}{h}_i \otimes \underset{\sim}{h}^k. \tag{5.7.52}$$

■ *Übungsaufgaben zu 5.7:*

(1) Gegeben sei das Skalarfeld

$$\phi = 2x^1(x^2)^2 + (x^1)^4(x^3)^2.$$

Bilden Sie den Gradienten des Skalarfeldes ϕ an der Stelle

$$\underset{\sim}{x} = x^i \underset{\sim}{g}_i = 2\underset{\sim}{g}_1 + \underset{\sim}{g}_2 - 3\underset{\sim}{g}_3.$$

(2) Bestimmen Sie:

a) $\mathrm{grad}(\ln|2\underset{\sim}{x}|)$, b) $\mathrm{grad}(\frac{1}{|\underset{\sim}{x}|})$.

(3) Gegeben sei das Vektorfeld

$$\underset{\sim}{v} = x^1(x^3)^2 \underset{\sim}{g}_1 + 3(x^2)^2(x^3)^2 \underset{\sim}{g}_2 - 4(x^1)^3 x^2 x^3 \underset{\sim}{g}_3.$$

Ermitteln Sie die Divergenz von $\underset{\sim}{v}$ an der Stelle

$$\underset{\sim}{x} = 2\underset{\sim}{g}_1 - 3\underset{\sim}{g}_2 + \underset{\sim}{g}_3.$$

(4) Bestimmen Sie die Konstante α des Vektorfeldes

$$\underset{\sim}{v} = (3x^1 + 2x^2)\underset{\sim}{g}_1 + (1,5x^2 - x^3)\underset{\sim}{g}_2 + (x^1 - \alpha x^3)\underset{\sim}{g}_3$$

so, daß $\underset{\sim}{v}$ ein solenoidales Feld wird.

(5) Gegeben seien die Vektorfelder

$$\underset{\sim}{u} = 3x^1x^3\underset{\sim}{e}_1 + 2x^1(x^2)^2\underset{\sim}{e}_2 - x^2(x^3)^3\underset{\sim}{e}_3,$$

$$\underset{\sim}{v} = 2x^1(x^2)^2\underset{\sim}{e}_1 + 3x^2x^3\underset{\sim}{e}_2 + 4(x^1)^2x^2\underset{\sim}{e}_3$$

und das Skalarfeld

$$\phi = -x^1(x^2)^2(x^3)^3.$$

Bestimmen Sie

a) $\operatorname{div}(\phi\underset{\sim}{u})$, b) $(\operatorname{div}\underset{\sim}{v})\underset{\sim}{u}$, c) $(\operatorname{rot}\underset{\sim}{u}) \times \underset{\sim}{v}$, d) $\Delta\underset{\sim}{v}$, e) $\operatorname{rot}\underset{\sim}{u} \times \operatorname{rot}\underset{\sim}{v}$,

f) $\underset{\sim}{v} \cdot \nabla\phi$.

(6) Bestimmen Sie die Divergenz und die Rotation des Tensorfeldes $\underset{\sim}{u} \otimes \underset{\sim}{v}$ mit $\underset{\sim}{u}$ und $\underset{\sim}{v}$ aus (5). ■

5.8 Integralsätze

Bei der Auswertung der Erhaltungssätze in der Mechanik ist es erforderlich, Oberflächenintegrale in Volumenintegrale und Linienintegrale in Flächenintegrale umzuwandeln, wenn man von einer globalen Betrachtungsweise bei der Formulierung der Erhaltungssätze ausgeht. Diese Umwandlungen beziehen sich auf Skalar-, Vektor- und Tensorfelder. Doch auch in anderen Gebieten der Geometrie und der Mechanik spielen die Integralsätze eine Rolle, wie z.B. bei der numerischen Berechnung von Flächen- und Massenträgheitsmomenten. Im folgenden wollen wir die wichtigsten Integralsätze ableiten.

5.8.1 Umwandlung von Oberflächenintegralen in Volumenintegrale

Zunächst überführen wir das Flächenintegral des tensoriellen Produktes eines Vektorfeldes $\underset{\sim}{u}(\underset{\sim}{x})$ mit dem Flächenvektor $d\underset{\sim}{a}$ in ein Volumenintegral.

Die gewählte Vorgehensweise hat den Vorteil, daß aus dieser Umwandlung leicht weitere Integralsätze entwickelt werden können.

Zur Ableitung des Integralsatzes bezüglich des tensoriellen Produktes eines Vektorfeldes $\underset{\sim}{u}(\underset{\sim}{x},\ldots)$ mit dem Flächenvektor $d\underset{\sim}{a}$ gehen wir aus von einem differentiellen Volumenelement $d\mathcal{U}$ mit der Oberfläche $\partial d\mathcal{U}$, das dem Punkt x im Euklidischen Raum zugeordnet ist.

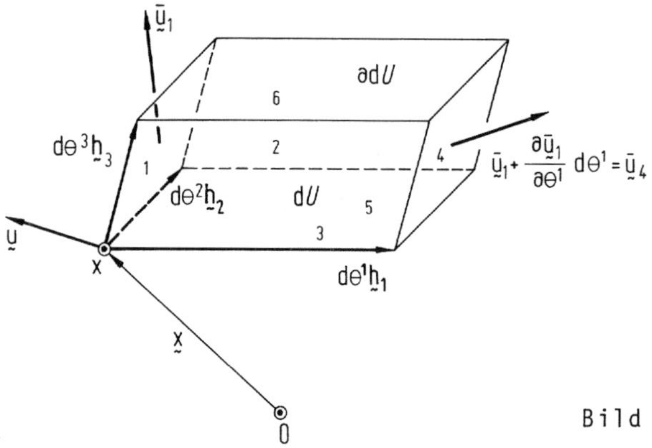

Bild 5.11 Das Volumenelement

In dem Punkt x errichten wir ein natürliches Basissystem $\underset{\sim}{h}_1$, $\underset{\sim}{h}_2$, $\underset{\sim}{h}_3$ mit den zugehörigen krummlinigen Koordinaten Θ^1, Θ^2, Θ^3. Das Volumenelement wird gebildet durch das Spatprodukt der Vektoren $d\Theta^1\underset{\sim}{h}_1$, $d\Theta^2\underset{\sim}{h}_2$ und $d\Theta^3\underset{\sim}{h}_3$ (s. Bild 5.11).

$$dv = d\Theta^1 d\Theta^2 d\Theta^3 \underset{\sim}{h}_1 \cdot (\underset{\sim}{h}_2 \times \underset{\sim}{h}_3), \qquad dv = \sqrt{h}\, d\Theta^1 d\Theta^2 d\Theta^3, \qquad h = \det \| h_{ik} \| . \tag{5.8.1}$$

Die Flächenvektoren der Teilflächen $d\underset{\sim}{a}_1$ bis $d\underset{\sim}{a}_3$ des Volumenelementes berechnen wir durch

$$\begin{aligned} d\underset{\sim}{a}_1 &= d\Theta^2 d\Theta^3\, \underset{\sim}{h}_3 \times \underset{\sim}{h}_2 = - d\Theta^2 d\Theta^3 \sqrt{h}\, \underset{\sim}{h}^1 = - d\underset{\sim}{a}_4 , \\ d\underset{\sim}{a}_2 &= d\Theta^1 d\Theta^3\, \underset{\sim}{h}_1 \times \underset{\sim}{h}_3 = - d\Theta^1 d\Theta^3 \sqrt{h}\, \underset{\sim}{h}^2 = - d\underset{\sim}{a}_5 , \\ d\underset{\sim}{a}_3 &= d\Theta^1 d\Theta^2\, \underset{\sim}{h}_2 \times \underset{\sim}{h}_1 = - d\Theta^1 d\Theta^2 \sqrt{h}\, \underset{\sim}{h}^3 = - d\underset{\sim}{a}_6 . \end{aligned} \tag{5.8.2}$$

Wir bestimmen nun die *Mittelwerte* $\bar{\underset{\sim}{u}}_i$ des in den Teilflächen wirkenden Vektorfeldes $\underset{\sim}{u}$. Für die Teilfläche da_1 gilt:

$$\bar{\underset{\sim}{u}}_1 = \underset{\sim}{u} + \frac{\partial \underset{\sim}{u}}{\partial \Theta^2} \frac{d\Theta^2}{2} + \frac{\partial \underset{\sim}{u}}{\partial \Theta^3} \frac{d\Theta^3}{2} . \tag{5.8.3}$$

Entsprechend finden wir für die Teilfläche da_4:

$$\bar{\underset{\sim}{u}}_4 = \bar{\underset{\sim}{u}}_1 + \frac{\partial \bar{\underset{\sim}{u}}_1}{\partial \Theta^1} d\Theta^1 = \bar{\underset{\sim}{u}}_1 + \frac{\partial \underset{\sim}{u}}{\partial \Theta^1} d\Theta^1 + \frac{\partial^2 \underset{\sim}{u}}{\partial \Theta^2 \partial \Theta^1} \frac{d\Theta^2}{2} d\Theta^1 + \frac{\partial^2 \underset{\sim}{u}}{\partial \Theta^3 \partial \Theta^1} \frac{d\Theta^3}{2} d\Theta^1 .$$

Unter Vernachlässigung der Glieder, die von höherer Ordnung klein sind, ergibt sich

$$\bar{\underset{\sim}{u}}_4 = \bar{\underset{\sim}{u}}_1 + \frac{\partial \underset{\sim}{u}}{\partial \Theta^1}\, d\Theta^1 . \tag{5.8.4}$$

Weiterhin erhalten wir für die Teilfläche da_5

$$\bar{\underset{\sim}{u}}_5 = \bar{\underset{\sim}{u}}_2 + \frac{\partial \underset{\sim}{u}}{\partial \Theta^2}\, d\Theta^2 \tag{5.8.5}$$

und für die Teilfläche da_6

$$\bar{\underset{\sim}{u}}_6 = \bar{\underset{\sim}{u}}_3 + \frac{\partial \underset{\sim}{u}}{\partial \Theta^3}\, d\Theta^3 . \tag{5.8.6}$$

Das Flächenintegral über das tensorielle Produkt $\underset{\sim}{u} \otimes d\underset{\sim}{a}$ ist in erster Näherung gleich der Summe der tensoriellen Produkte der Mittelwerte des Vektorfeldes und der Flächenvektoren der Teilflächen:

$$\int_{\partial d\mathcal{U}} \underset{\sim}{u} \otimes d\underset{\sim}{a} = \sum_{i=1}^{6} \bar{\underset{\sim}{u}}_i \otimes d\underset{\sim}{a}_i . \tag{5.8.7}$$

Nun ist

$$\sum_{i=1}^{6} \bar{\underset{\sim}{u}}_i \otimes d\underset{\sim}{a}_i = \bar{\underset{\sim}{u}}_1 \otimes d\underset{\sim}{a}_1 + \bar{\underset{\sim}{u}}_2 \otimes d\underset{\sim}{a}_2 + \bar{\underset{\sim}{u}}_3 \otimes d\underset{\sim}{a}_3 - \bar{\underset{\sim}{u}}_4 \otimes d\underset{\sim}{a}_1 - \bar{\underset{\sim}{u}}_5 \otimes d\underset{\sim}{a}_2 - \bar{\underset{\sim}{u}}_6 \otimes d\underset{\sim}{a}_3 ,$$

wenn wir die Aussagen (5.8.2) beachten. Mit den Beziehungen für die Mittelwerte des Vektorfeldes $\underset{\sim}{u}(\underset{\sim}{x},\ldots)$ ((5.8.4) bis (5.8.6)) folgt

$$\sum_{i=1}^{6} \bar{\underset{\sim}{u}}_i \otimes d\underset{\sim}{a}_i = - \frac{\partial \underset{\sim}{u}}{\partial \Theta^1}\, d\Theta^1 \otimes d\underset{\sim}{a}_1 - \frac{\partial \underset{\sim}{u}}{\partial \Theta^2}\, d\Theta^2 \otimes d\underset{\sim}{a}_2 - \frac{\partial \underset{\sim}{u}}{\partial \Theta^3}\, d\Theta^3 \otimes d\underset{\sim}{a}_3$$

oder, wenn wir (5.8.2) berücksichtigen:

$$\sum_{i=1}^{6} \bar{\underset{\sim}{u}}_i \otimes d\underset{\sim}{a}_i = \left(\frac{\partial \underset{\sim}{u}}{\partial \Theta^1} \otimes \underset{\sim}{h}^1 + \frac{\partial \underset{\sim}{u}}{\partial \Theta^2} \otimes \underset{\sim}{h}^2 + \frac{\partial \underset{\sim}{u}}{\partial \Theta^3} \otimes \underset{\sim}{h}^3 \right) \sqrt{h}\, d\Theta^1 d\Theta^2 d\Theta^3 .$$

Die Einfügung von (5.8.1) führt zu

$$\sum_{i=1}^{6} \bar{\underset{\sim}{u}}_i \otimes d\underset{\sim}{a}_i = \frac{\partial \underset{\sim}{u}}{\partial \Theta^i} \otimes \underset{\sim}{h}^i dv = \frac{\partial \underset{\sim}{u}}{\partial \underset{\sim}{x}}\, dv$$

oder mit (5.8.7)

$$\int_{\partial d\mathcal{U}} \underset{\sim}{u} \otimes d\underset{\sim}{a} = \frac{\partial \underset{\sim}{u}}{\partial \underset{\sim}{x}}\, dv. \tag{5.8.8}$$

Wir betrachten jetzt einen regulären endlichen Bereich $\mathcal{U}$ des Euklidischen Raumes E^3 mit der regulären geschlossenen Oberfläche $\partial\mathcal{U}$. Den Bereich $\mathcal{U}$ zerlegen wir in Teilvolumina. Für jedes Teilvolumen läßt sich die Beziehung (5.8.8) anschreiben. Wenn wir jetzt die Terme für alle Teilvolumina addieren, so heben sich in den Summen die tensoriellen Produkte der inneren Trennflächen heraus, weil der Wert für jede innere Oberfläche zweimal mit entgegengesetzter Normalenrichtung erscheint und weil, solange das Vektorfeld $\underset{\sim}{u}$ stetig ist, der Wert des tensoriellen Produktes auf den inneren Trennflächen jeweils gleich ist. Wir haben somit nur die Summation (Integration) über den gesamten äußeren Bereich mit dem Einheitsnormalenvektor $\underset{\sim}{n}$ durchzuführen. Wenn wir außerdem die Summation über die Teilvolumina als Integral schreiben, erhalten wir

$$\int_{\partial\mathcal{U}} \underset{\sim}{u} \otimes d\underset{\sim}{a} = \int_{\mathcal{U}} \frac{\partial \underset{\sim}{u}}{\partial \underset{\sim}{x}}\, dv \quad \text{oder} \quad \int_{\partial\mathcal{U}} \underset{\sim}{u} \otimes \underset{\sim}{n}\, da = \int_{\mathcal{U}} \frac{\partial \underset{\sim}{u}}{\partial \underset{\sim}{x}}\, dv. \tag{5.8.9}$$

Aus diesem Integralsatz lassen sich nun leicht weitere Integralsätze bezüglich der Umwandlung von Flächenintegralen in Volumenintegralen ableiten, die ein Skalarfeld $\phi(\underset{\sim}{x})$, ein Vektorfeld $\underset{\sim}{u}(\underset{\sim}{x})$ und ein Tensorfeld $\underset{\sim}{T}(\underset{\sim}{x})$ beinhalten (s. [1]):

$$\int_{\partial\mathcal{U}} \phi \underset{\sim}{n}\, da = \int_{\mathcal{U}} \frac{\partial \phi}{\partial \underset{\sim}{x}}\, dv, \tag{5.8.10}$$

$$\int_{\partial\mathcal{U}} \underset{\sim}{u} \cdot \underset{\sim}{n}\, da = \int_{\mathcal{U}} \operatorname{div} \underset{\sim}{u}\, dv, \tag{5.8.11}$$

$$\int_{\partial\mathcal{U}} \underset{\sim}{n} \times \underset{\sim}{u}\, da = \int_{\mathcal{U}} \operatorname{rot} \underset{\sim}{u}\, dv, \tag{5.8.12}$$

$$\int_{\partial\mathcal{U}} \underset{\sim}{T}\, \underset{\sim}{n}\, da = \int_{\mathcal{U}} \operatorname{div} \underset{\sim}{T}\, dv, \tag{5.8.13}$$

$$\int_{\partial\mathcal{U}} \underset{\sim}{u} \times \underset{\sim}{T}\, \underset{\sim}{n}\, da = \int_{\mathcal{U}} (\underset{\sim}{u} \times \operatorname{div} \underset{\sim}{T} + \nabla \underset{\sim}{u} \times \underset{\sim}{T})\, dv. \tag{5.8.14}$$

In der Literatur wird die Umwandlung (5.8.11) auch als *Gaußscher Integralsatz* bezeichnet. Aus (5.8.10) folgt mit ϕ als konstantem Feld unmittelbar der sogenannte *Flächensatz*:

$$\int_{\partial\mathcal{U}} \underset{\sim}{n}\, da = \underset{\sim}{o} \quad \text{oder} \quad \int_{\partial\mathcal{U}} d\underset{\sim}{a} = \underset{\sim}{o}. \tag{5.8.15}$$

5.8.2 Umwandlung von Linienintegralen in Flächenintegrale

Es gelten die Voraussetzungen des Abschnittes 5.8.1. Das Ziel dieses Kapitels ist zunächst die Umwandlung des geschlossenen Linienintegrals $\int_L \underset{\sim}{u} \otimes d\underset{\sim}{x}$ in ein Flächenintegral. Die Linie L wird durch den Ortsvektor $\underset{\sim}{x}$ beschrieben. Zur Bestimmung der Umwandlung gehen wir aus von einem differentiell kleinen Flächenelement da, das dem Punkt x in E^3 zugeordnet ist und welches die Umrandung dL besitzt.

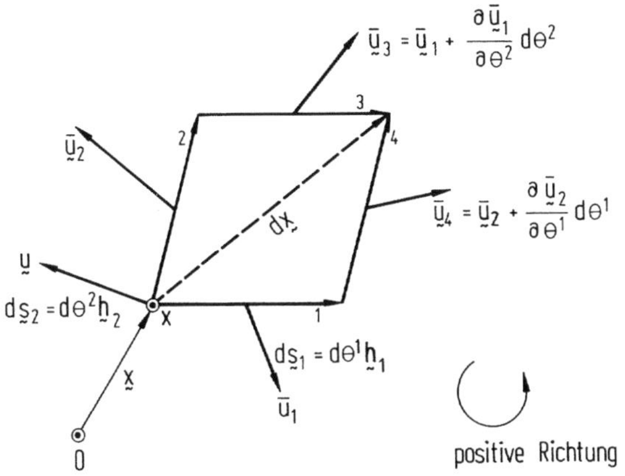

Bild 5.12
Das Flächenelement

Das geschlossene Linienintegral hat in erster Näherung den folgenden Wert, wenn wir als positive Umlaufrichtung die im Bild 5.12 angegebene Richtung wählen:

$$\oint_{dL} \underset{\sim}{u} \otimes d\underset{\sim}{x} = \sum_{i=1}^{4} \bar{\underset{\sim}{u}}_i \otimes d\underset{\sim}{s}_i = \bar{\underset{\sim}{u}}_1 \otimes d\Theta^1 \underset{\sim}{h}_1 + \bar{\underset{\sim}{u}}_4 \otimes d\Theta^2 \underset{\sim}{h}_2 - \bar{\underset{\sim}{u}}_3 \otimes d\Theta^1 \underset{\sim}{h}_1 - $$
$$- \bar{\underset{\sim}{u}}_2 \otimes d\Theta^2 \underset{\sim}{h}_2 .$$

Wir entnehmen die Mittelwerte des Vektors $\underset{\sim}{u}$ aus Abschnitt 5.8.1 und erhalten

$$\oint_{dL} \underset{\sim}{u} \otimes d\underset{\sim}{x} = \left(\frac{\partial \underset{\sim}{u}}{\partial \Theta^1} \otimes \underset{\sim}{h}_2 - \frac{\partial \underset{\sim}{u}}{\partial \Theta^2} \otimes \underset{\sim}{h}_1 \right) d\Theta^1 d\Theta^2 .$$

Diesen Ausdruck können wir mit den Rechenregeln für das äußere Produkt umschreiben:

$$\oint_{dL} d\underset{\sim}{x} \otimes \underset{\sim}{u} = d\underset{\sim}{a} \times \left(\frac{\partial \underset{\sim}{u}}{\partial \underset{\sim}{x}} \right)^T . \tag{5.8.16}$$

Wir betrachten jetzt eine endliche, einfach zusammenhängende Fläche A

mit der Berandung L. Die Fläche A zerlegen wir in Teilflächen. Entsprechend den Ausführungen in Abschn. 5.8.1 verbleibt dann nach Addition der einzelnen Terme

$$\oint_L d\underset{\sim}{x} \otimes \underset{\sim}{u} = \int_A d\underset{\sim}{a} \times \left(\frac{\partial \underset{\sim}{u}}{\partial \underset{\sim}{x}}\right)^T = \int_A \underset{\sim}{n} \times \left(\frac{\partial \underset{\sim}{u}}{\partial \underset{\sim}{x}}\right)^T da. \tag{5.8.17}$$

Ergänzend geben wir weitere aus (5.8.17) ableitbare Integralsätze an:

$$\oint_L \phi \, d\underset{\sim}{x} = \int_A \underset{\sim}{n} \times \frac{\partial \phi}{\partial \underset{\sim}{x}} da, \tag{5.8.18}$$

$$\oint_L \underset{\sim}{u} \cdot d\underset{\sim}{x} = \int_A \operatorname{rot} \underset{\sim}{u} \cdot \underset{\sim}{n} \, da, \tag{5.8.19}$$

$$\oint_L \underset{\sim}{u} \times d\underset{\sim}{x} = \int_A \operatorname{div} \underset{\sim}{u} \, \underset{\sim}{n} \, da - \int_A \left(\frac{\partial \underset{\sim}{u}}{\partial \underset{\sim}{x}}\right)^T \underset{\sim}{n} \, da, \tag{5.8.20}$$

$$\oint_L \underset{\sim}{T} \, d\underset{\sim}{x} = \int_A (\operatorname{rot} \underset{\sim}{T})^T \underset{\sim}{n} \, da, \tag{5.8.21}$$

$$\oint_L \underset{\sim}{u} \times \underset{\sim}{T} \, d\underset{\sim}{x} = \int_A \{[\underset{\sim}{u} \times (\operatorname{rot} \underset{\sim}{T})^T]\underset{\sim}{n} + [(\underset{\sim}{n} \times \underset{\sim}{T}^T)]^T \times \nabla \underset{\sim}{u}\} da. \tag{5.8.22}$$

Die Beziehung (5.8.19) ist als *Stokesscher Integralsatz* bekannt. Für jede geschlossene Fläche verschwinden die Flächenintegrale in (5.8.17) bis (5.8.21), was unmittelbar aus den Integralsätzen in Abschn. 5.8.1 in Verbindung mit den Rechenregeln in Abschn. 5.5.3 folgt. Aus (5.8.19) lesen wir ab, daß für jede geschlossene Kurve $\oint_L \underset{\sim}{u} \cdot d\underset{\sim}{x}$ gleich Null ist, wenn in einem Raumbereich rot $\underset{\sim}{u}$ verschwindet. Dann ist nach (5.5.27) notwendig, daß $\underset{\sim}{u}$ gleich grad ϕ ist, wobei ϕ ein Skalarfeld darstellt. Geben wir das Vektorfeld $\underset{\sim}{u}$ als grad ϕ vor, so ist auch rot $\underset{\sim}{u}$ gleich Null (notwendig und hinreichend). In Anlehnung an die Hydrodynamik nennt man $\oint_L u \cdot d\underset{\sim}{x}$ allgemein die *Zirkulation*.

■ *Übungsaufgaben zu 5.8:*

(1) Zeigen Sie, daß das Volumen eines regulär berandeten Körpers durch

$$v = \frac{1}{3} \int_{\partial U} \underset{\sim}{x} \cdot d\underset{\sim}{a}$$

bestimmt ist.

(2) Berechnen Sie das Volumen eines Ellipsoids.

(3) Das Statische Moment eines regulär berandeten Körpers ist durch $\underset{\sim}{S} = \int\limits_{U} \underset{\sim}{x}\, dv$ gegeben. Stellen Sie das Statische Moment durch ein Oberflächenintegral dar.

(4) Beweisen Sie die Rechenregel

$$\int\limits_{\partial U} \underset{\sim}{T} \otimes d\underset{\sim}{a} = \int\limits_{U} \nabla \underset{\sim}{T}\, dv.$$

(5) Zeigen Sie, daß das Oberflächenintegral

$$\int\limits_{\partial U} \mathrm{rot}\, \underset{\sim}{u} \cdot d\underset{\sim}{a}$$

verschwindet. ■

In den vorigen Abschnitten ist die Vektor- und Tensoralgebra sowie die Vektor- und Tensoranalysis in einer für Ingenieure zweckmäßigen Form dargelegt worden. In den abschließenden Kapiteln wird eine Einführung in die Kontinuumsmechanik gegeben und die lineare Schalentheorie entwickelt, um die Anwendung und die Nützlichkeit des Vektor- und Tensorkalküls in den beiden für die Mechanik und die Ingenieurwissenschaften relevanten Gebieten aufzuzeigen.

6 Einführung in die Kontinuumsmechanik

6.1 Einleitung und Zielsetzung

In der ersten Hälfte dieses Jahrhunderts hat sich die Mechanik - zum Teil sehr einseitig - in Richtung einer angewandten (technischen) Mechanik entwickelt. Bedingt war diese Vorgehensweise durch die stürmische Entwicklung der Technik. Die Erfordernisse, ganz konkrete Aufgabenstellungen behandeln zu müssen, führten jedoch zu einer starken Zersplitterung der Mechanik. Es soll dabei nicht verkannt werden, daß im Rahmen der angewandten Mechanik wichtige Ergebnisse in der Festigkeitslehre der Tragwerke, in der Elastizitäts- und Plastizitätstheorie sowie in der Strömungsmechanik gewonnen werden konnten. Eine Besinnung auf die Grundlagen der Mechanik, die in weiten Bereichen bereits im vorigen Jahrhundert formuliert wurden, ist in den letzten Jahrzehnten erfolgt. Die Ergebnisse bilden das Gerüst der modernen Kontinuumsmechanik, die die einheitliche Behandlung der gasförmigen, flüssigen und festen Kontinua ermöglicht. Die Entwicklung der Kontinuumsmechanik ist entscheidend geprägt durch die Schulen von *C.A. Truesdell* und *W. Noll* sowie *A.E. Green* und *S. Rivlin* (s. [19], [16]). Ein wesentliches Verdienst ihrer Arbeiten ist die Bereinigung der Kontinuumstheorie von Irrtümern und unzulänglichen Darstellungen, die durch die angewandte Mechanik eingebracht worden waren. Die neuen Bestrebungen haben zum Ziel, die Kontinuumsmechanik auf der Basis von wenigen mechanischen und thermodynamischen Axiomen aufzubauen. Dieses Vorgehen erfordert einen mathematischen Kalkül, der dem Problemkreis angepaßt ist; ein solcher Kalkül liegt mit der Vektor- und Tensorrechnung vor. Da die Axiome der Mechanik unabhängig von jeglichen Basissystemen gelten, bietet sich die Vektor- und Tensorrechnung in absoluter Schreibweise, wie sie in diesem Buch angegeben ist, zur Beschreibung der Grundlagen der Kontinuumsmechanik an. Der Vektor- und Tensorkalkül ermöglicht eine sehr kompakte und übersichtliche Darstellung der Kontinuumstheorie und trägt wesentlich zur Klärung verwickelter Zusammenhänge bei.

Wir betrachten die Kontinuumsmechanik als eine phänomenologische Theorie, d.h. wir greifen nicht zurück auf Ergebnisse, die sich aus dem molekularen Aufbau der Werkstoffe ergeben. Für die Ingenieurwissenschaften ist es im allgemeinen ausreichend, mathematische Modelle für das mechanische Verhalten der Kontinua einzuführen und zu untersuchen. Im Rahmen dieses Buches müssen wir uns natürlich auf die Angabe einiger wichtiger Ergebnisse der Kontinuumsmechanik beschränken. Wir klammern insbesondere das weite Gebiet der Thermodynamik aus, obwohl thermische Einflüsse, insbesondere auch bei dissipativen Materialien, eine wichtige Rolle spielen können. Doch ihre Einbeziehung würde den Rahmen dieses Buches sprengen.

Wir werden zunächst ausführlich die Kinematik der Deformationen entwickeln. Danach werden die mechanischen Erhaltungssätze angegeben und diskutiert. Abschließend wenden wir uns einigen speziellen konstitutiven Gleichungen zu.

6.2 Grundbegriffe und kinematische Grundlagen

Die Kontinuumsmechanik beschreibt die Bewegung der Körper unter der Einwirkung von Kräften. Die Klärung der Begriffe - Körper, Bewegung, Kraft - sowie ihre Verknüpfung ist das Anliegen der folgenden Abschnitte.

6.2.1 Körper, Plazierung, Bewegung

Ein Körper $\mathcal{B}$ ist die dreidimensionale Mannigfaltigkeit seiner *Körperpunkte* X. Die Menge der Randpunkte des Körpers wird *Oberfläche* $\partial\mathcal{B}$ genannt. Entsprechend wird ein *Teilkörper* von $\mathcal{B}$ mit $\mathcal{P}$ sowie seine Oberfläche mit $\partial\mathcal{P}$ bezeichnet. Zur Beschreibung der Lage der Körperpunkte X im dreidimensionalen Raum ist die Vorgabe eines raumfesten Bezugspunktes O erforderlich.

Wir definieren die *Bewegung* $\underset{\sim}{\chi}$ des Körpers $\mathcal{B}$ als eine stetige und eindeutige Abbildung der Körperpunkte von $\mathcal{B}$ auf den Bereich des dreidimensionalen Euklidischen Raumes:

$$\underset{\sim}{x} = \underset{\sim}{\chi}(X, t). \tag{6.2.1}$$

Für eine beliebige Zeit t gibt die Abbildung $\underset{\sim}{\chi}(X, t)$ die *Plazierung* der Körperpunkte X in der Bewegung $\underset{\sim}{\chi}$ an. Zu diesem Zeitpunkt nimmt der Körperpunkt X den *Ort* (die *Lage*) $\underset{\sim}{x}$ ein.

Die zeitlichen Ableitungen der Bewegung

$$\dot{\underset{\sim}{x}} = \frac{\partial}{\partial t} \underset{\sim}{\chi}(X, t) = \dot{\underset{\sim}{\chi}}(X, t) \tag{6.2.2}$$

und

$$\ddot{\underset{\sim}{x}} = \frac{\partial^2}{\partial t^2} \underset{\sim}{\chi}(X, t) = \ddot{\underset{\sim}{\chi}}(X, t) \tag{6.2.3}$$

sind die *Geschwindigkeit* und die *Beschleunigung* der Körperpunkte. Die in dieser Weise gebildeten zeitlichen Ableitungen werden auch als *materielle Zeitableitungen* bezeichnet. Die Beschreibung der Bewegung in der Form (6.2.1) - auch *materielle Beschreibung* genannt - ist in der Kontinuumsmechanik wenig gebräuchlich. Vielmehr ist es sinnvoll, eine *Referenzplazierung* $\underset{\sim}{\kappa}$ einzuführen, indem wir eine spezielle Plazierung von $\mathcal{B}$ zur Zeit t auswählen. Es ist nicht erforderlich, die Referenzplazierung als Sonderfall der Bewegung $\underset{\sim}{\chi}$ anzusehen; sie kann unabhängig von $\underset{\sim}{\chi}$ angenommen werden. Der Ort, dem der Körperpunkt X in der Referenzplazierung zugeordnet ist, wird mit dem Ortsvektor $\underset{\sim}{X}$ festgelegt:

$$\underset{\sim}{X} = \underset{\sim}{\kappa}(X). \tag{6.2.4}$$

Es ist nun für die folgenden Überlegungen zweckmäßig, den Körperpunkt X mit dem Ortsvektor $\underset{\sim}{X}$ in der Referenzplazierung $\underset{\sim}{\kappa}$ zu identifizieren, so daß wir statt (6.2.1) auch schreiben können

$$\underset{\sim}{x} = \underset{\sim}{\chi}(X, t) = \underset{\sim}{\chi}_{\underset{\sim}{\kappa}}(\underset{\sim}{X}, t). \tag{6.2.5}$$

Der Bezug der Bewegung auf die Referenzplazierung ist durch den Index $\underset{\sim}{\kappa}$ gekennzeichnet. Die Abbildung $\underset{\sim}{\chi}_{\underset{\sim}{\kappa}}(X, t)$ ist eine *Überführung* der Körperpunkte von der Referenzlage $\underset{\sim}{X}$ in die aktuelle Lage $\underset{\sim}{x}$ zur Zeit t. Die Wahl der Referenzplazierung ist, wie bereits vorher schon angedeutet, beliebig, so daß eine Bewegung des Körpers durch unendlich viele verschiedene Abbildungen dargestellt werden kann. Der Vorteil der Einführung der Referenzplazierung liegt darin, daß der Vektor- und Tensorkalkül angewandt werden kann. Die Form (6.2.5) wird auch als *referentielle Beschreibung* der Bewegung $\underset{\sim}{\chi}$ bezeichnet.

Mit derselben Argumentation wie vorhin wollen wir jede skalarwertige Funktion $\phi = \hat{\phi}(X, t)$ durch den Wert $\phi_{\underset{\sim}{\kappa}}(\underset{\sim}{X}, t)$ ersetzen, die dieselben Werte für entsprechende Variable X und $\underset{\sim}{X}$ bei gegebenem $\underset{\sim}{\kappa}$ besitzt:

$$\phi = \hat{\phi}(X, t) = \phi_{\underset{\sim}{\kappa}}(\underset{\sim}{X}, t). \tag{6.2.6}$$

Dasselbe gilt für die vektor- und tensorwertigen Funktionen $\underset{\sim}{f}$ und $\underset{\sim}{F}$:

$$\underset{\sim}{f} = \hat{\underset{\sim}{f}}(X, t) = \underset{\sim}{f}_{\underset{\sim}{\kappa}}(\underset{\sim}{X}, t), \quad \underset{\sim}{F} = \hat{\underset{\sim}{F}}(X, t) = \underset{\sim}{F}_{\underset{\sim}{\kappa}}(\underset{\sim}{X}, t). \tag{6.2.7}$$

Zeitliche Ableitungen von Funktionen, die von der *referentiellen Variablen* $\underset{\sim}{X}$ und t abhängen, wollen wir weiterhin ebenfalls durch einen übergesetzten Punkt kennzeichnen, d.h.

$$\dot{\phi} = \frac{\partial \phi_{\underset{\sim}{K}}(\underset{\sim}{X}, t)}{\partial t} = \dot{\phi}_{\underset{\sim}{K}}(\underset{\sim}{X}, t), \quad \dot{f} = \frac{\partial f_{\underset{\sim}{K}}(\underset{\sim}{X}, t)}{\partial t} = \dot{\underset{\sim}{f}}_{\underset{\sim}{K}}(\underset{\sim}{X}, t),$$

$$\dot{\underset{\sim}{F}} = \frac{\partial F_{\underset{\sim}{K}}(\underset{\sim}{X}, t)}{\partial t} = \dot{\underset{\sim}{F}}_{\underset{\sim}{K}}(\underset{\sim}{X}, t). \tag{6.2.8}$$

Insbesondere gelten für die Geschwindigkeit und die Beschleunigung der Körperpunkte nach (6.2.2) und (6.2.3) sowie (6.2.5)

$$\dot{\underset{\sim}{x}} = \frac{\partial \underset{\sim}{\chi}_{\underset{\sim}{K}}(\underset{\sim}{X}, t)}{\partial t} = \dot{\underset{\sim}{\chi}}_{\underset{\sim}{K}}, \quad \ddot{\underset{\sim}{x}} = \frac{\partial^2 \underset{\sim}{\chi}_{\underset{\sim}{K}}(\underset{\sim}{X}, t)}{\partial t^2} = \ddot{\underset{\sim}{\chi}}_{\underset{\sim}{K}}. \tag{6.2.9}$$

Eine weitere Methode, die Bewegung eines Körpers zu beschreiben, ist die *räumliche Beschreibung*. In diesem Fall werden der Ort $\underset{\sim}{x}$ und die Zeit t als unabhängige Variable genommen. Mit (6.2.5) kann jeder Wert einer skalarwertigen Funktion $\phi_{\underset{\sim}{K}}(\underset{\sim}{X}, t)$ durch die *räumliche Variable* $\underset{\sim}{x}$ und t ersetzt werden - vorausgesetzt, die Inversion von (6.2.5) existiert -; die Funktion hat dieselben Werte für entsprechende Argumente $\underset{\sim}{X}$ und $\underset{\sim}{x}$:

$$\phi_{\underset{\sim}{K}}(\underset{\sim}{X}, t) = \phi_{\underset{\sim}{K}}[\underset{\sim}{\chi}_{\underset{\sim}{K}}^{-1}(\underset{\sim}{x}, t), t] = \varphi(\underset{\sim}{x}, t). \tag{6.2.10}$$

Die materielle Zeitableitung liefert

$$\dot{\phi} = \dot{\varphi} = \frac{\partial \varphi}{\partial t} + \frac{\partial \varphi}{\partial \underset{\sim}{x}} \bullet \dot{\underset{\sim}{x}}. \tag{6.2.11}$$

Entsprechend gelten für eine vektorwertige Funktion $\underset{\sim}{g} = \hat{\underset{\sim}{g}}(\underset{\sim}{x}, t)$

$$\dot{\underset{\sim}{g}} = \frac{\partial \hat{\underset{\sim}{g}}}{\partial t} + \frac{\partial \hat{\underset{\sim}{g}}}{\partial \underset{\sim}{x}} \dot{\underset{\sim}{x}} \tag{6.2.12}$$

und eine tensorwertige Funktion $\underset{\sim}{G} = \hat{\underset{\sim}{G}}(\underset{\sim}{x}, t)$

$$\dot{\underset{\sim}{G}} = \frac{\partial \hat{\underset{\sim}{G}}}{\partial t} + \frac{\partial \hat{\underset{\sim}{G}}}{\partial \underset{\sim}{x}} \dot{\underset{\sim}{x}}. \tag{6.2.13}$$

Mit (6.2.12) kann unmittelbar das Beschleunigungsfeld $\ddot{\underset{\sim}{x}}(\underset{\sim}{x}, t)$ aus dem Geschwindigkeitsfeld $\dot{\underset{\sim}{x}}(\underset{\sim}{x}, t)$ abgeleitet werden:

$$\ddot{\underset{\sim}{x}} = \frac{\partial \dot{\underset{\sim}{x}}}{\partial t} + \frac{\partial \dot{\underset{\sim}{x}}}{\partial \underset{\sim}{x}} \dot{\underset{\sim}{x}}. \tag{6.2.14}$$

Dies ist die Formel von *D'Alembert-Euler*.

6.2.2 Lokale Deformation und Deformationsgeschwindigkeiten

Für die folgenden Untersuchungen gehen wir von der referentiellen Beschreibung der Bewegung (6.2.5) aus. Die Überführung $\underset{\sim}{\chi}_{\underset{\sim}{K}}$ sei eindeutig, und die inverse Funktion möge existieren. Die notwendige Bedingung hierfür ist, daß die *Jakobische Determinante* J von Null verschieden ist, d.h.

$$J = \det \frac{\partial \underset{\sim}{\chi}_K}{\partial \underset{\sim}{X}} \neq 0. \qquad (6.2.15)$$

Für die Entwicklung der Kinematik der Deformationen ist die Feldfunktion $\underset{\sim}{\chi}_K(\underset{\sim}{X}, t)$ von grundlegender Bedeutung. Zunächst führen wir die *lokale Deformation* $\underset{\sim}{F}$ als Gradient von $\underset{\sim}{\chi}_K(\underset{\sim}{X}, t)$ ein:

$$\underset{\sim}{F} = \underset{\sim}{F}_K(\underset{\sim}{X}, t) = \frac{\partial \underset{\sim}{\chi}_K(\underset{\sim}{X}, t)}{\partial \underset{\sim}{X}}. \qquad (6.2.16)$$

Die lokale Deformation $\underset{\sim}{F}$ ist wiederum eine Feldfunktion. Sie bildet den Differenzvektor $d\underset{\sim}{X}$ zweier infinitesimal benachbarter Körperpunkte der Referenzplazierung in den Differenzvektor $d\underset{\sim}{x}$ der gleichen Punkte der aktuellen Plazierung ab:

$$d\underset{\sim}{x} = \frac{\partial \underset{\sim}{\chi}_K(\underset{\sim}{X}, t)}{\partial \underset{\sim}{X}} d\underset{\sim}{X} = \underset{\sim}{F} d\underset{\sim}{X}. \qquad (6.2.17)$$

Durch Vergleich mit (6.2.15) folgt außerdem

$$J = \det \underset{\sim}{F}. \qquad (6.2.18)$$

Weiterhin bilden wir den *räumlichen Geschwindigkeitsgradienten* $\underset{\sim}{L}$ des Geschwindigkeitsfeldes $\dot{\underset{\sim}{x}}(\underset{\sim}{x}, t)$:

$$\underset{\sim}{L} = \frac{\partial \dot{\underset{\sim}{x}}(\underset{\sim}{x}, t)}{\partial \underset{\sim}{x}}. \qquad (6.2.19)$$

Er ist mit der lokalen Deformation $\underset{\sim}{F}$ und der materiellen zeitlichen Ableitung von $\underset{\sim}{F}$ durch

$$\underset{\sim}{L} = \dot{\underset{\sim}{F}} \underset{\sim}{F}^{-1} \qquad (6.2.20)$$

verbunden. Der räumliche Geschwindigkeitsgradient $\underset{\sim}{L}$ läßt sich additiv in einen symmetrischen und schiefsymmetrischen Tensor zerlegen

$$\underset{\sim}{L} = \underset{\sim}{D} + \underset{\sim}{W} \qquad (6.2.21)$$

mit

$$\underset{\sim}{D} = \frac{1}{2}(\underset{\sim}{L} + \underset{\sim}{L}^T), \quad \underset{\sim}{W} = \frac{1}{2}(\underset{\sim}{L} - \underset{\sim}{L}^T), \qquad (6.2.22)$$

wobei $\underset{\sim}{D}$ als *Streckgeschwindigkeitstensor* und $\underset{\sim}{W}$ als *Drehgeschwindigkeitstensor* bezeichnet wird.

Ist der schiefsymmetrische Tensor $\underset{\sim}{W}$ gegeben, so existiert ein axialer Vektor $\underset{\sim}{w}$, der sich nach (4.9.51) und (Q3) als

$$\underset{\sim}{w} = \frac{1}{2} \operatorname{rot} \dot{\underset{\sim}{x}} \qquad (6.2.23)$$

darstellen läßt. Deformationen, deren axiale Vektoren Null sind, werden wirbelfreie Deformationen genannt. Für quellenfreie Deformationen gilt div $\dot{\underset{\sim}{x}} = 0$ oder $\underset{\sim}{D} \cdot \underset{\sim}{I} = 0$. Diese werden auch als *isochore* Deformationen bezeichnet.

6.2.3 Deformations- und Verzerrungsmaße

Da die lokale Deformation $\underset{\sim}{F}$ im allgemeinen Anteile aus der Starrkörperbewegung enthält, ist sie zur Festlegung eines Formänderungsmaßes, das zusammen mit einer konstitutiven Beziehung Auskunft über die Beanspruchung des Körpers geben soll, wenig geeignet. Es gelingt jedoch, mit Hilfe der polaren Zerlegung (s. Abschn. 4.6.2) sinnvolle Deformationsmaße zu definieren, bei denen die Starrkörperbewegung abgespalten ist. Ist die lokale Deformation eindeutig vorgegeben und invertierbar, so können wir nach Abschn. 4.6.2 schreiben:

$$\underset{\sim}{F} = \underset{\sim}{R}\underset{\sim}{U} = \underset{\sim}{V}\underset{\sim}{R}, \tag{6.2.24}$$

wobei $\underset{\sim}{R}$ ein eigentlich orthogonaler Tensor *(Rotationstensor)* ist. Die symmetrischen Tensoren $\underset{\sim}{U}$ und $\underset{\sim}{V}$ werden als *Rechts-Strecktensor* und *Links--Strecktensor* bezeichnet. Der Rotationstensor $\underset{\sim}{R}$ ist örtlich veränderlich und bewirkt eine Rotation der materiellen Linienelemente - keinesfalls eine Starrkörperdrehung des ganzen Körpers -. Als Formänderungsmaße werden die Strecktensoren $\underset{\sim}{U}$ und $\underset{\sim}{V}$ im allgemeinen nicht verwendet, da zu ihrer Ermittlung irrationale Operationen erforderlich wären. Aus diesem Grunde ist es vorteilhaft, das Quadrat der Linienelemente zur Maßfestlegung heranzuziehen. Mit der linearen Abbildung (6.2.17) gilt

$$d\underset{\sim}{x} \cdot d\underset{\sim}{x} = d\underset{\sim}{X} \cdot \underset{\sim}{F}^T\underset{\sim}{F}d\underset{\sim}{X}. \tag{6.2.25}$$

Der Tensor

$$\underset{\sim}{C} = \underset{\sim}{F}^T\underset{\sim}{F} = \underset{\sim}{U}^2 \tag{6.2.26}$$

wird *rechter Cauchy-Greenscher Deformationstensor* genannt. Mit der Polarzerlegung $\underset{\sim}{F} = \underset{\sim}{V}\underset{\sim}{R}$ legen wir den *linken Cauchy-Greenscher Deformationstensor* fest:

$$\underset{\sim}{B} = \underset{\sim}{F}\underset{\sim}{F}^T = \underset{\sim}{V}^2. \tag{6.2.27}$$

Entsprechend den Ausführungen in Abschn. 4.6.2 gelten folgende Identitäten:

$$\underset{\sim}{V} = \underset{\sim}{R}\underset{\sim}{U}\underset{\sim}{R}^T, \quad \underset{\sim}{B} = \underset{\sim}{R}\underset{\sim}{C}\underset{\sim}{R}^T. \tag{6.2.28}$$

Weiterhin kann man leicht zeigen, daß die Invarianten des rechten und linken Greenschen Deformationstensors gleich sind, d.h.

$$I_{\underset{\sim}{C}} = I_{\underset{\sim}{B}}, \quad II_{\underset{\sim}{C}} = II_{\underset{\sim}{B}}, \quad III_{\underset{\sim}{C}} = III_{\underset{\sim}{B}}. \tag{6.2.29}$$

Die Determinanten der Strecktensoren und der Greenschen Deformationstensoren sind durch die Jakobische Determinante verknüpft:

$$\det \underset{\sim}{U} = \det \underset{\sim}{V} = J, \quad \det \underset{\sim}{C} = \det \underset{\sim}{B} = J^2. \tag{6.2.30}$$

Abschließend betrachten wir die materiellen zeitlichen Ableitungen der eingeführten Größen. So liefert die materielle zeitliche Ableitung des rechten Cauchy-Greenschen Deformationstensors $\underset{\sim}{C}$

$$\dot{\underset{\sim}{C}} = \dot{\underset{\sim}{F}}^T \underset{\sim}{F} + \underset{\sim}{F}^T \dot{\underset{\sim}{F}} = 2\underset{\sim}{U}\dot{\underset{\sim}{U}} \tag{6.2.31}$$

oder mit (6.2.20) und (6.2.22 a)

$$\dot{\underset{\sim}{C}} = \underset{\sim}{F}^T \underset{\sim}{L}^T \underset{\sim}{F} + \underset{\sim}{F}^T \underset{\sim}{L}\underset{\sim}{F} = 2\underset{\sim}{F}^T \underset{\sim}{D}\underset{\sim}{F}. \tag{6.2.32}$$

Entsprechend ergibt sich für

$$\dot{\underset{\sim}{B}} = \underset{\sim}{L}\underset{\sim}{F}\underset{\sim}{F}^T + \underset{\sim}{F}\underset{\sim}{F}^T \underset{\sim}{L}^T = \underset{\sim}{L}\underset{\sim}{B} + \underset{\sim}{B}\underset{\sim}{L}^T = 2\underset{\sim}{V}\dot{\underset{\sim}{V}}. \tag{6.2.33}$$

In der Referenzplazierung sind sowohl der rechte als auch der linke Greensche Deformationstensor gleich dem Identitätstensor $\underset{\sim}{I}$. Zum Einbau in die konstitutiven Beziehungen ist es dabei zweckmäßig - allerdings nicht erforderlich -, ein Formänderungsmaß zu definieren, das in der Referenzplazierung zu Null wird. Hierfür wird die Differenz der Quadrate der Linienvektoren herangezogen - unter Beachtung von (6.2.17) -:

$$d\underset{\sim}{x} \cdot d\underset{\sim}{x} - d\underset{\sim}{X} \cdot d\underset{\sim}{X} = d\underset{\sim}{X} \cdot (\underset{\sim}{F}^T \underset{\sim}{F} - \underset{\sim}{I}) d\underset{\sim}{X}. \tag{6.2.34}$$

Die hierin enthaltene Tensordifferenz ist als zweifacher Wert des *Cauchy-Greenschen Verzerrungstensors* bekannt und ergibt sich mit (6.2.26) zu

$$\underset{\sim}{E} = \frac{1}{2} (\underset{\sim}{F}^T \underset{\sim}{F} - \underset{\sim}{I}) = \frac{1}{2} (\underset{\sim}{C} - \underset{\sim}{I}), \tag{6.2.35}$$

wobei der Faktor $\frac{1}{2}$ historisch bedingt ist. Das Cauchy-Greensche Verzerrungsmaß ist willkürlich eingeführt und nicht durch weitergehende Prinzipe gerechtfertigt. Aus diesem Grunde ist es verständlich, daß in der Vergangenheit in der Literatur eine Anzahl von alternativen Verzerrungsmaßen eingeführt worden ist, auf deren Angabe wir jedoch verzichten wollen. Unter Beachtung von (6.2.32) finden wir für die zeitliche Ableitung

$$\dot{\underset{\sim}{E}} = \underset{\sim}{F}^T \underset{\sim}{D}\underset{\sim}{F}. \tag{6.2.36}$$

Bei der in weiten Bereichen der Mechanik wohl fundierten *Theorie kleiner Verzerrungen* geht man von dem *Verschiebungsvektor* $\underset{\sim}{u}$ statt von der Bewegung $\underset{\sim}{\chi}$ aus. Das Vektorfeld $\underset{\sim}{u}$ entsteht durch formale Subtraktion der Ortsvektoren $\underset{\sim}{x}$ und $\underset{\sim}{X}$:

$$\underset{\sim}{u} = \underset{\sim}{x} - \underset{\sim}{X}. \tag{6.2.37}$$

Die lokale Deformation (Deformationsgradient) $\underset{\sim}{F}$ ermitteln wir mit (6.2.37) zu

$$\underset{\sim}{F} = \underset{\sim}{I} + \frac{\partial \underset{\sim}{u}}{\partial \underset{\sim}{X}}. \tag{6.2.38}$$

Der rechte Greensche Deformationstensor und der Cauchy-Greensche Verzerrungstensor sind dann in den Argumenten des Verschiebungsvektors durch

$$\underset{\sim}{C} = \underset{\sim}{I} + \frac{\partial \underset{\sim}{u}}{\partial \underset{\sim}{X}} + \left(\frac{\partial \underset{\sim}{u}}{\partial \underset{\sim}{X}}\right)^T + \left(\frac{\partial \underset{\sim}{u}}{\partial \underset{\sim}{X}}\right)^T \frac{\partial \underset{\sim}{u}}{\partial \underset{\sim}{X}}, \quad \underset{\sim}{E} = \frac{1}{2}\left[\frac{\partial \underset{\sim}{u}}{\partial \underset{\sim}{X}} + \left(\frac{\partial \underset{\sim}{u}}{\partial \underset{\sim}{X}}\right)^T + \left(\frac{\partial \underset{\sim}{u}}{\partial \underset{\sim}{X}}\right)^T \frac{\partial \underset{\sim}{u}}{\partial \underset{\sim}{X}}\right] \tag{6.2.39}$$

gegeben. In diesem Zusammenhang sei darauf hingewiesen, daß bei bestimmten Problemen kleine Verzerrungen auftreten können, selbst wenn große Verschiebungsgradienten vorliegen. Beispiele hierfür sind die großen Biegeverformungen bei schlanken Flächen- und Stabtragwerken (Eulersche Elastika). Im allgemeinen ist es unter Voraussetzung großer Gradienten des Verschiebungsvektors mathematisch zweckmäßig und mechanisch sinnvoll, auf die Einführung des Verschiebungsvektors $\underset{\sim}{u}$ zu verzichten und die Bewegung (6.2.5) als Variable anzusetzen. Weit entwickelt ist in vielen Bereichen der Kontinuumsmechanik die *geometrisch-lineare Theorie*, in der die Verschiebungen und Verschiebungsgradienten als klein vorausgesetzt werden und in der ihre Produkte gegenüber den linearen Termen vernachlässigt werden. Die Konsequenz dieser Annahme auf einige Formänderungsgrößen wollen wir im folgenden aufzeigen. Dazu gehen wir aus von der Beziehung (6.2.37), die wir in die Form

$$\underset{\sim}{x} = \underset{\sim}{X} + \varepsilon \underset{\sim}{u} \tag{6.2.40}$$

bringen. Dabei stellt ε eine Ordnungszahl vom Wert 1 dar. Funktionen $O(\varepsilon^n)$ der Ordnungszahl ε sollen folgende Eigenschaften besitzen:

$$O(\varepsilon^n) << O(\varepsilon^{n-1}). \tag{6.2.41}$$

Mit (6.2.35) und (6.2.40) erhalten wir für

$$\underset{\sim}{E} = \frac{1}{2}\left[\varepsilon \frac{\partial \underset{\sim}{u}}{\partial \underset{\sim}{X}} + \varepsilon \left(\frac{\partial \underset{\sim}{u}}{\partial \underset{\sim}{X}}\right)^T + \varepsilon^2 \left(\frac{\partial \underset{\sim}{u}}{\partial \underset{\sim}{X}}\right)^T \frac{\partial \underset{\sim}{u}}{\partial \underset{\sim}{X}}\right].$$

Wegen der Eigenschaft (6.2.41) vernachlässigen wir den letzten Term und erhalten den linearisierten Verzerrungstensor $\overset{L}{\underset{\sim}{E}}$:

$$\overset{L}{\underset{\sim}{E}} = \frac{1}{2}\left[\frac{\partial \underset{\sim}{u}}{\partial \underset{\sim}{X}} + \left(\frac{\partial \underset{\sim}{u}}{\partial \underset{\sim}{X}}\right)^T\right]. \tag{6.2.42}$$

Weiterhin wollen wir zeigen, daß in der geometrisch-linearen Theorie die zeitliche Ableitung des Verzerrungstensors $\overset{L}{\underset{\sim}{E}}$ gleich dem Streckgeschwindigkeitstensor $\underset{\sim}{D}$ wird. Dazu gehen wir aus von der Beziehung (6.2.20), die wir in die folgende Form bringen:

$$\dot{\underset{\sim}{F}} = \frac{\partial \dot{\underset{\sim}{x}}}{\partial \underset{\sim}{X}} = \frac{\partial \dot{\underset{\sim}{x}}}{\partial \underset{\sim}{x}} \frac{\partial \underset{\sim}{x}}{\partial \underset{\sim}{X}}. \tag{6.2.43}$$

Mit (6.2.40) ergibt sich

$$\dot{\underset{\sim}{x}} = \varepsilon \dot{\underset{\sim}{u}}, \quad \underset{\sim}{F} = \underset{\sim}{I} + \varepsilon \frac{\partial \underset{\sim}{u}}{\partial \underset{\sim}{X}}, \tag{6.2.44}$$

so daß gilt:

$$\varepsilon \frac{\partial \dot{\underset{\sim}{u}}}{\partial \underset{\sim}{X}} = \varepsilon \frac{\partial \dot{\underset{\sim}{u}}}{\partial \underset{\sim}{x}} (\underset{\sim}{I} + \varepsilon \frac{\partial \underset{\sim}{u}}{\partial \underset{\sim}{X}}) = \varepsilon \frac{\partial \dot{\underset{\sim}{u}}}{\partial \underset{\sim}{x}} + \varepsilon^2 \frac{\partial \dot{\underset{\sim}{u}}}{\partial \underset{\sim}{x}} \frac{\partial \underset{\sim}{u}}{\partial \underset{\sim}{X}}. \tag{6.2.45}$$

Wir streichen wieder $O(\varepsilon^2)$ gegen $O(\varepsilon)$ und bekommen das Ergebnis

$$\frac{\partial \dot{\underset{\sim}{u}}}{\partial \underset{\sim}{X}} = \frac{\partial \dot{\underset{\sim}{u}}}{\partial \underset{\sim}{x}} \quad \text{bzw.} \quad \frac{\partial \dot{\underset{\sim}{x}}}{\partial \underset{\sim}{X}} = \frac{\partial \dot{\underset{\sim}{x}}}{\partial \underset{\sim}{x}}. \tag{6.2.46}$$

Bilden wir $\dot{\overset{L}{\underset{\sim}{E}}}$ nach (6.2.42),

$$\dot{\overset{L}{\underset{\sim}{E}}} = \frac{1}{2}\left[\frac{\partial \dot{\underset{\sim}{u}}}{\partial \underset{\sim}{X}} + \left(\frac{\partial \dot{\underset{\sim}{u}}}{\partial \underset{\sim}{X}}\right)^T\right], \tag{6.2.47}$$

und vergleichen (6.2.47) unter Berücksichtigung von (6.2.46) und (6.2.44 a) mit (6.2.22),

$$\underset{\sim}{D} = \frac{1}{2}\left[\frac{\partial \dot{\underset{\sim}{u}}}{\partial \underset{\sim}{X}} + \left(\frac{\partial \dot{\underset{\sim}{u}}}{\partial \underset{\sim}{X}}\right)^T\right], \tag{6.2.48}$$

so stellen wir fest, daß bei Gültigkeit von (6.2.46), d.h. in der geometrisch-linearen Theorie, die zeitliche Ableitung des linearisierten Verzerrungsmaßes gleich dem Streckgeschwindigkeitstensor ist. In der geometrisch-linearen Theorie geschieht die Aufspaltung des Verschiebungsgradienten in Streckung und Rotation additiv - entsprechend dem Vorgehen bei der Entwicklung von (6.2.21) -. Ausgehend von (6.2.42) zerlegen wir den Verschiebungsgradienten in den symmetrischen Verzerrungstensor $\overset{L}{\underset{\sim}{E}}$ und den schiefsymmetrischen Rotationstensor $\overset{L}{\underset{\sim}{W}}$:

$$\frac{\partial \underset{\sim}{u}}{\partial \underset{\sim}{X}} = \overset{L}{\underset{\sim}{E}} + \overset{L}{\underset{\sim}{W}}, \quad \overset{L}{\underset{\sim}{W}} = \frac{1}{2}\left[\frac{\partial \underset{\sim}{u}}{\partial \underset{\sim}{X}} - \left(\frac{\partial \underset{\sim}{u}}{\partial \underset{\sim}{X}}\right)^T\right]. \tag{6.2.49}$$

Der axiale Vektor $\overset{L}{\underset{\sim}{w}}$ ist durch

$$\overset{L}{\underset{\sim}{W}}\underset{\sim}{v} = \overset{L}{\underset{\sim}{w}} \times \underset{\sim}{v} \tag{6.2.50}$$

eindeutig dem schiefsymmetrischen Tensor $\overset{L}{\underset{\sim}{W}}$ zugeordnet, wobei $\underset{\sim}{v}$ ein beliebiger Vektor ist. Nach (4.9.51) und (Q3) ist

$$\overset{L}{\underset{\sim}{w}} = \frac{1}{2} \operatorname{rot} \underset{\sim}{u}. \tag{6.2.51}$$

Der Vektor $\overset{L}{\underset{\sim}{w}}$ gibt das *approximierte Rotationsfeld* an. Identifiziert man in (6.2.50) den Vektor $\underset{\sim}{v}$ mit einem materiellen Linienvektor, so beschreibt (6.2.51) in erster Näherung eine Drehung dieser Linie.

Sind in (6.2.42) die Komponenten des linearisierten Cauchy-Greenschen Verzerrungstensors vorgegeben, so stellt (6.2.42) ein System von sechs partiellen Differentialgleichungen zur Bestimmung der drei Verschiebungskomponenten dar. Das System ist somit überbestimmt, und in der Tat läßt sich zeigen, daß die Komponenten des Cauchy-Greenschen Verzerrungstensors nicht unabhängig voneinander vorgegeben werden dürfen. Vielmehr haben sie der sogenannten *Kompatibilitätsbedingung (Verträglichkeitsbedingung)* zu genügen, die wie folgt ermittelt werden kann. Durch Anwendung des Rotationsoperators auf (6.2.42) ergibt sich mit (5.5.29) und (5.5.30)

$$\operatorname{rot}\operatorname{rot}\overset{L}{\underset{\sim}{E}} = \underset{\sim}{0}. \qquad (6.2.52)$$

Die letzte Bedingung ist auch als *de St. Venantsche Kompatibilitätsbedingung* bekannt. Auf die Diskussion der Kompatibilität für den finiten Verzerrungstensor wollen wir im Rahmen dieses Abschnittes verzichten und auf [25] verweisen.

6.2.4 Die Transporttheoreme

Wir weisen jedem materiellen Punkt X in der Referenzplazierung sowie in der aktuellen Plazierung materielle Linienelemente $d\overset{1}{\underset{\sim}{X}}$, $d\overset{2}{\underset{\sim}{X}}$ und $d\overset{3}{\underset{\sim}{X}}$ sowie $d\overset{1}{\underset{\sim}{x}}$, $d\overset{2}{\underset{\sim}{x}}$ und $d\overset{3}{\underset{\sim}{x}}$ zu. Die materiellen Linienelemente bestehen zu allen Zeiten aus denselben materiellen Punkten. Dasselbe gilt für die dem Punkt X zugehörigen materiellen Flächenvektoren und materiellen Volumenelemente. Diese sind durch die Vektor- und Spatprodukte der Linienelemente bestimmt:

$$d\underset{\sim}{A} = d\overset{1}{\underset{\sim}{X}} \times d\overset{2}{\underset{\sim}{X}}, \quad d\underset{\sim}{a} = d\overset{1}{\underset{\sim}{x}} \times d\overset{2}{\underset{\sim}{x}}, \qquad (6.2.53)$$

$$dV = (d\overset{1}{\underset{\sim}{X}} \times d\overset{2}{\underset{\sim}{X}}) \cdot d\overset{3}{\underset{\sim}{X}}, \quad dv = (d\overset{1}{\underset{\sim}{x}} \times d\overset{2}{\underset{\sim}{x}}) \cdot d\overset{3}{\underset{\sim}{x}}. \qquad (6.2.54)$$

Mit der Beziehung (6.2.17) schließen wir auf die materielle Linie in der aktuellen Konfiguration:

$$d\overset{1}{\underset{\sim}{x}} = \underset{\sim}{F}d\overset{1}{\underset{\sim}{X}}, \quad d\overset{2}{\underset{\sim}{x}} = \underset{\sim}{F}d\overset{2}{\underset{\sim}{X}}, \quad d\overset{3}{\underset{\sim}{x}} = \underset{\sim}{F}d\overset{3}{\underset{\sim}{X}}. \qquad (6.2.55)$$

Für beliebige materielle Linien-, Flächen- und Volumenelemente in der aktuellen Plazierung erhalten wir unter Berücksichtigung der Ergebnisse der äußeren Algebra (Abschn. 4.9.5) und (6.2.18) aus (6.2.53) bis (6.2.55):

$$\begin{aligned} d\underset{\sim}{x} &= \underset{\sim}{F}d\underset{\sim}{X}, \\ d\underset{\sim}{a} &= \underset{\sim}{F}d\overset{1}{\underset{\sim}{X}} \times \underset{\sim}{F}d\overset{2}{\underset{\sim}{X}} = \frac{1}{2}\,(\underset{\sim}{F} \divideontimes \underset{\sim}{F})(d\overset{1}{\underset{\sim}{X}} \times d\overset{2}{\underset{\sim}{X}}) = \overset{+}{\underset{\sim}{F}}d\underset{\sim}{A}, \qquad (6.2.56) \\ dv &= (\underset{\sim}{F}d\overset{1}{\underset{\sim}{X}} \times \underset{\sim}{F}d\overset{2}{\underset{\sim}{X}}) \cdot \underset{\sim}{F}d\overset{3}{\underset{\sim}{X}} = \frac{1}{6}\,(\underset{\sim}{F} \divideontimes \underset{\sim}{F}) \cdot \underset{\sim}{F}(d\overset{1}{\underset{\sim}{X}} \times d\overset{2}{\underset{\sim}{X}}) \cdot d\overset{3}{\underset{\sim}{X}} = J\,dV. \end{aligned}$$

Soll die Deformation sinnvollerweise so gestaltet sein, daß Materialdurchdringungen, Klaffungen oder Knickungen ausgeschlossen sind, muß jeder materielle Punkt sowohl in der Referenzplazierung als auch in der aktuellen Plazierung jeweils eindeutig einem Raumpunkt zugeordnet werden. Von der Bewegung ist bereits Stetigkeit und stetige Differenzierbarkeit gefordert. Durch diese Beschreibung des Prinzips der Kontinuität ist festgelegt, daß in der Deformation kein Linien-, Flächen- und Volumenelement zu Null werden darf. Aus (6.2.56) schließt man unmittelbar auf

$$\overset{+}{\underset{\sim}{F}} \neq 0, \quad J \neq 0. \tag{6.2.57}$$

Die Aussage (6.2.57 a) ist in (6.2.57 b) enthalten. Wählen wir als Referenzplazierung die Bewegung $\underset{\sim}{\chi}$ zu einem beliebigen Zeitpunkt t_o, so bewirkt die lokale Deformation eine identische Abbildung. Wir schließen, daß zu allen Zeiten $t > t_o$ gilt:

$$J > 0. \tag{6.2.58}$$

Mit den Ergebnissen in (6.2.56) bilden wir die materiellen zeitlichen Ableitungen, die bei der Auswertung der Erhaltungssätze in Abschn. 6.3 benötigt werden:

$$(d\underset{\sim}{x})^{\cdot} = \dot{\underset{\sim}{F}} d\underset{\sim}{X}, \quad (d\underset{\sim}{a})^{\cdot} = \dot{\overset{+}{\underset{\sim}{F}}} d\underset{\sim}{A}, \quad (dv)^{\cdot} = \dot{J} dV. \tag{6.2.59}$$

Zunächst erhalten wir mit (6.2.20) und (6.2.17)

$$(d\underset{\sim}{x})^{\cdot} = \underset{\sim}{L} d\underset{\sim}{x}. \tag{6.2.60}$$

Weiterhin liefert (5.1.7 d) mit (6.2.20), (4.9.66) und (6.2.56 b) für (6.2.59 b)

$$(da)^{\cdot} = (\underset{\sim}{I} \divideontimes \underset{\sim}{L}) d\underset{\sim}{a} = [(\underset{\sim}{L} \cdot \underset{\sim}{I})\underset{\sim}{I} - \underset{\sim}{L}^T] d\underset{\sim}{a}, \tag{6.2.61}$$

wenn wir zusätzlich (4.9.72) beachten. Schließlich ergibt sich für die materielle zeitliche Ableitung des Volumenelementes unter Berücksichtigung von (5.1.7 c) sowie (4.9.94) und (6.2.56 c)

$$(dv)^{\cdot} = (\underset{\sim}{L} \cdot \underset{\sim}{I}) dv = \operatorname{div} \dot{\underset{\sim}{x}} \, dv. \tag{6.2.62}$$

Im letzten Schritt haben wir von den Rechenregeln über die Divergenzbildung Gebrauch gemacht.

6.2.5 Starrkörperbewegung, überlagerte Starrkörperbewegung

Ein Sonderfall der allgemeinen Bewegung (6.2.1) bzw. (6.2.5) ist die Bewegung des starren Körpers (s. auch Abschn. 4.9.5 c). Die Starrkörperbewegung ist dadurch gekennzeichnet, daß die Abstände der Körperpunkte während der Bewegung erhalten bleiben. Wir betrachten zwei Körperpunkte X und C in der Referenzplazierung, die wir mit ihren Ortsvektoren $\underset{\sim}{X}$ und

$\underset{\sim}{C}$ identifizieren. Dann wird - entsprechend den Ausführungen in Abschn. 4.9.5 c - die materielle Strecke $\underset{\sim}{X} - \underset{\sim}{C}$ der Referenzplazierung mit Hilfe des orthogonalen Tensors $\underset{\sim}{Q}(t)$ in die aktuelle Plazierung überführt,

$$\underset{\sim}{x} - \underset{\sim}{c} = \underset{\sim}{Q}(\underset{\sim}{X} - \underset{\sim}{C}), \qquad (6.2.63)$$

wobei $\underset{\sim}{x}$ und $\underset{\sim}{c}$ die Lagen der Körperpunkte X und C in der aktuellen Plazierung angeben. Diese sind Funktionen der Körperpunkte X und C bzw. der Ortsvektoren $\underset{\sim}{X}$ und $\underset{\sim}{C}$ sowie der Zeit t. Der Körperpunkt C kann als körperfester Bezugspunkt angesehen werden. Mit den Definitionen für die Geschwindigkeit (6.2.2) bzw. (6.2.9) folgt aus (6.2.63)

$$\dot{\underset{\sim}{x}} = \dot{\underset{\sim}{c}} + \dot{\underset{\sim}{Q}}(\underset{\sim}{X} - \underset{\sim}{C}) \qquad (6.2.64)$$

oder, wenn wir wiederum (6.2.63) berücksichtigen,

$$\dot{\underset{\sim}{x}} = \dot{\underset{\sim}{c}} + \dot{\underset{\sim}{Q}}\underset{\sim}{Q}^T(\underset{\sim}{x} - \underset{\sim}{c}). \qquad (6.2.65)$$

Nun ist nach Abschnitt 5.1 $\dot{\underset{\sim}{Q}}\underset{\sim}{Q}^T$ ein schiefsymmetrischer Tensor, dem wir entsprechend (4.9.49) den axialen Vektor $\underset{\sim}{\omega}$ zuordnen können. Somit finden wir für (6.2.65)

$$\dot{\underset{\sim}{x}} = \dot{\underset{\sim}{c}} + \underset{\sim}{\omega} \times (\underset{\sim}{x} - \underset{\sim}{c}). \qquad (6.2.66)$$

Diese Beziehung ist auch als *Eulersche Geschwindigkeitsformel* bekannt. Die Geschwindigkeit des starren Körpers setzt sich demnach zusammen aus einer Translationsgeschwindigkeit $\dot{\underset{\sim}{c}}$ und einer Rotationsgeschwindigkeit $\underset{\sim}{\omega} \times (\underset{\sim}{x} - \underset{\sim}{c})$. Für manche Zwecke ist es vorteilhaft, als körperfesten Bezugspunkt den Massenmittelpunkt M zu wählen. Dann erhalten wir für die Geschwindigkeit $\dot{\underset{\sim}{x}}$ mit $\underset{\sim}{c}_M$ als Ortsvektor, der die Lage des Massenmittelpunktes M angibt, und $\dot{\underset{\sim}{c}}_M$ als Geschwindigkeit des Massenmittelpunktes

$$\dot{\underset{\sim}{x}} = \dot{\underset{\sim}{c}}_M + \underset{\sim}{\omega} \times (\underset{\sim}{x} - \underset{\sim}{c}_M), \qquad (6.2.67)$$

wobei für die Geschwindigkeit des Massenmittelpunktes aus (6.2.66) unmittelbar folgt:

$$\dot{\underset{\sim}{c}}_M = \dot{\underset{\sim}{c}} + \underset{\sim}{\omega} \times (\underset{\sim}{c}_M - \underset{\sim}{c}). \qquad (6.2.68)$$

Aus (6.2.65) ermitteln wir die Beschleunigung zu

$$\ddot{\underset{\sim}{x}} = \ddot{\underset{\sim}{c}} + (\dot{\underset{\sim}{Q}}\underset{\sim}{Q}^T)^{\cdot}\,(\underset{\sim}{x} - \underset{\sim}{c}) + \dot{\underset{\sim}{Q}}\underset{\sim}{Q}^T(\dot{\underset{\sim}{x}} - \dot{\underset{\sim}{c}}).$$

Diese Beziehung bringen wir mit (6.2.65) und dem axialen Vektor auf die Form

$$\ddot{\underset{\sim}{x}} = \ddot{\underset{\sim}{c}} + \dot{\underset{\sim}{\omega}} \times (\underset{\sim}{x} - \underset{\sim}{c}) + \underset{\sim}{\omega} \times \underset{\sim}{\omega} \times (\underset{\sim}{x} - \underset{\sim}{c}), \qquad (6.2.69)$$

die aus der Kinematik der starren Körper bekannt ist. Wir betrachten nun eine Bewegung des Körpers, die sich von der Bewegung (6.2.1) nur durch eine *überlagerte Starrkörperbewegung* unterscheidet. Ein Körperpunkt X, der in der aktuellen Plazierung die Lage $\underset{\sim}{x}$ einnimmt, wird dann in die

Lage $\overset{*}{\underset{\sim}{x}}$ gebracht:

$$\overset{*}{\underset{\sim}{x}} = \underset{\sim}{\overset{*}{c}}(\overset{*}{t}) + \underset{\sim}{Q}(t)[\underset{\sim}{x} - \underset{\sim}{c}(t)]^{10)} . \qquad (6.2.70)$$

Hierin sind $\overset{*}{\underset{\sim}{c}}$, $\underset{\sim}{c}$ vektorwertige Funktionen der Zeiten $\overset{*}{t}$ und t, wobei $\overset{*}{t} = t + a$ (a ist eine konstante Größe) und $\underset{\sim}{Q}$ eine eigentlich orthogonale Tensorfunktion der Zeit t ist. Durch $\underset{\sim}{x} - \underset{\sim}{c}$ wird der Differenzvektor zweier Körperpunkte der aktuellen Plazierung und durch $\overset{*}{\underset{\sim}{x}} - \overset{*}{\underset{\sim}{c}}$ der Differenzvektor derselben Körperpunkte in der Plazierung mit überlagerter Starrkörperbewegung dargestellt.

Die Geschwindigkeit $\dot{\overset{*}{\underset{\sim}{x}}}$ ermitteln wir mit (6.2.70) zu

$$\dot{\overset{*}{\underset{\sim}{x}}} = \dot{\overset{*}{\underset{\sim}{c}}} + \underset{\sim}{Q}(\dot{\underset{\sim}{x}} - \dot{\underset{\sim}{c}}) + \dot{\underset{\sim}{Q}}(\underset{\sim}{x} - \underset{\sim}{c})$$

oder (6.2.71)

$$\dot{\overset{*}{\underset{\sim}{x}}} = \dot{\overset{*}{\underset{\sim}{c}}} + \underset{\sim}{Q}(\dot{\underset{\sim}{x}} - \dot{\underset{\sim}{c}}) + \dot{\underset{\sim}{Q}}\underset{\sim}{Q}^T(\overset{*}{\underset{\sim}{x}} - \overset{*}{\underset{\sim}{c}}),$$

wobei wir im letzten Schritt wiederum (6.2.70) beachtet haben.

Für die weiteren Überlegungen postulieren wir, daß der Wert einer skalarwertigen Funktion $\alpha(\underset{\sim}{x}, t)$ bei einer überlagerten Starrkörperbewegung ungeändert bleibt, d.h.

$$\overset{*}{\alpha}(\overset{*}{\underset{\sim}{x}}, t) = \alpha(\underset{\sim}{x}, t). \qquad (6.2.72)$$

Man sagt, daß α *objektiv* ist. Aus (6.2.72) folgt unmittelbar, daß der Winkel zwischen einem beliebigen Vektor $\underset{\sim}{u}$ in einem Vektorfeld und dem Differenzvektor $\underset{\sim}{x} - \underset{\sim}{c}$ ungeändert bleibt, d.h.

$$\overset{*}{\underset{\sim}{u}} \cdot (\overset{*}{\underset{\sim}{x}} - \overset{*}{\underset{\sim}{c}}) = \underset{\sim}{u} \cdot (\underset{\sim}{x} - \underset{\sim}{c}). \qquad (6.2.73)$$

Mit (6.2.70) können wir auf

$$\overset{*}{\underset{\sim}{u}} \cdot \underset{\sim}{Q}(\underset{\sim}{x} - \underset{\sim}{c}) = \underset{\sim}{u} \cdot (\underset{\sim}{x} - \underset{\sim}{c}) \quad \text{und} \quad \overset{*}{\underset{\sim}{u}} = \underset{\sim}{Q}\underset{\sim}{u} \qquad (6.2.74)$$

schließen.

Für einen Tensor $\underset{\sim}{A}$ als lineare Abbildung des beliebigen Vektors $\underset{\sim}{u}$, $\underset{\sim}{w} = \underset{\sim}{A}\underset{\sim}{u}$ in einem Tensorfeld, folgt mit (6.2.74 b)

$$\overset{*}{\underset{\sim}{A}} = \underset{\sim}{Q}\underset{\sim}{A}\underset{\sim}{Q}^T. \qquad (6.2.75)$$

Wenn die Beziehungen (6.2.74) und (6.2.75) gültig sind, spricht man davon, daß $\underset{\sim}{u}$ und $\underset{\sim}{A}$ *objektive Größen* sind. Man sieht unmittelbar aus (6.2.71), daß dies nicht für die Geschwindigkeit $\dot{\underset{\sim}{x}}$ zutrifft.

Im folgenden wollen wir nun die Auswirkungen der überlagerten Starrkörperbewegung auf die im letzten Abschnitt eingeführten Deformationsgrö-

---

10) Exakt müßten $\underset{\sim}{x}$ und $\overset{*}{\underset{\sim}{x}}$ durch $\underset{\sim}{\chi}(X, t)$ und $\overset{*}{\underset{\sim}{\chi}}(X, t)$ oder durch $\underset{\sim}{\chi}_K(\underset{\sim}{X}, t)$ und $\overset{*}{\underset{\sim}{\chi}}_K(\underset{\sim}{X}, t)$ ersetzt werden.

ßen bestimmen. Die lokale Deformation $\overset{*}{\underset{\sim}{F}}$ bei überlagerter Starrkörperbewegung überführt den Differenzvektor $d\underset{\sim}{X}$ zweier benachbarter Körperpunkte in der Referenzplazierung in den Differenzvektor $d\overset{*}{\underset{\sim}{x}}$ derselben Körperpunkte in der aktuellen Plazierung mit überlagerter Starrkörperbewegung. Wir erhalten die lokale Deformation $\overset{*}{\underset{\sim}{F}}$ zu

$$\overset{*}{\underset{\sim}{F}} = \frac{\partial \overset{*}{\underset{\sim}{\chi}}_{\underset{\sim}{K}}(\underset{\sim}{X}, t)}{\partial \underset{\sim}{X}}. \qquad (6.2.76)$$

Unter Berücksichtigung von (6.2.70) finden wir

$$\overset{*}{\underset{\sim}{F}} = \underset{\sim}{Q}\underset{\sim}{F}. \qquad (6.2.77)$$

Weiterhin gilt für den rechten Cauchy-Greenschen Deformationstensor $\underset{\sim}{C}$ mit (6.2.26) und (6.2.77)

$$\overset{*}{\underset{\sim}{C}} = \overset{*}{\underset{\sim}{F}}{}^T\overset{*}{\underset{\sim}{F}} = (\underset{\sim}{Q}\underset{\sim}{F})^T\underset{\sim}{Q}\underset{\sim}{F} = \underset{\sim}{F}^T\underset{\sim}{F} = \underset{\sim}{C} \qquad (6.2.78)$$

und somit für das Cauchy-Greensche Verzerrungsmaß $\overset{*}{\underset{\sim}{E}}$ nach (6.2.35)

$$\overset{*}{\underset{\sim}{E}} = \underset{\sim}{E}. \qquad (6.2.79)$$

Entsprechend folgt für den linken Cauchy-Greenschen Deformationstensor $\overset{*}{\underset{\sim}{B}}$:

$$\overset{*}{\underset{\sim}{B}} = \underset{\sim}{Q}\underset{\sim}{B}\underset{\sim}{Q}^T. \qquad (6.2.80)$$

Wir wenden uns nun noch den materiellen Zeitableitungen der soeben besprochenen Deformationsgrößen zu. Es gilt mit (6.2.77)

$$\dot{\overset{*}{\underset{\sim}{F}}} = \dot{\underset{\sim}{Q}}\underset{\sim}{F} + \underset{\sim}{Q}\dot{\underset{\sim}{F}} \qquad (6.2.81)$$

und mit (6.2.31) sowie (6.2.35)

$$\dot{\overset{*}{\underset{\sim}{C}}} = \dot{\underset{\sim}{C}}, \quad \dot{\overset{*}{\underset{\sim}{E}}} = \dot{\underset{\sim}{E}}. \qquad (6.2.82)$$

Entsprechend ermitteln wir $\dot{\overset{*}{\underset{\sim}{B}}}$ zu

$$\dot{\overset{*}{\underset{\sim}{B}}} = \underset{\sim}{Q}\dot{\underset{\sim}{B}}\underset{\sim}{Q}^T + \dot{\underset{\sim}{Q}}\underset{\sim}{B}\underset{\sim}{Q}^T + \underset{\sim}{Q}\underset{\sim}{B}\dot{\underset{\sim}{Q}}^T. \qquad (6.2.83)$$

Der räumliche Geschwindigkeitsgradient $\overset{*}{\underset{\sim}{L}}$ ist mit (6.2.20) und (6.2.81) durch

$$\overset{*}{\underset{\sim}{L}} = \dot{\overset{*}{\underset{\sim}{F}}}\overset{*}{\underset{\sim}{F}}{}^{-1} = \dot{\underset{\sim}{Q}}\underset{\sim}{Q}^T + \underset{\sim}{Q}\underset{\sim}{L}\underset{\sim}{Q}^T \qquad (6.2.84)$$

gegeben. Sowohl $\dot{\underset{\sim}{F}}$ als auch $\dot{\underset{\sim}{B}}$ und $\underset{\sim}{L}$ genügen nicht der Bedingung (6.2.75). Sie sind somit keine objektiven Größen. Dies gilt allerdings nicht für den symmetrischen Anteil des räumlichen Geschwindigkeitsgradienten; denn nach (6.2.22 a) folgt unmittelbar mit (6.2.84) und unter Beachtung, daß $\dot{\underset{\sim}{Q}}\underset{\sim}{Q}^T$ ein schiefsymmetrischer Tensor ist,

$$\overset{*}{\underset{\sim}{D}} = \frac{1}{2}(\overset{*}{\underset{\sim}{L}} + \overset{*}{\underset{\sim}{L}}{}^T) = \frac{1}{2}\underset{\sim}{Q}(\underset{\sim}{L} + \underset{\sim}{L}^T)\underset{\sim}{Q}^T + \frac{1}{2}\dot{\underset{\sim}{Q}}\underset{\sim}{Q}^T + \frac{1}{2}\underset{\sim}{Q}\dot{\underset{\sim}{Q}}^T = \underset{\sim}{Q}\underset{\sim}{D}\underset{\sim}{Q}^T. \qquad (6.2.85)$$

Nach (6.2.22 b) finden wir für den Drehgeschwindigkeitstensor $\overset{*}{\underset{\sim}{W}}$ entsprechend der obigen Vorgehensweise

$$\overset{*}{\underset{\sim}{W}} = \underset{\sim}{Q}\underset{\sim}{W}\underset{\sim}{Q}^T + \dot{\underset{\sim}{Q}}\underset{\sim}{Q}^T. \tag{6.2.86}$$

Damit ist gezeigt, daß die Zerlegung des räumlichen Geschwindigkeitsgradienten $\underset{\sim}{L}$ den objektiven, symmetrischen Tensor $\underset{\sim}{D}$ und den nichtobjektiven, schiefsymmetrischen Tensor $\underset{\sim}{W}$ liefert.

6.3 Die Erhaltungssätze der Mechanik

Die bisherigen Überlegungen bezogen sich auf die Angabe der Kinematik der Deformationen. Zur vollständigen Beschreibung des mechanischen Verhaltens der Kontinua unter der Einwirkung von Kräften ist die Einführung weiterer Begriffe sowie die Verknüpfung dieser Begriffe untereinander erforderlich.

6.3.1 Die Erhaltung der Masse

Wir postulieren zunächst für jeden Teilkörper $\mathcal{P}$ des Körpers $\mathcal{B}$ in einer beliebigen Plazierung die Existenz eines positiven stetigen Skalarfeldes $\rho = \rho(\underset{\sim}{x}, t)$, das wir *Massendichte* nennen. Die Gesamtmasse des Teilkörpers $\mathcal{P}$ erhalten wir zu

$$m = \int_{\mathcal{P}} \rho dv, \tag{6.3.1}$$

worin dv ein Volumenelement der aktuellen Plazierung ist. Das *Postulat von der Erhaltung der Masse* besagt, daß sich die Masse m während der Bewegung nicht ändert, d.h. die Masse eines Teilkörpers $\mathcal{P}$ ist in jeder Plazierung gleich. Somit gilt insbesondere unter Beachtung von (6.2.56 c)

$$m = \int_{\mathcal{P}} \rho dv = \int_{\mathcal{P}} \rho_o dV, \qquad \int_{\mathcal{P}} (J\rho - \rho_o) dV = 0, \tag{6.3.2}$$

wobei wir die Dichte in der Referenzplazierung mit ρ_o bezeichnet haben. Da nun (6.3.2) für jeden beliebigen Teilkörper $\mathcal{P}$ gültig ist und der Integrand in (6.3.2 b) stetig ist, schließen wir auf die lokale Aussage

$$\rho_o = J\rho. \tag{6.3.3}$$

Alternativ können wir den Satz von der Erhaltung der Masse auch wie folgt ausdrücken. Wir bilden unter Beachtung des Transporttheorems (6.2.62) die materielle Zeitableitung von (6.3.2 a) und gelangen mit der entsprechenden obigen Argumentation zu der lokalen Aussage

$$\dot{\rho} + \rho \operatorname{div} \dot{\underset{\sim}{x}} = 0. \tag{6.3.4}$$

Diese Form ist für die Auswertung der folgenden Erhaltungssätze von Bedeutung.

6.3.2 Die Erhaltung der Bewegungsgröße

Um die Beanspruchung der Kontinua beurteilen zu können, bedarf es der Einführung des Kraftbegriffes und der Analyse der Auswirkungen der Kräfte auf den Körper. Wir setzen in der aktuellen Plazierung die Existenz der an den Körperpunkt X gebundenen Volumenkraft $\rho \underset{\sim}{b}$ und des an der Oberfläche des Teilkörpers P wirkenden Spannungsvektors $\underset{\sim}{t}$ voraus, der außer von der Lage des zugehörigen Körperpunktes der Oberfläche und der Zeit zusätzlich von dem Normaleneinheitsvektor $\underset{\sim}{n}$ der Oberfläche abhängt. Die auf den Körper wirkende resultierende Kraft $\underset{\sim}{f}$ ist dann durch

$$\underset{\sim}{f} = \int_P \rho \underset{\sim}{b}\, dv + \int_{\partial P} \underset{\sim}{t}\, da \qquad (6.3.5)$$

gegeben. Es sei

$$\underset{\sim}{l} = \int_P \rho \dot{\underset{\sim}{x}}\, dv \qquad (6.3.6)$$

die *Bewegungsgröße* des Körpers. Mit diesen Begriffen lautet der *Satz von der Erhaltung der Bewegungsgröße*

$$\dot{\underset{\sim}{l}} = \underset{\sim}{f} \qquad (6.3.7)$$

oder

$$\left(\int_P \rho \dot{\underset{\sim}{x}}\, dv\right)^{\cdot} = \int_P \rho \underset{\sim}{b}\, dv + \int_{\partial P} \underset{\sim}{t}\, da. \qquad (6.3.8)$$

Durch die Anwendung des Transporttheorems (6.2.62) sowie unter Beachtung des Satzes von der Erhaltung der Masse (6.3.4) vereinfacht sich (6.3.8) zu

$$\int_P \rho(\underset{\sim}{b} - \ddot{\underset{\sim}{x}})\, dv + \int_{\partial P} \underset{\sim}{t}\, da = \underset{\sim}{o}. \qquad (6.3.9)$$

Hieraus lassen sich einige wichtige Eigenschaften für den Spannungsvektor $\underset{\sim}{t}(\underset{\sim}{x}, \underset{\sim}{n})$ entwickeln. Dazu betrachten wir einen beliebigen Teilkörper P in der aktuellen Plazierung und teilen P in zwei Teilkörper P_1 und P_2 auf. Die Trennfläche zwischen P_1 und P_2 sei σ. Die Oberflächen von P_1 und P_2 sind ∂P_1 und ∂P_2. Diese enthalten jeweils die Trennfläche σ. In der aktuellen Plazierung schreiben wir den Satz von der Erhaltung der Bewegungsgröße nun jeweils für die einzelnen Teilkörper P_1 und P_2 sowie für P an:

$$\int_{P_1} \rho(\underset{\sim}{b} - \ddot{\underset{\sim}{x}})dv + \int_{\partial P_1} \underset{\sim}{t}(\underset{\sim}{x}, \underset{\sim}{n})da = \underset{\sim}{o},$$

$$\int_{P_2} \rho(\underset{\sim}{b} - \ddot{\underset{\sim}{x}})dv + \int_{\partial P_2} \underset{\sim}{t}(\underset{\sim}{x}, \underset{\sim}{n})da = \underset{\sim}{o}, \qquad (6.3.10)$$

$$\int_{P} \rho(\underset{\sim}{b} - \ddot{\underset{\sim}{x}})dv + \int_{\partial P} \underset{\sim}{t}(\underset{\sim}{x}, \underset{\sim}{n})da = \underset{\sim}{o}.$$

Der Spannungsvektor in (6.3.10 a), der auf der Oberfläche ∂P_1 wirkt, rührt von Kontaktkräften her, die durch den Körper außerhalb von P_1 ausgeübt werden. Dasselbe gilt für die Spannungsvektoren in (6.3.10 b) und (6.3.10 c). Der Normaleneinheitsvektor $\underset{\sim}{n}$ in der zum Teilkörper P_2 gehörenden Trennfläche σ ist gleich dem negativen Normaleneinheitsvektor $\underset{\sim}{n}$ der dem Teilkörper P_1 zugeordneten Trennfläche σ. Addieren wir nun die Gl. (6.3.10 a) und (6.3.10 b) und subtrahieren die entstehende Gleichung von (6.3.10 c), so verbleibt

$$\int_{\sigma} [\underset{\sim}{t}(\underset{\sim}{x}, \underset{\sim}{n}) + \underset{\sim}{t}(\underset{\sim}{x}, -\underset{\sim}{n})]da = \underset{\sim}{o}. \qquad (6.3.11)$$

Mit der Annahme, daß der Spannungsvektor $\underset{\sim}{t}$ eine stetige Funktion ist, folgt, da außerdem σ beliebig ist:

$$\underset{\sim}{t}(\underset{\sim}{x}, \underset{\sim}{n}) = -\underset{\sim}{t}(\underset{\sim}{x}, -\underset{\sim}{n}). \qquad (6.3.12)$$

Mit dieser Aussage haben wir das *Lemma von Cauchy* gewonnen:

> Die Spannungsvektoren, die auf den entgegengesetzten Seiten derselben materiellen Fläche in einem gegebenen materiellen Punkt wirken, sind betragsmäßig gleich aber entgegengesetzt in der Richtung.

Weiterhin geben wir noch das *Theorem von Cauchy* an:

> Es existiert ein Tensorfeld $\underset{\sim}{T}(\underset{\sim}{x})$, sofern $\underset{\sim}{t}(\underset{\sim}{x}, \underset{\sim}{n})$ eine stetige Funktion von $\underset{\sim}{x}$ ist, so daß die lineare Abbildung
>
> $$\underset{\sim}{t}(\underset{\sim}{x}, \underset{\sim}{n}) = \underset{\sim}{T}(\underset{\sim}{x})\underset{\sim}{n} \qquad (6.3.13)$$
>
> gültig ist.

Das Theorem von Cauchy ist bereits in Abschnitt 4.2 bewiesen worden.

Unter der Voraussetzung, daß die Stellung des Spannungstensors $\underset{\sim}{t}(\underset{\sim}{x}, \underset{\sim}{n})$ bei einer überlagerten Starrkörperbewegung ungeändert bleibt, folgt für den Spannungstensor $\underset{\sim}{T}$ in der neuen Plazierung (aktuelle Plazierung plus überlagerte Starrkörperbewegung) entsprechend den Überlegungen in Abschn. 6.2.5

$$\overset{*}{\underset{\sim}{T}} = \underset{\sim}{Q}\underset{\sim}{T}\underset{\sim}{Q}^T. \tag{6.3.13 a}$$

Mit dem Theorem von Cauchy (6.3.13) läßt sich der Satz von der Erhaltung der Bewegungsgröße (6.3.9) weiter auswerten:

$$\int_P \rho(\underset{\sim}{b} - \ddot{\underset{\sim}{x}})dv + \int_{\partial P} \underset{\sim}{T}\, d\underset{\sim}{a} = \underset{\sim}{o}. \tag{6.3.14}$$

Das Oberflächenintegral überführen wir mit Hilfe des Gaußschen Integralsatzes (5.8.13) in ein Volumenintegral und gelangen zu

$$\int_P [\mathrm{div}\, \underset{\sim}{T} + \rho(\underset{\sim}{b} - \ddot{\underset{\sim}{x}})]dv = \underset{\sim}{o}. \tag{6.3.15}$$

Da nun (6.3.15) für beliebige Teilkörper gültig ist und der Integrand laut Voraussetzung stetig ist, liefert (6.3.15) die lokale Aussage

$$\mathrm{div}\, \underset{\sim}{T} + \rho(\underset{\sim}{b} - \ddot{\underset{\sim}{x}}) = \underset{\sim}{o}. \tag{6.3.16}$$

Diese fundamentale Aussage ist die *1. Bewegungsgleichung von Cauchy*.

6.3.3 Die Erhaltung des Dralles

Bezüglich des raumfesten Bezugspunktes O ist der *Drall* $\underset{\sim}{h}_{(o)}$ des Teilkörpers P in der aktuellen Plazierung durch

$$\underset{\sim}{h}_{(o)} = \int_P \underset{\sim}{x} \times \rho\dot{\underset{\sim}{x}}\, dv \tag{6.3.17}$$

definiert. Das resultierende Moment der auf den Körper einwirkenden Kräfte bezüglich des raumfesten Punktes O ist

$$\underset{\sim}{m}_{(o)} = \int_P \underset{\sim}{x} \times \rho\underset{\sim}{b}\, dv + \int_{\partial P} \underset{\sim}{x} \times \underset{\sim}{t}\, da. \tag{6.3.18}$$

Der *Satz von der Erhaltung des Dralles* besagt, daß die materielle zeitliche Ableitung des auf den raumfesten Bezugspunkt O bezogenen Dralles gleich ist dem resultierenden Moment der auf den Körper einwirkenden Kräfte, bezogen auf denselben raumfesten Punkt, d.h.

$$\dot{\underset{\sim}{h}}_{(o)} = \underset{\sim}{m}_{(o)}. \tag{6.3.19}$$

Für die materielle zeitliche Ableitung des Dralles bekommen wir

$$\dot{\underset{\sim}{h}}_{(o)} = \int_P \underset{\sim}{x} \times \rho\ddot{\underset{\sim}{x}}\, dv + \int_P \underset{\sim}{x} \times \dot{\underset{\sim}{x}}(\rho dv)^{\cdot} = \int_P \underset{\sim}{x} \times \rho\ddot{\underset{\sim}{x}}\, dv, \tag{6.3.20}$$

wenn wir den Satz von der Erhaltung der Masse (6.3.4) berücksichtigen. Somit liefert der Satz von der Erhaltung des Dralles (6.3.19) unter Beachtung von (6.3.20) und (6.3.18) und des Cauchy Theorems (6.3.13):

$$\int_P \underset{\sim}{x} \times \rho(\underset{\sim}{b} - \ddot{\underset{\sim}{x}})dv + \int_{\partial P} \underset{\sim}{x} \times \underset{\sim}{T}\, d\underset{\sim}{a} = \underset{\sim}{o}. \tag{6.3.21}$$

Weiterhin läßt sich das Oberflächenintegral in (6.3.21) mit (5.8.14) umformen:

$$\int_{\partial P} \underset{\sim}{x} \times \underset{\sim}{T}\underset{\sim}{n}\, da = \int_{P} (\underset{\sim}{x} \times \operatorname{div} \underset{\sim}{T} + \underset{\sim}{I} \times \underset{\sim}{T})dv. \tag{6.3.22}$$

Unter Berücksichtigung von (6.3.22) ergibt sich aus dem Satz von der Erhaltung des Dralles (6.3.21)

$$\int_{P} \underset{\sim}{x} \times [\operatorname{div} \underset{\sim}{T} + \rho(\underset{\sim}{b} - \ddot{\underset{\sim}{x}})]dv + \int_{P} (\underset{\sim}{I} \times \underset{\sim}{T})dv = \underset{\sim}{o}. \tag{6.3.23}$$

Mit Rückgriff auf die 1. Bewegungsgleichung von Cauchy (6.3.16) verbleibt

$$\int_{P} (\underset{\sim}{I} \times \underset{\sim}{T})dv = \underset{\sim}{o}, \qquad \underset{\sim}{I} \times \underset{\sim}{T} = \underset{\sim}{o}, \tag{6.3.24}$$

da der Integrand voraussetzungsgemäß stetig ist und (6.3.24 a) für jeden beliebigen Teilkörper gilt. Nach Abschn. 4.9.4 ist der Spannungstensor $\underset{\sim}{T}$ somit symmetrisch, d.h.

$$\underset{\sim}{T} = \underset{\sim}{T}^{T}. \tag{6.3.25}$$

Dies ist die *2. Bewegungsgleichung von Cauchy*, die besagt, daß der Satz von der Erhaltung des Dralles äquivalent ist der Symmetrie des Spannungstensors.

6.3.4 Alternative Formen der Bewegungsgleichungen

Cauchys Bewegungsgleichungen beinhalten unter anderem die Volumenkräfte $\rho\underset{\sim}{b}$ und den Spannungstensor $\underset{\sim}{T}$, die auf die aktuelle Plazierung des Körpers bezogen sind. Für die Formulierung der Randbedingungen bei Randwertproblemen ist es oft zweckmäßig, in den Sätzen von der Erhaltung der Bewegungsgröße (6.3.14) und des Dralles (6.3.21) das Volumenelement dv und den Flächenvektor $d\underset{\sim}{a}$ der aktuellen Plazierung mit Hilfe von (6.2.56 b, c) durch das Volumenelement dV und den Flächenvektor $d\underset{\sim}{A}$ der Referenzplazierung auszudrücken. Dann liefert (6.3.14)

$$\int_{P} J\rho(\underset{\sim}{b} - \ddot{\underset{\sim}{x}})dV + \int_{\partial P} \underset{\sim}{T}\overset{+}{\underset{\sim}{F}}\, d\underset{\sim}{A} = \underset{\sim}{o}. \tag{6.3.26}$$

Der Tensor

$$\underset{\sim}{P} = \underset{\sim}{T}\overset{+}{\underset{\sim}{F}} \tag{6.3.27}$$

wird als *erster Piola-Kirchhoffscher Spannungstensor* bezeichnet. Wie man unschwer erkennen kann, ist er nicht symmetrisch. Mit der Massenerhaltung (6.3.3) und dem Gaußschen Integralsatz folgt aus (6.3.26) entsprechend dem Vorgehen in Abschnitt 6.3.3 die alternative Form der 1. Cauchyschen Bewegungsgleichung:

$$\mathrm{Div}\,\underset{\sim}{P} + \rho_o(\underset{\sim}{b} - \ddot{\underset{\sim}{x}}) = \underset{\sim}{o}, \qquad (6.3.28)$$

wobei die Divergenzoperation Div mit dem Ortsvektor $\underset{\sim}{X}$ vorzunehmen ist.

Der Satz von der Erhaltung des Dralles (6.3.21) liefert mit (6.2.56 b, c)

$$\int_P \underset{\sim}{x} \times \rho_o(\underset{\sim}{b} - \ddot{\underset{\sim}{x}})dV + \int_{\partial P} \underset{\sim}{x} \times \underset{\sim}{P}\, d\underset{\sim}{A} = \underset{\sim}{o} \qquad (6.3.29)$$

oder unter Berücksichtigung des Integralsatzes (5.8.14)

$$\int_P \{\underset{\sim}{x} \times [\mathrm{Div}\,\underset{\sim}{P} + \rho_o(\underset{\sim}{b} - \ddot{\underset{\sim}{x}})] + \underset{\sim}{F} \times \underset{\sim}{P}\}dV = \underset{\sim}{o}, \qquad (6.3.30)$$

woraus wir mit (6.3.28) auf die lokale Aussage

$$\underset{\sim}{F} \times \underset{\sim}{P} = \underset{\sim}{o} \qquad (6.3.31)$$

schließen. Wie unmittelbar aus (4.9.83) ersichtlich ist, können wir hierfür auch schreiben

$$\underset{\sim}{I} \times \underset{\sim}{F}\underset{\sim}{P}^T = \underset{\sim}{o}, \qquad (6.3.32)$$

d.h. das Tensorprodukt $\underset{\sim}{F}\underset{\sim}{P}^T$ ist symmetrisch, und es gilt als alternative Form der 2. Cauchyschen Bewegungsgleichung

$$\underset{\sim}{F}\underset{\sim}{P}^T = \underset{\sim}{P}\underset{\sim}{F}^T. \qquad (6.3.33)$$

In der Literatur ist weiterhin der sogenannte *zweite Piola-Kirchhoffsche Spannungstensor* $\underset{\sim}{S}$ bekannt. Dieser ist durch

$$\underset{\sim}{S} = \underset{\sim}{F}^{-1}\underset{\sim}{P} = \underset{\sim}{F}^{-1}\underset{\sim}{T}\overset{+}{\underset{\sim}{F}} = J\underset{\sim}{F}^{-1}\underset{\sim}{T}(\underset{\sim}{F}^T)^{-1} \qquad (6.3.34)$$

definiert.

Für die 1. und 2. Cauchyschen Bewegungsgleichungen erhalten wir damit die Darstellungen

$$\mathrm{Div}(\underset{\sim}{F}\underset{\sim}{S}) + \rho_o(\underset{\sim}{b} - \ddot{\underset{\sim}{x}}) = \underset{\sim}{o}, \qquad (6.3.35)$$

$$\underset{\sim}{F}\underset{\sim}{S}^T\underset{\sim}{F}^T = \underset{\sim}{F}\underset{\sim}{S}\underset{\sim}{F}^T \quad \text{oder} \quad \underset{\sim}{S}^T = \underset{\sim}{S}, \qquad (6.3.36)$$

d.h. der zweite Piola-Kirchhoffsche Spannungstensor ist symmetrisch, was man auch unmittelbar aus der Definition (6.3.34) erkennt. Es sei betont, daß alle Formen der Bewegungsgleichungen gleichwertig sind.

Bei einer überlagerten Starrkörperbewegung gilt gemäß der Überlegung in Abschn. 6.2.5 für die Piola-Kirchhoffschen Spannungstensoren

$$\overset{*}{\underset{\sim}{P}} = \underset{\sim}{Q}\underset{\sim}{P}, \quad \overset{*}{\underset{\sim}{S}} = \underset{\sim}{S}. \qquad (6.3.37)$$

In der geometrisch-linearen Theorie ist es nicht erforderlich, zwischen dem Cauchyschen Spannungstensor $\underset{\sim}{T}$ und den Piola-Kirchhoffschen Spannungstensoren $\underset{\sim}{P}$ und $\underset{\sim}{S}$ zu unterscheiden. Wir betrachten die Beziehung (6.3.27) und untersuchen darin den adjungierten Tensor $\overset{+}{\underset{\sim}{F}}$. Unter Ausnutzung der mit der Ordnungszahl ε behafteten Beziehung (6.2.40) entsteht für die lokale Deformation $\underset{\sim}{F}$

$$\underset{\sim}{F} = \frac{\partial \underset{\sim}{x}}{\partial \underset{\sim}{X}} = \underset{\sim}{I} + \varepsilon \frac{\partial \underset{\sim}{u}}{\partial \underset{\sim}{X}}. \tag{6.3.38}$$

Weiterhin folgt für $\overset{+}{\underset{\sim}{F}}$ nach (4.9.86) und (6.3.38)

$$\overset{+}{\underset{\sim}{F}} = \frac{1}{2}\,(\underset{\sim}{F} \divideontimes \underset{\sim}{F}) = \frac{1}{2}\left[\left(\underset{\sim}{I} + \varepsilon \frac{\partial \underset{\sim}{u}}{\partial \underset{\sim}{X}}\right) \divideontimes \left(\underset{\sim}{I} + \varepsilon \frac{\partial \underset{\sim}{u}}{\partial \underset{\sim}{X}}\right)\right]. \tag{6.3.39}$$

Hierin berücksichtigen wir neben dem Identitätstensor $\underset{\sim}{I}$ ebenfalls nur die mit der Ordnungszahl ε behafteten Glieder und bekommen so aus (6.3.39)

$$\overset{+}{\underset{\sim}{F}} \approx \underset{\sim}{I} + \varepsilon \underset{\sim}{I} \divideontimes \frac{\partial \underset{\sim}{u}}{\partial \underset{\sim}{X}}. \tag{6.3.40}$$

Damit folgt für die Spannungstensoren $\underset{\sim}{P}$ und $\underset{\sim}{T}$ nach (6.3.27) unter Beachtung von (6.2.41)

$$\underset{\sim}{P} \approx \underset{\sim}{T}\left(\underset{\sim}{I} + \varepsilon \underset{\sim}{I} \divideontimes \frac{\partial \underset{\sim}{u}}{\partial \underset{\sim}{X}}\right) \approx \underset{\sim}{T}. \tag{6.3.41}$$

Ferner gilt für den zweiten Piola-Kirchhoffschen Spannungstensor $\underset{\sim}{S}$ die Beziehung (6.3.34), die wir auch als

$$\underset{\sim}{P} = \underset{\sim}{F}\underset{\sim}{S} \tag{6.3.42}$$

schreiben können. Unter Beachtung von (6.3.38) und (6.3.41) erhalten wir näherungsweise

$$\underset{\sim}{P} \approx \underset{\sim}{T} \approx \underset{\sim}{S}. \tag{6.3.43}$$

Zusammenfassend können wir feststellen, daß in der geometrisch-linearen Theorie die Unterschiede zwischen dem Cauchyschen Spannungstensor und den Piola-Kirchhoffschen Spannungstensoren vernachlässigt werden.

Abschließend wollen wir uns noch der Bewegungsgleichung (6.3.28) zuwenden. Mit der in der geometrisch-linearen Theorie gültigen Beziehung (6.3.41) ergibt sich

$$\operatorname{Div} \underset{\sim}{T} + \rho_o(\underset{\sim}{b} - \ddot{\underset{\sim}{x}}) = \underset{\sim}{o}, \tag{6.3.44}$$

wobei alle Größen auf die Referenzplazierung bezogen sind.

6.3.5 Die Kinetik des starren Körpers

Wichtige Sonderfälle der allgemeinen Kontinua sind in der Mechanik und den Ingenieurwissenschaften die starren Körper. Für sie lassen sich verhältnismäßig einfach die Bewegungsgleichungen (6.3.7) und (6.3.19) auswerten. Die Bewegungsgröße $\underset{\sim}{l}$ ist in (6.3.6) durch

$$\underset{\sim}{l} = \int_P \rho \dot{\underset{\sim}{x}}\, dv = \int_P \dot{\underset{\sim}{x}}\, dm \tag{6.3.45}$$

gegeben. Mit der Definition für den Massenmittelpunkt M,

$$\underset{\sim}{c}_M = \frac{1}{m} \int_P \underset{\sim}{x}\, dm, \tag{6.3.46}$$

folgt unter Beachtung des Satzes von der Erhaltung der Masse

$$\int_P \dot{\underset{\sim}{x}}\, dm = m\, \dot{\underset{\sim}{c}}_M \tag{6.3.47}$$

und somit nach (6.3.45)

$$\underset{\sim}{l} = m\, \dot{\underset{\sim}{c}}_M. \tag{6.3.48}$$

Der Satz von der Erhaltung der Bewegungsgröße (6.3.7) lautet mit (6.3.48) also

$$\underset{\sim}{f} = m\, \ddot{\underset{\sim}{c}}_M, \tag{6.3.49}$$

wenn wir wiederum den Satz von der Erhaltung der Masse berücksichtigen. Die Beziehung (6.3.49) gilt natürlich auch für deformierbare Körper. Im Gegensatz zum starren Körper ist der Massenmittelpunkt in diesem Fall jedoch nicht körperfest.

Wir wenden uns abschließend der Auswertung des Satzes von der Erhaltung des Dralles zu. Der Drall bezüglich eines raumfesten Bezugspunktes O ist in (6.3.17) durch

$$\underset{\sim}{h}_{(o)} = \int_P \underset{\sim}{x} \times \rho \dot{\underset{\sim}{x}}\, dv = \int_P \underset{\sim}{x} \times \dot{\underset{\sim}{x}}\, dm \tag{6.3.50}$$

festgelegt. Mit der Geschwindigkeitsformel (6.2.66) und der Abkürzung

$$\bar{\underset{\sim}{x}} = \underset{\sim}{x} - \underset{\sim}{c} \tag{6.3.51}$$

erhalten wir

$$\begin{aligned} \underset{\sim}{h}_{(o)} &= \int_P \underset{\sim}{x} \times (\dot{\underset{\sim}{c}} + \underset{\sim}{\omega} \times \bar{\underset{\sim}{x}})dm = \int_P (\underset{\sim}{c} + \bar{\underset{\sim}{x}}) \times (\dot{\underset{\sim}{c}} + \underset{\sim}{\omega} \times \bar{\underset{\sim}{x}})dm \\ &= \underset{\sim}{c} \times \dot{\underset{\sim}{c}}m + \underset{\sim}{c} \times \int_P \underset{\sim}{\omega} \times \bar{\underset{\sim}{x}}\, dm + \int_P \bar{\underset{\sim}{x}} \times \dot{\underset{\sim}{c}}\, dm + \int_P \bar{\underset{\sim}{x}} \times \underset{\sim}{\omega} \times \bar{\underset{\sim}{x}}\, dm, \end{aligned} \tag{6.3.52}$$

wobei wir u.a. auf (6.3.2) zurückgegriffen haben. Nach (4.9.13) ist der letzte Integralausdruck auf der rechten Seite von (6.3.52) der Drall des starren Körpers bezüglich des körperfesten Punktes C, so daß wir statt (6.3.52) auch

$$\underset{\sim}{h}_{(o)} = \underset{\sim}{c} \times \dot{\underset{\sim}{c}}m + \underset{\sim}{c} \times \int_P \underset{\sim}{\omega} \times \bar{\underset{\sim}{x}}\, dm + \int_P \bar{\underset{\sim}{x}} \times \dot{\underset{\sim}{c}}\, dm + \underset{\sim}{h}_{(c)} \tag{6.3.53}$$

schreiben können. Mit der Identität

$$\bar{\underset{\sim}{x}} = \underset{\sim}{x} - \underset{\sim}{c} \equiv (\underset{\sim}{c}_M - \underset{\sim}{c}) + (\underset{\sim}{x} - \underset{\sim}{c}_M), \tag{6.3.54}$$

wobei wir uns daran erinnern, daß $\underset{\sim}{c}_M$ die Lage des Massenmittelpunktes festlegt, folgt

$$\underset{\sim}{h}_{(o)} = \underset{\sim}{c} \times m\dot{\underset{\sim}{c}} + \underset{\sim}{c} \times \underset{\sim}{\omega} \times (\underset{\sim}{c}_M - \underset{\sim}{c})m + (\underset{\sim}{c}_M - \underset{\sim}{c}) \times \dot{\underset{\sim}{c}}m + \underset{\sim}{h}_{(c)}. \tag{6.3.55}$$

Bei der Umformung haben wir von der Tatsache Gebrauch gemacht, daß

$$\int_P (\underset{\sim}{x} - \underset{\sim}{c}_M)\,dm = \underset{\sim}{0}$$

ist, was unmittelbar aus der Definition für den Massenmittelpunkt (6.3.46) folgt. Mit der Darstellung des Dralles (6.3.55) kann jetzt der Satz von der Erhaltung des Dralles (6.3.19) unter Beachtung von (6.2.68) ausgewertet werden:

$$\underset{\sim}{m}_{(o)} = \dot{\underset{\sim}{h}}_{(o)} = \underset{\sim}{c} \times m\,\ddot{\underset{\sim}{c}}_M + (\underset{\sim}{c}_M - \underset{\sim}{c}) \times m\ddot{\underset{\sim}{c}} + \dot{\underset{\sim}{h}}_{(c)}. \tag{6.3.56}$$

Ersetzt man weiterhin das auf den raumfesten Bezugspunkt O bezogene Moment $m_{(o)}$ äquivalent durch

$$\underset{\sim}{m}_{(o)} = \underset{\sim}{m}_{(c)} + \underset{\sim}{c} \times \underset{\sim}{f}, \tag{6.3.57}$$

so gelingt es die Beziehung (6.3.56) weiter zu vereinfachen, wenn zusätzlich (6.3.49) berücksichtigt wird:

$$\underset{\sim}{m}_{(c)} = (\underset{\sim}{c}_M - \underset{\sim}{c}) \times m\ddot{\underset{\sim}{c}} + \dot{\underset{\sim}{h}}_{(c)}. \tag{6.3.58}$$

Zu beachten ist, daß sowohl das Moment der Kräfte $\underset{\sim}{m}_{(c)}$ als auch der Drall $\underset{\sim}{h}_{(c)}$ auf den körperfesten Punkt C bezogen sind. Um nun zu einer Form zu gelangen, die der Gleichung (6.3.19) entspricht, gibt es offensichtlich drei Möglichkeiten:

a) die Beschleunigung des körperfesten Punktes C ist Null,

b) die Vektoren $\underset{\sim}{c}_M - \underset{\sim}{c}$ und $\ddot{\underset{\sim}{c}}$ sind gleichgerichtet,

c) der körperfeste Punkt C fällt mit dem Massenmittelpunkt M zusammen.

Die letzte Möglichkeit

$$\underset{\sim}{m}_{(M)} = \dot{\underset{\sim}{h}}_{(M)} \tag{6.3.59}$$

ist für die Anwendung von besonderem Interesse; daher wollen wir diese

Form weiter diskutieren. Für den Drall $\underset{\approx}{h}_{(M)}$ gilt nach (4.9.17)

$$\underset{\approx}{h}_{(M)} = \underset{\approx}{\Theta}_{(M)}\underset{\approx}{\omega} \tag{6.3.60}$$

mit dem *Massenträgheitstensor*

$$\underset{\approx}{\Theta}_{(M)} = \int_P (\bar{\underset{\approx}{x}}_M^2 \underset{\approx}{I} - \bar{\underset{\approx}{x}}_M \otimes \bar{\underset{\approx}{x}}_M)\,dm, \tag{6.3.61}$$

wobei wir abkürzend

$$\bar{\underset{\approx}{x}}_M = \underset{\approx}{x} - \underset{\approx}{c}_M \tag{6.3.62}$$

gesetzt haben. Aus (6.3.60) folgt nun

$$\dot{\underset{\approx}{h}}_{(M)} = \dot{\underset{\approx}{\Theta}}_{(M)}\underset{\approx}{\omega} + \underset{\approx}{\Theta}_{(M)}\dot{\underset{\approx}{\omega}}. \tag{6.3.63}$$

Die materielle zeitliche Ableitung des Massenträgheitstensors $\underset{\approx}{\Theta}_{(M)}$ liefert

$$\dot{\underset{\approx}{\Theta}}_{(M)} = \int_P [(2\bar{\underset{\approx}{x}}_M \cdot \dot{\bar{\underset{\approx}{x}}}_M)\underset{\approx}{I} - \dot{\bar{\underset{\approx}{x}}}_M \otimes \bar{\underset{\approx}{x}}_M - \bar{\underset{\approx}{x}}_M \otimes \dot{\bar{\underset{\approx}{x}}}_M]\,dm$$

oder mit (6.3.62) und (6.2.67)

$$\dot{\underset{\approx}{\Theta}}_{(M)} = -\int_P [(\underset{\approx}{\omega} \times \bar{\underset{\approx}{x}}_M) \otimes \bar{\underset{\approx}{x}}_M + \bar{\underset{\approx}{x}}_M \otimes (\underset{\approx}{\omega} \times \bar{\underset{\approx}{x}}_M)]\,dm, \tag{6.3.64}$$

so daß wir für die Abbildung $\dot{\underset{\approx}{\Theta}}_{(M)}\underset{\approx}{\omega}$ schreiben können:

$$\dot{\underset{\approx}{\Theta}}_{(M)}\underset{\approx}{\omega} = -\int_P [(\underset{\approx}{\omega} \cdot \bar{\underset{\approx}{x}}_M)(\underset{\approx}{\omega} \times \bar{\underset{\approx}{x}}_M)\,dm. \tag{6.3.65}$$

Den Integranden in (6.3.65) formen wir mit Hilfe des Entwicklungssatzes (4.9.9) um und gelangen damit zu

$$\dot{\underset{\approx}{\Theta}}_{(M)}\underset{\approx}{\omega} = \underset{\approx}{\omega} \times \int_P [\bar{\underset{\approx}{x}}_M \times (\underset{\approx}{\omega} \times \bar{\underset{\approx}{x}}_M)]\,dm. \tag{6.3.66}$$

Das Integral in (6.3.66) ist der Drall bezüglich des Massenmittelpunktes M ((s. (4.9.13)), so daß sich mit (4.9.17) ergibt:

$$\dot{\underset{\approx}{\Theta}}_{(M)}\underset{\approx}{\omega} = \underset{\approx}{\omega} \times \underset{\approx}{\Theta}_{(M)}\underset{\approx}{\omega}. \tag{6.3.67}$$

Mit der Abbildungsvorschrift (M1) finden wir weiterhin

$$\dot{\underset{\approx}{\Theta}}_{(M)}\underset{\approx}{\omega} = (\underset{\approx}{\omega} \times \underset{\approx}{\Theta}_{(M)})\underset{\approx}{\omega}. \tag{6.3.68}$$

Der Satz von der Erhaltung des Dralles (6.3.59) lautet also mit (6.3.63) und (6.3.68)

$$\underset{\approx}{m}_{(M)} = \underset{\approx}{\Theta}_{(M)}\dot{\underset{\approx}{\omega}} + (\underset{\approx}{\omega} \times \underset{\approx}{\Theta}_{(M)})\underset{\approx}{\omega}. \tag{6.3.69}$$

Die Auswertung dieser Beziehung liefert, sofern wir ein körperfestes orthonormiertes Hauptachsensystem $\bar{\underset{\approx}{e}}_1$, $\bar{\underset{\approx}{e}}_2$, $\bar{\underset{\approx}{e}}_3$ zugrunde legen, bei dem die Zentrifugalmomente Θ_{ik} für $i \neq k$ verschwinden, die bekannten *Eulerschen Kreiselgleichungen:*

$$\underset{\sim}{m}_{(M)} = [\Theta_{11}\dot{\omega}_1 - \omega_2\omega_3(\Theta_{22} - \Theta_{33})]\bar{\underset{\sim}{e}}_1 + [\Theta_{22}\dot{\omega}_2 - \omega_3\omega_1(\Theta_{33} - \Theta_{11})]\bar{\underset{\sim}{e}}_2 + $$
$$+ [\Theta_{33}\dot{\omega}_3 - \omega_1\omega_2(\Theta_{11} - \Theta_{22})]\bar{\underset{\sim}{e}}_3. \qquad (6.3.70)$$

In (6.3.70) ist zu beachten, daß die Trägheitsmomente Θ_{ik} (für i = k) auf den Massenmittelpunkt bezogen sind.

6.4 Die mechanische Formänderungsarbeit

Der zeitliche Zuwachs der mechanischen Formänderungsarbeit des Teilkörpers P infolge der Volumen- und Oberflächenkräfte in der aktuellen Plazierung ist durch

$$\dot{W} = \int_P \rho\underset{\sim}{b} \cdot (\dot{\underset{\sim}{x}} - \dot{\underset{\sim}{c}})dv + \int_{\partial P} \underset{\sim}{t} \cdot (\dot{\underset{\sim}{x}} - \dot{\underset{\sim}{c}})da \qquad (6.4.1)$$

gegeben. Der Vektor $\underset{\sim}{c}$ kennzeichnet die Lage eines körperfesten Bezugspunktes (s. Abschn. 6.3.5). Die Formulierung des zeitlichen Zuwachses der mechanischen Formänderungsarbeit in der Form (6.4.1) gewährleistet, daß sich $\dot{W}$ bei einer überlagerten Starrkörperbewegung nicht ändert. Diese Feststellung kann unter Beachtung des Satzes von der Erhaltung des Dralles leicht verifiziert werden. Mit dem Cauchy-Theorem (6.3.13) erhalten wir für (6.4.1)

$$\dot{W} = \int_P \rho\underset{\sim}{b} \cdot (\dot{\underset{\sim}{x}} - \dot{\underset{\sim}{c}})dv + \int_{\partial P} \underset{\sim}{T}\underset{\sim}{n} \cdot (\dot{\underset{\sim}{x}} - \dot{\underset{\sim}{c}})da = \int_P \rho\underset{\sim}{b} \cdot (\dot{\underset{\sim}{x}} - \dot{\underset{\sim}{c}})dv + $$
$$+ \int_{\partial P} \underset{\sim}{T}(\dot{\underset{\sim}{x}} - \dot{\underset{\sim}{c}}) \cdot d\underset{\sim}{a}, \qquad (6.4.2)$$

wobei wir im letzten Schritt die Symmetrie des Spannungstensors berücksichtigt haben. Das Oberflächenintegral in (6.4.2) überführen wir mit Hilfe des Gaußschen Integralsatzes (5.8.13) in ein Volumenintegral:

$$\dot{W} = \int_P \{\rho\underset{\sim}{b} \cdot (\dot{\underset{\sim}{x}} - \dot{\underset{\sim}{c}}) + \operatorname{div}[\underset{\sim}{T}(\dot{\underset{\sim}{x}} - \dot{\underset{\sim}{c}})]\}dv$$
$$= \int_P (\rho\underset{\sim}{b} + \operatorname{div}\underset{\sim}{T}) \cdot (\dot{\underset{\sim}{x}} - \dot{\underset{\sim}{c}})dv + \int_P \underset{\sim}{T} \cdot \underset{\sim}{L}\, dv, \qquad (6.4.3)$$

wenn wir zusätzlich auf die Rechenregel (5.5.19) zurückgreifen. Nach (6.3.16) verschwindet bei Vernachlässigung des Beschleunigungsgliedes das erste Volumenintegral und es verbleibt für die Formänderungsarbeit

$$\dot{W} = \int_P \underset{\sim}{T} \cdot \underset{\sim}{L}\, dv \qquad (6.4.4)$$

oder nach Aufspaltung des Geschwindigkeitsgradienten in den symmetrischen und schiefsymmetrischen Anteil (6.2.21) und unter Beachtung der Symmetrie des Spannungstensors

$$\dot{W} = \int_P \underset{\sim}{T} \cdot \underset{\sim}{D} \, dv. \tag{6.4.5}$$

Alternativ läßt sich der Zuwachs der mechanischen Formänderungsarbeit mit (6.3.34) und (6.2.32) auch durch

$$\dot{W} = \int_P \frac{1}{2} \underset{\sim}{S} \cdot \dot{\underset{\sim}{C}} \, dV = \int_P \underset{\sim}{S} \cdot \dot{\underset{\sim}{E}} \, dV \tag{6.4.6}$$

darstellen. Entsprechende Ausdrücke erhält man bei der Formulierung der Prinzipe der virtuellen Verrückungen und der virtuellen Kräfte, worauf wir jedoch nicht näher eingehen wollen.

6.5 Spezielle konstitutive Gleichungen

Die bisher eingeführten Grundgleichungen gelten im Rahmen der Theorie der Punktkontinua für alle Körper und Bewegungen. Geben wir die Bewegung vor, so hängt die „Antwort" des Körpers von dem verwendeten Werkstoff ab. Dasselbe gilt natürlich, wenn wir Kräfte vorgeben; dann ist die Bewegung des Körpers für unterschiedliche Werkstoffe durch die Kräfte und den Werkstoff bestimmt.

Die Kräfte, die für die Kontinuumsmechanik von besonderem Interesse sind, sind die Kontaktkräfte. Diese sind durch das Tensorfeld $\underset{\sim}{T}$, den Cauchyschen Spannungstensor, bestimmt. Die Beziehungen, die in der rein mechanischen Theorie den Cauchyschen Spannungstensor mit der Bewegung verknüpfen, nennen wir *konstitutive Gleichungen*. Eine allgemeine Theorie der konstitutiven Gleichungen ist von Noll [19], [20] entwickelt worden. Hierin sind übergeordnete Prinzipe postuliert, die von den konstitutiven Gleichungen erfüllt werden müssen. Allerdings sind die Prinzipe für unsere Überlegungen in diesem einführenden Kapitel über die Kontinuumsmechanik zu allgemein, so daß wir auf ihre Angabe verzichten wollen und den Leser auf die Literatur [15], [19], [20] verweisen.

6.5.1 Der elastische Werkstoff

Ein materieller Punkt eines Körpers wird *elastisch* genannt, wenn der Cauchysche Spannungstensor $\underset{\sim}{T}$ zu einem beliebigen Zeitpunkt t allein eine Funktion des Deformationsgradienten $\underset{\sim}{F}$ in dem betrachteten materiellen Punkt zu dieser Zeit ist:

$$\underset{\sim}{T} = \underset{\sim}{G}(\underset{\sim}{F}). \tag{6.5.1}$$

Der Cauchysche Spannungstensor $\underset{\sim}{T}$ und der Deformationsgradient $\underset{\sim}{F}$ sind bezogen auf eine lokale Referenzplazierung. Die *Auswirkungsfunktion* $\underset{\sim}{G}$ als tensorwertige Funktion ist ebenfalls eine Funktion der lokalen Referenzplazierung. In der Notation der Gleichung (6.5.1) haben wir diese Abhängigkeit und die Abhängigkeit vom materiellen Punkt unterdrückt. Wenn alle Punkte des Körpers elastisch sind, bezeichnet man den Körper als elastisch.

Die allgemeine Form der konstitutiven Gleichung (6.5.1) können wir nun reduzieren. Zunächst muß für die Auswirkungsfunktion $\underset{\sim}{G}$ wegen der Erfüllung der zweiten Bewegungsgleichung von Cauchy gelten:

$$\underset{\sim}{G} = \underset{\sim}{G}^T. \tag{6.5.2}$$

Weiterhin fordern wir, daß sich die Auswirkungsfunktion $\underset{\sim}{G}$ in (6.5.1) bei einer überlagerten Starrkörperbewegung nicht ändert. Entsprechend der Untersuchung in Abschn. 6.2.5 folgt mit (6.3.13 a) und (6.2.77)

$$\underset{\sim}{Q}\underset{\sim}{G}(\underset{\sim}{F})\underset{\sim}{Q}^T = \underset{\sim}{G}(\underset{\sim}{Q}\underset{\sim}{F}) \quad \text{oder} \quad \underset{\sim}{T} = \underset{\sim}{Q}^T\underset{\sim}{G}(\underset{\sim}{Q}\underset{\sim}{F})\underset{\sim}{Q}. \tag{6.5.3}$$

Diese Form vereinfacht sich, wenn wir den Deformationsgradienten $\underset{\sim}{F}$ multiplikativ in den orthogonalen Tensor $\underset{\sim}{R}$ und den symmetrischen positivdefiniten Tensor $\underset{\sim}{U}$ gemäß (6.2.24) zerlegen:

$$\underset{\sim}{T} = \underset{\sim}{Q}^T\underset{\sim}{G}(\underset{\sim}{Q}\underset{\sim}{R}\underset{\sim}{U})\underset{\sim}{Q}. \tag{6.5.4}$$

Die Gleichung (6.5.4) ist gültig für alle orthogonalen Tensoren $\underset{\sim}{Q}$ und $\underset{\sim}{R}$ sowie alle symmetrischen, positiv-definiten Tensoren $\underset{\sim}{U}$. Insbesondere bleibt die Gültigkeit erhalten, wenn wir $\underset{\sim}{Q} = \underset{\sim}{R}^T$ wählen, so daß wir die reduzierte Form

$$\underset{\sim}{T} = \underset{\sim}{R}\underset{\sim}{G}(\underset{\sim}{U})\underset{\sim}{R}^T \tag{6.5.5}$$

erhalten. Hieraus können wir alternative Formen gewinnen. In (6.2.26) ist der rechte Cauchy-Greensche Deformationstensor $\underset{\sim}{C}$ durch $\underset{\sim}{U}$ und $\underset{\sim}{F}$ dargestellt. Ersetzen wir $\underset{\sim}{C}$ durch diese Größen, so können wir für (6.5.5) auch schreiben

$$\underset{\sim}{T} = \underset{\sim}{R}\underset{\sim}{K}(\underset{\sim}{C})\underset{\sim}{R}^T, \quad \underset{\sim}{T} = \underset{\sim}{F}\underset{\sim}{\bar{L}}(\underset{\sim}{C})\underset{\sim}{F}^T \tag{6.5.6}$$

mit

$$\underset{\sim}{K}(\underset{\sim}{C}) = \underset{\sim}{G}(\underset{\sim}{C}^{\frac{1}{2}}), \quad \underset{\sim}{\bar{L}}(\underset{\sim}{C}) = \underset{\sim}{C}^{-\frac{1}{2}}\underset{\sim}{G}(\underset{\sim}{C}^{\frac{1}{2}})\underset{\sim}{C}^{-\frac{1}{2}}, \tag{6.5.7}$$

wobei wir bei (6.5.6 b) auf (6.2.24 a) zurückgegriffen haben. Für die Anwendung von besonderem Interesse ist weiterhin eine Form, die mit dem symmetrischen Piola-Kirchhoffschen Spannungstensor gebildet wird:

$$\underset{\sim}{S} = \underset{\sim}{M}(\underset{\sim}{C}), \quad \underset{\sim}{M}(\underset{\sim}{C}) = \det\left(\underset{\sim}{C}^{\frac{1}{2}}\right)\underset{\sim}{\bar{L}}(\underset{\sim}{C}). \tag{6.5.8}$$

Auf die Angabe weiterer alternativer Formen wollen wir verzichten und auf [19] verweisen.

Wir grenzen nun die elastischen Werkstoffe weiter ein, indem wir nur noch *isotrope* Werkstoffe zulassen. Die Eigenschaft der *Isotropie* des Werkstoffes besagt, daß es nicht möglich ist, durch Experimente aufzuzeigen, ob der Körperpunkt ausgehend von einem spannungsfreien Zustand, vor dem Experiment eine Rotation erfahren hat. Wenn also der Körperpunkt aus der spannungsfreien Lage zunächst eine Rotation erfährt und anschließend deformiert wird, muß gelten

$$\underset{\sim}{T} = \underset{\sim}{G}(\underset{\sim}{F}) = \underset{\sim}{G}(\underset{\sim}{F}\underset{\sim}{Q}). \qquad (6.5.9)$$

Mit der multiplikativen Zerlegung (6.2.24) ergibt sich aus (6.5.9), wenn wir wiederum $\underset{\sim}{R} = \underset{\sim}{Q}^T$ wählen,

$$\underset{\sim}{T} = \underset{\sim}{G}(\underset{\sim}{V}). \qquad (6.5.10)$$

Nun ist es zweckmäßig, die konstitutive Gleichung (6.5.10) mit dem linken Greenschen Deformationstensor $\underset{\sim}{B}$ (6.2.27) darzustellen:

$$\underset{\sim}{T} = \underset{\sim}{H}(\underset{\sim}{B}), \quad \underset{\sim}{H}(\underset{\sim}{B}) = \underset{\sim}{G}\left(\underset{\sim}{B}^{\frac{1}{2}}\right). \qquad (6.5.11)$$

Fordern wir nun wiederum, daß sich die Auswirkungsfunktion $\underset{\sim}{H}(\underset{\sim}{B})$ bei einer überlagerten Starrkörperbewegung nicht ändert, so gewinnen wir mit (6.3.13 a) und (6.2.80) die Restriktion

$$\underset{\sim}{Q}\underset{\sim}{H}(\underset{\sim}{B})\underset{\sim}{Q}^T = \underset{\sim}{H}(\underset{\sim}{Q}\underset{\sim}{B}\underset{\sim}{Q}^T). \qquad (6.5.12)$$

Solche tensorwertigen Funktionen, die (6.5.12) erfüllen, bezeichnet man als *isotrope Tensorfunktionen*. Somit ist $\underset{\sim}{H}(\underset{\sim}{B})$ eine isotrope Tensorfunktion, die sich allgemein durch das folgende Darstellungstheorem (s. [19]) angeben läßt:

$$\underset{\sim}{H}(\underset{\sim}{B}) = \varphi_o\underset{\sim}{I} + \varphi_1\underset{\sim}{B} + \varphi_2\underset{\sim}{B}^2. \qquad (6.5.13)$$

Die Koeffizienten φ_o, φ_1 und φ_2 sind Funktionen der drei skalaren Invarianten von $\underset{\sim}{B}$, nämlich $I_{\underset{\sim}{B}}$, $II_{\underset{\sim}{B}}$ und $III_{\underset{\sim}{B}}$. Die konstitutive Gleichung (6.5.11) läßt sich alternativ durch den rechten Greenschen Deformationstensor ausdrücken, wenn wir beachten, daß nach (6.2.28 b) $\underset{\sim}{B} = \underset{\sim}{R}\underset{\sim}{C}\underset{\sim}{R}^T$ und $\underset{\sim}{B}^2 = \underset{\sim}{R}\underset{\sim}{C}^2\underset{\sim}{R}^T$ sind. Damit folgt aus (6.5.11) und (6.5.13)

$$\underset{\sim}{T} = \underset{\sim}{R}\underset{\sim}{K}(\underset{\sim}{C})\underset{\sim}{R}^T, \qquad (6.5.14)$$

wobei die Auswirkungsfunktion $\underset{\sim}{K}(\underset{\sim}{C})$ durch

$$\underset{\sim}{K}(\underset{\sim}{C}) = \varphi_o\underset{\sim}{I} + \varphi_1\underset{\sim}{C} + \varphi_2\underset{\sim}{C}^2 \qquad (6.5.15)$$

gegeben ist. Die Koeffizienten φ_o, φ_1 und φ_2 sind in diesem Fall Funktionen von $\underset{\sim}{C}$, da die entsprechenden Invarianten von $\underset{\sim}{B}$ und $\underset{\sim}{C}$ identisch sind, wie man leicht zeigen kann (s. auch (6.2.29).

Die in diesem Abschnitt entwickelten konstitutiven Beziehungen für den elastischen Punkt sind gültig für beliebige Bewegungen. Es bleibt jedoch festzustellen, daß das Spektrum der Werkstoffe, die endliche Verzerrungen im elastischen Bereich erleiden, beschränkt ist, sieht man einmal von gummiartigen Werkstoffen ab. Vielmehr gehen die meisten Werkstoffe nach Überschreiten eines meist sehr kleinen Verzerrungsbereiches in den inelastischen Zustand über. Somit kann das rein elastische Verhalten in vielen Fällen nur für kleine Verzerrungen erwartet werden. Wir werden daher mit der Annahme kleiner Verzerrungen Näherungen für die allgemeinen konstitutiven Gleichungen angeben. Diese Näherungen schließen natürlich solche Fälle mit ein, die als Elastikaprobleme bekannt sind. Kennzeichnend für diese Probleme ist, daß die Verzerrungen klein sind, die Rotationen jedoch groß sein können.

Zur Ableitung der Näherungen gehen wir aus von der Beziehung (6.5.6 a), die wir mit (6.2.35) in die Form

$$\underset{\sim}{R}^T \underset{\sim\sim}{TR} = \bar{\underset{\sim}{K}}(\underset{\sim}{E}) \tag{6.5.16}$$

bringen können, wobei

$$\bar{\underset{\sim}{K}}(\underset{\sim}{E}) = \underset{\sim}{K}(2\underset{\sim}{E} + \underset{\sim}{I}) \tag{6.5.17}$$

ist. Die Auswirkungsfunktion $\bar{\underset{\sim}{K}}$ entwickeln wir in der Nähe von $\underset{\sim}{E} = \underset{\sim}{O}$ in eine Taylorreihe

$$\bar{\underset{\sim}{K}}(\underset{\sim}{E}) = \bar{\underset{\sim}{K}}(\underset{\sim}{O}) + \overset{4}{\underset{\sim\sim}{KE}} + \underset{\sim}{Z}(\underset{\sim}{E}) \tag{6.5.18}$$

mit

$$\overset{4}{\underset{\sim}{K}} = \left.\frac{d\bar{\underset{\sim}{K}}}{d\underset{\sim}{E}}\right|_{\underset{\sim}{E} = \underset{\sim}{O}} . \tag{6.5.19}$$

Im folgenden vernachlässigen wir die Restsumme $\underset{\sim}{Z}(\underset{\sim}{E})$ und fordern, daß der elastische Punkt einen natürlichen Zustand besitzt, bei dem die Spannungen im unverzerrten Zustand Null sind. Es verbleibt dann

$$\bar{\underset{\sim}{K}}(\underset{\sim}{E}) = \overset{4}{\underset{\sim\sim}{KE}}, \tag{6.5.20}$$

und für die konstitutive Gleichung (6.5.16) finden wir

$$\underset{\sim}{R}^T \underset{\sim\sim}{TR} = \overset{4}{\underset{\sim\sim}{KE}}. \tag{6.5.21}$$

Diese Form zeigt deutlich, daß man selbst bei Beschränkung auf kleine Verzerrungen keine Spannungs-Verzerrungs-Beziehungen erhält; vielmehr geht die Rotation in die konstitutive Gleichung ein. Es sei weiterhin betont, daß wir bei der Entwicklung von (6.5.21) allein die Voraussetzung eingeführt haben, daß der Verzerrungstensor $\underset{\sim}{E}$ klein sein soll. Somit sind im Verzerrungsmaß $\underset{\sim}{E}$ quadratische Anteile der Verschiebungsableitungen zu berücksichtigen, wenn der Verzerrungstensor $\underset{\sim}{E}$ durch die Verschiebungsgradienten dargestellt wird.

Fordern wir ergänzend, daß der Deformationsgradient $\underset{\sim}{F}$ in der Nähe von $\underset{\sim}{I}$ liegt, so führt diese zusätzliche Linearisierung bei der konstitutiven

Beziehung (6.5.21) auf die wohlbekannte Form der linearen Elastizitätstheorie

$$\underset{\sim}{T} = \overset{4L}{\underset{\sim\sim}{KE}}. \tag{6.5.22}$$

Die konstitutive Gleichung (6.5.22) ist kein Sonderfall der Gleichung (6.5.16), bei der die Restglieder identisch verschwinden. Insofern kann nicht erwartet werden, daß die Gleichung (6.5.22) exakte Lösungen bei endlichen Bewegungen liefert.

6.5.2 Die viskose, kompressible Flüssigkeit

Wir beginnen unsere Überlegungen mit der Frage, von welchen Größen die Auswirkungsfunktion zur Beschreibung des Stoffverhaltens für die viskosen, kompressiblen Flüssigkeiten abhängen kann. Da es sich um eine kompressible Flüssigkeit handelt, wird die Auswirkungsfunktion eine Funktion der Dichte ρ sein. Außerdem soll die Flüssigkeit viskose Eigenschaften aufweisen. Somit wird das Stoffverhalten sicherlich von der Geschwindigkeit bzw. dem Geschwindigkeitsgradienten beeinflußt werden. Wir definieren daher die Klasse der viskosen, kompressiblen Flüssigkeiten durch

$$\underset{\sim}{T} = \underset{\sim}{N}(\rho,\ \underset{\sim}{L},\ \dot{\underset{\sim}{x}}). \tag{6.5.23}$$

Wir fordern wiederum, daß die Auswirkungsfunktion $\underset{\sim}{N}$ bei einer überlagerten Starrkörperbewegung ungeändert bleibt. Somit gilt

$$\overset{*}{\underset{\sim}{T}} = \underset{\sim}{N}(\overset{*}{\rho},\ \overset{*}{\underset{\sim}{L}},\ \dot{\overset{*}{\underset{\sim}{x}}}). \tag{6.5.24}$$

Unter Beachtung von (6.2.72), (6.2.84) und (6.2.71) können wir auch schreiben:

$$\underset{\sim}{N}(\rho,\ \underset{\sim}{L},\ \dot{\underset{\sim}{x}}) = \underset{\sim}{Q}^T[\underset{\sim}{N}\{\rho,\ \underset{\sim\sim\sim}{QLQ}^T + \dot{\underset{\sim}{Q}}\underset{\sim}{Q}^T,\ \dot{\overset{*}{\underset{\sim}{c}}} + \underset{\sim}{Q}(\dot{\underset{\sim}{x}} - \dot{\underset{\sim}{c}}) + \dot{\underset{\sim}{Q}}\underset{\sim}{Q}^T(\overset{*}{\underset{\sim}{x}} - \overset{*}{\underset{\sim}{c}})\}]\underset{\sim}{Q}. \tag{6.5.25}$$

Diese Identität muß speziell auch für $\underset{\sim}{Q} = \underset{\sim}{I}$, $\dot{\underset{\sim}{Q}} = -\underset{\sim}{W}$ und $\dot{\overset{*}{\underset{\sim}{c}}} = -(\dot{\underset{\sim}{x}} - \dot{\underset{\sim}{c}}) + \underset{\sim}{W}(\overset{*}{\underset{\sim}{x}} - \overset{*}{\underset{\sim}{c}})$ gültig sein. Dann vereinfacht sich (6.5.25) zu

$$\underset{\sim}{N}(\rho,\ \underset{\sim}{L},\ \dot{\underset{\sim}{x}}) = \underset{\sim}{N}(\rho,\ \underset{\sim}{D}). \tag{6.5.26}$$

Aus der Forderung, daß die Auswirkungsfunktion (6.5.23) bei einer überlagerten Starrkörperbewegung ungeändert bleibt, ergibt sich somit, daß der schiefsymmetrische Anteil des Geschwindigkeitsgradienten $\underset{\sim}{W}$ und die Geschwindigkeit $\dot{\underset{\sim}{x}}$ nicht als unabhängige Variablen in der Auswirkungsfunktion auftreten dürfen. Darüber hinaus erhalten wir aus (6.5.26)

$$\underset{\sim\sim}{QN}(\rho,\ \underset{\sim}{D})\underset{\sim}{Q}^T = \underset{\sim}{N}(\rho,\ \underset{\sim\sim\sim}{QDQ}^T). \tag{6.5.27}$$

Aus (6.5.27) ersehen wir, daß $\underset{\sim}{N}$ eine isotrope Tensorfunktion ist. Somit sind alle Werkstoffe, deren konstitutive Beziehungen in (6.5.27) enthalten sind, isotrope Werkstoffe. Diese Eigenschaft brauchen wir - anders als bei den elastischen Werkstoffen - nicht zusätzlich zu fordern; sie geht unmittelbar aus (6.5.27) hervor. Nach dem bereits in Abschnitt 6.5.1 verwendeten Darstellungstheorem folgt für die Auswirkungsfunktion $\underset{\sim}{N}$:

$$\underset{\sim}{N}(\rho, \underset{\sim}{D}) = \varphi_o \underset{\sim}{I} + \varphi_1 \underset{\sim}{D} + \varphi_2 \underset{\sim}{D}^2. \tag{6.5.28}$$

Hierin sind φ_o, φ_1 und φ_2 Funktionen der Dichte ρ und der skalaren Invarianten von $\underset{\sim}{D}$. Die durch (6.5.28) gekennzeichneten Flüssigkeiten werden *Reiner-Rivlin-Flüssigkeiten* genannt.

Wir entwickeln jetzt die Auswirkungsfunktion $\underset{\sim}{N}(\rho, \underset{\sim}{D})$ in der Nähe von $\underset{\sim}{D} = \underset{\sim}{O}$ in eine Taylorreihe

$$\underset{\sim}{N}(\rho, \underset{\sim}{D}) = \underset{\sim}{N}(\rho, \underset{\sim}{O}) + \overset{4}{\underset{\sim}{L}}(\rho)\underset{\sim}{D} + \underset{\sim}{Z}(\rho, \underset{\sim}{D}) \tag{6.5.29}$$

mit

$$\overset{4}{\underset{\sim}{L}} = \left.\frac{\partial \underset{\sim}{N}}{\partial \underset{\sim}{D}}\right|_{\underset{\sim}{D} = \underset{\sim}{O}} . \tag{6.5.30}$$

Im weiteren beschränken wir uns auf das lineare Glied - wir vernachlässigen die Restsumme $\underset{\sim}{Z}(\rho, \underset{\sim}{D})$ - und gelangen mit dieser Näherung zu den konstitutiven Gleichungen der *linear-viskosen, kompressiblen Flüssigkeiten:*

$$\underset{\sim}{T} = \underset{\sim}{N}(\rho, \underset{\sim}{D}) \approx \underset{\sim}{N}(\rho, \underset{\sim}{O}) + \overset{4}{\underset{\sim}{L}}(\rho)\underset{\sim}{D}. \tag{6.5.31}$$

Beachten wir wiederum (6.5.27), so gilt

$$\underset{\sim}{N}(\rho, \underset{\sim}{O}) + \overset{4}{\underset{\sim}{L}}(\underset{\sim}{Q}\underset{\sim}{D}\underset{\sim}{Q}^T) = \underset{\sim}{Q}\underset{\sim}{N}(\rho, \underset{\sim}{O})\underset{\sim}{Q}^T + \underset{\sim}{Q}(\overset{4}{\underset{\sim}{L}}\underset{\sim}{D})\underset{\sim}{Q}^T. \tag{6.5.32}$$

Aus dem Vergleich mit (4.10.24) bis (4.10.28) finden wir

$$\underset{\sim}{N}(\rho, O) = \alpha\underset{\sim}{I}, \qquad \overset{4}{\underset{\sim}{L}} = \beta\overset{4}{\underset{\sim}{I}} + \gamma\overset{4}{\underset{\sim}{\bar{I}}} + \lambda\overset{4}{\underset{\sim}{\bar{\bar{I}}}}, \tag{6.5.33}$$

wobei α, β, γ und λ Funktionen der Dichte ρ sind. Da $\underset{\sim}{D}$ symmetrisch ist, gilt wegen (4.10.3 a) und (4.10.4) weiterhin

$$(\beta\overset{4}{\underset{\sim}{I}} + \lambda\overset{4}{\underset{\sim}{\bar{\bar{I}}}})\underset{\sim}{D} = (\beta + \lambda)\underset{\sim}{D} = 2\mu\underset{\sim}{D}, \tag{6.5.34}$$

so daß sich die konstitutive Gleichung (6.5.31) mit (6.5.33) und (6.5.34) sowie (4.10.3 b) auf

$$\underset{\sim}{T} = \alpha\underset{\sim}{I} + \gamma(\underset{\sim}{D} \cdot \underset{\sim}{I})\underset{\sim}{I} + 2\mu\underset{\sim}{D} \tag{6.5.35}$$

reduziert. In einer ruhenden Flüssigkeit zeichnet sich der Spannungszustand dadurch aus, daß er kugelsymmetrisch ist und daß nur Druckspannungen auftreten können. Den kugelsymmetrischen Anteil bezeichnen wir in diesem Fall mit $-p\underset{\sim}{I}$. Aus dem Vergleich mit (6.5.35) folgt, daß dann

$\alpha = -p$ ist, so daß wir schreiben können

$$\underset{\sim}{T} = -p\underset{\sim}{I} + \gamma(\underset{\sim}{D} \cdot \underset{\sim}{I})\underset{\sim}{I} + 2\mu\underset{\sim}{D}. \tag{6.5.36}$$

Die Materialkonstanten γ und μ heißen Volumenviskosität und Scherviskosität. Die Theorie, die sich auf (6.5.36) gründet, wird als *Navier-Stokessche Theorie der Flüssigkeiten* bezeichnet.

7 Die lineare Schalentheorie

7.1 Einführung und Zielsetzung

Die Berechnung des Formänderungs- und Spannungszustandes von elastisch deformierten Tragwerken - Flächentragwerken und Stabtragwerken - kann grundsätzlich auf zwei Wegen erfolgen. Entweder wendet man die exakte dreidimensionale Elastizitätstheorie an, oder man nutzt bestimmte geometrische Eigenschaften der Tragwerke aus und gelangt zu speziellen Tragwerken, wie etwa den Stäben und Schalen. In der Vergangenheit war der erste Weg wegen des immensen Rechenaufwandes meist nicht gangbar und nur auf wenige Sonderfälle beschränkt. Erst die Entwicklung von Großrechenanlagen und die Bereitstellung von neuen numerischen Verfahren, wie der Finite-Elemente-Methode, ermöglichen heute die Berechnung auch von komplizierten Tragwerken nach der dreidimensionalen Theorie. Allerdings hat diese Vorgehensweise Grenzen. Zum einen sind die entwickelten numerischen Verfahren Näherungsverfahren, über deren Konvergenz in weiten Bereichen keine genauen Aussagen gemacht werden können, zum anderen sind diese Verfahren naturgemäß sehr rechenaufwendig und somit allein aus Kostengründen beschränkt. Dies ist u.a. für den entwerfenden Konstrukteur sehr nachteilig, weil im Entwurfsstadium oft eine Vielzahl von Alternativvorschlägen für ein Tragwerk untersucht werden muß. Das Durchrechnen all dieser alternativen Lösungen ist sehr zeitaufwendig und würde die hohen Kosten, die die Berechnung nach der dreidimensionalen Theorie verursacht, multiplizieren und damit bereits im Entwurfsstadium zu einem sehr großen Kostenaufwand führen. So ist es im Ingenieurwesen auch heute noch von Vorteil, bei der Berechnung von Tragwerken von Anfang an spezielle geometrische Eigenschaften zu nutzen, um damit „Ersatzmodelle" zu schaffen, die einer rechnerischen Lösung leichter zugänglich sind. Solche klassischen „Ersatzmodelle" sind die Stäbe und Schalen.

In diesem Abschnitt geben wir die *geometrisch- und physikalisch-lineare Theorie der Schalen* mit geringer Wandstärke und Krümmung an. Die geometrisch-lineare Theorie ist in Abschnitt 6.2.3 erklärt. Unter einer physikalisch-linearen Theorie verstehen wir die Entwicklung der Schalentheorie mit Hilfe der konstitutiven Gleichung für den linear-elastischen Werkstoff. Wir werden die grundlegenden Annahmen über die Geometrie und die Kinematik der Deformationen der dünnen Schalen von Beginn an in die Theorie einbauen, um auf diese Weise eine Überladung der Theorie mit Größen, die in der Regel bei der Angabe der beschreibenden Differentialgleichungen ohnehin gestrichen werden, zu vermeiden. Diese Vorgehensweise ermöglicht es verhältnismäßig schnell, sogenannte Hauptgleichungen der linearen Schalentheorie zu gewinnen, die ein System von partiellen Differentialgleichungen zur Beschreibung der Verschiebungskomponenten der Schalenmittelfläche darstellen. Aus ihnen lassen sich ohne Schwierigkeiten die beschreibenden Differentialgleichungen für ebene Flächentragwerke - Scheiben und Platten - sowie für spezielle Schalen bei unterschiedlicher Beanspruchung ableiten.

Bei der Entwicklung der linearen Schalentheorie wird die Kenntnis der Tensorrechnung, insbesondere die Differentialgeometrie des Abschnittes 5.3, vorausgesetzt.

7.2 Geometrie und Kinematik der Deformationen

Eine *Schale* ist ein dreidimensionaler Körper S, dessen Dicke h klein gegenüber allen anderen charakteristischen Abmessungen ist. Der Schalenkörper wird durch zwei materielle Oberflächen $\partial \overset{1}{S}$ und $\partial \overset{2}{S}$ begrenzt (s. Bild 7.1). Die Körperpunkte des Schalenkörpers innerhalb der Begrenzungsflächen bilden den *Schalenraum*. Zur Beschreibung der Geometrie und

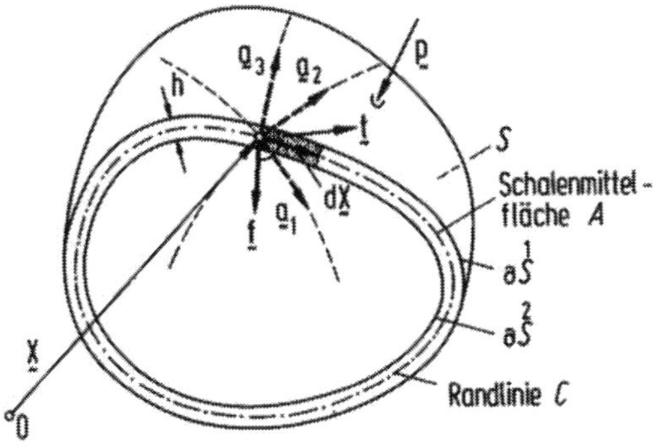

Bild 7.1 Teilschale

der Kinematik der Deformationen des Schalenkörpers ist es zweckmäßig, die materielle Schalenmittelfläche A einzuführen, die die Dicke h der Schale halbiert. Jeden Körperpunkt des Schalenkontinuums werden wir unter der Voraussetzung bestimmter Stetigkeitsforderungen eindeutig von A

aus beschreiben können. Die mathematische Beschreibung der materiellen Fläche A als Teil des Schalenraumes wird möglich durch die Einführung des Ortsvektors $\underset{\sim}{X}$, der als Funktion zweier skalarer Parameter Θ^1 und Θ^2 angesetzt wird:

$$\underset{\sim}{X} = \underset{\sim}{X}(\Theta^1, \Theta^2). \tag{7.2.1}$$

Mit (7.2.1) wird die Lage der Körperpunkte X in der materiellen Schalenmittelfläche A angegeben. In dem Punkt der Schalenmittelfläche, der von dem Körperpunkt X eingenommen wird, errichten wir die Basis

$$\underset{\sim}{a}_\alpha = \frac{\partial \underset{\sim}{X}}{\partial \Theta^\alpha} = \underset{\sim}{X}_{,\alpha}, \quad \underset{\sim}{a}_3 = \frac{\underset{\sim}{a}_1 \times \underset{\sim}{a}_2}{|\underset{\sim}{a}_1 \times \underset{\sim}{a}_2|} \tag{7.2.2}$$

sowie die reziproke Basis $\underset{\sim}{a}^\beta$ und $\underset{\sim}{a}^3$, die durch die Vorschrift

$$\underset{\sim}{a}^\beta \cdot \underset{\sim}{a}_\alpha = \delta^\beta_\alpha, \quad \underset{\sim}{a}^3 = \underset{\sim}{a}_3 \tag{7.2.3}$$

festgelegt ist. Die Metrik der Schalenmittelfläche ist durch die Fundamentalgrößen 1. und 2. Ordnung - die Metrikkoeffizienten und die Krümmung der Schalenmittelfläche -

$$a_{\alpha\beta} = \underset{\sim}{a}_\alpha \cdot \underset{\sim}{a}_\beta \quad \text{und} \quad \Gamma_{\alpha\beta}^{\cdot\cdot 3} = \underset{\sim}{a}_{\alpha,\beta} \cdot \underset{\sim}{a}^3 \tag{7.2.4}$$

gegeben. Bezüglich weiterer differentialgeometrischer Überlegungen sei auf Abschnitt 5.3 verwiesen.

Zur Beschreibung der Lage eines Körperpunktes Y im Schalenraum ist es vorteilhaft, in Richtung des Basisvektors $\underset{\sim}{a}_3 = \underset{\sim}{a}^3$ den reellen skalaren Parameter Θ^3 einzuführen. Dann läßt sich die Lage des Punktes Y durch den Ortsvektor

$$\underset{\sim}{Y} = \underset{\sim}{X} + \Theta^3 \underset{\sim}{a}_3 = \underset{\sim}{X}(\Theta^1, \Theta^2) + \Theta^3 \underset{\sim}{a}_3(\Theta^1, \Theta^2) \tag{7.2.5}$$

beschreiben. Zu den Basissystemen $\underset{\sim}{h}_i$ und $\underset{\sim}{h}^k$ in dem Punkt Y des Schalenraumes gelangen wir dann in folgender Weise:

$$\underset{\sim}{h}_i = \frac{\partial \underset{\sim}{Y}}{\partial \Theta^i} = \underset{\sim}{Y}_{,i}, \quad \underset{\sim}{h}_i \cdot \underset{\sim}{h}^k = \delta^k_i. \tag{7.2.6}$$

Es ist für die nächsten Überlegungen zweckmäßig, die Basisvektoren $\underset{\sim}{a}_i$ und $\underset{\sim}{a}^k$ der Schalenmittelfläche durch einen Transformationstensor $\underset{\sim}{Z}$ in die Basisvektoren $\underset{\sim}{h}_i$ und $\underset{\sim}{h}^k$ des Schalenraumes zu überführen:

$$\underset{\sim}{h}_i = \underset{\sim}{Z}\underset{\sim}{a}_i, \quad \underset{\sim}{h}^k = (\underset{\sim}{Z}^{-1})^T \underset{\sim}{a}^k. \tag{7.2.7}$$

Der Transformationstensor $\underset{\sim}{Z}$ - auch *Schalenshifter* genannt - läßt sich mit (7.2.6) unter Beachtung von (7.2.2), (7.2.4) und (7.2.5) sowie (5.3.30) und (5.3.31) unmittelbar bestimmen:

$$\underset{\sim}{Z} = \underset{\sim}{I} + \Theta^3 \underset{\sim}{B} = \underset{\sim}{I} + \Theta^3 \Gamma_{3\beta}^{\cdot\cdot\rho}\, \underset{\sim}{a}_\rho \otimes \underset{\sim}{a}^\beta. \tag{7.2.8}$$

An dieser Stelle ist es angebracht, Annahmen über die Geometrie der

Schalen zu treffen. Wir beschränken uns im weiteren auf solche Schalen,

a) die eine konstante Dicke h besitzen,

b) deren Dicke h sehr klein ist gegenüber anderen charakteristischen Abmessungen (dünne Schalen) und deren Krümmung der Schalenmittelfläche gering ist.

Diese Annahmen mögen sehr restriktiv erscheinen. Tatsächlich lassen sich mit diesen Annahmen jedoch die meisten der im Ingenieurwesen verwendeten Schalentypen behandeln. Auf die Annahme a) werden wir im Zusammenhang mit der Ableitung der Gleichgewichtsbedingungen zurückkommen. Die Annahme b) führt im Zusammenhang mit der Entwicklung des Verzerrungstensors und der konstitutiven Gleichung zu weitgehenden Vereinfachungen. Sie läßt nämlich zu, daß wir dort den letzten Anteil in (7.2.8) vernachlässigen, d.h.

$$\Theta^3 \Gamma_{3\beta}^{\cdot\cdot\rho} = 0. \qquad (7.2.9)$$

Das bedeutet, daß wir in dem Verzerrungstensor und der konstitutiven Gleichung die Metrik des Schalenraumes näherungsweise gleich der Metrik der Schalenmittelfläche setzen dürfen.

Wir wenden uns nun der Kinematik der Deformationen zu. Bei ihrer Untersuchung machen wir Gebrauch von der *Love-Kirchhoffschen Hypothese* (Normalenhypothese), deren Verwendung sich in der linearen Schalentheorie bewährt hat:

c) Querschnitte des Schalenraumes, die im unverformten Zustand senkrecht zur Schalenmittelfläche stehen, bleiben auch im verformten Zustand eben und senkrecht zur verformten Schalenmittelfläche.

Die Forderung nach dem Ebenbleiben der Querschnitte beinhaltet die wesentliche kinematische Einschränkung, daß die Verzerrungen in der Querschnittsebene zu Null werden. Obwohl die Hypothese sehr restriktiv ist, lassen sich mit ihr hinreichend genaue Ergebnisse erzielen. Die Lage der

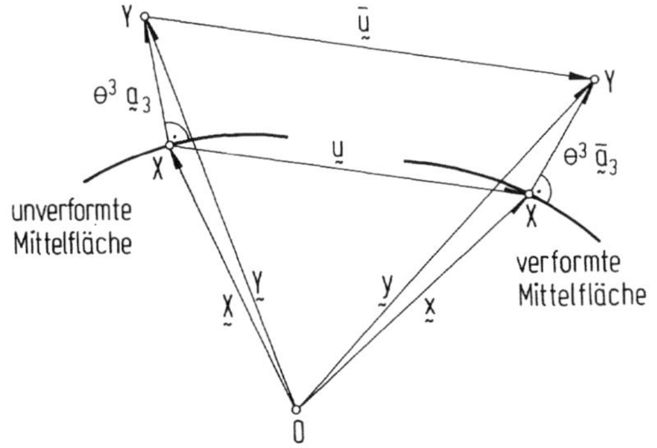

Bild 7.2
Kinematik der Deformationen

materiellen Punkte X und Y in der aktuellen Plazierung werden durch die Ortsvektoren $\underset{\sim}{x}$ und $\underset{\sim}{y}$ angegeben (s. Bild 7.2). Die Basisvektoren in diesen Punkten sind

$$\bar{\underset{\sim}{a}}_\alpha = \frac{\partial \underset{\sim}{x}}{\partial \Theta^\alpha} = \underset{\sim}{x}_{,\alpha}\,, \quad \bar{\underset{\sim}{a}}_3 = \frac{\bar{\underset{\sim}{a}}_1 \times \bar{\underset{\sim}{a}}_2}{|\bar{\underset{\sim}{a}}_1 \times \bar{\underset{\sim}{a}}_2|}, \quad \bar{\underset{\sim}{h}}_i = \frac{\partial \underset{\sim}{y}}{\partial \Theta^i} = \underset{\sim}{y}_{,i}\,, \qquad (7.2.10)$$

und die reziproken Basisvektoren erhalten wir aus

$$\bar{\underset{\sim}{a}}^\alpha \cdot \bar{\underset{\sim}{a}}_\beta = \delta^\alpha_\beta, \quad \bar{\underset{\sim}{a}}_3 = \bar{\underset{\sim}{a}}^3, \quad \bar{\underset{\sim}{h}}_i \cdot \bar{\underset{\sim}{h}}^k = \delta^k_i. \qquad (7.2.11)$$

Zur Bestimmung des Formänderungszustandes ist es vorteilhaft, die Ortsvektoren $\underset{\sim}{x}$ und $\underset{\sim}{y}$ durch die Ortsvektoren $\underset{\sim}{X}$ und $\underset{\sim}{Y}$ des unverformten Zustandes (Referenzlage) sowie die Verschiebungsvektoren $\underset{\sim}{u}$ und $\bar{\underset{\sim}{u}}$ darzustellen (s. Bild 7.2):

$$\underset{\sim}{x} = \underset{\sim}{X} + \underset{\sim}{u}, \quad \underset{\sim}{y} = \underset{\sim}{Y} + \bar{\underset{\sim}{u}}. \qquad (7.2.12)$$

Aufgrund der Love-Kirchhoffschen Hypothese läßt sich der Verschiebungsvektor $\bar{\underset{\sim}{u}}$ durch die Verschiebung der Schalenmittelfläche $\underset{\sim}{u}$ und den Differenzvektor $\bar{\underset{\sim}{a}}_3 - \underset{\sim}{a}_3$ ausdrücken; denn es gilt nach Bild 7.2:

$$\Theta^3\underset{\sim}{a}_3 + \bar{\underset{\sim}{u}} = \underset{\sim}{u} + \Theta^3\bar{\underset{\sim}{a}}_3, \quad \bar{\underset{\sim}{u}} = \underset{\sim}{u} + \Theta^3\underset{\sim}{v}, \quad \underset{\sim}{v} = \bar{\underset{\sim}{a}}_3 - \underset{\sim}{a}_3, \qquad (7.2.13)$$

so daß wir für (7.2.12 b) schreiben können:

$$\underset{\sim}{y} = \underset{\sim}{Y} + \underset{\sim}{u} + \Theta^3\underset{\sim}{v}. \qquad (7.2.14)$$

Die Basisvektoren $\underset{\sim}{h}_i$ ergeben sich aus (7.2.10) mit (7.2.14) und (7.2.6) zu:

$$\bar{\underset{\sim}{h}}_\alpha = \underset{\sim}{h}_\alpha + \underset{\sim}{u}_{,\alpha} + \Theta^3\underset{\sim}{v}_{,\alpha}\,, \quad \bar{\underset{\sim}{h}}_3 = \bar{\underset{\sim}{a}}_3 = \underset{\sim}{a}_3 + \underset{\sim}{v}. \qquad (7.2.15)$$

Mit (7.2.15) und (7.2.7) läßt sich die Metrik des verformten Schalenraumes durch $\underset{\sim}{u}$ und $\underset{\sim}{v}$ sowie durch die Basisvektoren der Schalenmittelfläche ausdrücken:

$$\bar{h}_{\alpha\beta} = h_{\alpha\beta} + \underset{\sim}{h}_\alpha \cdot (\underset{\sim}{u}_{,\beta} + \Theta^3\underset{\sim}{v}_{,\beta}) + \underset{\sim}{h}_\beta \cdot (\underset{\sim}{u}_{,\alpha} + \Theta^3\underset{\sim}{v}_{,\alpha}),$$

$$\bar{h}_{\alpha\beta} = \underset{\approx}{Z}\underset{\sim}{a}_\alpha \cdot \underset{\approx}{Z}\underset{\sim}{a}_\beta + 2e_{\alpha\beta}, \quad 2e_{\alpha\beta} = \underset{\approx}{Z}\underset{\sim}{a}_\alpha \cdot (\underset{\sim}{u}_{,\beta} + \Theta^3\underset{\sim}{v}_{,\beta}) + $$

$$+ \underset{\approx}{Z}\underset{\sim}{a}_\beta \cdot (\underset{\sim}{u}_{,\alpha} + \Theta^3\underset{\sim}{v}_{,\alpha}),$$

$$\bar{h}_{3\alpha} = 0, \quad \bar{h}_{33} = 1, \qquad (7.2.16)$$

wobei die letzten beiden Beziehungen Folgerungen aus der Love-Kirchhoffschen Hypothese sind. In dem Ausdruck (7.2.16 a) haben wir die quadratischen Terme in den Verschiebungsableitungen vernachlässigt, da diese für die Entwicklung einer geometrisch-linearen Theorie nicht benötigt werden.

Um nun den Verzerrungszustand in dem Punkt Y beschreiben zu können, stellen wir den *Cauchy-Greenschen* Verzerrungstensor (s. (6.2.35)) in der

Basis $\underset{\sim}{h}^1$, $\underset{\sim}{h}^2$, $\underset{\sim}{h}^3$ dar,

$$\underset{\sim}{E} = \frac{1}{2}\,(\bar{h}_{ik} - h_{ik})\underset{\sim}{h}^i \otimes \underset{\sim}{h}^k,$$

und berücksichtigen anschließend (7.2.16) sowie (7.2.7),

$$\underset{\sim}{E} = (\underset{\sim}{Z}^{-1})^T e_{\alpha\beta}\, \underset{\sim}{a}^\alpha \otimes \underset{\sim}{a}^\beta\, \underset{\sim}{Z}^{-1}, \qquad (7.2.17)$$

wobei wir auf eine gesonderte Kennzeichnung des linearisierten Verzerrungsmaßes verzichten. Mit Hilfe der Näherung b) (7.2.9), gelangen wir zu einer reduzierten Form des Verzerrungstensors:

$$\underset{\sim}{E} = \bar{\underset{\sim}{R}} + \Theta^3 \bar{\underset{\sim}{S}}. \qquad (7.2.18)$$

Hierin sind

$$\bar{\underset{\sim}{R}} = \bar{r}_{\alpha\beta}\, \underset{\sim}{a}^\alpha \otimes \underset{\sim}{a}^\beta = \frac{1}{2}\,(\underset{\sim}{a}_\alpha \cdot \underset{\sim}{u}_{,\beta} + \underset{\sim}{a}_\beta \cdot \underset{\sim}{u}_{,\alpha})\underset{\sim}{a}^\alpha \otimes \underset{\sim}{a}^\beta,$$

$$(7.2.19)$$

$$\bar{\underset{\sim}{S}} = \bar{s}_{\alpha\beta}\, \underset{\sim}{a}^\alpha \otimes \underset{\sim}{a}^\beta = \frac{1}{2}\,(\underset{\sim}{a}_\alpha \cdot \underset{\sim}{v}_{,\beta} + \underset{\sim}{a}_\beta \cdot \underset{\sim}{v}_{,\alpha})\underset{\sim}{a}^\alpha \otimes \underset{\sim}{a}^\beta.$$

Der Tensor $\bar{\underset{\sim}{R}}$ beschreibt die Verzerrungen der Schalenmittelfläche, während $\bar{\underset{\sim}{S}}$ die Verzerrungen des Schalenraumes außerhalb der Schalenmittelfläche beinhaltet. Im folgenden stellen wir die Teilverzerrungen durch die Verschiebungsgrößen der Schalenmittelfläche dar. Es ist mit (5.4.37)

$$\underset{\sim}{a}_\alpha \cdot \underset{\sim}{u}_{,\beta} = \underset{\sim}{a}_\alpha \cdot u_i|_\beta \underset{\sim}{a}^i = u_\alpha\|_\beta - u_3\Gamma_{\alpha\beta}^{\cdot\cdot 3}.\ ^{11)} \qquad (7.2.20)$$

Damit folgt für den Teilverzerrungstensor $\bar{\underset{\sim}{R}}$:

$$\bar{\underset{\sim}{R}} = \frac{1}{2}\,(u_\alpha\|_\beta + u_\beta\|_\alpha - 2u_3\Gamma_{\alpha\beta}^{\cdot\cdot 3})\underset{\sim}{a}^\alpha \otimes \underset{\sim}{a}^\beta. \qquad (7.2.21)$$

Entsprechend erhalten wir für den Teilverzerrungstensor $\bar{\underset{\sim}{S}}$:

$$\bar{\underset{\sim}{S}} = \frac{1}{2}\,(v_\alpha\|_\beta + v_\beta\|_\alpha)\underset{\sim}{a}^\alpha \otimes \underset{\sim}{a}^\beta. \qquad (7.2.22)$$

Die noch unbekannten Vektorkoeffizienten v_α bestimmen wir aus der Bedingung (7.2.16) und (7.2.15):

$$\bar{h}_{\alpha 3} = 0 = (\underset{\sim}{a}_\alpha + \underset{\sim}{u}_{,\alpha} + \Theta^3 \underset{\sim}{v}_{,\alpha}) \cdot (\underset{\sim}{a}_3 + \underset{\sim}{v}). \qquad (7.2.23)$$

Bei der Auswertung vernachlässigen wir Glieder in der Verschiebungen und Verschiebungsableitungen, die von höherer Ordnung klein sind (geometrische Linearisierung) und nach Voraussetzung b) (7.2.9) Produkte mit der Koordinate Θ^3 und dem Krümmungsglied.

Mit diesen Näherungen finden wir

$$\underset{\sim}{a}_\alpha \cdot \underset{\sim}{v} = v_\alpha = -\,\underset{\sim}{u}_{,\alpha} \cdot \underset{\sim}{a}_3 = -\,u^3{}_{,\alpha} - u^\rho \Gamma_{\rho\alpha}^{\cdot\cdot 3}. \qquad (7.2.24)$$

---

11) Die Doppelstriche bedeuten die kovarianten Ableitungen der Flächentheorie. Sie sind gemäß (5.3.56) mit den Christoffelsymbolen $\Gamma_{\alpha\beta}^{\cdot\cdot\rho}$ der Schalenmittelfläche zu bilden.

Im Rahmen einer technischen Schalentheorie streichen wir den letzten Term in (7.2.24), da dieser im allgemeinen klein gegenüber der Ableitung von u^3 ist. Grundsätzlich würde es jedoch keine Schwierigkeiten bereiten, diesen Ausdruck in den folgenden Überlegungen zu berücksichtigen. Somit gilt näherungsweise

$$v_\alpha = - u^3{}_{,\alpha} = - u_{3,\alpha} = - u^3\|_\alpha = - u_3\|_\alpha . \qquad (7.2.24\ a)$$

Schließlich erhalten wir für den Teilverzerrungstensor $\bar{\underset{\sim}{S}}$ aus (7.2.22) mit (7.2.24 a)

$$\bar{\underset{\sim}{S}} = - \frac{1}{2} (u_3\|_{\alpha\beta} + u_3\|_{\beta\alpha}) \underset{\sim}{a}^\alpha \otimes \underset{\sim}{a}^\beta . \qquad (7.2.25)$$

Die zweifachen kovarianten Ableitungen lassen sich leicht entsprechend (5.7.26) bestimmen. Mit den Beziehungen (7.2.21) und (7.2.25) sind die Verzerrungen des Schalenraumes auf die Verschiebungsableitungen der Schalenmittelfläche zurückgeführt.

7.3 Die Gleichgewichtsbedingungen

Wie wir in Abschnitt 6 gesehen haben, ist es erlaubt, die Gleichgewichtsbedingungen im Rahmen einer geometrisch-linearen Theorie in der Referenzlage - unverformter Zustand - zu formulieren. Außerdem folgen wir der in der Kontinuumsmechanik vorgezeigten Vorgehensweise und bilden das Gleichgewicht an einer endlichen Teilschale.

Wir betrachten ein endliches Schalenelement (s. Bild 7.1), das an der Oberfläche $\partial \overset{1}{S}$ durch flächenhaft verteilte Kräfte $\underset{\sim}{p}$ und an den abgeschnittenen Querschnittsflächen entlang der materiellen Linie C durch flächenhaft verteilte Kontaktkräfte $\underset{\sim}{t}$ belastet ist. Für die Kontaktkräfte $\underset{\sim}{t}$ gilt nach dem *Theorem von Cauchy* die lineare Abbildung

$$\underset{\sim}{t} = \underset{\approx}{T}\underset{\sim}{f} \qquad (7.3.1)$$

mit dem *Cauchyschen* Spannungstensor $\underset{\approx}{T}$ und dem Einheitsnormalenvektor $\underset{\sim}{f}$ (s. Bild 7.1). Der Einheitsnormalenvektor $\underset{\sim}{f}$ ist durch

$$\underset{\sim}{f} = \frac{d\underset{\sim}{X} \times \underset{\sim}{a}_3}{|d\underset{\sim}{X} \times \underset{\sim}{a}_3|} \qquad (7.3.2)$$

bestimmt. Weiterhin können wir den Flächenvektor $d\underset{\sim}{A}$ der Querschnittsflächen entlang C und dessen Betrag durch

$$d\underset{\sim}{A} = d\underset{\sim}{X} \times d\Theta^3 \underset{\sim}{a}_3, \qquad |d\underset{\sim}{A}| = d\Theta^3\, |d\underset{\sim}{X} \times \underset{\sim}{a}_3| \qquad (7.3.3)$$

angeben. Durch Multiplikation der flächenhaft verteilten Kontaktkräfte mit dem Betrag des Flächenvektors $d\underset{\sim}{A}$ erhalten wir den Kraftvektor in diesem Flächenelement

$$\underset{\sim}{k} = \underset{\sim}{t}|d\underset{\sim}{A}| = \underset{\sim}{T}\underset{\sim}{f}|d\underset{\sim}{A}| = \underset{\sim}{T}d\Theta^3(d\underset{\sim}{X} \times \underset{\sim}{a}_3), \tag{7.3.4}$$

wenn wir die Beziehungen (7.3.1), (7.3.2) und (7.3.3 b) berücksichtigen. Für die Schalentheorie ist es vorteilhaft durch Integration von (7.3.4) über die Schalendicke h einen auf $d\underset{\sim}{X}$ bezogenen Schnittkraftvektor $\underset{\sim}{n}$ einzuführen:

$$\underset{\sim}{n} = \Big(\int_{(h)} \underset{\sim}{T}d\Theta^3\Big)(d\underset{\sim}{X} \times \underset{\sim}{a}_3).^{12)} \tag{7.3.5}$$

Wir setzen

$$\int_{(h)} \underset{\sim}{T}d\Theta^3 = \underset{\sim}{N} \tag{7.3.6}$$

und schreiben

$$\underset{\sim}{n} = \underset{\sim}{N}(d\underset{\sim}{X} \times \underset{\sim}{a}_3) = \underset{\sim}{N}(\underset{\sim}{I} \times \underset{\sim}{a}_3)d\underset{\sim}{X}, \tag{7.3.7}$$

wobei wir bei der Umformung auf (M2) zurückgegriffen haben. Den Vektor $\underset{\sim}{n}$ nennen wir Schnittkraftvektor und den Tensor $\underset{\sim}{N}$ Schnittkrafttensor.

In der technischen Schalentheorie ist es üblich, die an der Oberfläche $\partial\overset{1}{S}$ wirkenden Kräfte $\underset{\sim}{p}$ auf die Schalenmittelfläche A mit dem Flächenvektor $d\hat{\underset{\sim}{A}}$ zu beziehen. Analog zu den obigen Ausführungen gelangen wir zu dem in dem Flächenelement $|d\hat{\underset{\sim}{A}}|$ wirkenden Kraftvektor $\hat{\underset{\sim}{k}}$:

$$\hat{\underset{\sim}{k}} = \underset{\sim}{p}|d\hat{\underset{\sim}{A}}|. \tag{7.3.8}$$

Das Gleichgewichtsaxiom verlangt nun, daß der resultierende Kraftvektor an dem endlichen Schalenelement, der mit dem längs C wirkenden Schnittkraftvektor $\underset{\sim}{n}$ (7.3.7) und mit dem in der Schalenmittelfläche A angreifenden Kraftvektor $\hat{\underset{\sim}{k}}$ (7.3.8) gebildet wird, der Nullvektor wird, d.h.

$$\int_C \underset{\sim}{N}(\underset{\sim}{I} \times \underset{\sim}{a}_3)d\underset{\sim}{X} + \int_A \underset{\sim}{p}|d\hat{\underset{\sim}{A}}| = \underset{\sim}{o}. \tag{7.3.9}$$

Das Linienintegral in (7.3.9) läßt sich mit Hilfe des Integraltheorems (5.8.21) in ein Oberflächenintegral überführen, und wir erhalten

$$\int_A \langle \{\mathrm{Rot}[\underset{\sim}{N}(\underset{\sim}{I} \times \underset{\sim}{a}_3)]\}^T\underset{\sim}{a}_3 + \underset{\sim}{p}\rangle|d\hat{\underset{\sim}{A}}| = \underset{\sim}{o}, \tag{7.3.10}$$

wobei der Differentialoperator Rot bezüglich des Ortsvektors $\underset{\sim}{X}$ zu bilden ist. Aus (7.3.10) schließen wir unter der Voraussetzung, daß der Integrand stetig ist und (7.3.10) für beliebige Teilflächen gilt, auf die lokale Aussage bezüglich des Kräftegleichgewichts

---

12) Hierbei ist der Schnittkraftvektor $\underset{\sim}{n}$ nicht zu verwechseln mit den in verschiedenen Abschnitten eingeführten Einheitsnormalenvektor $\underset{\sim}{n}$ einer Fläche.

$$\{\mathrm{Rot}[\underset{\sim}{N}(\underset{\sim}{I} \times \underset{\sim}{a}_3)]\}^T \underset{\sim}{a}_3 + \underset{\sim}{p} = \underset{\sim}{o}. \qquad (7.3.11)$$

Weiterhin haben wir noch das Momentengleichgewicht zu formulieren. Dazu ist es erforderlich, zunächst den Schnittmomentenvektor $\underset{\sim}{m}$ und den Schnittmomententensor $\underset{\sim}{M}$ einzuführen. Den Schnittmomentenvektor, der längs der materiellen Linie C die Schale beansprucht, definieren wir durch

$$\underset{\sim}{m} = \int_{(h)} (\Theta^3 \underset{\sim}{a}_3 \times \underset{\sim}{t}|d\underset{\sim}{A}|).^{13)} \qquad (7.3.12)$$

Mit (7.3.1) und (7.3.2) gelangen wir zu

$$\underset{\sim}{m} = \underset{\sim}{a}_3 \times (\int_{(h)} \underset{\sim}{T}\Theta^3 d\Theta^3)(d\underset{\sim}{X} \times \underset{\sim}{a}_3). \qquad (7.3.13)$$

Wir setzen

$$\int_{(h)} \underset{\sim}{T}\Theta^3 d\Theta^3 = \underset{\sim}{M} \qquad (7.3.14)$$

und bezeichnen diesen Tensor als Schnittmomententensor. Beachten wir nun noch (M1) und (M2), so läßt sich der Momentenvektor $\underset{\sim}{m}$ als lineare Abbildung von $d\underset{\sim}{X}$ darstellen:

$$\underset{\sim}{m} = [\underset{\sim}{a}_3 \times \underset{\sim}{M}(\underset{\sim}{I} \times \underset{\sim}{a}_3)]d\underset{\sim}{X}. \qquad (7.3.15)$$

Das Momentengleichgewicht als Konsequenz aus dem Satz von der Erhaltung des Dralles besagt, daß die Summe der resultierenden Momente aller am endlichen Schalenelement angreifenden Kräfte bezüglich des raumfesten Punktes O (s. Bild 7.1) und der angreifenden Momente der Nullvektor ist, d.h. mit (7.3.15), (7.3.7) und (7.3.8)

$$\int_C [\underset{\sim}{a}_3 \times \underset{\sim}{M}(\underset{\sim}{I} \times \underset{\sim}{a}_3)]d\underset{\sim}{X} + \int_C \underset{\sim}{X} \times \underset{\sim}{N}(\underset{\sim}{I} \times \underset{\sim}{a}_3)d\underset{\sim}{X} + \int_A \underset{\sim}{X} \times \underset{\sim}{p}|d\hat{\underset{\sim}{A}}| = \underset{\sim}{o}. \qquad (7.3.16)$$

Mit den Integralsätzen (5.8.21) und (5.8.22) wandeln wir die Linienintegrale in (7.3.16) in Oberflächenintegrale um und erhalten

$$\int_A \langle \{\mathrm{Rot}[\underset{\sim}{a}_3 \times \underset{\sim}{M}(\underset{\sim}{I} \times \underset{\sim}{a}_3)]\}^T \underset{\sim}{a}_3 + \{\underset{\sim}{a}_3 \times [\underset{\sim}{N}(\underset{\sim}{I} \times \underset{\sim}{a}_3)]^T\}^T \times \underset{\sim}{I} \rangle |d\hat{\underset{\sim}{A}}| +$$

$$+ \int_A \underset{\sim}{X} \times \langle \{\mathrm{Rot}[\underset{\sim}{N}(\underset{\sim}{I} \times \underset{\sim}{a}_3)]\}^T \underset{\sim}{a}_3 + \underset{\sim}{p} \rangle |d\hat{\underset{\sim}{A}}| = \underset{\sim}{o}. \qquad (7.3.17)$$

---

13) Eine Verwechselung des Schnittmomentenvektors $\underset{\sim}{m}$ mit dem in Abschn. 6 eingeführten Moment $\underset{\sim}{m}_{(o)}$ bzw. $\underset{\sim}{m}_{(c)}$ und $\underset{\sim}{m}_{(M)}$ bezüglich eines raumfesten Punktes O bzw. der körperfesten Punkte C und M dürfte wohl nicht möglich sein.

Wegen der Gültigkeit der Kräftegleichgewichtsbedingung (7.3.11) verschwindet der letzte Integralausdruck in (7.3.17) und es verbleibt als Momentengleichgewichtsbedingung

$$\int_A \langle \{\mathrm{Rot}[\underset{\sim}{a}_3 \times \underset{\sim}{M}(\underset{\sim}{I} \times \underset{\sim}{a}_3)]\}^T \underset{\sim}{a}_3 + \{\underset{\sim}{a}_3 \times [\underset{\sim}{N}(\underset{\sim}{I} \times \underset{\sim}{a}_3)]^T\}^T \times \underset{\sim}{I} \rangle |d\hat{\underset{\sim}{A}}| = \underset{\sim}{o}. \tag{7.3.18}$$

Mit denselben Argumenten wie bei der Ableitung der lokalen Kräftegleichgewichtsbedingung gewinnen wir aus (7.3.18) die lokale Momentengleichgewichtsbedingung

$$\{\mathrm{Rot}[\underset{\sim}{a}_3 \times \underset{\sim}{M}(\underset{\sim}{I} \times \underset{\sim}{a}_3)]\}^T \underset{\sim}{a}_3 + \{\underset{\sim}{a}_3 \times [\underset{\sim}{N}(\underset{\sim}{I} \times \underset{\sim}{a}_3)]^T\}^T \times \underset{\sim}{I} = \underset{\sim}{o}. \tag{7.3.19}$$

Die Auswertung der lokalen Kräfte- und Momentengleichgewichtsbedingungen (7.3.11) und (7.3.19) liefert drei Komponentengleichungen für das Kräftegleichgewicht

$$\begin{aligned} n^{\alpha\beta}\|_\beta + n^{3\gamma}\Gamma^{\cdot\cdot\alpha}_{3\gamma} + p^\alpha &= 0, \\ n^{3\beta}\|_\beta + n^{\alpha\beta}\Gamma^{\cdot\cdot 3}_{\alpha\beta} + p^3 &= 0 \end{aligned} \tag{7.3.20}$$

und drei Komponentengleichungen für das Momentengleichgewicht

$$\begin{aligned} e_{3\lambda\beta}(m^{\beta\alpha}\Gamma^{\cdot\cdot\lambda}_{3\alpha} + n^{\beta\lambda}) &= 0, \\ m^{\alpha\beta}\|_\beta - n^{3\alpha} &= 0. \end{aligned} \tag{7.3.21}$$

Für die Entwicklung der Hauptgleichungen der Schalentheorie ist es vorteilhaft, in den Kräftegleichgewichtsbedingungen (7.3.20) die Koeffizienten $n^{3\gamma}$ mit Hilfe von (7.3.21 b) durch die Koeffizienten $m^{\gamma\beta}$ auszudrücken:

$$\begin{aligned} n^{\alpha\beta}\|_\beta + m^{\gamma\beta}\|_\beta\Gamma^{\cdot\cdot\alpha}_{3\gamma} + p^\alpha &= 0, \\ m^{\beta\alpha}\|_{\alpha\beta} + n^{\alpha\beta}\Gamma^{\cdot\cdot 3}_{\alpha\beta} + p^3 &= 0. \end{aligned} \tag{7.3.22}$$

Auf diese Beziehungen werden wir im nächsten Abschnitt zurückkommen. Die Aussage (7.3.21 a) stellt die Momentengleichgewichtsbedingung bezüglich der Normalen der Schalenmittelfläche dar. Sie ist äquivalent der 2. Cauchyschen Bewegungsgleichung (s. [16]) und entfällt somit als Identität für die weiteren Überlegungen.

Im Sonderfall des *Membranspannungszustandes* der Schale, in dem die Koeffizienten $m^{\alpha\beta}$ und $n^{3\gamma}$ Null sind, reduziert sich das Gleichungssystem (7.3.20), (7.3.21) ganz erheblich. Aus (7.3.21 a) folgt mit $e_{3\lambda\beta}n^{\beta\lambda} = 0$ die Symmetrie von $n^{\beta\lambda}$, so daß die verbleibenden drei Koeffizienten $n^{\alpha\beta}$ - ohne Formänderungsbetrachtungen - unmittelbar aus den drei Gleichungen (7.3.20 a und b) bestimmt werden können.

7.4 Elastizitätsgesetz und Hauptgleichungen der Schalentheorie

Die in den vorigen Abschnitten angegebenen Gleichungen gelten für Flächentragwerke, unabhängig vom speziellen Werkstoffverhalten. Das Werkstoffverhalten wird durch die konstitutiven Gleichungen erfaßt. Sie stellen bei isothermen Formänderungsvorgängen eine Beziehung zwischen dem Spannungstensor und der Bewegung her. Bei linear-elastischen Werkstoffen kann dieser Zusammenhang im Rahmen der geometrisch-linearen Theorie als lineare Abbildung des Verzerrungstensors $\underset{\sim}{E}$ mit dem vierstufigen Elastizitätstensor $\overset{4}{\underset{\sim}{K}}$ angegeben werden (s. (6.5.22)):

$$\underset{\sim}{T} = \overset{4}{\underset{\sim}{K}}\underset{\sim}{E}.^{14)} \tag{7.4.1}$$

Insbesondere können wir für linear-elastische und isotrope Werkstoffe mit dem Elastizitätsmodul E und der Querkontraktionszahl ν den Elastizitätstensor $\overset{4}{\underset{\sim}{K}}$ in (4.10.32) als

$$\overset{4}{\underset{\sim}{K}} = \frac{E}{1+\nu}\left(\overset{4}{\underset{\sim}{I}} + \frac{\nu}{1-2\nu}\overset{4}{\underset{\sim}{I}}\right) \tag{7.4.2}$$

schreiben, so daß die konstitutive Gleichung (7.4.1) unter Beachtung von (4.10.3 a) und (4.10.3 b) die Form

$$\underset{\sim}{T} = \frac{E}{1+\nu}\left[\underset{\sim}{E} + \frac{\nu}{1-2\nu}(\underset{\sim}{E}\cdot\underset{\sim}{I})\underset{\sim}{I}\right] \tag{7.4.3}$$

annimmt.

In den Basissystemen $\underset{\sim}{h}_1, \underset{\sim}{h}_2, \underset{\sim}{h}_3$ und $\underset{\sim}{a}_1, \underset{\sim}{a}_2, \underset{\sim}{a}_3$ stellen wir die Beziehung (7.4.3) durch

$$\begin{aligned} t^{ik}\,\underset{\sim}{h}_i \otimes \underset{\sim}{h}_k &= \frac{E}{1+\nu}\left[e^{ik} + \frac{\nu}{1-2\nu}e^{m}_{.m}\,h^{ik}\right]\underset{\sim}{h}_i \otimes \underset{\sim}{h}_k, \\ \underset{\sim}{Z}t^{ik}\,\underset{\sim}{a}_i \otimes \underset{\sim}{a}_k\,\underset{\sim}{Z}^T &= \frac{E}{1+\nu}\underset{\sim}{Z}\left[e^{ik} + \frac{\nu}{1-2\nu}e^{m}_{.m}\,\underset{\sim}{Z}^{-1}(\underset{\sim}{Z}^{-1})^T\underset{\sim}{a}^i\cdot\underset{\sim}{a}^k\right] \\ &\qquad \underset{\sim}{a}_i \otimes \underset{\sim}{a}_k\,\underset{\sim}{Z}^T \end{aligned} \tag{7.4.4}$$

dar, wobei wir im letzten Schritt (7.2.7) berücksichtigt haben.

Für dünne Flächentragwerke läßt sich die konstitutive Beziehung (7.4.3) bzw. (7.4.4) vereinfachen; denn im allgemeinen ist der Spannungskoeffizient t^{33} klein gegenüber den übrigen Spannungskoeffizienten, so daß dieser näherungsweise vernachlässigt werden kann. Es sei an dieser Stelle jedoch darauf hingewiesen, daß sich aufgrund der Love-Kirchhoffschen Hypothese der Verzerrungskoeffizient e_{33} zu Null ergibt. Es tritt also ein grundlegender Widerspruch in der technischen Schalentheorie auf, da man im allgemeinen nicht beide Forderungen erheben kann. Es hat sich je-

---

14) Wir verzichten darauf, das linearisierte Verzerrungsmaß gesondert zu kennzeichnen.

doch als sinnvoll erwiesen, in der konstitutiven Gleichung die erstgenannte Forderung einzubauen, obwohl dieses Vorgehen die Love-Kirchhoffsche Hypothese verletzt. Außerdem wird diese Forderung dem realen Formänderungsverhalten eher gerecht, da man im allgemeinen zumindestens infolge der Querkontraktion des Werkstoffes eine Verzerrung senkrecht zur Schalenmittelfläche erwarten darf.

Aus (7.4.4) gewinnen wir

$$t^{33} = \frac{E}{1+\nu}\,\frac{1}{1-2\nu}\,[(1-\nu)e_{33} + \nu h^{\rho\lambda}e_{\rho\lambda}]. \qquad (7.4.5)$$

Daraus können wir mit der Annahme, daß t^{33} bei dünnen Schalen näherungsweise verschwindet, eine Beziehung für e_{33} ermitteln:

$$-e_{33} = \frac{\nu h^{\rho\lambda}e_{\rho\lambda}}{1-\nu}. \qquad (7.4.6)$$

Wir bauen diesen Wert für e_{33} in die konstitutive Gleichung (7.4.3) bzw. (7.4.4) ein und gelangen mit der Näherung b) zu

$$\underset{\sim}{T}' = t^{\alpha\beta}\,\underset{\sim}{a}_\alpha \otimes \underset{\sim}{a}_\beta \qquad (7.4.7)$$

mit

$$t^{\alpha\beta} = \frac{E}{1-\nu^2}\,[(1-\nu)a^{\alpha\rho}a^{\beta\lambda} + \nu a^{\alpha\beta}a^{\rho\lambda}]e_{\rho\lambda}, \qquad (7.4.8)$$

wobei wir beachtet haben, daß infolge der Love-Kirchhoffschen Hypothese die Koeffizienten $e_{\alpha 3}$ Null sind. Die Beziehung (7.4.7) läßt sich in Verbindung mit (7.4.8) in symbolischer Schreibweise angeben:

$$\underset{\sim}{T}' = \frac{E}{1-\nu^2}\,\overset{4}{\underset{\sim}{H}}{}'\underset{\sim}{E}'. \qquad (7.4.9)$$

Dabei sind

$$\underset{\sim}{E}' = e_{\rho\lambda}\,\underset{\sim}{a}^\rho \otimes \underset{\sim}{a}^\lambda, \qquad \overset{4}{\underset{\sim}{H}}{}' = (1-\nu)\overset{4}{\underset{\sim}{I}}{}' + \nu\overset{4}{\underset{\sim}{\bar{I}}}{}' \qquad (7.4.10)$$

sowie

$$\overset{4}{\underset{\sim}{I}}{}' = \underset{\sim}{a}_\alpha \otimes \underset{\sim}{a}_\beta \otimes \underset{\sim}{a}^\alpha \otimes \underset{\sim}{a}^\beta, \qquad \overset{4}{\underset{\sim}{\bar{I}}}{}' = \underset{\sim}{a}_\alpha \otimes \underset{\sim}{a}^\alpha \otimes \underset{\sim}{a}_\beta \otimes \underset{\sim}{a}^\beta. \qquad (7.4.11)$$

Die inverse Form zu (7.4.9) lautet

$$\underset{\sim}{E}' = \overset{4}{\underset{\sim}{L}}{}'\underset{\sim}{T}' \qquad (7.4.12)$$

mit

$$\overset{4}{\underset{\sim}{L}}{}' = \frac{1+\nu}{E}\,\overset{4}{\underset{\sim}{I}}{}' - \frac{\nu}{E}\,\overset{4}{\underset{\sim}{\bar{I}}}{}'. \qquad (7.4.13)$$

In dem Basissystem $\underset{\sim}{a}_1$, $\underset{\sim}{a}_2$ finden wir

$$e_{\alpha\beta} = \frac{1+\nu}{E}\,(a_{\alpha\rho}a_{\lambda\beta} - \frac{\nu}{1+\nu}\,a_{\alpha\beta}a_{\rho\lambda})t^{\lambda\rho}. \qquad (7.4.14)$$

Mit der konstitutiven Gleichung (7.4.9) können wir das sogenannte Elastizitätsgesetz, den Zusammenhang zwischen den Schnittgrößen und den

Verschiebungsgrößen, angeben. So erhalten wir für den Schnittkrafttensor $\underset{\sim}{N}$ nach (7.3.6)

$$\underset{\sim}{N} = \frac{E}{1-\nu^2} \int_{(h)} \overset{4}{\underset{\sim}{H}}{}' \underset{\sim}{E}{}' d\Theta^3 \tag{7.4.15}$$

oder mit (7.2.18)

$$\underset{\sim}{N} = D\overset{4}{\underset{\sim}{H}}{}'\bar{\underset{\sim}{R}}, \tag{7.4.16}$$

wobei wir zur Abkürzung die Dehnsteifigkeit

$$D = \frac{Eh}{1-\nu^2} \tag{7.4.17}$$

eingeführt haben. Die Koeffizienten des Schnittkrafttensors sind mit

$$H^{\alpha\beta\rho\lambda} = (1-\nu)(a^{\alpha\rho}a^{\beta\lambda} + \frac{\nu}{1-\nu}a^{\alpha\beta}a^{\rho\lambda}) \tag{7.4.18}$$

durch

$$n^{\alpha\beta} = DH^{\alpha\beta\rho\lambda}\bar{r}_{\rho\lambda} \tag{7.4.19}$$

gegeben. Mit Einführung der Biegesteifigkeit

$$B = \frac{Eh^3}{12(1-\nu^2)} \tag{7.4.20}$$

gilt für den Schnittmomententensor $\underset{\sim}{M}$ nach (7.3.14) und (7.2.18)

$$\underset{\sim}{M} = B\overset{4}{\underset{\sim}{H}}{}'\bar{\underset{\sim}{S}}. \tag{7.4.21}$$

Für die Koeffizienten dieses Tensors erhalten wir nach Auswertung der linearen Abbildung (7.4.21)

$$m^{\alpha\beta} = BH^{\alpha\beta\rho\lambda}\bar{s}_{\rho\lambda}. \tag{7.4.22}$$

Mit den Elastizitätsgesetzen (7.4.19) und (7.4.22) sind wir nun in der Lage, aus den Gleichgewichtsbedingungen (7.3.22) die Hauptgleichungen der Schalentheorie als Differentialgleichungen für die Verschiebungsgrößen zu entwickeln. Die aufgezeigte Vorgehensweise ist zwingend vorgegeben. Es ist nicht sinnvoll, von den Gleichgewichtsbedingungen in der Form (7.3.11) und (7.3.19) auszugehen und den Schnittkrafttensor $\underset{\sim}{N}$ und den Schnittmomententensor $\underset{\sim}{M}$ durch die Elastizitätsgesetze (7.4.16) und (7.4.21) zu ersetzen; denn die Gleichgewichtsbedingungen (7.3.11) und (7.3.19) enthalten die „Querkräfte" $n^{3\alpha}$, für die das Elastizitätsgesetz (7.4.16) keine Werte liefert. Da diese „Querkräfte" im allgemeinen jedoch vorhanden sind, empfiehlt es sich, diese mit Hilfe der Gleichgewichtsbedingungen zu eliminieren, wie es bei der Herleitung der Gleichungen (7.3.22) geschehen ist. Es sei daran erinnert, daß in der Stabtheorie ganz entsprechend verfahren wird.

Beachten wir, daß die kovarianten Ableitungen der Metrikkoeffizienten nach dem *Ricci-Lemma* (s. Abschn. 5.7.2) Null sind und damit auch die kovarianten Ableitungen der Koeffizienten des vierstufigen Tensors $\overset{4}{\underset{\sim}{H}}'$ bei vorausgesetzten konstanten Werkstoffgrößen E und ν, so gelangen wir bei angenommener konstanter Dehn- und Biegesteifigkeit mit (7.2.21) und (7.2.25) zu den *Hauptgleichungen der linearen Schalentheorie*

$$\frac{1}{2} DH^{\alpha\beta\rho\lambda}[u_\rho\|_{\lambda\beta} + u_\lambda\|_{\rho\beta} - 2(u_3\Gamma^{\cdot\cdot 3}_{\rho\lambda})\|_\beta] - \\ - \frac{1}{2} B\Gamma^{\cdot\cdot\alpha}_{3\gamma} H^{\gamma\beta\rho\lambda}(u_3\|_{\rho\lambda\beta} + u_3\|_{\lambda\rho\beta}) + p^\alpha = 0, \qquad (7.4.23)$$

$$\frac{1}{2} D\Gamma^{\cdot\cdot 3}_{\alpha\beta} H^{\alpha\beta\rho\lambda}(u_\rho\|_\lambda + u_\lambda\|_\rho - 2u_3\Gamma^{\cdot\cdot 3}_{\rho\lambda}) - \frac{1}{2} BH^{\beta\alpha\rho\lambda}(u_3\|_{\rho\lambda\alpha\beta} + u_3\|_{\lambda\rho\alpha\beta}) + \\ + p^3 = 0. \qquad (7.4.24)$$

Hinsichtlich der Bildung der höheren kovarianten Ableitungen in (7.4.23) und (7.4.24) gelten die am Ende des Abschnittes 5.7.2 aufgeführten Bemerkungen entsprechend.

Die Hauptgleichungen (7.4.23) und (7.4.24) beschreiben das statische Verhalten von dünnen Flächentragwerken mit schwacher Krümmung im Rahmen der linearen Schalentheorie in der Form von gekoppelten partiellen Differentialgleichungen für die Verschiebungskoeffizienten der Schalenmittelfläche. Aus ihnen ergeben sich als Sonderfälle die Differentialgleichungen der wichtigsten Flächentragwerke, wie Scheiben, Platten und Rotationsschalen.

Um den Verschiebungs- und Spannungszustand der Flächentragwerke vollständig beschreiben zu können, ist weiterhin noch die Angabe der Randbedingungen erforderlich.

7.5 Die Randbedingungen

Der Rand der Schalenmittelfläche kann bestimmten geometrischen Zwängen unterworfen oder durch Kräfte und Momente belastet sein. Man spricht in diesen Fällen von *geometrischen und statischen Randbedingungen*. Exemplarisch formulieren wir die geometrischen Randbedingungen.

Die Randkurve der Schalenmittelfläche beschreiben wir entsprechend den Überlegungen in Abschnitt 5.3.4 durch den Kurvenparameter r. Dann ist der Tangentenvektor $\bar{\underset{\sim}{t}}_2$ an die Randkurve nach (5.3.63) durch

$$\bar{\underset{\sim}{t}}_2 = \frac{d\Theta^\alpha}{dr} \underset{\sim}{a}_\alpha \qquad (7.5.1)$$

gegeben. Da die Randverschiebungen und -verdrehungen sowie die Lasten im allgemeinen als physikalische (wahre) Größen vorgegeben sind, ist es sinnvoll, den Einheitstangentenvektor

$$\underset{\sim}{t}_2 = \frac{\bar{\underset{\sim}{t}}_2}{|\bar{\underset{\sim}{t}}_2|} = \frac{d\Theta^\alpha}{\sqrt{d\Theta^\beta d\Theta^\gamma a_{\beta\gamma}}}\, \underset{\sim}{a}_\alpha = t_2^\alpha \underset{\sim}{a}_\alpha \tag{7.5.2}$$

einzuführen. Als zweiten Einheitsvektor wählen wir

$$\underset{\sim}{t}_3 = \underset{\sim}{a}_3. \tag{7.5.3}$$

Wir ergänzen die beiden Basisvektoren $\underset{\sim}{t}_2$ und $\underset{\sim}{t}_3$ zu einer orthonormierten Basis, indem wir den Einheitsvektor $\underset{\sim}{t}_1$ durch

$$\underset{\sim}{t}_1 = \underset{\sim}{t}_2 \times \underset{\sim}{t}_3 = \underset{\sim}{t}_2 \times \underset{\sim}{a}_3 \tag{7.5.4}$$

festlegen. Es gilt nun mit (7.5.2), (5.3.5) und (5.3.10)

$$\underset{\sim}{t}_1 = \frac{1}{\sqrt{a}}\, t_2^\alpha\, \underset{\sim}{a}_\alpha \times (\underset{\sim}{a}_1 \times \underset{\sim}{a}_2) \tag{7.5.5}$$

oder

$$\underset{\sim}{t}_1 = \bar{\bar{e}}_{\alpha 3\rho} t_2^\alpha \underset{\sim}{a}^\rho = t_1^\alpha \underset{\sim}{a}^\rho, \qquad t_1^\alpha = \bar{\bar{e}}_{\alpha 3\rho} t_2^\alpha, \tag{7.5.6}$$

wenn wir zusätzlich (5.3.11) und (5.3.13) berücksichtigen. Die kontravarianten Basisvektoren $\underset{\sim}{t}^i$ sind im übrigen gleich den kovarianten Basisvektoren, da die Basis $\underset{\sim}{t}_1$, $\underset{\sim}{t}_2$, $\underset{\sim}{t}_3$ orthonormiert ist. Den vorgegebenen Verschiebungsvektor $\hat{\underset{\sim}{u}}$ des Randes der Schalenmittelfläche geben wir sowohl in der Basis $\underset{\sim}{t}_1$, $\underset{\sim}{t}_2$, $\underset{\sim}{t}_3$ als auch in der Basis $\underset{\sim}{a}_1$, $\underset{\sim}{a}_2$, $\underset{\sim}{a}_3$ an:

$$\hat{\underset{\sim}{u}} = \hat{u}^i \underset{\sim}{t}_i = \bar{u}^m \underset{\sim}{a}_m. \tag{7.5.7}$$

Daraus folgt mit den Transformationsgleichungen (4.7.6) der Zusammenhang zwischen den Koeffizienten $\hat{u}^i$ und $\bar{u}^m$:

$$\bar{u}^m = (\underset{\sim}{t}_i \cdot \underset{\sim}{a}^m)\hat{u}^i, \tag{7.5.8}$$

d.h.

$$\bar{u}^1 = \bar{\bar{e}}_{\alpha 3\rho} t_2^\alpha a^{\rho 1}\hat{u}^1 + t_2^1\hat{u}^2, \qquad \bar{u}^2 = \bar{\bar{e}}_{\alpha 3\rho} t_2^\alpha a^{\rho 2}\hat{u}^1 + t_2^2\hat{u}^2, \qquad \bar{u}^3 = \hat{u}^3. \tag{7.5.9}$$

Die Verdrehung des Schalenrandes wird durch den Differenzvektor in (7.2.13 c) beschrieben:

$$\underset{\sim}{v} = \bar{\underset{\sim}{a}}_3 - \underset{\sim}{a}_3. \tag{7.5.10}$$

Dieser ist nach (7.2.24) in der Basis $\underset{\sim}{a}_1$, $\underset{\sim}{a}_2$, $\underset{\sim}{a}_3$ sowie in der Basis $\underset{\sim}{t}_1$, $\underset{\sim}{t}_2$, $\underset{\sim}{t}_3$ darstellbar:

$$\underset{\sim}{v} = -\, a^{\alpha\beta}\bar{u}^3\|_\beta \underset{\sim}{a}_\alpha = \hat{v}^\gamma \underset{\sim}{t}_\gamma. \tag{7.5.11}$$

Damit ist nach (7.2.24 a) wiederum der Zusammenhang zwischen den Koeffizienten gegeben:

$$\bar{u}^3\|_\beta = -\, \hat{v}^\gamma(\underset{\sim}{t}_\gamma \cdot \underset{\sim}{a}_\beta). \tag{7.5.12}$$

Allerdings kann nicht mehr über den Koeffizienten v^2 verfügt werden, wenn der Verschiebungsvektor $\hat{\underset{\sim}{u}}$ des Randes der Schalenmittelfläche gemäß (7.5.7) vorgegeben ist. Als unabhängige Größe verbleibt nur der Koeffizient v^1, und nach (7.5.12) gilt

$$\bar{u}^3\|_\beta = - \hat{v}^1(\underset{\sim}{t}_1 \cdot \underset{\sim}{a}_\beta), \tag{7.5.13}$$

d.h.

$$\bar{u}^3\|_\beta = - \bar{\bar{e}}_{\alpha 3\beta} t_2^\alpha \hat{v}^1. \tag{7.5.14}$$

Somit lassen sich als Folge der Normalenhypothese vier geometrische Randbedingungen für den Rand der Schalenmittelfläche formulieren:

$$\hat{u}^1 = \hat{u}^1(r), \quad \hat{u}^2 = \hat{u}^2(r), \quad \hat{u}^3 = \hat{u}^3(r), \quad \hat{v}^1 = \hat{v}^1(r). \tag{7.5.15}$$

Sind die geometrischen Randbedingungen vorgegeben, so haben die Lösungen der Hauptgleichungen (7.4.23) und (7.4.24) diese Bedingungen zu erfüllen, wobei die Zusammenhänge über (7.5.9) und (7.5.14) hergestellt werden.

Entsprechend können die statischen Randbedingungen formuliert werden. Allerdings ist dabei zu beachten, daß infolge der Love-Kirchhoffschen Hypothese keine konstitutiven Gleichungen für die Randquerkräfte existieren. Diese lassen sich jedoch über die Gleichgewichtsbedingungen durch die Momente ausdrücken, so daß über diesen Weg Zusammenhänge mit den Randverschiebungen hergestellt werden können (s. dazu [22]).

7.6 Spezielle Flächentragwerke

7.6.1 Die Scheibe

Scheiben sind ebene Flächentragwerke, deren Tragverhalten durch den ebenen Spannungszustand beschrieben wird. Einen solchen Spannungszustand kann man sich durch Aufbringen von parallel und symmetrisch zur Mittelfläche wirkenden Kräften realisiert denken. Aufgrund der Geometrie und der Annahmen bezüglich der Belastung ergeben sich folgende Vereinfachungen:

1. Da die Scheibe ein ebenes Tragwerk ist, verschwinden die Christoffelsymbole mit dem Index 3, welche die Krümmung des Flächentragwerks beschreiben.

2. Infolge der speziellen Belastung treten keine Biegeverformungen auf.

Somit reduzieren sich die Hauptgleichungen (7.4.23) und (7.4.24) auf

$$H^{\alpha\beta\rho\lambda}(u_\rho\|_{\lambda\beta} + u_\lambda\|_{\rho\beta}) = -\frac{2p^\alpha}{D}. \tag{7.6.1}$$

Die Beziehung (7.6.1) stellt ein System von zwei gekoppelten partiellen Differentialgleichungen für die Koeffizienten u_1 und u_2 der Verschiebungskomponenten der Scheibenmittelfläche dar.

Als Beispiel betrachten wir zunächst die *Rechteckscheibe*. Wir wählen eine orthonormierte Basis $\underset{\approx}{a}_1$, $\underset{\approx}{a}_2$ mit den zugehörigen Parameterlinien Θ^1 und Θ^2. Ausgehend von (7.6.1) gewinnen wir unter Berücksichtigung von (7.4.18) ein System von partiellen Differentialgleichungen für die Koeffizienten u_1 und u_2 der Verschiebungskomponenten

$$\begin{aligned} 2u_{1,11} + (1-\nu)u_{1,22} + (1+\nu)u_{2,12} &= -\frac{2p^1}{D}, \\ 2u_{2,22} + (1-\nu)u_{2,11} + (1+\nu)u_{1,12} &= -\frac{2p^2}{D}. \end{aligned} \tag{7.6.2}$$

Weiterhin geben wir die beschreibenden Differentialgleichungen für die *Kreisscheibe* an. Als reelle skalare Parameter wählen wir den Radius Θ^1 und den Umlaufwinkel Θ^2. Mit den differentialgeometrischen Größen

$$a_{\alpha\beta}: \begin{Bmatrix} 1; & 0; \\ 0; & (\Theta^1)^2 \end{Bmatrix}, \quad a^{\alpha\beta}: \begin{Bmatrix} 1; & 0; \\ 0; & \dfrac{1}{(\Theta^1)^2} \end{Bmatrix},$$

$$\Gamma_{22}^{\cdot\cdot 1} = -\Theta^1, \quad \Gamma_{12}^{\cdot\cdot 2} = \frac{1}{\Theta^1} \tag{7.6.3}$$

erhalten wir unter Beachtung von (7.4.18) nach einigen Umformungen zwei gekoppelte Differentialgleichungen zweiter Ordnung für die Koeffizienten u_1 und u_2 der Verschiebungskomponenten:

$$\begin{aligned} &2u_{1,11} + \frac{1-\nu}{(\Theta^1)^2}u_{1,22} + \frac{2}{\Theta^1}u_{1,1} - \frac{2}{(\Theta^1)^2}u_1 + \frac{1+\nu}{(\Theta^1)^2}u_{2,12} - \\ &\quad - \frac{4}{(\Theta^1)^3}u_{2,2} = -\frac{2p^1}{D}, \\ &\frac{2}{(\Theta^1)^4}u_{2,22} + \frac{1-\nu}{(\Theta^1)^2}u_{2,11} - \frac{1-\nu}{(\Theta^1)^3}u_{2,1} + \frac{1+\nu}{(\Theta^1)^2}u_{1,12} + \\ &\quad + \frac{3-\nu}{(\Theta^1)^3}u_{1,2} = -\frac{2p^2}{D}. \end{aligned} \tag{7.6.4}$$

Das System von Differentialgleichungen ist gültig für die Kreisscheibe unter beliebiger Belastung. Es sei abschließend darauf hingewiesen, daß die Koeffizienten u_1 und u_2 in (7.6.4) nicht die wahren Größen der Verschiebung darstellen. Um zu einem Differentialgleichungssystem für die wahren Größen zu gelangen, ist die Umrechnung auf physikalische Koeffizienten erforderlich (s. Abschnitt 3.5). Für die physikalischen Verschiebungskoeffizienten $\overset{*}{u}_1$, $\overset{*}{u}_2$ sowie die physikalischen Lastkoeffizienten $\overset{*}{p}^1$, $\overset{*}{p}^2$ lauten dann die Differentialgleichungen

$$2(\Theta^1)^2\overset{*}{u}_{1,11} + (1-\nu)\overset{*}{u}_{1,22} + 2\Theta^1\overset{*}{u}_{1,1} - 2\overset{*}{u}_1 + \Theta^1(1+\nu)\overset{*}{u}_{2,12} - $$
$$- (3-\nu)\overset{*}{u}_{2,2} = -2(\Theta^1)^2\frac{\overset{*}{p}^1}{D},$$
$$(7.6.5)$$
$$2\overset{*}{u}_{2,22} + (1-\nu)(\Theta^1)^2\overset{*}{u}_{2,11} + (1-\nu)\Theta^1\overset{*}{u}_{2,1} - (1-\nu)\overset{*}{u}_2 +$$
$$+ (1+\nu)\Theta^1\overset{*}{u}_{1,12} + (3-\nu)\overset{*}{u}_{1,2} = -2(\Theta^1)^2\frac{\overset{*}{p}^2}{D}.$$

Für den rotationssymmetrischen Lastfall entfallen der Lastkoeffizient $\overset{*}{p}^2$, die Verschiebung $\overset{*}{u}_2$ und die partiellen Ableitungen nach Θ^2. In diesem Fall erhalten wir eine gewöhnliche Differentialgleichung für $\overset{*}{u}_1$:

$$(\Theta^1)^2\overset{*}{u}_{1,11} + \Theta^1\overset{*}{u}_{1,1} - \overset{*}{u}_1 = -(\Theta^1)^2\frac{\overset{*}{p}^1}{D}. \qquad (7.6.6)$$

Das Scheibenproblem läßt sich auch in der Weise beschreiben, daß zunächst die Kompatibilitätsbedingungen (s. (6.2.52)) für die Scheibe formuliert werden und danach für eine Spannungsfunktion - die *Airysche* Spannungsfunktion -, die die Gleichgewichtsbedingungen identisch erfüllt, mit Hilfe der Kompatibilitätsbedingungen eine partielle Differentialgleichung entwickelt wird. Diese Vorgehensweise, die in der Literatur allgemein bekannt ist, führt auf eine Bipotentialgleichung für die Spannungsfunktion.

7.6.2 Die Platte

Als Platten bezeichnet man ebene Flächentragwerke, die senkrecht zu ihrer Mittelfläche belastet sind. Wegen der besonderen Art der Belastung sind im Rahmen der geometrisch linearen Theorie die Verzerrungen der Mittelfläche vernachlässigbar klein. Aufgrund dieser Tatsache und infolge der speziellen Geometrie der Platte ergeben sich folgende Vereinfachungen:

1. Die Christoffelsymbole mit dem Index 3 zur Beschreibung der Geometrie des unverformten Zustandes sind Null;

2. die Belastungskoeffizienten p^α sind nicht vorhanden;

3. die Verschiebungen u_1 und u_2 der Mittelfläche sind Null.

Damit verbleibt von den Hauptgleichungen (7.4.23) und (7.4.24):

$$H^{\beta\alpha\rho\lambda}(u_3\|_{\rho\lambda\alpha\beta} + u_3\|_{\lambda\rho\alpha\beta}) = \frac{2p^3}{B}. \tag{7.6.7}$$

Die beschreibende Differentialgleichung für die *Rechteckplatte* gewinnen wir aus (7.6.7), indem wir ein orthonormiertes Basissystem $\underset{\approx}{a}_1$, $\underset{\approx}{a}_2$, $\underset{\approx}{a}_3$ mit dem geradlinigen Koordinaten Θ^1, Θ^2 einführen. Dann liefert die Auswertung von (7.6.7)

$$u_{3,1111} + 2u_{3,1122} + u_{3,2222} = \frac{p^3}{B} \tag{7.6.8}$$

oder, wenn wir den Laplace-Operator (s. Abschnitt 5.5.3) verwenden

$$\Delta\Delta u_3 = \frac{p^3}{B}. \tag{7.6.9}$$

Mit den differentialgeometrischen Größen des vorigen Abschnittes können wir aus (7.6.7) die Differentialgleichungen für die Kreisplatte bei beliebiger Belastung ermitteln:

$$u_{3,1111} + \frac{2}{\Theta^1} u_{3,111} + \frac{1}{(\Theta^1)^2}(2u_{3,1122} - u_{3,11}) -$$

$$- \frac{1}{(\Theta^1)^3}(2u_{3,122} - u_{3,1}) + \frac{1}{(\Theta^1)^4} u_{3,2222} + \frac{4}{(\Theta^1)^4} u_{3,22} = \frac{p^3}{B}. \tag{7.6.10}$$

Selbstverständlich kann die Differentialgleichung für die Kreisplatte auch in der Form (7.6.9) mit Hilfe des Laplace-Operators dargestellt werden, da in Abschnitt 5.5.3 der Laplace-Operator basisunabhängig eingeführt worden ist. Die Differentialgleichung (7.6.10) gibt die Beschreibung des physikalischen Koeffizienten u_3 an, da der zugehörige Basisvektor $\underset{\approx}{a}_3$ ein Einheitsvektor ist.

7.6.3 Die Kreiszylinderschale

Als wichtiges Tragelement dient im Ingenieurwesen die Kreiszylinderschale. Als skalare reelle Parameter der Mittelfläche der Kreiszylinderschale führen wir die Länge der erzeugenden Geraden Θ^1 und den Umlaufwinkel Θ^2 ein. Der Radius R der Kreiszylinderschale ist konstant. Wir geben zunächst wiederum die differentialgeometrischen Größen an:

$$a_{\alpha\beta} : \begin{Bmatrix} 1; & 0; \\ 0; & R^2 \end{Bmatrix}, \quad a^{\alpha\beta} : \begin{Bmatrix} 1; & 0; \\ 0; & \frac{1}{R^2} \end{Bmatrix}, \tag{7.6.11}$$

$$\Gamma_{22}^{\cdot\cdot 3} = R, \quad \Gamma_{32}^{\cdot\cdot 2} = -\frac{1}{R}, \quad \Gamma_{11}^{\cdot\cdot 3} = 0, \quad \Gamma_{12}^{\cdot\cdot 3} = 0, \quad \Gamma_{\alpha\beta}^{\cdot\cdot\rho} = 0.$$

Mit diesen Werten können wir die Hauptgleichungen (7.4.23) und (7.4.24) der Schalentheorie für die Kreiszylinderschale auswerten. Wir erhalten ein System von drei partiellen Differentialgleichungen für die Verschiebungskoeffizienten u_1, u_2 und u_3:

$$2R^2 u_{1,11} + (1+\nu)u_{2,12} + (1-\nu)u_{1,22} - 2R\nu u_{3,1} = -\frac{2R^2}{D}p^1,$$

$$R^3(1-\nu)u_{2,11} + R^3(1+\nu)u_{1,12} + 2Ru_{2,22} - 2R^2u_{3,2} + \frac{B}{D}(2R^2u_{3,112} + 2u_{3,222}) = -\frac{2R^5}{D}p^2, \tag{7.6.12}$$

$$\frac{B}{D}(R^4u_{3,1111} + 2R^2u_{3,1122} + u_{3,2222}) - R^3\nu u_{1,1} - Ru_{2,2} + R^2u_3 = \frac{R^4}{D}p^3.$$

Ersetzen wir in (7.6.12) die Koeffizienten u_1, u_2 und u_3 sowie p^1 und p^2 durch die physikalischen Koeffizienten, so gelangen wir zu den aus der Literatur bekannten Differentialgleichungen der beliebig belasteten Kreiszylinderschale (s. [22]):

$$2R^2\overset{*}{u}_{1,11} + (1+\nu)R\overset{*}{u}_{2,12} + (1-\nu)\overset{*}{u}_{1,22} - 2\nu R\overset{*}{u}_{3,1} = -\frac{2R^2}{D}\overset{*}{p}{}^1,$$

$$(1-\nu)R^4\overset{*}{u}_{2,11} + (1+\nu)R^3\overset{*}{u}_{1,12} + 2R^2\overset{*}{u}_{2,22} - 2R^2\overset{*}{u}_{3,2} + \frac{B}{D}(2R^2\overset{*}{u}_{3,112} + 2\overset{*}{u}_{3,222}) = -\frac{2R^4}{D}\overset{*}{p}{}^2, \tag{7.6.13}$$

$$\frac{B}{D}(R^4\overset{*}{u}_{3,1111} + 2R^2\overset{*}{u}_{3,1122} + \overset{*}{u}_{3,2222}) - \nu R^3\overset{*}{u}_{1,1} - R^2\overset{*}{u}_{2,2} + R^2\overset{*}{u}_3 = \frac{R^4}{D}\overset{*}{p}{}^3.$$

Dieses Gleichungssystem vereinfacht sich bei Rotationssymmetrie durch den Wegfall des Verschiebungskoeffizienten u_2 und der Ableitung nach Θ^2. Es verbleiben die Gleichungen:

$$R\overset{*}{u}_{1,11} - \nu\overset{*}{u}_{3,1} = -\frac{2R}{D}\overset{*}{p}{}^1,$$

$$\frac{B}{D}R^2\overset{*}{u}_{3,1111} - \nu R\overset{*}{u}_{1,1} + u_3 = \frac{R^2}{D}\overset{*}{p}{}^3. \tag{7.6.14}$$

Aus diesem System läßt sich eine gewöhnliche Differentialgleichung vierter Ordnung für die Verschiebung $\overset{*}{u}_3$ erzeugen, indem man (7.6.14 a) integriert und in (7.6.14 b) das Ergebnis für $\overset{*}{u}_{1,1}$ einsetzt. Hierauf sowie auf die Lösung der Differentialgleichung wollen wir nicht weiter eingehen, sondern auf die Literatur (z.B. [22]) verweisen.

Lösungen der Übungsaufgaben

Aus den gelegentlich bei den Lösungen zu den einzelnen Übungsaufgaben angegebenen Gleichungsnummern und Buchstaben ist die Zuordnung zu den verwendeten Formeln zu erkennen.

Übungsaufgaben zu 2.1:

(1) $a^i : \{a^1; \quad a^2; \quad a^3\}.$

(2)
$$t^{l}{}_{.m} : \left\{ \begin{matrix} t^1{}_{.1}; & t^1{}_{.2}; & t^1{}_{.3}; \\ t^2{}_{.1}; & t^2{}_{.2}; & t^2{}_{.3}; \\ t^3{}_{.1}; & t^3{}_{.2}; & t^3{}_{.3} \end{matrix} \right\} .$$

(3)
$$q^{mn}{}_{..s}: \left\{ \begin{matrix} q^{11}{}_{..1}; & q^{11}{}_{..2}; & q^{11}{}_{..3}; & q^{21}{}_{..1}; & q^{21}{}_{..2}; & q^{21}{}_{..3}; \\ q^{12}{}_{..1}; & q^{12}{}_{..2}; & q^{12}{}_{..3}; & q^{22}{}_{..1}; & q^{22}{}_{..2}; & q^{22}{}_{..3}; \\ q^{13}{}_{..1}; & q^{13}{}_{..2}; & q^{13}{}_{..3}; & q^{23}{}_{1}; & q^{23}{}_{..2}; & q^{23}{}_{..3}; \end{matrix} \right.$$

$$\left. \begin{matrix} q^{31}{}_{..1}; & q^{31}{}_{..2}; & q^{31}{}_{..3}; \\ q^{32}{}_{..1}; & q^{32}{}_{..2}; & q^{32}{}_{..3}; \\ q^{33}{}_{..1}; & q^{33}{}_{..2}; & q^{33}{}_{..3} \end{matrix} \right\} .$$

Übungsaufgaben zu 2.2:

(1) $v^i w_i = v^1 w_1 + v^2 w_2 + v^3 w_3.$

(2) $v^k g_k = v^1 g_1 + v^2 g_2 + v^3 g_3.$

(3) $t^i{}_{.k} v^k = t^i{}_{.1} v^1 + t^i{}_{.2} v^2 + t^i{}_{.3} v^3.$

(4) $a^{m}_{.m} = a^{1}_{.1} + a^{2}_{.2} + a^{3}_{.3}.$

(5) $t^{p}_{.qr}s^{rq} = t^{p}_{.11}s^{11} + t^{p}_{.21}s^{12} + t^{p}_{.31}s^{13}$
$+ t^{p}_{.12}s^{21} + t^{p}_{.22}s^{22} + t^{p}_{.32}s^{23}$
$+ t^{p}_{.13}s^{31} + t^{p}_{.23}s^{32} + t^{p}_{.33}s^{33}.$

(6) $g^{kj}a_j = g^{k1}a_1 + g^{k2}a_2 + g^{k3}a_3.$

(7) $A^{k}_{.i}A^{l}_{.j}C_{kl} = A^{1}_{.i}A^{1}_{.j}C_{11} + A^{1}_{.i}A^{2}_{.j}C_{12} + A^{1}_{.i}A^{3}_{.j}C_{13}$
$+ A^{2}_{.i}A^{1}_{.j}C_{21} + A^{2}_{.i}A^{2}_{.j}C_{22} + A^{2}_{.i}A^{3}_{.j}C_{23}$
$+ A^{3}_{.i}A^{1}_{.j}C_{31} + A^{3}_{.i}A^{2}_{.j}C_{32} + A^{3}_{.i}A^{3}_{.j}C_{33}.$

Übungsaufgaben zu 2.3:

(1) $v_k\delta^k_j = v_j.$

(2) $u^{l.n}_{.m}\delta^m_p = u^{l.n}_{.p}.$

(3) $q^{..t}_{rs}\delta^r_k\delta^i_t = q^{..i}_{ks}.$

(4) $p^{mk}_{..}a^{.j}_{i}\delta^r_k\delta^i_s = p^{mr}_{..}a^{.j}_{s}.$

(5) $t^{pq.m}_{..r}\delta^r_i\delta^n_m\delta^s_p = t^{sq.n}_{..i}.$

Übungsaufgaben zu 3.1:

(1)

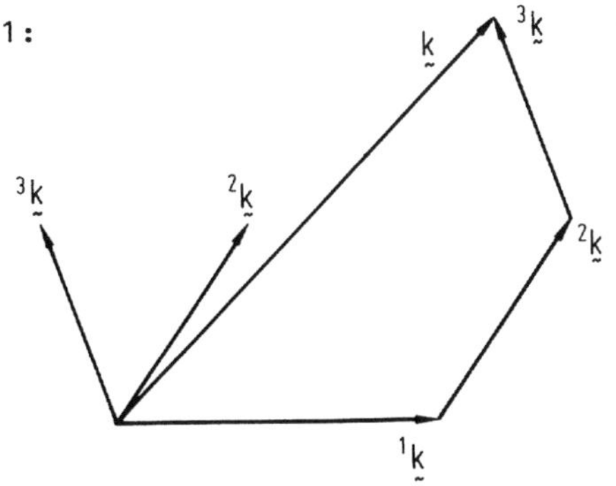

(2) $\underset{\sim}{z} = (\underset{\sim}{u} + \underset{\sim}{v}) + \underset{\sim}{w} = \underset{\sim}{u} + (\underset{\sim}{v} + \underset{\sim}{w})$

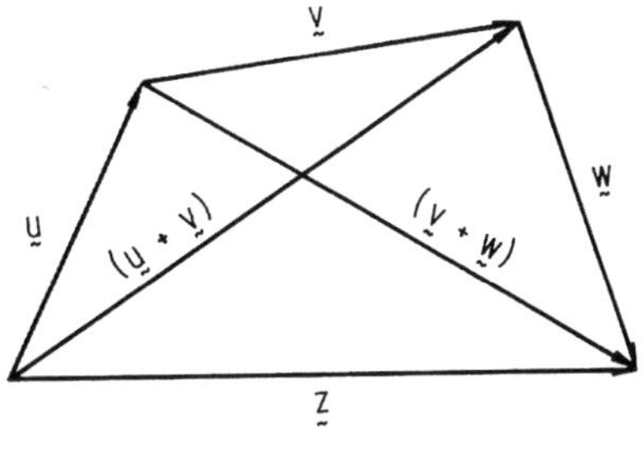

(3) $\quad \underset{\sim}{x} = \underset{\sim}{u} - \underset{\sim}{v} + 2\underset{\sim}{w}$

$$\underset{\sim}{y} = 3\underset{\sim}{w} - \frac{1}{2}\,(2\underset{\sim}{u} - \underset{\sim}{v})$$

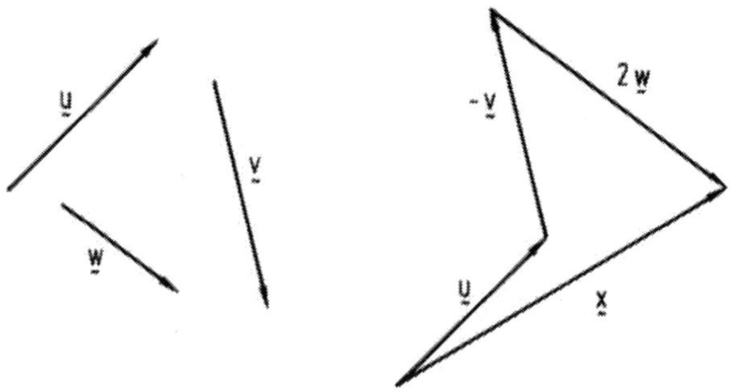

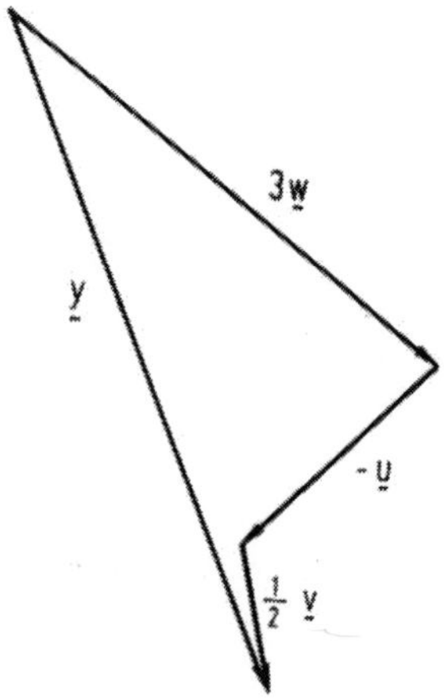

(4) $\quad |\underset{\sim}{k}| = 17{,}45$ kN, $\quad \varphi = 18{,}06^{\circ}$.

(5) $\quad |{}^{2}\underset{\sim}{k}| = 70{,}71$ kN, $\quad |\underset{\sim}{k}| = 136{,}60$ kN.

(6) Aus der Skizze entnehmen wir

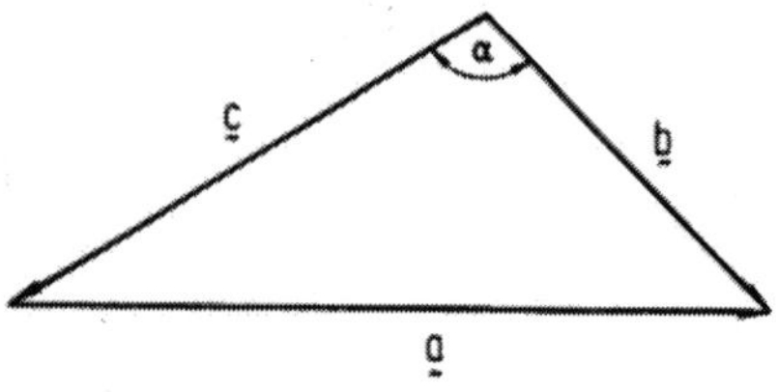

$$\underset{\sim}{a} = \underset{\sim}{b} - \underset{\sim}{c}.$$

Es ist

$$|\underset{\sim}{a}|^2 = \underset{\sim}{a} \cdot \underset{\sim}{a} = (\underset{\sim}{b} - \underset{\sim}{c}) \cdot (\underset{\sim}{b} - \underset{\sim}{c}) \qquad (3.1.15)$$

$$= |\underset{\sim}{b}|^2 + |\underset{\sim}{c}|^2 - 2\underset{\sim}{b} \cdot \underset{\sim}{c}$$

$$= |\underset{\sim}{b}|^2 + |\underset{\sim}{c}|^2 - 2|\underset{\sim}{b}|\,|\underset{\sim}{c}|\cos\alpha. \qquad (C)$$

Die letzte Gleichung ist der Kosinussatz für Dreiecke.

Übungsaufgaben zu 3.2 bis 3.4:

(1) a) $\quad \underset{\sim}{w} = 10\underset{\sim}{e}_1 - 5\underset{\sim}{e}_2 - \underset{\sim}{e}_3$.

b) $\quad \underset{\sim}{x} = 6\underset{\sim}{e}_1 + 7\underset{\sim}{e}_2 - 7\underset{\sim}{e}_3$.

c) $\quad \alpha = -\,2$.

d) $\quad |\underset{\sim}{u}| = 9, \quad |\underset{\sim}{v}| = 7,$

e) $\varphi = 91,82^{\circ}$.

f) $\gamma = 89,09^{\circ}$.

(2) $v^2 = -5,5$.

(3) $\underset{\sim}{w} = \frac{1}{\sqrt{26}} (3\underset{\sim}{e}_1 + 4\underset{\sim}{e}_2 + \underset{\sim}{e}_3)$.

(4) a) $|\underset{\sim}{u}| = 2,5, \quad |\underset{\sim}{v}| = 1,25, \quad \underset{\sim}{u} \cdot \underset{\sim}{v} = 0$.

b) $u^1 = 2,6, \quad u^2 = 2,2, \quad v^1 = 0,9, \quad v^2 = -0,2$.

c) Die Beträge von $\underset{\sim}{u}$ und $\underset{\sim}{v}$ und das Skalarprodukt $\underset{\sim}{u} \cdot \underset{\sim}{v}$ bleiben unverändert erhalten (vgl. (4 a)).

(5) a) $\underset{\sim}{g}^1 = 1,6\underset{\sim}{g}_1 + 0,8\underset{\sim}{g}_2 = 1,2\underset{\sim}{e}_1 + 0,4\underset{\sim}{e}_2$.

$\underset{\sim}{g}^2 = 0,8\underset{\sim}{g}_1 + 0,8\underset{\sim}{g}_2 = 0,4\underset{\sim}{e}_1 + 0,8\underset{\sim}{e}_2$.

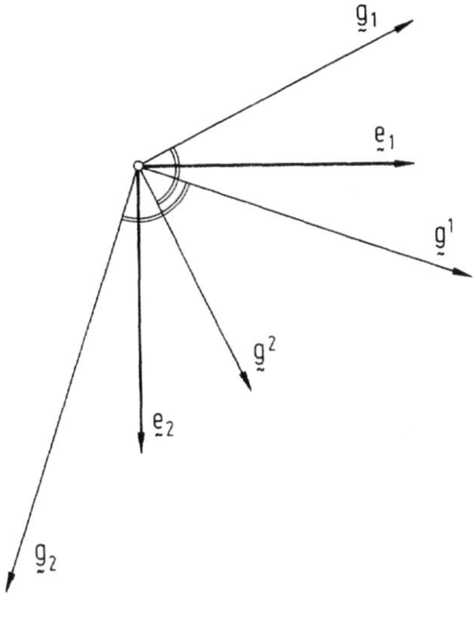

b) Die Beträge von $\underset{\sim}{u}$ und $\underset{\sim}{v}$ und das Skalarprodukt $\underset{\sim}{u} \cdot \underset{\sim}{v}$ bleiben unverändert erhalten (vgl. (4 a)).

$u_1 = 0,5, \quad u_2 = 2,25, \quad v_1 = 1,375, \quad v_2 = -1,625$.

(6) a) $\underset{\sim}{g}^1 = \frac{1}{3}\sqrt{3}\,\underset{\sim}{e}_1 + \frac{2}{3}\underset{\sim}{e}_2 + \frac{1}{3}\sqrt{2}\,\underset{\sim}{e}_3 = \underset{\sim}{g}_1$,

$\underset{\sim}{g}^2 = -\sqrt{\frac{2}{5}}\,\underset{\sim}{e}_1 + \sqrt{\frac{3}{5}}\,\underset{\sim}{e}_3 = \underset{\sim}{g}_2$,

$\underset{\sim}{g}^3 = \frac{2}{3}\sqrt{\frac{3}{5}}\,\underset{\sim}{e}_1 - \frac{1}{3}\sqrt{5}\,\underset{\sim}{e}_2 + \frac{2}{15}\sqrt{10}\,\underset{\sim}{e}_3 = \underset{\sim}{g}_3$.

b) Die Basis $\underset{\sim}{g}_1, \underset{\sim}{g}_2, \underset{\sim}{g}_3$ ist orthonormiert.

c) $g_{ik} = g^{ik} = \delta_i^k$.

Übungsaufgaben zu 3.5:

(1) $\overset{*}{u}{}^1 = 1{,}3\ \sqrt{3}, \quad \overset{*}{u}{}^2 = 2{,}2\ \sqrt{2}.$

(2) $v^1 = 2\ \sqrt{3}, \quad v^2 = -\ 2\ \sqrt{2}.$

(3) $n_{11} = n_{22} = 1, \quad n_{12} = -1{,}25\ \sqrt{\frac{2}{3}}.$

$u^i v^k g_{ik} = \overset{*}{u}{}^i \overset{*}{v}{}^k n_{ik} = \underset{\sim}{u} \cdot \underset{\sim}{v} = -\ 6{,}024.$

Übungsaufgaben zu 4.1:

(1)
$$\underset{\approx}{T}\underset{\sim}{u} + \alpha\underset{\sim}{u} = \underset{\approx}{T}\underset{\sim}{u} + \alpha(\underset{\approx}{I}\underset{\sim}{u}) \qquad \text{(D7)}$$
$$= \underset{\approx}{T}\underset{\sim}{u} + (\alpha\underset{\approx}{I})\underset{\sim}{u} \qquad \text{(D4)}$$
$$= (\underset{\approx}{T} + \alpha\underset{\approx}{I})\underset{\sim}{u}. \qquad \text{(D3)}$$

(2) Die Vektoren $\underset{\sim}{b}$ und $\underset{\sim}{u}$ sind orthogonal.

(3) $\underset{\approx}{T}\underset{\sim}{u} = \underset{\sim}{u}, \quad \underset{\approx}{T} = \underset{\approx}{I}.$

(4) $\underset{\approx}{T} = \underset{\sim}{a} \otimes \underset{\sim}{b} - \underset{\sim}{b} \otimes \underset{\sim}{a}.$

Übungsaufgaben zu 4.2:

(1) $\underset{\sim}{w} = -\ \underset{\sim}{e}_1 + 2\underset{\sim}{e}_2.$

(2)
$$t_{ik}: \left\{\begin{matrix} 4; & -\ 12; & 11; \\ 0; & -\ 36; & -\ 9; \\ -\ 4; & -\ 6; & 7 \end{matrix}\right\}, \quad t^{ik}: \left\{\begin{matrix} \frac{11}{18}; & -\ \frac{2}{9}; & -\ \frac{5}{90}; \\ \frac{1}{6}; & -\ \frac{1}{9}; & -\ \frac{1}{6}; \\ -\ \frac{8}{9}; & \frac{1}{9}; & \frac{4}{9} \end{matrix}\right\},$$

$$t^i_{.k}: \left\{\begin{matrix} \frac{10}{3}; & -\ 4; & \frac{19}{6}; \\ 0; & -\ 2; & -\ \frac{1}{2}; \\ -\ \frac{8}{3}; & 2; & -\ \frac{4}{3} \end{matrix}\right\}, \quad t_i^{.k}: \left\{\begin{matrix} -\ \frac{5}{3}; & -\ \frac{2}{3}; & \frac{7}{3}; \\ 3; & -\ 2; & -\ 3; \\ -\ \frac{13}{3}; & -\ \frac{1}{3}; & \frac{11}{3} \end{matrix}\right\}.$$

(3) $t^{ik}: \begin{Bmatrix} 4; & -1; & 7; \\ 12; & -3; & 21; \\ -8; & 2; & -14 \end{Bmatrix}, \quad t_{ik}: \begin{Bmatrix} -396; & 108; & -522; \\ 3564; & -972; & 4698; \\ -792; & 216; & -1044 \end{Bmatrix},$

$t^{i}_{.k}: \begin{Bmatrix} 66; & -18; & 87; \\ 198; & -54; & 261; \\ -132; & 36; & -174 \end{Bmatrix}, \quad t_{i}^{.k}: \begin{Bmatrix} -24; & 6; & -42; \\ 216; & -54; & 378; \\ -48; & 12; & -84 \end{Bmatrix}.$

(4) $\underset{\sim}{t} = 100\underset{\sim}{e}_1 + 20\underset{\sim}{e}_2 + 10\underset{\sim}{e}_3 \; [\frac{N}{mm^2}].$

(5) $a = \frac{79}{196}, \quad b = -\frac{94}{49}, \quad c = -\frac{16}{49}.$

Übungsaufgaben zu 4.3:

(1) $|T| = \sqrt{160380}.$

(2) $\varphi = 103{,}51^{\circ}.$

(3) $(\underset{\sim}{a} \otimes \underset{\sim}{b} + \underset{\sim}{b} \otimes \underset{\sim}{a}) \cdot (\underset{\sim}{v} \otimes \underset{\sim}{u} - \underset{\sim}{u} \otimes \underset{\sim}{v}) =$

$= (\underset{\sim}{a} \otimes \underset{\sim}{b} + \underset{\sim}{b} \otimes \underset{\sim}{a}) \cdot (\underset{\sim}{v} \otimes \underset{\sim}{u}) - (\underset{\sim}{a} \otimes \underset{\sim}{b} + \underset{\sim}{b} \otimes \underset{\sim}{a}) \cdot (\underset{\sim}{u} \otimes \underset{\sim}{v})$ (4.3.2)
(4.3.3)

$= \underset{\sim}{v} \cdot (\underset{\sim}{a} \otimes \underset{\sim}{b} + \underset{\sim}{b} \otimes \underset{\sim}{a})\underset{\sim}{u} - \underset{\sim}{u} \cdot (\underset{\sim}{a} \otimes \underset{\sim}{b} + \underset{\sim}{b} \otimes \underset{\sim}{a})\underset{\sim}{v}$ (E)

$= \underset{\sim}{v} \cdot [(\underset{\sim}{b} \cdot \underset{\sim}{u})\underset{\sim}{a} + (\underset{\sim}{a} \cdot \underset{\sim}{u})\underset{\sim}{b}] - \underset{\sim}{u} \cdot [(\underset{\sim}{b} \cdot \underset{\sim}{v})\underset{\sim}{a} + (\underset{\sim}{a} \cdot \underset{\sim}{v})\underset{\sim}{b}]$ (D3),(D8)

$= (\underset{\sim}{v} \cdot \underset{\sim}{a})(\underset{\sim}{b} \cdot \underset{\sim}{u}) + (\underset{\sim}{v} \cdot \underset{\sim}{b})(\underset{\sim}{a} \cdot \underset{\sim}{u}) - (\underset{\sim}{u} \cdot \underset{\sim}{a})(\underset{\sim}{b} \cdot \underset{\sim}{v}) - (\underset{\sim}{u} \cdot \underset{\sim}{b})(\underset{\sim}{a} \cdot \underset{\sim}{v})$
(3.1.13),(3.1.14)

$= 0.$ (3.1.11)

(4) $\underset{\sim}{T} \cdot (\underset{\sim}{S} - \underset{\sim}{T}) = \frac{1}{2}\underset{\sim}{S} \cdot \underset{\sim}{S} - \frac{1}{2}\underset{\sim}{T} \cdot \underset{\sim}{T} - \frac{1}{2}(\underset{\sim}{S} - \underset{\sim}{T}) \cdot (\underset{\sim}{S} - \underset{\sim}{T}).$

Wegen $\frac{1}{2}(\underset{\sim}{S} - \underset{\sim}{T}) \cdot (\underset{\sim}{S} - \underset{\sim}{T}) > 0$ gilt (4.3.5)

$\underset{\sim}{T} \cdot (\underset{\sim}{S} - \underset{\sim}{T}) < \frac{1}{2}\underset{\sim}{S} \cdot \underset{\sim}{S} - \frac{1}{2}\underset{\sim}{T} \cdot \underset{\sim}{T}.$

Übungsaufgaben zu 4.4:

(1)
$$\underset{\sim}{S} = s^{ik}\, \underset{\sim}{g}_i \otimes \underset{\sim}{g}_k \text{ mit } s^{ik}: \begin{Bmatrix} -648; & 162; & -1134; \\ -1974; & 486; & -3402; \\ 1296; & -324; & 2268 \end{Bmatrix},$$

$$|S| = \sqrt{4209012720}.$$

(2)
$$(\underset{\sim}{a} \otimes \underset{\sim}{b})(\underset{\sim}{c} \otimes \underset{\sim}{d}) \cdot \underset{\sim}{I} = [(\underset{\sim}{b} \cdot \underset{\sim}{c})(\underset{\sim}{a} \otimes \underset{\sim}{d})] \cdot \underset{\sim}{I} \qquad (4.4.7)$$
$$= (\underset{\sim}{b} \cdot \underset{\sim}{c})[(\underset{\sim}{a} \otimes \underset{\sim}{d}) \cdot \underset{\sim}{I}] \qquad (4.3.3)$$
$$= (\underset{\sim}{b} \cdot \underset{\sim}{c})(\underset{\sim}{a} \cdot \underset{\sim}{I}\underset{\sim}{d}] \qquad (4.3.1),(E)$$
$$= (\underset{\sim}{b} \cdot \underset{\sim}{c})(\underset{\sim}{a} \cdot \underset{\sim}{d}). \qquad (D7)$$

(3) a) $u^i = t^{ik} s_k^{\cdot n} r_{nm} v^m; \qquad u_i = t_i^{\cdot k} s_{kn} r^n_{\cdot m} v^m,$

b) $r_{ip} = t_{ik} t^{km} t_{mp}; \qquad r^i_{\cdot p} = t^i_{\cdot k} t^k_{\cdot m} t^m_{\cdot p}.$

(4)
$$t_{ik}\, \underset{\sim}{g}^i \otimes \underset{\sim}{g}^k = (t_i^{\cdot n}\, \underset{\sim}{g}^i \otimes \underset{\sim}{g}_n)(\underset{\sim}{g}_k \otimes \underset{\sim}{g}^k) \qquad (4.4.5)$$
$$= t_i^{\ n} g_{nk}\, (\underset{\sim}{g}^i \otimes \underset{\sim}{g}^k). \qquad (4.4.4),(4.4.7)$$

Durch Koeffizientenvergleich ergibt sich:

$$t_{ik} = t_i^{\cdot n} g_{nk}.$$
$$t^{ik}\, \underset{\sim}{g}_i \otimes \underset{\sim}{g}_k = (t^i_{\cdot n}\, \underset{\sim}{g}_i \otimes \underset{\sim}{g}^n)(\underset{\sim}{g}^k \otimes \underset{\sim}{g}_k) = t^i_{\cdot n} g^{nk}\, \underset{\sim}{g}_i \otimes \underset{\sim}{g}_k.$$
$$t^{ik} = t^i_{\cdot n} g^{nk}.$$

Übungsaufgaben zu 4.5.1:

(1)
$$\underset{\sim}{T}^{-1} = t^{-1}_{ik}\, \underset{\sim}{e}_i \otimes \underset{\sim}{e}_k \text{ mit } t^{-1}_{ik} : \frac{1}{35} \begin{Bmatrix} -106; & 67; & 1; \\ 67; & -44; & 3; \\ 1; & 3; & -1 \end{Bmatrix}.$$

$$\underset{\sim}{w} = \underset{\sim}{e}_1 + 2\underset{\sim}{e}_2 + 7\underset{\sim}{e}_3,$$
$$\underset{\sim}{T}^{-1}\underset{\sim}{w} = t^{-1}_{ik} w_k \underset{\sim}{e}_i = \frac{1}{35}\,[-106 \cdot 1 + 67 \cdot 2 + 1 \cdot 7)\underset{\sim}{e}_1 +$$
$$+ (67 \cdot 1 - 44 \cdot 2 + 3 \cdot 7)\underset{\sim}{e}_2 +$$
$$+ (1 \cdot 1 + 2 \cdot 3 - 1 \cdot 7)\underset{\sim}{e}_3 = \underset{\sim}{e}_1.$$

(2) a) $t_i^{\cdot r} t^{-1}_{rs} = g_{is}; \qquad t^i_{\cdot r} t^{-1\, r}_{\ \ \cdot s} = \delta^i_s; \qquad t^{ir} t_r^{-1\, s} = g^{is}.$

b) $(t_{ik}s^{km})^{-1} = s^{-1}_{ik}t^{-1km}$; $(t^{i}_{.k}s^{k}_{.m})^{-1} = s^{-1i}_{.k}t^{-1k}_{.m}$.

(3) Es ist nachzuweisen, daß der inverse Tensor den Definitionen (D1) und (D2) genügt.

a) $\underset{\sim}{T}(\underset{\sim}{u} + \underset{\sim}{v}) = \underset{\sim}{T}\underset{\sim}{u} + \underset{\sim}{T}\underset{\sim}{v}$, (D1)

$\underset{\sim}{T}^{-1}\underset{\sim}{T} = \underset{\sim}{I}$ (4.5.3)

Gl. (D1) wird mit $\underset{\sim}{T}^{-1}$ multipliziert. Daraus folgt mit (4.5.3)

$\underset{\sim}{u} + \underset{\sim}{v} = \underset{\sim}{T}^{-1}(\underset{\sim}{T}\underset{\sim}{u} + \underset{\sim}{T}\underset{\sim}{v})$. (i)

Wir setzen die Beziehungen

$\underset{\sim}{T}\underset{\sim}{u} = \underset{\sim}{a}$; $\underset{\sim}{u} = \underset{\sim}{T}^{-1}\underset{\sim}{a}$; (ii)

$\underset{\sim}{T}\underset{\sim}{v} = \underset{\sim}{b}$; $\underset{\sim}{v} = \underset{\sim}{T}^{-1}\underset{\sim}{b}$ (iii)

in (i) ein und erhalten

$\underset{\sim}{T}^{-1}\underset{\sim}{a} + \underset{\sim}{T}^{-1}\underset{\sim}{b} = \underset{\sim}{T}^{-1}(\underset{\sim}{a} + \underset{\sim}{b})$. (D1)

b) Es gilt

$\underset{\sim}{T}(\alpha\underset{\sim}{u}) = \alpha\underset{\sim}{T}\underset{\sim}{u}$, (D2)

$\underset{\sim}{T}^{-1}\underset{\sim}{T} = \underset{\sim}{I}$. (4.5.3)

Durch Multiplikation von (D2) mit $\underset{\sim}{T}^{-1}$ folgt:

$\alpha\underset{\sim}{u} = \underset{\sim}{T}^{-1}(\alpha\underset{\sim}{T}\underset{\sim}{u})$. (iv)

Mit (ii) folgt aus (iv)

$\alpha\underset{\sim}{T}^{-1}\underset{\sim}{a} = \underset{\sim}{T}^{-1}\alpha\underset{\sim}{a}$. (D2)

$\underset{\sim}{T}^{-1}$ erfüllt (D1) und (D2) und ist somit ein Tensor.

Übungsaufgaben zu 4.5.2:

(1) $\underset{\sim}{w} \cdot (\underset{\sim}{T} + \underset{\sim}{S})\underset{\sim}{v} = \underset{\sim}{w} \cdot (\underset{\sim}{T}\underset{\sim}{v} + \underset{\sim}{S}\underset{\sim}{v})$ (D3)

$= \underset{\sim}{w} \cdot \underset{\sim}{T}\underset{\sim}{v} + \underset{\sim}{w} \cdot \underset{\sim}{S}\underset{\sim}{v}$ (3.1.13)

$= \underset{\sim}{v} \cdot \underset{\sim}{T}^{T}\underset{\sim}{w} + \underset{\sim}{v} \cdot \underset{\sim}{S}^{T}\underset{\sim}{w}$ (G)

$= \underset{\sim}{v} \cdot (\underset{\sim}{T}^{T}\underset{\sim}{w} + \underset{\sim}{S}^{T}\underset{\sim}{w})$ (3.1.13)

$= \underset{\sim}{v} \cdot (\underset{\sim}{T}^{T} + \underset{\sim}{S}^{T})\underset{\sim}{w}$. (D3)

Außerdem gilt:

$\underset{\sim}{w} \cdot (\underset{\sim}{T} + \underset{\sim}{S})\underset{\sim}{v} = \underset{\sim}{v} \cdot (\underset{\sim}{T} + \underset{\sim}{S})^{T}\underset{\sim}{w}$. (G)

Durch Vergleich ergibt sich:

$(\underset{\sim}{T} + \underset{\sim}{S})^{T} = \underset{\sim}{T}^{T} + \underset{\sim}{S}^{T}$. (4.5.6)

(2) $\alpha = 11.$

(3) $\underset{\sim}{v} \cdot \underset{\sim}{T}\underset{\sim}{v} = \underset{\sim}{v} \cdot (\underset{\sim}{c} \otimes \underset{\sim}{d})\underset{\sim}{v} = 0.$

$(\underset{\sim}{c} \cdot \underset{\sim}{v})(\underset{\sim}{d} \cdot \underset{\sim}{v}) = 0.$ (D8),(3.1.14),(3.1.11)

Falls $\underset{\sim}{c} \cdot \underset{\sim}{v} = 0$ folgt $\underset{\sim}{c} = \underset{\sim}{0}$, da $\underset{\sim}{v}$ beliebig ist.

Falls $\underset{\sim}{d} \cdot \underset{\sim}{v} = 0$ folgt $\underset{\sim}{d} = \underset{\sim}{0}$.

Übungsaufgaben zu 4.5.3:

(1) $b_2 = 12; \quad b_3 = 18.$

(2) $\underset{\sim}{v} \cdot \underset{\sim}{T}\underset{\sim}{v} = \underset{\sim}{v} \cdot (\underset{\sim}{a} \otimes \underset{\sim}{a} + \underset{\sim}{b} \otimes \underset{\sim}{b})\underset{\sim}{v}$

$= \underset{\sim}{v} \cdot [(\underset{\sim}{a} \cdot \underset{\sim}{v})\underset{\sim}{a} + (\underset{\sim}{b} \cdot \underset{\sim}{v})\underset{\sim}{b}]$ (D3),(D8)

$= (\underset{\sim}{a} \cdot \underset{\sim}{v})(\underset{\sim}{a} \cdot \underset{\sim}{v}) + (\underset{\sim}{b} \cdot \underset{\sim}{v})(\underset{\sim}{b} \cdot \underset{\sim}{v})$ (3.1.14)

$= (\underset{\sim}{a} \cdot \underset{\sim}{v})^2 + (\underset{\sim}{b} \cdot \underset{\sim}{v})^2 \geqq 0.$ (4.5.16)

(3) $\underset{\sim}{n} \cdot \underset{\sim}{t}(\underset{\sim}{n}') = \underset{\sim}{n} \cdot \underset{\sim}{T}\underset{\sim}{n}'$ (4.2.11)

$= \underset{\sim}{n}' \cdot \underset{\sim}{T}^T\underset{\sim}{n}$ (G)

$= \underset{\sim}{n}' \cdot \underset{\sim}{T}\underset{\sim}{n}$ (H1)

$= \underset{\sim}{n}' \cdot \underset{\sim}{t}(\underset{\sim}{n}).$ (4.2.11)

Übungsaufgaben zu 4.5.4:

(1) a)

$$\underset{\sim}{Q} = q_{ik}\, \underset{\sim}{e}_i \otimes \underset{\sim}{e}_k \text{ mit } q_{ik}: \left\{\begin{matrix} \cos\varphi; & -\sin\varphi; & 0; \\ \sin\varphi; & \cos\varphi; & 0; \\ 0; & 0; & 1 \end{matrix}\right\} .$$

b) $\underset{\sim}{Q}^{T*}\underset{\sim}{e}_1 = \underset{\sim}{e}_1.$

c) $\det \|q_{ik}\| = 1.$

(2) $\bar{\underset{\sim}{T}} = \underset{\sim}{Q}\underset{\sim}{T}\underset{\sim}{Q}^T.$

(3) a) $\underset{\sim}{Q}\underset{\sim}{e}_2 = \frac{1}{2}\sqrt{2}\,\underset{\sim}{e}_1 + \frac{1}{2}\sqrt{2}\,\underset{\sim}{e}_2.$

b)

$$q_{ik}: \begin{Bmatrix} -\frac{1}{2}\sqrt{2}; & \frac{1}{2}\sqrt{2}; & 0; \\ \frac{1}{2}\sqrt{2}; & \frac{1}{2}\sqrt{2}; & 0; \\ 0; & 0; & 1 \end{Bmatrix} .$$

$$\det ||q_{ik}|| = -1.$$

Übungsaufgaben zu 4.5.5:

(1) a) $\mathrm{tr}(\underset{\sim}{T}\underset{\sim}{R}) = t_{ik}r^{ki}$.

b) $\mathrm{tr}\underset{\sim}{T}^2 = t_{ik}t^{ki}$.

c) $\mathrm{tr}\underset{\sim}{T}^3 = t_{ik}t^{k}_{.n}t^{ni}$.

d) $\mathrm{tr}^2\underset{\sim}{T} = (t^{i}_{.i})^2$.

e) $\mathrm{tr}\underset{\sim}{I} = \delta^i_i = 3$.

(2) $\mathrm{tr}\underset{\sim}{Q} = 2\cos\varphi + 1$.

(3) $\underset{\sim}{I} \cdot \underset{\sim}{W} = \underset{\sim}{I} \cdot \underset{\sim}{W}^T$, (4.5.24),(J)

$\underset{\sim}{I} \cdot (\underset{\sim}{W} - \underset{\sim}{W}^T) = 0$,

$\underset{\sim}{I} \cdot (2\underset{\sim}{W}) = 0$, (H2)

$\underset{\sim}{I} \cdot \underset{\sim}{W} = \mathrm{tr}\underset{\sim}{W} = 0$.

Übungsaufgaben zu 4.6.1:

(1) a)

$$\overset{S}{t}_{ik}: \begin{Bmatrix} 8; & 4{,}5; & 0{,}5; \\ 4{,}5; & -1; & -0{,}5; \\ 0{,}5; & -0{,}5; & 2 \end{Bmatrix}, \quad \overset{A}{t}_{ik}: \begin{Bmatrix} 0; & 0{,}5; & -0{,}5 \\ -0{,}5; & 0; & 2{,}5; \\ 0{,}5; & -2{,}5; & 0 \end{Bmatrix}$$

$$\overset{S}{t}{}^{ik}: \begin{Bmatrix} 2; & 1{,}5; & -3{,}5; \\ 1{,}5; & -5; & -2; \\ -3{,}5; & -2; & 11 \end{Bmatrix}, \quad \overset{A}{t}{}^{ik}: \begin{Bmatrix} 0; & 2{,}5; & -0{,}5; \\ -2{,}5; & 0; & 8; \\ 0{,}5; & -8; & 0 \end{Bmatrix},$$

$$\overset{S}{t}{}_{i}^{.k}: \begin{Bmatrix} 2{,}5; & 2{,}5; & 0{,}5; \\ 6{,}5; & -8; & -15; \\ -3; & 4{,}5; & 9{,}5 \end{Bmatrix}, \quad \overset{A}{t}{}_{i}^{.k}: \begin{Bmatrix} 0{,}5; & -0{,}5; & -1{,}5; \\ -5{,}5; & 8; & 16; \\ 3; & -5{,}5; & -8{,}5 \end{Bmatrix} .$$

$$\overset{S}{t}{}^{i}_{.k}: \begin{Bmatrix} 2,5; & 6,5; & -3; \\ 2,5; & -8; & 4,5; \\ 0,5; & -15; & 9,5 \end{Bmatrix}, \qquad \overset{A}{t}{}^{i}_{.k}: \begin{Bmatrix} -0,5; & 5,5; & -3; \\ 0,5; & -8; & 5,5; \\ 1,5; & -16; & 8,5 \end{Bmatrix}.$$

b) $\underset{\sim}{v} \cdot \overset{S}{\underset{\approx}{T}}\underset{\sim}{w} = v^i w^k \overset{S}{t}_{ik}, \quad \underset{\sim}{w} \cdot \overset{S}{\underset{\approx}{T}}\underset{\sim}{v} = v^i w^k \overset{S}{t}_{ki}.$

Wegen $\overset{S}{t}_{ik} = \overset{S}{t}_{ki}$ folgt $\underset{\sim}{v} \cdot \overset{S}{\underset{\approx}{T}}\underset{\sim}{w} = \underset{\sim}{w} \cdot \overset{S}{\underset{\approx}{T}}\underset{\sim}{v}$.

$\underset{\sim}{v} \cdot \overset{A}{\underset{\approx}{T}}\underset{\sim}{v} = v^i v^k \overset{A}{t}_{ik}.$

Wegen $\overset{A}{t}_{ik} = -\overset{A}{t}_{ki}$ folgt $\underset{\sim}{v} \cdot \overset{A}{\underset{\approx}{T}}\underset{\sim}{v} = 0$.

(2) $\underset{\approx}{I} \cdot \underset{\approx}{I} = \delta^k_i \delta^i_k = \delta^i_i = 3,$ (J),(4.3.13)

$\mathrm{tr}\underset{\approx}{T}^D = \underset{\approx}{T}^D \cdot \underset{\approx}{I} = [\underset{\approx}{T} - \frac{1}{3}(\underset{\approx}{T} \cdot \underset{\approx}{I})\underset{\approx}{I}] \cdot \underset{\approx}{I}$ (J),(4.6.3),(4.6.4)

$= \underset{\approx}{T} \cdot \underset{\approx}{I} - \frac{1}{3}(\underset{\approx}{T} \cdot \underset{\approx}{I})\underset{\approx}{I} \cdot \underset{\approx}{I} = \underset{\approx}{T} \cdot \underset{\approx}{I} - \underset{\approx}{T} \cdot \underset{\approx}{I} = 0.$

(3) $\overset{D}{\underset{\approx}{T}} \cdot \overset{A}{\underset{\approx}{T}} = [\underset{\approx}{T} - \frac{1}{3}(\underset{\approx}{T} \cdot \underset{\approx}{I})\underset{\approx}{I}] \cdot \frac{1}{2}(\underset{\approx}{T} - \underset{\approx}{T}^T)$ (4.6.3),(4.6.4),(4.6.2)

$= \frac{1}{2}\underset{\approx}{T} \cdot \underset{\approx}{T} - \frac{1}{2}\underset{\approx}{T} \cdot \underset{\approx}{T}^T - \frac{1}{6}(\underset{\approx}{T} \cdot \underset{\approx}{I})\underset{\approx}{I} \cdot \underset{\approx}{T} + \frac{1}{6}(\underset{\approx}{T} \cdot \underset{\approx}{I})\underset{\approx}{I} \cdot \underset{\approx}{T}^T$

$= \frac{1}{2}\underset{\approx}{T} \cdot \underset{\approx}{T} - \frac{1}{2}\underset{\approx}{T} \cdot \underset{\approx}{T}^T$ (J),(4.5.24)

$= \underset{\approx}{T} \cdot \frac{1}{2}(\underset{\approx}{T} - \underset{\approx}{T}^T) = \underset{\approx}{T} \cdot \overset{A}{\underset{\approx}{T}}.$ (4.6.2)

(4) $\underset{\approx}{T} \cdot \underset{\approx}{S} = (\overset{D}{\underset{\approx}{T}} + \overset{K}{\underset{\approx}{T}}) \cdot (\overset{D}{\underset{\approx}{S}} + \overset{K}{\underset{\approx}{S}}) = \overset{D}{\underset{\approx}{T}} \cdot \overset{D}{\underset{\approx}{S}} + \overset{D}{\underset{\approx}{T}} \cdot \overset{K}{\underset{\approx}{S}} + \overset{K}{\underset{\approx}{T}} \cdot \overset{D}{\underset{\approx}{S}} + \overset{K}{\underset{\approx}{T}} \cdot \overset{K}{\underset{\approx}{S}}$ (4.6.4)

$= \overset{D}{\underset{\approx}{T}} \cdot \overset{D}{\underset{\approx}{S}} + \overset{D}{\underset{\approx}{T}} \cdot \frac{1}{3}(\underset{\approx}{S} \cdot \underset{\approx}{I})\underset{\approx}{I} + \overset{D}{\underset{\approx}{S}} \cdot \frac{1}{3}(\underset{\approx}{T} \cdot \underset{\approx}{I})\underset{\approx}{I} +$

$+ \frac{1}{9}(\underset{\approx}{T} \cdot \underset{\approx}{I})(\underset{\approx}{S} \cdot \underset{\approx}{I})(\underset{\approx}{I} \cdot \underset{\approx}{I})$ (4.6.3)

$= \overset{D}{\underset{\approx}{T}} \cdot \overset{D}{\underset{\approx}{S}} + \frac{1}{3}(\underset{\approx}{T} \cdot \underset{\approx}{I})(\underset{\approx}{S} \cdot \underset{\approx}{I}).$ (4.6.6)

Übungsaufgaben zu 4.6.2:

(1) $\underset{\approx}{F} = \underset{\approx}{R}\underset{\approx}{U}; \quad \underset{\approx}{U} = \underset{\approx}{U}^T$ (4.6.7),(H1)

$\underset{\approx}{F}^T = \underset{\approx}{U}\underset{\approx}{R}^T$ (4.5.8)

$\underset{\approx}{F}^T\underset{\approx}{F} = \underset{\approx}{U}\underset{\approx}{R}^T\underset{\approx}{R}\underset{\approx}{U} = \underset{\approx}{U}^2.$ (I)

(2) Berechnung von $\underset{\sim}{Q}$:

$$\underset{\sim}{\bar{e}}_i = \underset{\sim}{Q}\underset{\sim}{e}_i = q_{ri}\underset{\sim}{\bar{e}}_r .$$

Durch Koeffizientenvergleich für i = 1, 2, 3 folgt:

$$q_{ri} = \delta_{ri} \text{ und damit } \underset{\sim}{Q} = (\underset{\sim}{\bar{e}}_i \otimes \underset{\sim}{e}_i).$$

In $\underset{\sim}{T}$ wird $\underset{\sim}{\bar{e}}_i$ durch $\underset{\sim}{Q}\underset{\sim}{e}_i$ ersetzt:

$$\underset{\sim}{T} = \alpha(\underset{\sim}{Q}\underset{\sim}{e}_1 \otimes \underset{\sim}{e}_1) + \beta(\underset{\sim}{Q}\underset{\sim}{e}_2 \otimes \underset{\sim}{e}_2) + \gamma(\underset{\sim}{Q}\underset{\sim}{e}_3 \otimes \underset{\sim}{e}_3) = \underset{\sim}{Q}[\alpha(\underset{\sim}{e}_1 \otimes \underset{\sim}{e}_1) + \beta(\underset{\sim}{e}_2 \otimes \underset{\sim}{e}_2) + \gamma(\underset{\sim}{e}_3 \otimes \underset{\sim}{e}_3)] = \underset{\sim}{Q}\underset{\sim}{U}.$$

In $\underset{\sim}{T}$ kann ebenso $\underset{\sim}{e}_i$ durch $\underset{\sim}{Q}^T\underset{\sim}{\bar{e}}_i$ ersetzt werden:

$$\underset{\sim}{T} = \alpha(\underset{\sim}{\bar{e}}_1 \otimes \underset{\sim}{Q}^T\underset{\sim}{\bar{e}}_1) + \beta(\underset{\sim}{\bar{e}}_2 \otimes \underset{\sim}{Q}^T\underset{\sim}{\bar{e}}_2) + \gamma(\underset{\sim}{\bar{e}}_3 \otimes \underset{\sim}{Q}^T\underset{\sim}{\bar{e}}_3) = [\alpha(\underset{\sim}{\bar{e}}_1 \otimes \underset{\sim}{\bar{e}}_1) + \beta(\underset{\sim}{\bar{e}}_2 \otimes \underset{\sim}{\bar{e}}_2) + \gamma(\underset{\sim}{\bar{e}}_3 \otimes \underset{\sim}{\bar{e}}_3)]\underset{\sim}{Q} = \underset{\sim}{V}\underset{\sim}{Q}.$$

Nachweis der Orthogonalität von $\underset{\sim}{Q}$:

$$\underset{\sim}{Q}\underset{\sim}{Q}^T = (\underset{\sim}{\bar{e}}_i \otimes \underset{\sim}{e}_i)(\underset{\sim}{e}_k \otimes \underset{\sim}{\bar{e}}_k) = \delta_{ik}(\underset{\sim}{\bar{e}}_i \otimes \underset{\sim}{\bar{e}}_k) = \underset{\sim}{I}. \qquad \text{(I)}$$

Die Symmetrie von $\underset{\sim}{U}$ und $\underset{\sim}{V}$ ist aus der Indexdarstellung sofort erkennbar.

(3) $\underset{\sim}{F} = \underset{\sim}{R}\underset{\sim}{U} = \underset{\sim}{V}\underset{\sim}{R}, \quad \underset{\sim}{F}^T = \underset{\sim}{U}\underset{\sim}{R}^T = \underset{\sim}{R}^T\underset{\sim}{V}.$ (4.6.7),(4.6.8)

$\underset{\sim}{B}^2 = \underset{\sim}{F}\underset{\sim}{F}^T\underset{\sim}{F}\underset{\sim}{F}^T$ (4.4.12)

$= \underset{\sim}{R}\underset{\sim}{U}\underset{\sim}{U}\underset{\sim}{R}^T\underset{\sim}{R}\underset{\sim}{U}\underset{\sim}{U}\underset{\sim}{R}^T = \underset{\sim}{R}\underset{\sim}{U}^4\underset{\sim}{R}^T = \underset{\sim}{V}\underset{\sim}{R}\underset{\sim}{R}^T\underset{\sim}{V}\underset{\sim}{V}\underset{\sim}{R}\underset{\sim}{R}^T\underset{\sim}{V} = \underset{\sim}{V}^4.$ (I),(4.5.3)

Übungsaufgaben zu 4.7:

(1) $\underset{\sim}{g}^i = (\underset{\sim}{A}^T)^{-1}\underset{\sim}{e}_i$

(2) a)

$$g_{ik}: \begin{Bmatrix} 13; & -3; & 6; \\ -3; & 2; & 4; \\ 6; & 4; & 25 \end{Bmatrix} .$$

b) $\underset{\sim}{g}^1 = 3\underset{\sim}{e}_1 + 4\underset{\sim}{e}_2 + 3\underset{\sim}{e}_3, \quad \underset{\sim}{g}^2 = 9\underset{\sim}{e}_1 + 12\underset{\sim}{e}_2 + 8\underset{\sim}{e}_3,$

$\underset{\sim}{g}^3 = -2\underset{\sim}{e}_1 - 3\underset{\sim}{e}_2 - 2\underset{\sim}{e}_3.$

c) $\underset{\sim}{\bar{g}}_i = \underset{\sim}{D}\underset{\sim}{A}^{-1}\underset{\sim}{g}_i,$

$$\underset{\sim}{D}\underset{\sim}{A}^{-1} = (da^{-1})^{ik}\, \underset{\sim}{g}_i \otimes \underset{\sim}{g}_k \text{ mit } (da^{-1})^{ik}: \begin{Bmatrix} 2493; & 7256; & -1760; \\ 7241; & 21133; & -5112; \\ -1656; & -4833; & 1169 \end{Bmatrix}$$

d) $\bar{u}_i$: {- 7; 124; 50}.

Übungsaufgaben zu 4.8:

(1) a) $\overset{3}{\underset{\sim}{L}}(\overset{4}{\underset{\sim}{T}}\overset{2}{\underset{\sim}{R}})^{2} = l^{n}_{.ik}t^{iklm}r_{lm}\underset{\sim}{g}_{n}$.

b) $(\overset{3}{\underset{\sim}{L}}\overset{2}{\underset{\sim}{T}})^{3} = l^{ikm}t_{m}^{.r}\ \underset{\sim}{g}_{i} \otimes \underset{\sim}{g}_{k} \otimes \underset{\sim}{g}_{r}$.

c) $(\overset{2}{\underset{\sim}{L}}\overset{3}{\underset{\sim}{T}})^{1} = l^{ik}t_{ik}^{..m}\underset{\sim}{g}_{m}$.

d) $\overset{3}{\underset{\sim}{L}} \cdot \overset{3}{\underset{\sim}{T}} = l^{ikm}t_{ikm}$.

e) $(\overset{3}{\underset{\sim}{L}} + \overset{3}{\underset{\sim}{R}})\underset{\sim}{u} = (l^{ikm} + r^{ikm})u_{m}\ \underset{\sim}{g}_{i} \otimes \underset{\sim}{g}_{k}$.

f) $\overset{3}{\underset{\sim}{L}}(\overset{2}{\underset{\sim}{T}} + \overset{2}{\underset{\sim}{S}}) = l^{ikm}(t_{km} + s_{km})\underset{\sim}{g}_{i}$.

(2) $\overset{3}{\underset{\sim}{S}}\underset{\sim}{R} = t^{ik}(\underset{\sim}{g}_{k} \cdot \underset{\sim}{a})(\underset{\sim}{u} \cdot \underset{\sim}{b})\underset{\sim}{g}_{i}$.

Falls $\underset{\sim}{u}$ und $\underset{\sim}{b}$ zueinander orthogonal sind, gilt $\underset{\sim}{u} \cdot \underset{\sim}{b} = 0$ und somit: $\overset{3}{\underset{\sim}{S}}\underset{\sim}{R} = \underset{\sim}{o}$.

(3) $[(\underset{\sim}{T} \otimes \underset{\sim}{R})(\underset{\sim}{I} \otimes \underset{\sim}{I})]^{2} = t^{ik}r_{k}^{.n}\ \underset{\sim}{g}_{i} \otimes \underset{\sim}{g}_{n}$.

Übungsaufgaben zu 4.9.1:

(1) a) $|(\underset{\sim}{u} \times \underset{\sim}{v}) \times \underset{\sim}{w}| = \sqrt{650}$.

b) $\underset{\sim}{u} \cdot (\underset{\sim}{v} \times \underset{\sim}{w}) = -\ 20$.

c) $(\underset{\sim}{u} \times \underset{\sim}{v}) \cdot \underset{\sim}{w} = -\ 20$.

d) $(\underset{\sim}{u} \times \underset{\sim}{v}) \times (\underset{\sim}{v} \times \underset{\sim}{w}) = -\ 40\underset{\sim}{e}_{1} - 20\underset{\sim}{e}_{2} + 20\underset{\sim}{e}_{3}$.

(2) $\underset{\sim}{u} \times \underset{\sim}{v} = \sqrt{g}\ (2\underset{\sim}{g}^{1} - 21\underset{\sim}{g}^{2} + 6\underset{\sim}{g}^{3})$.

(3) $\underset{\sim}{w} = 2\underset{\sim}{e}_{1} + 4\underset{\sim}{e}_{2} + 6\underset{\sim}{e}_{3}$.

(4) $(\underset{\sim}{u} \times \underset{\sim}{v}) \cdot (\underset{\sim}{v} \times \underset{\sim}{w}) \times (\underset{\sim}{w} \times \underset{\sim}{u}) = (\underset{\sim}{u} \times \underset{\sim}{v}) \cdot [\underset{\sim}{v} \cdot (\underset{\sim}{w} \times \underset{\sim}{u})\underset{\sim}{w} -$

$- \underset{\sim}{v} \cdot (\underset{\sim}{w} \times \underset{\sim}{w})\underset{\sim}{u}]$ (4.9.8),(4.9.12)

$= (\underset{\sim}{u} \times \underset{\sim}{v}) \cdot [\underset{\sim}{v} \cdot (\underset{\sim}{w} \times \underset{\sim}{u})\underset{\sim}{w}] = [\underset{\sim}{w} \cdot (\underset{\sim}{u} \times \underset{\sim}{v})][\underset{\sim}{v} \cdot (\underset{\sim}{w} \times \underset{\sim}{u})]$

(4.9.2)

$= [\underset{\sim}{u} \cdot \underset{\sim}{v} \times \underset{\sim}{w}][\underset{\sim}{u} \cdot \underset{\sim}{v} \times \underset{\sim}{w}] = [\underset{\sim}{u} \cdot \underset{\sim}{v} \times \underset{\sim}{w}]^{2}$. (4.9.8)

(5) Mit (L) gilt:

$\underset{\sim}{a}_{1} = \frac{1}{2}\ \underset{\sim}{g}_{1} \times \underset{\sim}{g}_{2}, \quad \underset{\sim}{a}_{2} = \frac{1}{2}\ \underset{\sim}{g}_{2} \times \underset{\sim}{g}_{3}, \quad \underset{\sim}{a}_{3} = \frac{1}{2}\ \underset{\sim}{g}_{3} \times \underset{\sim}{g}_{1},$

$$\underset{\sim}{a}_4 = \frac{1}{2}(\underset{\sim}{g}_1 - \underset{\sim}{g}_2) \times (\underset{\sim}{g}_3 - \underset{\sim}{g}_2) = \frac{1}{2}[\underset{\sim}{g}_1 \times \underset{\sim}{g}_3 - \underset{\sim}{g}_1 \times \underset{\sim}{g}_2 - \underset{\sim}{g}_2 \times \underset{\sim}{g}_3 + \underset{\sim}{g}_2 \times \underset{\sim}{g}_2]. \qquad (4.9.6)$$

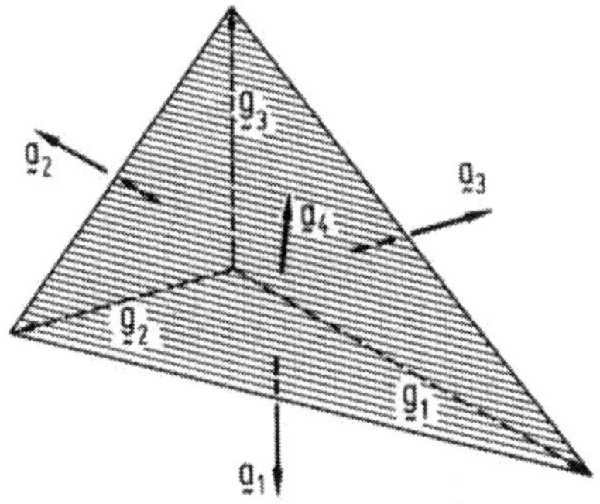

Mit (4.9.2) und (4.9.3) folgt:

$$\underset{\sim}{a}_4 = -\underset{\sim}{a}_3 - \underset{\sim}{a}_1 - \underset{\sim}{a}_2 \quad \text{oder} \quad \underset{\sim}{a}_1 + \underset{\sim}{a}_2 + \underset{\sim}{a}_3 + \underset{\sim}{a}_4 = \underset{\sim}{0}.$$

6) Gleichung der Ebene: $\underset{\sim}{x} = \overset{1}{\underset{\sim}{x}} + \alpha(\overset{1}{\underset{\sim}{x}} - \overset{2}{\underset{\sim}{x}}) + \beta(\overset{1}{\underset{\sim}{x}} - \overset{3}{\underset{\sim}{x}})$.

Wir betrachten einen beliebigen in der Ebene liegenden Vektor $\underset{\sim}{a} = \underset{\sim}{x} - \overset{1}{\underset{\sim}{x}}$.

$$\begin{aligned}\underset{\sim}{a} \cdot (\overset{1}{\underset{\sim}{x}} \times \overset{2}{\underset{\sim}{x}} + \overset{2}{\underset{\sim}{x}} \times \overset{3}{\underset{\sim}{x}} + \overset{3}{\underset{\sim}{x}} \times \overset{1}{\underset{\sim}{x}}) = {} & (\alpha + \beta)\overset{1}{\underset{\sim}{x}} \cdot (\overset{1}{\underset{\sim}{x}} \times \overset{2}{\underset{\sim}{x}} + \overset{2}{\underset{\sim}{x}} \times \overset{3}{\underset{\sim}{x}} + \overset{3}{\underset{\sim}{x}} \times \overset{1}{\underset{\sim}{x}}) - \\ & - \alpha \; \overset{2}{\underset{\sim}{x}} \cdot (\overset{1}{\underset{\sim}{x}} \times \overset{2}{\underset{\sim}{x}} + \overset{2}{\underset{\sim}{x}} \times \overset{3}{\underset{\sim}{x}} + \overset{3}{\underset{\sim}{x}} \times \overset{1}{\underset{\sim}{x}}) - \\ & - \beta \; \overset{3}{\underset{\sim}{x}} \cdot (\overset{1}{\underset{\sim}{x}} \times \overset{2}{\underset{\sim}{x}} + \overset{2}{\underset{\sim}{x}} \times \overset{3}{\underset{\sim}{x}} + \overset{3}{\underset{\sim}{x}} \times \overset{1}{\underset{\sim}{x}}).\end{aligned}$$

Mit (4.9.2) und (4.9.8) erhalten wir:

$$\begin{aligned}\underset{\sim}{a} \cdot (\overset{1}{\underset{\sim}{x}} \times \overset{2}{\underset{\sim}{x}} + \overset{2}{\underset{\sim}{x}} \times \overset{3}{\underset{\sim}{x}} + \overset{3}{\underset{\sim}{x}} \times \overset{1}{\underset{\sim}{x}}) = {} & (\alpha + \beta)\overset{1}{\underset{\sim}{x}} \cdot \overset{2}{\underset{\sim}{x}} \times \overset{3}{\underset{\sim}{x}} - \alpha\overset{2}{\underset{\sim}{x}} \cdot \overset{3}{\underset{\sim}{x}} \times \overset{1}{\underset{\sim}{x}} - \\ & - \beta\overset{3}{\underset{\sim}{x}} \cdot \overset{1}{\underset{\sim}{x}} \times \overset{2}{\underset{\sim}{x}} = (\alpha + \beta)\overset{1}{\underset{\sim}{x}} \cdot \overset{2}{\underset{\sim}{x}} \times \overset{3}{\underset{\sim}{x}} - \\ & - \alpha\overset{1}{\underset{\sim}{x}} \cdot \overset{2}{\underset{\sim}{x}} \times \overset{3}{\underset{\sim}{x}} - \beta\overset{1}{\underset{\sim}{x}} \cdot \overset{2}{\underset{\sim}{x}} \times \overset{3}{\underset{\sim}{x}} = 0.\end{aligned}$$

(7) a)

$$\begin{aligned}\bar{\underset{\sim}{u}} \cdot \underset{\sim}{u} &= \underset{\sim}{u} \cdot \bar{\underset{\sim}{u}} = \frac{\underset{\sim}{u} \cdot \underset{\sim}{v} \times \underset{\sim}{w}}{\underset{\sim}{u} \cdot \underset{\sim}{v} \times \underset{\sim}{w}} = 1, \\ \bar{\underset{\sim}{v}} \cdot \underset{\sim}{v} &= \underset{\sim}{v} \cdot \bar{\underset{\sim}{v}} = \frac{\underset{\sim}{v} \cdot \underset{\sim}{w} \times \underset{\sim}{u}}{\underset{\sim}{u} \cdot \underset{\sim}{v} \times \underset{\sim}{w}} = \frac{\underset{\sim}{u} \cdot \underset{\sim}{v} \times \underset{\sim}{w}}{\underset{\sim}{u} \cdot \underset{\sim}{v} \times \underset{\sim}{w}} = 1, \qquad (4.9.8) \\ \bar{\underset{\sim}{w}} \cdot \underset{\sim}{w} &= \underset{\sim}{w} \cdot \bar{\underset{\sim}{w}} = \frac{\underset{\sim}{w} \cdot \underset{\sim}{u} \times \underset{\sim}{v}}{\underset{\sim}{u} \cdot \underset{\sim}{v} \times \underset{\sim}{w}} = \frac{\underset{\sim}{u} \cdot \underset{\sim}{v} \times \underset{\sim}{w}}{\underset{\sim}{u} \cdot \underset{\sim}{v} \times \underset{\sim}{w}} = 1.\end{aligned}$$

b)

$$\begin{aligned}\bar{\underset{\sim}{u}} \cdot \underset{\sim}{v} &= \frac{\underset{\sim}{v} \cdot \underset{\sim}{v} \times \underset{\sim}{w}}{\underset{\sim}{u} \cdot \underset{\sim}{v} \times \underset{\sim}{w}} = \frac{\underset{\sim}{w} \cdot (\underset{\sim}{v} \times \underset{\sim}{v})}{\underset{\sim}{u} \cdot \underset{\sim}{v} \times \underset{\sim}{w}} = 0 \qquad (4.9.8),(4.9.2) \\ \bar{\underset{\sim}{u}} \cdot \underset{\sim}{w} &= \frac{\underset{\sim}{w} \cdot \underset{\sim}{v} \times \underset{\sim}{w}}{\underset{\sim}{u} \cdot \underset{\sim}{v} \times \underset{\sim}{w}} = \frac{\underset{\sim}{v} \cdot \underset{\sim}{w} \times \underset{\sim}{w}}{\underset{\sim}{u} \cdot \underset{\sim}{v} \times \underset{\sim}{w}} = 0\end{aligned}$$

c) $$\bar{\underset{\sim}{u}} \cdot \bar{\underset{\sim}{v}} \times \bar{\underset{\sim}{w}} = \frac{\underset{\sim}{v} \times \underset{\sim}{w} \cdot (\underset{\sim}{w} \times \underset{\sim}{u}) \times (\underset{\sim}{u} \times \underset{\sim}{v})}{(\underset{\sim}{u} \cdot \underset{\sim}{v} \times \underset{\sim}{w})^3}$$

$$= \frac{\underset{\sim}{v} \times \underset{\sim}{w} \cdot [(\underset{\sim}{w} \cdot \underset{\sim}{u} \times \underset{\sim}{v})\underset{\sim}{u} - \underset{\sim}{w} \cdot (\underset{\sim}{u} \times \underset{\sim}{u})\underset{\sim}{v}]}{(\underset{\sim}{u} \cdot \underset{\sim}{v} \times \underset{\sim}{w})^3} \quad (4.9.12)$$

$$= \frac{(\underset{\sim}{u} \cdot \underset{\sim}{v} \times \underset{\sim}{w})(\underset{\sim}{u} \cdot \underset{\sim}{v} \times \underset{\sim}{w})}{(\underset{\sim}{u} \cdot \underset{\sim}{v} \times \underset{\sim}{w})^3} = \frac{1}{\underset{\sim}{u} \cdot \underset{\sim}{v} \times \underset{\sim}{w}}. \quad (4.9.8)$$

(8) Da $\underset{\sim}{u}$, $\underset{\sim}{v}$ und $\underset{\sim}{w}$ linear unabhängig sind ($\underset{\sim}{u} \cdot \underset{\sim}{v} \times \underset{\sim}{w} = 0$), können wir schreiben:

$$\underset{\sim}{x} = \alpha\underset{\sim}{u} + \beta\underset{\sim}{v} + \gamma\underset{\sim}{w}.$$

Wir multiplizieren die Gleichung skalar mit $\bar{\underset{\sim}{u}}$ und erhalten $\underset{\sim}{x} \cdot \bar{\underset{\sim}{u}} = \alpha$, da $\underset{\sim}{u} \cdot \bar{\underset{\sim}{u}} = 1$ und $\underset{\sim}{v} \cdot \underset{\sim}{u} = \underset{\sim}{w} \cdot \bar{\underset{\sim}{u}} = 0$ ist.

Analog: $\beta = \underset{\sim}{x} \cdot \bar{\underset{\sim}{v}}$ und $\gamma = \underset{\sim}{x} \cdot \bar{\underset{\sim}{w}}$.

(9) $\overset{A}{\underset{\sim}{t}} = \frac{1}{2}\sqrt{g}\, e_{ikm} t^{mk} \underset{\sim}{g}^i$.

(10) $\overset{A}{\underset{\sim}{t}} = -3\underset{\sim}{e}_1 + 2\underset{\sim}{e}_2 - \underset{\sim}{e}_3$, $\quad \overset{A}{\underset{\sim\sim}{T}}\underset{\sim}{u} = \overset{A}{\underset{\sim}{t}} \times \underset{\sim}{u} = \underset{\sim}{e}_1 - \underset{\sim}{e}_2 - 5\underset{\sim}{e}_3$.

Übungsaufgaben zu 4.9.2:

(1)
$$\underset{\sim}{T} = t_i^{\cdot k}\, \underset{\sim}{g}^i \otimes \underset{\sim}{g}_k \text{ mit } t_i^{\cdot k}: \left\{\begin{matrix} 216; & 432; & 0; \\ 6; & 12; & 0; \\ 48; & 96; & 0 \end{matrix}\right\} .$$

(2) a)
$$\underset{\sim}{S} = s_i^{\cdot k}\, \underset{\sim}{g}^i \otimes \underset{\sim}{g}_k \text{ mit } s_i^{\cdot k}: \left\{\begin{matrix} -2850; & -5700; & 0; \\ 24099; & 48198; & 0; \\ -5664; & -11328; & 0 \end{matrix}\right\} .$$

b) $\underset{\sim}{a} = -2850\underset{\sim}{g}^1 + 24099\underset{\sim}{g}^2 - 5664\underset{\sim}{g}^3$.

c) Siehe b).

(3) Mit (G) erhält man:

$$\underset{\sim}{w} \cdot (\underset{\sim}{u} \times \underset{\sim}{T})\underset{\sim}{v} = \underset{\sim}{v} \cdot (\underset{\sim}{u} \times \underset{\sim}{T})^T \underset{\sim}{w} \quad \text{(i)} \quad \text{(G)}$$

$$= \underset{\sim}{w} \cdot (\underset{\sim}{u} \times \underset{\sim\sim}{Tv}) \quad \text{(M1)}$$

$$= \underset{\sim\sim}{Tv} \cdot (\underset{\sim\sim}{Iw} \times \underset{\sim}{u}) \quad (4.9.8)$$

$$= \underset{\sim}{v} \cdot \underset{\sim}{T}^T (\underset{\sim}{I} \times \underset{\sim}{u})\underset{\sim}{w}. \quad \text{(ii)} \quad \text{(G),(M2)}$$

Da $\underset{\sim}{v}$ und $\underset{\sim}{w}$ beliebige Vektoren sind, folgt durch Vergleich von (i) und (ii)

$$(\underset{\sim}{u} \times \underset{\sim}{T})^T = \underset{\sim}{T}^T(\underset{\sim}{I} \times \underset{\sim}{u}).$$

Übungsaufgaben zu 4.9.3:

(1) $$\underset{\sim}{T} \,\#\, \underset{\sim}{S} = (t^{i}_{.i}s^{m}_{.m}g^{kp} - t^{i}_{.m}s^{m}_{.i}g^{kp} - t^{i}_{.i}s^{pk} - t^{pk}s^{i}_{.i} + t^{ik}s^{p}_{.i} + \\ + t^{p}_{.i}s^{ik})\underset{\sim}{g}_k \otimes \underset{\sim}{g}_p \\ = (t^{i}_{.i}s^{m}_{.m}\delta^{k}_{n} - t^{i}_{.m}s^{m}_{.i}\delta^{k}_{n} - t^{i}_{.i}s^{.k}_{n} - t^{.k}_{n}s^{i}_{.i} + t^{ik}s_{ni} + \\ + t_{ni}s^{ik})\underset{\sim}{g}_k \otimes \underset{\sim}{g}^n.$$

(2) a) Mit (N1) erhält man:

$$(\underset{\sim}{T} \,\#\, \underset{\sim}{S})(\underset{\sim}{u}_1 \times \underset{\sim}{u}_2) = \underset{\sim}{T}\underset{\sim}{u}_1 \times \underset{\sim}{S}\underset{\sim}{u}_2 - \underset{\sim}{T}\underset{\sim}{u}_2 \times \underset{\sim}{S}\underset{\sim}{u}_1.$$

Mit (N1) erhält man ebenfalls:

$$(\underset{\sim}{S} \,\#\, \underset{\sim}{T})(\underset{\sim}{u}_1 \times \underset{\sim}{u}_2) = \underset{\sim}{S}\underset{\sim}{u}_1 \times \underset{\sim}{T}\underset{\sim}{u}_2 - \underset{\sim}{S}\underset{\sim}{u}_2 \times \underset{\sim}{T}\underset{\sim}{u}_1,$$

$$(\underset{\sim}{S} \,\#\, \underset{\sim}{T})(\underset{\sim}{u}_1 \times \underset{\sim}{u}_2) = \underset{\sim}{T}\underset{\sim}{u}_1 \times \underset{\sim}{S}\underset{\sim}{u}_2 - \underset{\sim}{T}\underset{\sim}{u}_2 \times \underset{\sim}{S}\underset{\sim}{u}_1. \qquad (4.9.3)$$

Aus dem Vergleich ergibt sich:

$$\underset{\sim}{T} \,\#\, \underset{\sim}{S} = \underset{\sim}{S} \,\#\, \underset{\sim}{T}.$$

b) Mit (G) erhält man:

$$(\underset{\sim}{u}_3 \times \underset{\sim}{u}_4) \cdot (\underset{\sim}{T} \,\#\, \underset{\sim}{S})(\underset{\sim}{u}_1 \times \underset{\sim}{u}_2) = \\ = (\underset{\sim}{u}_1 \times \underset{\sim}{u}_2) \cdot (\underset{\sim}{T} \,\#\, \underset{\sim}{S})^T(\underset{\sim}{u}_3 \times \underset{\sim}{u}_4),$$

wobei $\underset{\sim}{u}_1$ bis $\underset{\sim}{u}_4$ beliebige Vektoren sind.

Andererseits folgt mit (N1)

$$(\underset{\sim}{u}_3 \times \underset{\sim}{u}_4) \cdot (\underset{\sim}{T} \,\#\, \underset{\sim}{S})(\underset{\sim}{u}_1 \times \underset{\sim}{u}_2) =$$
$$= (\underset{\sim}{u}_3 \times \underset{\sim}{u}_4) \cdot (\underset{\sim}{T}\underset{\sim}{u}_1 \times \underset{\sim}{S}\underset{\sim}{u}_2 - \underset{\sim}{T}\underset{\sim}{u}_2 \times \underset{\sim}{S}\underset{\sim}{u}_1)$$
$$= (\underset{\sim}{u}_3 \times \underset{\sim}{u}_4) \cdot (\underset{\sim}{T}\underset{\sim}{u}_1 \times \underset{\sim}{S}\underset{\sim}{u}_2) - (\underset{\sim}{u}_3 \times \underset{\sim}{u}_4) \cdot (\underset{\sim}{T}\underset{\sim}{u}_2 \times \underset{\sim}{S}\underset{\sim}{u}_1)$$
$$= (\underset{\sim}{u}_3 \cdot \underset{\sim}{T}\underset{\sim}{u}_1)(\underset{\sim}{u}_4 \cdot \underset{\sim}{S}\underset{\sim}{u}_2) - (\underset{\sim}{u}_3 \cdot \underset{\sim}{S}\underset{\sim}{u}_2)(\underset{\sim}{u}_4 \cdot \underset{\sim}{T}\underset{\sim}{u}_1) - \qquad (4.9.11)$$
$$- (\underset{\sim}{u}_3 \cdot \underset{\sim}{T}\underset{\sim}{u}_2)(\underset{\sim}{u}_4 \cdot \underset{\sim}{S}\underset{\sim}{u}_1) + (\underset{\sim}{u}_3 \cdot \underset{\sim}{S}\underset{\sim}{u}_1)(\underset{\sim}{u}_4 \cdot \underset{\sim}{T}\underset{\sim}{u}_2)$$
$$= (\underset{\sim}{u}_1 \cdot \underset{\sim}{T}^T\underset{\sim}{u}_3)(\underset{\sim}{u}_2 \cdot \underset{\sim}{S}^T\underset{\sim}{u}_4) - (\underset{\sim}{u}_2 \cdot \underset{\sim}{S}^T\underset{\sim}{u}_3)(\underset{\sim}{u}_1 \cdot \underset{\sim}{T}^T\underset{\sim}{u}_4) - \qquad (G)$$
$$- (\underset{\sim}{u}_2 \cdot \underset{\sim}{T}^T\underset{\sim}{u}_3)(\underset{\sim}{u}_1 \cdot \underset{\sim}{S}^T\underset{\sim}{u}_4) + (\underset{\sim}{u}_1 \cdot \underset{\sim}{S}^T\underset{\sim}{u}_3)(\underset{\sim}{u}_2 \cdot \underset{\sim}{T}^T\underset{\sim}{u}_4)$$
$$= (\underset{\sim}{u}_1 \times \underset{\sim}{u}_2) \cdot (\underset{\sim}{T}^T\underset{\sim}{u}_3 \times \underset{\sim}{S}^T\underset{\sim}{u}_4) - \qquad (4.9.11)$$
$$- (\underset{\sim}{u}_1 \times \underset{\sim}{u}_2) \cdot (\underset{\sim}{T}^T\underset{\sim}{u}_4 \times \underset{\sim}{S}^T\underset{\sim}{u}_3)$$
$$= (\underset{\sim}{u}_1 \times \underset{\sim}{u}_2) \cdot (\underset{\sim}{T}^T \,\#\, \underset{\sim}{S}^T)(\underset{\sim}{u}_3 \times \underset{\sim}{u}_4). \qquad (N1)$$

Aus dem Vergleich mit dem oberen Ausdruck folgt unmittelbar

$$(\underset{\sim}{T} \divideontimes \underset{\sim}{S})^T = \underset{\sim}{T}^T \divideontimes \underset{\sim}{S}^T.$$

c) Es ist nach (N1):

$$(\underset{\approx}{TR} \divideontimes \underset{\approx}{SU})(\underset{\sim}{u}_1 \times \underset{\sim}{u}_2) = \underset{\approx}{TRu}_1 \times \underset{\approx}{SUu}_2 - \underset{\approx}{TRu}_2 \times \underset{\approx}{SUu}_1$$
$$= (\underset{\sim}{T} \divideontimes \underset{\sim}{S})(\underset{\approx}{Ru}_1 \times \underset{\approx}{Uu}_2) + \underset{\approx}{TUu}_2 \times \underset{\approx}{SRu}_1 - \underset{\approx}{TRu}_2 \times \underset{\approx}{SUu}_1$$
$$= (\underset{\sim}{T} \divideontimes \underset{\sim}{S})(\underset{\sim}{R} \divideontimes \underset{\sim}{U})(\underset{\sim}{u}_1 \times \underset{\sim}{u}_2) + (\underset{\sim}{T} \divideontimes \underset{\sim}{S})(\underset{\approx}{Ru}_2 \times \underset{\approx}{Uu}_1)$$
$$+ \underset{\approx}{TUu}_2 \times \underset{\approx}{SRu}_1 - \underset{\approx}{TRu}_2 \times \underset{\approx}{SUu}_1.$$

Entsprechend folgt für

$$(\underset{\approx}{TU} \divideontimes \underset{\approx}{SR})(\underset{\sim}{u}_1 \times \underset{\sim}{u}_2) = (\underset{\sim}{T} \divideontimes \underset{\sim}{S})(\underset{\sim}{R} \divideontimes \underset{\sim}{U})(\underset{\sim}{u}_1 \times \underset{\sim}{u}_2)$$
$$+ (\underset{\sim}{T} \divideontimes \underset{\sim}{S})(\underset{\approx}{Uu}_2 \times \underset{\approx}{Ru}_1)$$
$$+ \underset{\approx}{TRu}_2 \times \underset{\approx}{SUu}_1 - \underset{\approx}{TUu}_2 \times \underset{\approx}{SRu}_1.$$

Addieren wir beide Ausdrücke, so erhalten wir

$$[(\underset{\approx}{TR} \divideontimes \underset{\approx}{SU}) + (\underset{\approx}{TU} \divideontimes \underset{\approx}{SR})](\underset{\sim}{u}_1 \times \underset{\sim}{u}_2) = 2\ (\underset{\sim}{T} \divideontimes \underset{\sim}{S})(\underset{\sim}{R} \divideontimes \underset{\sim}{U})(\underset{\sim}{u}_1 \times \underset{\sim}{u}_2)$$
$$+ (\underset{\sim}{T} \divideontimes \underset{\sim}{S})(\underset{\approx}{Ru}_2 \times \underset{\approx}{Uu}_1 + \underset{\approx}{Uu}_2 \times \underset{\approx}{Ru}_1)$$
$$= (\underset{\sim}{T} \divideontimes \underset{\sim}{S})(\underset{\sim}{R} \divideontimes \underset{\sim}{U})(\underset{\sim}{u}_1 \times \underset{\sim}{u}_2),$$

wenn wir wiederum (N1) verwenden.

Aus dem Vergleich folgt:

$$(\underset{\sim}{T} \divideontimes \underset{\sim}{S})(\underset{\sim}{R} \divideontimes \underset{\sim}{U}) = (\underset{\approx}{TR} \divideontimes \underset{\approx}{SU}) + (\underset{\approx}{TU} \divideontimes \underset{\approx}{SR}).$$

(3) a) Wir gehen aus von (4.9.68)

$$[(\underset{\sim}{I} \divideontimes \underset{\sim}{I}) \cdot \underset{\sim}{T}][(\underset{\sim}{u}_1 \times \underset{\sim}{u}_2) \cdot \underset{\sim}{u}_3] =$$
$$= 2\underset{\sim}{T}^T(\underset{\sim}{u}_1 \times \underset{\sim}{u}_2) \cdot \underset{\sim}{u}_3 + 2(\underset{\approx}{Tu}_1 \times \underset{\sim}{u}_2 - \underset{\approx}{Tu}_2 \times \underset{\sim}{u}_1) \cdot \underset{\sim}{u}_3 \qquad \text{(G)}$$
$$= 2(\underset{\sim}{T}^T + \underset{\sim}{T} \divideontimes \underset{\sim}{I})(\underset{\sim}{u}_1 \times \underset{\sim}{u}_2) \cdot \underset{\sim}{u}_3. \qquad \text{(N1)}$$

Durch Vergleich des ersten und letzten Ausdruckes erhalten wir für beliebige $\underset{\sim}{u}_1$, $\underset{\sim}{u}_2$, $\underset{\sim}{u}_3$:

$$[(\underset{\sim}{I} \divideontimes \underset{\sim}{I}) \cdot \underset{\sim}{T}]\underset{\sim}{I} = 2(\underset{\sim}{T}^T + \underset{\sim}{T} \divideontimes \underset{\sim}{I}), \quad \underset{\sim}{T} \divideontimes \underset{\sim}{I} = (\underset{\sim}{T} \cdot \underset{\sim}{I})\underset{\sim}{I} - \underset{\sim}{T}^T.$$

b) Wir gehen aus von (4.9.68) (4.9.65)

$$(\underset{\sim}{T} \divideontimes \underset{\sim}{S}) \cdot \underset{\sim}{I}\ [\underset{\sim}{u}_1 \times \underset{\sim}{u}_2 \cdot \underset{\sim}{u}_3] =$$
$$= (\underset{\approx}{Tu}_1 \times \underset{\approx}{Su}_2 - \underset{\approx}{Tu}_2 \times \underset{\approx}{Su}_1) \cdot \underset{\sim}{u}_3$$
$$+ \underset{\sim}{S}^T(\underset{\approx}{Tu}_1 \times \underset{\sim}{u}_2 - \underset{\approx}{Tu}_2 \times \underset{\sim}{u}_1) \cdot \underset{\sim}{u}_3$$
$$+ \underset{\sim}{T}^T(\underset{\approx}{Su}_1 \times \underset{\sim}{u}_2 - \underset{\approx}{Su}_2 \times \underset{\sim}{u}_1) \cdot \underset{\sim}{u}_3.$$

Die rechte Seite läßt sich mit (N1) vereinfacht darstellen.

$$(\underset{\sim}{T} \divideontimes \underset{\sim}{S}) \cdot \underset{\sim}{I}(\underset{\sim}{u}_1 \times \underset{\sim}{u}_2) \cdot \underset{\sim}{u}_3 =$$
$$= [(\underset{\sim}{T} \divideontimes \underset{\sim}{S})(\underset{\sim}{u}_1 \times \underset{\sim}{u}_2)] \cdot \underset{\sim}{u}_3$$
$$+ [\underset{\sim}{S}^T(\underset{\sim}{T} \divideontimes \underset{\sim}{I})(\underset{\sim}{u}_1 \times \underset{\sim}{u}_2)] \cdot \underset{\sim}{u}_3$$
$$+ [\underset{\sim}{T}^T(\underset{\sim}{S} \divideontimes \underset{\sim}{I})(\underset{\sim}{u}_1 \times \underset{\sim}{u}_2)] \cdot \underset{\sim}{u}_3.$$

Da sowohl $\underset{\sim}{u}_3$ als auch $\underset{\sim}{u}_1$ und $\underset{\sim}{u}_2$ beliebige Vektoren sind, folgt

$$[(\underset{\sim}{T} \divideontimes \underset{\sim}{S}) \cdot \underset{\sim}{I}]\underset{\sim}{I} = \underset{\sim}{T} \divideontimes \underset{\sim}{S} + \underset{\sim}{S}^T(\underset{\sim}{T} \divideontimes \underset{\sim}{I}) + \underset{\sim}{T}^T(\underset{\sim}{S} \divideontimes \underset{\sim}{I})$$

und durch Anwendung von (4.9.69) und (4.9.72) für den Ausdruck auf der linken Seite

$$\underset{\sim}{T} \divideontimes \underset{\sim}{S} = (\underset{\sim}{T} \cdot \underset{\sim}{I})(\underset{\sim}{S} \cdot \underset{\sim}{I})\underset{\sim}{I} - (\underset{\sim}{T}^T \cdot \underset{\sim}{S})\underset{\sim}{I} - (\underset{\sim}{T} \cdot \underset{\sim}{I})\underset{\sim}{S}^T -$$
$$- (\underset{\sim}{S} \cdot \underset{\sim}{I})\underset{\sim}{T}^T + \underset{\sim}{T}^T\underset{\sim}{S}^T + \underset{\sim}{S}^T\underset{\sim}{T}^T.$$

Damit ist zunächst (4.9.73) bewiesen. Zum Beweis von (4.9.74) ist $\underset{\sim}{S} = \underset{\sim}{T}$ zu setzen.

Übungsaufgaben zu 4.9.4:

(1) Nach (4.9.51) gilt

$$\overset{A}{\underset{\sim}{t}} = \frac{1}{2} \overset{3}{\underset{\sim}{E}}(\underset{\sim}{S}\underset{\sim}{T}^T)^T = \frac{1}{2} \overset{3}{\underset{\sim}{E}}(\underset{\sim}{T}\underset{\sim}{S}^T) \qquad (4.5.8)$$
$$= \frac{1}{2} \underset{\sim}{T} \times \underset{\sim}{S} \qquad (4.9.83)$$

(2) Wir multiplizieren (4.9.84) skalar mit dem Vektor $\underset{\sim}{v}$ und erhalten:

$$\underset{\sim}{v} \cdot \overset{A}{\underset{\sim}{t}} = \frac{1}{2} \underset{\sim}{v} \cdot (\underset{\sim}{I} \times \overset{S}{\underset{\sim}{T}}) = - \frac{1}{2} \underset{\sim}{v} \cdot (\overset{S}{\underset{\sim}{T}} \times \underset{\sim}{I}) \qquad (4.9.80)$$
$$= \frac{1}{2} \overset{S}{\underset{\sim}{T}} \cdot (\underset{\sim}{v} \times \underset{\sim}{I}). \qquad (N2)$$

Da $\underset{\sim}{v} \times \underset{\sim}{I}$ nach (4.9.57) ein schiefsymmetrischer Tensor ist, folgt $\underset{\sim}{v} \cdot \overset{A}{\underset{\sim}{t}} = 0$ und somit $\overset{A}{\underset{\sim}{t}} = \underset{\sim}{0}$, weil $\underset{\sim}{v}$ beliebig ist.

(3) $$\underset{\sim}{v} \cdot (\underset{\sim}{T} \times \underset{\sim}{S}) = - \underset{\sim}{T} \cdot (\underset{\sim}{v} \times \underset{\sim}{S}) \qquad (N2)$$
$$= \underset{\sim}{S} \cdot (\underset{\sim}{v} \times \underset{\sim}{T}) \qquad (4.9.56)$$
$$= - \underset{\sim}{v} \cdot (\underset{\sim}{S} \times \underset{\sim}{T}). \qquad (N2)$$

Der Vergleich ergibt:

$$(\underset{\sim}{T} \times \underset{\sim}{S}) = - (\underset{\sim}{S} \times \underset{\sim}{T}),$$

weil $\underset{\sim}{v}$ beliebig ist.

Übungsaufgaben zu 4.9.5:

(1) $\det \underset{\sim}{T} = -23.$

(2) a) $I_{\underset{\sim}{T}} = 19; \quad II_{\underset{\sim}{T}} = 97; \quad III_{\underset{\sim}{T}} = 83.$

b) $\gamma_1 = 1{,}0656; \quad \gamma_2 = 10{,}5552; \quad \gamma_3 = 7{,}3792.$

c) $\underset{\sim}{n}_1 = 0{,}1637\underset{\sim}{g}_1 - 0{,}6568\underset{\sim}{g}_2 + 0{,}2213\underset{\sim}{g}_3.$

(3) $\underset{\sim}{t} = \underset{\sim}{T}\underset{\sim}{n}$ (Spannungstheorem von Cauchy) (i)

$\underset{\sim}{T} = \underset{\sim}{T}^T$ (2. Cauchysche Bewegungsgleichung) (ii)

Eigenwertproblem: $\underset{\sim}{T}\underset{\sim}{v} = \gamma\underset{\sim}{v}$ (4.9.103)

$\det(\underset{\sim}{T} - \gamma\underset{\sim}{I}) = 0$ (4.9.105)

aus (4.9.105),(ii): $(t_{11} - \gamma)(t_{22} - \gamma) - (t_{12})^2 = 0$

Beträge der Hauptspannungen:

$$\gamma_{1/2} = \frac{(t_{11} - t_{22})^2}{4} \pm \sqrt{\frac{(t_{11} - t_{22})^2}{4} + (t_{12})^2}.$$

Hauptspannungsrichtungen aus (4.9.103): $\underset{\sim}{v}_{1/2}$.

Hauptspannungsvektoren: $\underset{\sim}{t}_1 = \gamma_1 \frac{\underset{\sim}{v}_1}{|\underset{\sim}{v}_1|}; \quad \underset{\sim}{t}_2 = \gamma_2 \frac{\underset{\sim}{v}_2}{|\underset{\sim}{v}_2|}.$

(4) $(\det \underset{\sim}{Q})\underset{\sim}{Q}^{-1} = \overset{+}{\underset{\sim}{Q}}{}^T,$ (4.9.95)

$(\det \underset{\sim}{Q})\underset{\sim}{Q}^T = \overset{+}{\underset{\sim}{Q}}{}^T,$ (I)

$\underset{\sim}{Q} = \overset{+}{\underset{\sim}{Q}},$ da $(\det \underset{\sim}{Q}) = 1$ (<u>eigentlich</u> orthogonaler Tensor)

(5)

$$\underset{\sim}{Q} = q_{ik}\, \underset{\sim}{e}_i \otimes \underset{\sim}{e}_k \text{ mit } q_{ik}: \left\{ \begin{matrix} \cos\varphi; & -\sin\varphi; & 0; \\ \sin\varphi; & \cos\varphi; & 0; \\ 0; & 0; & 1; \end{matrix} \right\}.$$

Übungsaufgaben zu 4.10:

(1) Vgl. (4.10.16).

(2) $(\overset{6}{\underset{\sim}{E}})^{ij..m}_{..kl.n} = \bar{e}^{ijm}\bar{e}_{kln}.$ (4.10.17)

(3) $\bar{\underset{\sim}{t}}_{kl} = (\bar{\underset{\sim}{g}}_k \cdot \underset{\sim}{g}^n)(\bar{\underset{\sim}{g}}_l \cdot \underset{\sim}{g}^m) t_{nm}.$

(4) $$\underset{\approx}{T} = \alpha \underset{\approx}{I} + (2\mu \overset{4}{\underset{\approx}{I}} + \gamma \overset{4}{\bar{\underset{\approx}{I}}}) \underset{\approx}{D} = \alpha \underset{\approx}{I} + 2\mu \underset{\approx}{D} + \gamma (\underset{\approx}{I} \otimes \underset{\approx}{I}) \underset{\approx}{D}$$

$$= \alpha \underset{\approx}{I} + \gamma (\underset{\approx}{D} \cdot \underset{\approx}{I}) \underset{\approx}{I} + 2\mu \underset{\approx}{D}. \qquad (4.10.3)$$

Übungsaufgaben zu 5.1:

(1) a) $(\underset{\sim}{u} \cdot \underset{\sim}{v})' = -6.$

b) $(\underset{\sim}{u} \times \underset{\sim}{v})' = 7\underset{\sim}{e}_2 + 3\underset{\sim}{e}_3.$

c) $|\underset{\sim}{u} + \underset{\sim}{v}|' = 1.$

d) $(\underset{\sim}{u} \times \underset{\sim}{v}')' = \underset{\sim}{e}_1 + 6\underset{\sim}{e}_2 + 2\underset{\sim}{e}_3.$

(2) $\underset{\sim}{v}(t) = \dot{\underset{\sim}{x}}(t) = -e^{-t}\, \underset{\sim}{e}_1 - 6 \sin 3t\, \underset{\sim}{e}_2 + 6 \cos 3t\, \underset{\sim}{e}_3,$

$\underset{\sim}{a}(t) = \ddot{\underset{\sim}{x}}(t) = e^{-t}\, \underset{\sim}{e}_1 - 18 \cos 3t\, \underset{\sim}{e}_2 - 18 \sin 3t\, \underset{\sim}{e}_3.$

(3) a) $\underset{\sim}{v} = \dot{\underset{\sim}{x}} = -\underset{\sim}{e}_1 - \underset{\sim}{e}_3, \qquad |\underset{\sim}{v}| = \sqrt{2}.$

b) $\underset{\sim}{a} = \ddot{\underset{\sim}{x}} = \underset{\sim}{e}_1 + 2\underset{\sim}{e}_3, \qquad |\underset{\sim}{a}| = \sqrt{5}.$

(4) $\underset{\sim}{x} = \underset{\sim}{c} + \underset{\approx}{Q}(\overset{\circ}{\underset{\sim}{x}} - \overset{\circ}{\underset{\sim}{c}}), \qquad \overset{\circ}{\underset{\sim}{x}} - \overset{\circ}{\underset{\sim}{c}} = \underset{\approx}{Q}^T(\underset{\sim}{x} - \underset{\sim}{c}), \qquad$ (i)

$\dot{\underset{\sim}{x}} = \dot{\underset{\sim}{c}} + \dot{\underset{\approx}{Q}}(\overset{\circ}{\underset{\sim}{x}} - \overset{\circ}{\underset{\sim}{c}}),$

mit (i): $\dot{\underset{\sim}{x}} = \dot{\underset{\sim}{c}} + \dot{\underset{\approx}{Q}}\underset{\approx}{Q}^T(\underset{\sim}{x} - \underset{\sim}{c}).$

Nach Abschnitt 5.1 ist $\dot{\underset{\approx}{Q}}\underset{\approx}{Q}^T$ ein schiefsymmetrischer Tensor. Sein zugehöriger axialer Vektor sei $\underset{\sim}{\omega}$, so daß gilt:

$\dot{\underset{\sim}{x}} = \dot{\underset{\sim}{c}} + \underset{\sim}{\omega} \times (\underset{\sim}{x} - \underset{\sim}{c}),$

$\ddot{\underset{\sim}{x}} = \ddot{\underset{\sim}{c}} + \dot{\underset{\sim}{\omega}} \times (\underset{\sim}{x} - \underset{\sim}{c}) + \underset{\sim}{\omega} \times (\dot{\underset{\sim}{x}} - \dot{\underset{\sim}{c}}),$

$\ddot{\underset{\sim}{x}} = \ddot{\underset{\sim}{c}} + \dot{\underset{\sim}{\omega}} \times (\underset{\sim}{x} - \underset{\sim}{c}) + \underset{\sim}{\omega} \times [\underset{\sim}{\omega} \times (\underset{\sim}{x} - \underset{\sim}{c})].$

Übungsaufgaben zu 5.2:

(1) $\bar{\Theta}^1 = r\Theta^1, \quad \underset{\sim}{b}_1 = -\sin \Theta^1 e_1 + \cos \Theta^1 e_2,$

$\underset{\sim}{b}_2 = -\cos \Theta^1 \underset{\sim}{e}_1 - \sin \Theta^1 \underset{\sim}{e}_2, \quad \underset{\sim}{b}_3 = \underset{\sim}{e}_3, \quad \kappa = \frac{1}{r}.$

(2) $\bar{\Theta}^1 = \Theta^1 \sqrt{r^2 + h^2}$,

$$\underset{\sim}{b}_1 = \frac{1}{\sqrt{r^2 + h^2}} [- r \sin \Theta^1 \underset{\sim}{e}_1 + r \cos \Theta^1 \underset{\sim}{e}_2 + h \underset{\sim}{e}_3],$$

$$\underset{\sim}{b}_2 = - \cos \Theta^1 \underset{\sim}{e}_1 - \sin \Theta^1 \underset{\sim}{e}_2,$$

$$\underset{\sim}{b}_3 = \frac{1}{\sqrt{r^2 + h^2}} [h \sin \Theta^1 \underset{\sim}{e}_1 - h \cos \Theta^1 \underset{\sim}{e}_2 + r \underset{\sim}{e}_3],$$

$$\kappa = \frac{r}{r^2 + h^2}, \qquad \tau = \frac{h}{r^2 + h^2}.$$

(3)
$$n^1{}_{,1} - \frac{1}{r} n^2 + p^1 = 0, \qquad m^1{}_{,1} - \frac{1}{r} m^2 = 0,$$
$$n^2{}_{,1} + \frac{1}{r} n^1 + p^2 = 0, \qquad m^2{}_{,1} + \frac{1}{r} m^1 - n^3 = 0,$$
$$n^3{}_{,1} + p^3 = 0. \qquad m^3{}_{,1} + n^2 = 0.$$

r: Radius des Kreisringträgers. Die Direktoren sind so gewählt, daß sie mit dem begleitenden Dreibein zusammenfallen.

(4) $\underset{\sim}{v} = v\underset{\sim}{b}_1, \quad \underset{\sim}{a} = \dot{\underset{\sim}{v}} = \dot{v}\underset{\sim}{b}_1 + v^2 \kappa \underset{\sim}{b}_2.$

Übungsaufgaben zu 5.3:

(1)
$$a_{ik}: \begin{Bmatrix} 1; & 0; & 0; \\ 0; & r^2; & 0; \\ 0; & 0; & 1 \end{Bmatrix},$$

$$\Gamma_{\beta\alpha}^{\cdot\cdot 3}: \begin{Bmatrix} 0; & 0; \\ 0; & r \end{Bmatrix}, \qquad \Gamma_{3\alpha}^{\cdot\cdot \rho}: \begin{Bmatrix} 0; & 0; \\ 0; & -\frac{1}{r} \end{Bmatrix}.$$

$\Gamma_{\alpha\beta}^{\cdot\cdot\gamma} = 0$, da alle Metrikkoeffizienten bezüglich Θ^1 und Θ^2 konstant sind.

(2)
$$a_{ik}: \begin{Bmatrix} r^2; & 0 & ; 0; \\ 0; & r^2 \sin^2 \Theta^1; & 0; \\ 0; & 0 & ; 1 \end{Bmatrix},$$

$$\Gamma_{\beta\alpha}^{\cdot\cdot 3} \begin{Bmatrix} -r; & 0 ; \\ & \\ 0; & -r\sin^2\Theta^1 \end{Bmatrix}, \quad \Gamma_{3\alpha}^{\cdot\cdot\rho} \begin{Bmatrix} \frac{1}{r}; & 0; \\ & \\ 0; & \frac{1}{r} \end{Bmatrix},$$

$$\Gamma_{\alpha\beta}^{\cdot\cdot 1}: \begin{Bmatrix} 0; & 0 ; \\ & \\ 0; & -\sin\Theta^1 \cos\Theta^1 \end{Bmatrix}, \quad \Gamma_{\alpha\beta}^{\cdot\cdot 2}: \begin{Bmatrix} 0 & ; \operatorname{cotg}\Theta^1 \\ & \\ \operatorname{cotg}\Theta^1; & 0 \end{Bmatrix}$$

$$\overset{(1)(2)}{\kappa_N} = H \pm \sqrt{H^2 - K} = \frac{1}{r},$$

$$H = \frac{1}{2}\,\Gamma_{3\alpha}^{\cdot\cdot\alpha} = \frac{1}{r}, \qquad K = \det \left\| \Gamma_{3\alpha}^{\cdot\cdot\beta} \right\| = \frac{1}{r^2}.$$

In jedem Punkt der Kugelfläche sind die Hauptkrümmungen gleich, d.h. jeder Punkt ist ein Nabelpunkt.

(3) $\underset{\sim}{u} = u^i \underset{\sim}{a}_i,$

$$\underset{\sim}{u}_{,\alpha} = u^i{}_{,\alpha}\, \underset{\sim}{a}_i - \frac{1}{r}\, u^3 \underset{\sim}{a}_2 + r\, u^2 \underset{\sim}{a}_3.$$

(4) Mittlere Krümmung:

$$H = \frac{-\sin v\cos^2 v + \sin v\,(\sin^2 v\cosh^2\Theta^1 + \cos^2 v\sinh^2\Theta^1)}{2a\cos v(\sin^2 v\cosh^2\Theta^1 + \cos^2 v\sinh^2\Theta^1)^{3/2}},$$

Gauß'sche Krümmung:

$$K = \frac{-\sin^2 v}{a^2(\sin^2 v\cosh^2\Theta^1 + \cos^2 v\sinh^2\Theta^1)^2},$$

Hauptkrümmungen:

$$\kappa_1 = \frac{\sin v}{a\cos v(\sin^2 v\cosh^2\Theta^1 + \cos^2 v\sinh^2\Theta^1)^{1/2}},$$

$$\kappa_2 = \frac{-\sin v \cos v}{a(\sin^2 v \cosh^2 \Theta^1 + \cos^2 v \sinh^2 \Theta^1)^{3/2}}.$$

(Angabe in "oblate spheroidal coordinates")

Übungsaufgaben zu 5.4:

(1) a) Variieren von Θ^3: Gerade orthogonal zur Zylinderachse,

Variieren von Θ^2: Kreis um die Zylinderachse,

Variieren von Θ^1: Gerade parallel zur Zylinderachse.

b) Variieren von Θ^3 und Θ^2: Ebene normal zur Zylinderachse,

Variieren von Θ^1 und Θ^3: Ebene, in der die Zylinderachse liegt,

Variieren von Θ^2 und Θ^1: Zylinder um die Zylinderachse.

c) $\Theta^1 = x^3, \quad \Theta^2 = \operatorname{arctg} \frac{x^2}{x^1}; \quad \Theta^3 = \sqrt{(x^1)^2 + (x^2)^2},$

d) $\underset{\sim}{h}_1 = \underset{\sim}{e}_3,$

$\underset{\sim}{h}_2 = -\Theta^3 \sin \Theta^2 \underset{\sim}{e}_1 + \Theta^3 \cos \Theta^2 \underset{\sim}{e}_2,$

$\underset{\sim}{h}_3 = \cos \Theta^2 \underset{\sim}{e}_1 + \sin \Theta^2 \underset{\sim}{e}_2,$

$\det \underset{\sim}{A} = -\Theta^3,$

e) $\underset{\sim}{h}^1 = \underset{\sim}{e}_3,$

$$\underset{\sim}{h}^2 = \frac{1}{(x^1)^2 + (x^2)^2}(-x^2 \underset{\sim}{e}_1 + x^1 \underset{\sim}{e}_2) = -\frac{1}{\Theta^3}(\sin \Theta^2 \underset{\sim}{e}_1 - \cos \Theta^2 \underset{\sim}{e}_2),$$

$$\underset{\sim}{h}^3 = \frac{1}{\sqrt{(x^1)^2 + (x^2)^2}}(x^1 \underset{\sim}{e}_1 + x^2 \underset{\sim}{e}_2) = \cos \Theta^2 \underset{\sim}{e}_1 + \sin \Theta^2 \underset{\sim}{e}_2,$$

f) $\Gamma_{ik}^{\cdot\cdot 1} = 0,$

$$\Gamma_{ik}^{\cdot\cdot 2} : \begin{Bmatrix} 0; & 0; & 0; \\ 0; & 0; & \frac{1}{\Theta^3}; \\ 0; & \frac{1}{\Theta^3}; & 0 \end{Bmatrix}, \quad \Gamma_{ik}^{\cdot\cdot 3} : \begin{Bmatrix} 0; & 0; & 0; \\ 0; & -\Theta^3; & 0; \\ 0; & 0; & 0 \end{Bmatrix}.$$

(2) a) $\underset{\sim}{x} = \Theta^3 \cos \Theta^2 \underset{\sim}{e}_1 + \Theta^3 \sin \Theta^2 \underset{\sim}{e}_2 + \Theta^1 \underset{\sim}{e}_3,$

b) $\underset{\sim}{x} = \Theta^1 \underset{\sim}{h}_1 + \Theta^3 \underset{\sim}{h}_3,$

$\dot{\underset{\sim}{x}} = \dot{\Theta}^1 \underset{\sim}{h}_1 + \dot{\Theta}^2 \underset{\sim}{h}_2 + \dot{\Theta}^3 \underset{\sim}{h}_3,$

$\ddot{\underset{\sim}{x}} = \ddot{\Theta}^1 \underset{\sim}{h}_1 + (\ddot{\Theta}^2 + \frac{2\dot{\Theta}^2\dot{\Theta}^3}{\Theta^3}) \underset{\sim}{h}_2 + (\ddot{\Theta}^3 - \dot{\Theta}^2\dot{\Theta}^2\Theta^3) \underset{\sim}{h}_3.$

c) $\overset{*}{\dot{x}}{}^1 = \dot{\Theta}^1$ Axialgeschwindigkeit,

$\overset{*}{\dot{x}}{}^2 = \dot{\Theta}^2\Theta^3$ Tangentialgeschwindigkeit,

$\overset{*}{\dot{\underset{\sim}{x}}}{}^3 = \dot{\Theta}^3$ Radialgeschwindigkeit,

$\overset{*}{\ddot{x}}{}^1 = \ddot{\Theta}^1$ Axialbeschleunigung

$\overset{*}{\ddot{x}}{}^2 = \ddot{\Theta}^2\Theta^3 + 2\dot{\Theta}^2\dot{\Theta}^3$ Tangentialbeschleunigung

$\overset{*}{\ddot{x}}{}^3 = \ddot{\Theta}^3 - \dot{\Theta}^2\dot{\Theta}^2\Theta^3$ Radialbeschleunigung.

(3) a) Variieren von Θ^1: Meridiankreis,

Variieren von Θ^2: Parallelkreise

Variieren von Θ^3: Gerade durch den Ursprung,

b) Variieren von Θ^1 und Θ^2: Kugelfläche,

Variieren von Θ^1 und Θ^3: Ebene senkrecht zur x^1-x^2-Ebene,

Variieren von Θ^2 und Θ^3: Kegel um x^3-Achse,

c) $\Theta^1 = \operatorname{arctg} \frac{\sqrt{(x^1)^2 + (x^2)^2}}{x^3}, \quad \Theta^2 = \operatorname{arctg} \frac{x^2}{x^1};$

$\Theta^3 = \sqrt{(x^1)^2 + (x^2)^2 + (x^3)^2},$

d) $\underset{\sim}{h}_1 = \Theta^3 \cos \Theta^1 \cos \Theta^2 \underset{\sim}{e}_1 + \Theta^3 \cos \Theta^1 \sin \Theta^2 \underset{\sim}{e}_2 - \Theta^3 \sin \Theta^1 \underset{\sim}{e}_3,$

$\underset{\sim}{h}_2 = - \Theta^3 \sin \Theta^1 \sin \Theta^2 \underset{\sim}{e}_1 + \Theta^3 \sin \Theta^1 \cos \Theta^2 \underset{\sim}{e}_2,$

$\underset{\sim}{h}_3 = \sin \Theta^1 \cos \Theta^2 \underset{\sim}{e}_1 + \sin \Theta^1 \sin \Theta^2 \underset{\sim}{e}_2 + \cos \Theta^1 \underset{\sim}{e}_3,$

$\det \underset{\sim}{A} = (\Theta^3)^2 \sin \Theta^1,$

e) $$\underset{\sim}{h}^1 = \frac{1}{(x^1)^2 + (x^2)^2 + (x^3)^2} \frac{1}{\sqrt{(x^1)^2 + (x^2)^2}} [x^1 x^3 \underset{\sim}{e}_1 + x^2 x^3 \underset{\sim}{e}_2 - ((x^1)^2 + (x^2)^2) \underset{\sim}{e}_3]$$

$$= \frac{1}{\Theta^3} (\cos\Theta^1 \cos\Theta^2 \underset{\sim}{e}_1 + \cos\Theta^1 \sin\Theta^2 \underset{\sim}{e}_2 - \sin\Theta^1 \underset{\sim}{e}_3),$$

$$\underset{\sim}{h}^2 = \frac{1}{(x^1)^2 + (x^2)^2} [- x^2 \underset{\sim}{e}_1 + x^1 \underset{\sim}{e}_2] =$$

$$= \frac{1}{\Theta^3 \sin\Theta^1} (- \sin\Theta^2 \underset{\sim}{e}_1 + \cos\Theta^2 \underset{\sim}{e}_2),$$

$$\underset{\sim}{h}^3 = \frac{1}{\sqrt{(x^1)^2 + (x^2)^2 + (x^3)^2}} [x^1 \underset{\sim}{e}_1 + x^2 \underset{\sim}{e}_2 + x^3 \underset{\sim}{e}_3]$$

$$= \sin\Theta^1 \cos\Theta^2 \underset{\sim}{e}_1 + \sin\Theta^1 \sin\Theta^2 \underset{\sim}{e}_2 + \cos\Theta^1 \underset{\sim}{e}_3,$$

f) $$\Gamma_{ik}^{\cdot\cdot 1}: \begin{Bmatrix} 0; & 0; & \frac{1}{\Theta^3}; \\ 0; & -\sin\Theta^1 \cos\Theta^1; & 0; \\ \frac{1}{\Theta^3}; & 0; & 0 \end{Bmatrix},$$

$$\Gamma_{ik}^{\cdot\cdot 2}: \begin{Bmatrix} 0; & \cot\Theta^1; & 0; \\ \cot\Theta^1; & 0; & \frac{1}{\Theta^3}; \\ 0; & \frac{1}{\Theta^3}; & 0 \end{Bmatrix},$$

$$\Gamma_{ik}^{\cdot\cdot 3}: \begin{Bmatrix} -\Theta^3; & 0; & 0; \\ 0; & -\Theta^3 \sin^2\Theta^1; & 0; \\ 0; & 0; & 0 \end{Bmatrix}.$$

(4) a) Variieren von Θ^1: Gerade orthogonal zur x^3-Achse,

Variieren von Θ^2: Spirale um x^3-Achse,

Variieren von Θ^3: Gerade parallel zur x^3-Achse,

b) Variieren von Θ^1 und Θ^2: Ebene orthogonal zur x^3-Achse,
Variieren von Θ^1 und Θ^3: Ebene orthogonal zur x^1-x^2-Ebene,
Variieren von Θ^2 und Θ^3: "Spiralfläche" um x^3-Achse,

c) $$\Theta^1 = e^{-\arctan \frac{x^1}{x^2}} \sqrt{(x^1)^2 + (x^2)^2}, \quad \Theta^2 = \arctan \frac{x^1}{x^2},$$

$$\Theta^3 = x^3,$$

d) $$\underset{\sim}{h}_1 = e^{\Theta^2}(\sin \Theta^2 \underset{\sim}{e}_1 + \cos \Theta^2 \underset{\sim}{e}_2),$$

$$\underset{\sim}{h}_2 = \Theta^1 e^{\Theta^2}[(\sin \Theta^2 + \cos \Theta^2)\underset{\sim}{e}_1 + (\cos \Theta^2 - \sin \Theta^2)\underset{\sim}{e}_2],$$

$$\underset{\sim}{h}_3 = \underset{\sim}{e}_3, \quad \det \underset{\sim}{A} = -\Theta^1 (e^{\Theta^2})^2,$$

e) $$\underset{\sim}{h}^1 = \frac{e^{-\arctan \frac{x^1}{x^2}}}{\sqrt{(x^1)^2 + (x^2)^2}}[(x^1 - x^2)\underset{\sim}{e}_1 + (x^1 + x^2)\underset{\sim}{e}_2],$$

$$= e^{-\Theta^2}[(\sin \Theta^2 - \cos \Theta^2)\underset{\sim}{e}_1 + (\sin \Theta^2 + \cos \Theta^2)\underset{\sim}{e}_2],$$

$$\underset{\sim}{h}^2 = \frac{1}{(x^1)^2 + (x^2)^2}[x^2 \underset{\sim}{e}_1 - x^1 \underset{\sim}{e}_2],$$

$$= \frac{1}{\Theta^1} e^{-\Theta^2}(\cos \Theta^2 \underset{\sim}{e}_1 - \sin \Theta^2 \underset{\sim}{e}_2),$$

$$\underset{\sim}{h}^3 = \underset{\sim}{e}_3,$$

f) $$\Gamma_{ik}^{\cdot\cdot 1}: \left\{\begin{matrix} 0; & 0; & 0; \\ 0; & -2\Theta^1; & 0; \\ 0; & 0; & 0 \end{matrix}\right\},$$

$$\Gamma_{ik}^{\cdot\cdot 2}: \left\{\begin{matrix} 0; & \frac{1}{\Theta^1}; & 0; \\ \frac{1}{\Theta^1}; & 2; & 0; \\ 0; & 0; & 0 \end{matrix}\right\},$$

$$\Gamma_{ik}^{\cdot\cdot 3} = 0.$$

Übungsaufgaben zu 5.5:

(1) Mit $\underset{\sim}{c} = \text{const}$:

$$\underset{\sim}{n} \cdot \text{rot}(\underset{\sim}{n} \times \underset{\sim}{c}) = \underset{\sim}{n} \cdot (-\, \underset{\sim}{c} \,\text{div}\, \underset{\sim}{n} + \nabla \underset{\sim}{n}\underset{\sim}{c})$$

$$= -\, \underset{\sim}{c} \cdot (\text{div}\, \underset{\sim}{n})\underset{\sim}{n} + (\nabla \underset{\sim}{n})^T \underset{\sim}{n} \cdot \underset{\sim}{c}, \qquad (5.5.31)$$

$$(\nabla \underset{\sim}{n})^T \underset{\sim}{n} = \nabla(\underset{\sim}{n} \cdot \underset{\sim}{n}) - (\nabla \underset{\sim}{n})^T \underset{\sim}{n}, \qquad (5.5.11)$$

$$\nabla(\underset{\sim}{n} \cdot \underset{\sim}{n}) = \nabla(1) = \underset{\sim}{o}, \qquad (\nabla \underset{\sim}{n})^T \underset{\sim}{n} = \underset{\sim}{o}.$$

Es folgt:

$$\underset{\sim}{n} \cdot \text{rot}(\underset{\sim}{n} \times \underset{\sim}{c}) = -\, \underset{\sim}{c} \cdot (\text{div}\, \underset{\sim}{n})\underset{\sim}{n}.$$

(2)
$$\text{rot}(\phi \underset{\sim}{v}) = \overset{3}{\underset{\sim}{E}} \nabla (\phi \underset{\sim}{v})^T \qquad (Q3)$$

$$= \overset{3}{\underset{\sim}{E}}[(\nabla\phi \otimes \underset{\sim}{v}) + \phi(\nabla \underset{\sim}{v})^T] \qquad (5.5.9)$$

$$= \nabla\phi \times \underset{\sim}{v} + \phi \,\text{rot}\, \underset{\sim}{v}. \qquad (Q3)$$

(3)
$$\text{rot}(\phi\nabla\psi) = \overset{3}{\underset{\sim}{E}} \nabla (\phi\nabla\psi)^T \qquad (Q3)$$

$$= \overset{3}{\underset{\sim}{E}}[(\nabla\phi \otimes \nabla\psi) + \phi(\nabla\nabla\psi)^T] \qquad (5.5.9)$$

$$= \nabla\phi \times \nabla\psi. \qquad (Q3),(5.5.27)$$

(4)
$$\text{div}\,(\underset{\sim}{u} \times \underset{\sim}{x}) = 0 = \text{rot}\, \underset{\sim}{u} \cdot \underset{\sim}{x} - \text{rot}\, \underset{\sim}{x} \cdot \underset{\sim}{u}. \qquad (5.5.22)$$

Da rot $\underset{\sim}{x}$ gleich dem Nullvektor ist, folgt, daß rot $\underset{\sim}{u}$ zu $\underset{\sim}{x}$ orthogonal ist.

Übungsaufgaben zu 5.6:

(1)
$$\frac{\partial II_{\underset{\sim}{M}}}{\partial \underset{\sim}{M}} = (\underset{\sim}{M} \cdot \underset{\sim}{I}) \frac{\partial(\underset{\sim}{M} \cdot \underset{\sim}{I})}{\partial \underset{\sim}{M}} - \frac{1}{2} \frac{\partial(\underset{\sim}{M}^T \cdot \underset{\sim}{M})}{\partial \underset{\sim}{M}} \qquad (5.6.10)$$

$$= (\underset{\sim}{M} \cdot \underset{\sim}{I}) \overset{4}{\underset{\sim}{I}}{}^T \underset{\sim}{I} - \frac{1}{2} \left[\left(\frac{\partial \underset{\sim}{M}^T}{\partial \underset{\sim}{M}}\right)^T \underset{\sim}{M} + \left(\frac{\partial \underset{\sim}{M}}{\partial \underset{\sim}{M}}\right)^T \underset{\sim}{M}^T \right] \qquad (5.6.14),(5.6.15)$$

$$= (\underset{\sim}{M} \cdot \underset{\sim}{I}) \underset{\sim}{I} - \frac{1}{2} (\overset{4}{\underset{\sim}{I}}{}^T \underset{\sim}{M} + \overset{4}{\underset{\sim}{I}}{}^T \underset{\sim}{M}^T) \qquad (5.6.15)$$

$$= (\underset{\sim}{M} \cdot \underset{\sim}{I}) \underset{\sim}{I} - \underset{\sim}{M}^T = \underset{\sim}{M} ※ \underset{\sim}{I}. \qquad (4.9.72)$$

(2)
$$\frac{\partial F}{\partial \underset{\sim}{T}} = \frac{\underset{\sim}{T}^D}{\sqrt{2 \underset{\sim}{T}^D \cdot \underset{\sim}{T}^D}} + \alpha \underset{\sim}{I}.$$

Übungsaufgaben zu 5.7:

(1) $\operatorname{grad}\phi = 290\, \underset{\sim}{g}^1 + 8\, \underset{\sim}{g}^2 - 96\, \underset{\sim}{g}^3.$

(2) a) $\operatorname{grad}(\ln|2\underset{\approx}{x}|) = \dfrac{\underset{\approx}{x}}{\underset{\approx}{x} \cdot \underset{\approx}{x}}$; b) $\operatorname{grad}\left(\dfrac{1}{|\underset{\approx}{x}|}\right) = -\dfrac{\underset{\sim}{x}}{\sqrt{(\underset{\approx}{x} \cdot \underset{\approx}{x})^3}}$.

(3) $\operatorname{div} \underset{\sim}{v} = 79.$

(4) $\alpha = 4{,}5.$

(5) a) $\operatorname{div} \phi\underset{\sim}{u} = -6\, x^1(x^2)^2(x^3)^4 - 8\,(x^1)^2(x^2)^3(x^3)^3 + 6\, x^1(x^2)^3(x^3)^5.$

b) $$(\operatorname{div} \underset{\sim}{v})\underset{\sim}{u} = [6\, x^1(x^2)^2x^3 + 9\, x^1(x^3)^2]\underset{\sim}{e}_1 + [4\, x^1(x^2)^4 + 6\, x^1(x^2)^2x^3]\underset{\sim}{e}_2 - [2(x^2)^3(x^3)^3 + 3\, x^2(x^3)^4]\underset{\sim}{e}_3.$$

c) $$(\operatorname{rot} \underset{\sim}{u}) \times \underset{\sim}{v} = [12\,(x^1)^3x^2 - 6(x^2)^3x^3]\underset{\sim}{e}_1 + [4(x^1)^2x^2(x^3)^3 + 4\, x^1(x^2)^4]\underset{\sim}{e}_2 - [6(x^1)^2(x^2)^2 + 3\, x^2(x^3)^4]\underset{\sim}{e}_3.$$

d) $\Delta\underset{\sim}{v} = 4\, x^1\underset{\sim}{e}_1 + 8\, x^2\underset{\sim}{e}_3.$

e) $$\operatorname{rot} \underset{\sim}{u} \times \operatorname{rot} \underset{\sim}{v} = [16\, x^1(x^2)^3 - 12\,(x^1)^2x^2]\underset{\sim}{e}_1 + [8(x^1)^2(x^2)^2 - 6(x^2)^3 - 4\, x^1x^2(x^3)^3]\underset{\sim}{e}_2 + [8\, x^1x^2(x^3)^3 - 12(x^1)^3 + 9\, x^1x^2]\underset{\sim}{e}_3.$$

f) $\underset{\sim}{v} \cdot \nabla\phi = -2\, x^1(x^2)^4(x^3)^3 - 6\, x^1(x^2)^2(x^3)^4 - 12(x^1)^3(x^2)^3(x^3)^2.$

(6) $$\operatorname{div}(\underset{\sim}{u} \otimes \underset{\sim}{v}) = [12\, x^1(x^2)^2x^3 + 9\, x^1(x^3)^2 + 12(x^1)^3x^2]\underset{\sim}{e}_1 + [8\, x^1(x^2)^4 + 18\, x^1(x^2)^2x^3)]\underset{\sim}{e}_2 - [2(x^2)^3(x^3)^3 + 6\, x^2(x^3)^4 + 12(x^1)^2(x^2)^2(x^3)^2]\underset{\sim}{e}_3.$$

$\operatorname{rot}(\underset{\sim}{u} \otimes \underset{\sim}{v}) = \underset{\sim}{R} = r^{ik}(\underset{\sim}{e}_i \otimes \underset{\sim}{e}_k)$ mit

$$r^{ik}: \left\{ \begin{array}{l} 12(x^1)^3x^3-18x^1x^2x^3;\ 24(x^1)^3(x^2)^2-6x^1(x^2)^3;\ 12(x^2)^2(x^3)^3-8(x^1)^2x^2(x^3)^3; \\ 6(x^1)^2(x^2)^2-36(x^1)^2x^2x^3;\ -24(x^1)^2(x^2)^3;\ -6x^1(x^2)^3(x^3)^2+8x^1(x^2)^2(x^3)^3; \\ 9x^2(x^3)^2-12(x^1)^2x^2x^3;\ 6(x^2)^3x^3-16x^1(x^2)^3;\ 4x^1x^2(x^3)^3 \end{array} \right\} .$$

Übungsaufgaben zu 5.8:

(1) $$v = \int_{\mathcal{U}} dv = \int_{\mathcal{U}} \frac{1}{3}\, \underset{\sim}{I} \cdot \underset{\sim}{I}\, dv = \frac{1}{3} \int_{\mathcal{U}} \nabla \underset{\sim}{x} \cdot \underset{\sim}{I}\, dv = \frac{1}{3} \int_{\mathcal{U}} \operatorname{div} \underset{\sim}{x}\, dv$$

$$= \frac{1}{3} \int_{\partial\mathcal{U}} \underset{\sim}{x} \cdot d\underset{\sim}{a}.$$

(2) $v = \frac{4}{3}\, abc$, a, b, c: Halbachsen des Ellipsoids.

(3) $$\underset{\sim}{S} = \frac{1}{4} \int_{\partial\mathcal{U}} \underset{\sim}{x}(\underset{\sim}{x} \cdot d\underset{\sim}{a}).$$

(4) $$\int_{\partial\mathcal{U}} (\underset{\sim}{T} \otimes \underset{\sim}{n})\underset{\sim}{I}\, da = \int_{\partial\mathcal{U}} \underset{\sim}{T}\underset{\sim}{n}\, da = \int_{\mathcal{U}} \operatorname{div} \underset{\sim}{T}\, dv = \int_{\mathcal{U}} \nabla \underset{\sim}{T}\underset{\sim}{I}\, dv.$$

Da $\underset{\sim}{I}$ feldlich konstant ist, folgt durch Vergleich

$$\int_{\partial\mathcal{U}} (\underset{\sim}{T} \otimes \underset{\sim}{n})da = \int_{\partial\mathcal{U}} \underset{\sim}{T} \otimes d\underset{\sim}{a} = \int_{\mathcal{U}} \nabla \underset{\sim}{T}\, dv.$$

(5) $$\int_{\partial\mathcal{U}} \operatorname{rot} \underset{\sim}{u} \cdot d\underset{\sim}{a} = \int_{\mathcal{U}} \operatorname{div} \operatorname{rot} \underset{\sim}{u}\, dv = 0. \qquad (5.5.28)$$

Literatur

Die Liste enthält nur die Veröffentlichungen, auf die ich mich bei der Ausarbeitung des Buches gestützt habe.

I. Publikation über Vektor- und Tensoralgebra sowie über Vektor- und Tensoranalysis

[1] R. de Boer und H. Prediger: Tensorrechnung - Grundlagen für Ingenieurwissenschaften -, Forschungsberichte aus dem Fachbereich Bauwesen 5, Universität-Essen-GH (1978).

[2] R. de Boer und H. Prediger: Tensorrechnung in der Mechanik - Ausgewählte Kapitel -, Forschungsberichte aus dem Fachbereich Bauwesen 8, Universität-Essen-GH (1979).

[3] R.M. Bowen and C.-C. Wang: Introduction to Vectors and Tensors, Volume 1 and 2, Plenum Press, New York and London (1976).

[4] J.S.R. Chisholm: Vektors in three-dimensional space, Cambridge University Press, Cambridge (1978).

[5] G. Gerlich: Vektor- und Tensorrechnung für die Physik, Vieweg-Verlag, Braunschweig (1977).

[6] E. Klingbeil: Tensorrechnung für Ingenieure, BI-Hochschultaschenbücher 197/197 a, Bibliographisches Institut, Mannheim (1966).

[7] H.-J. Kowalsky: Lineare Algebra, 7. Auflage, Walter de Gruyter Verlag, Berlin/New York (1975).

[8] M. Lagally and W. Franz: Vorlesungen über Vektorrechnung, 7. Auflage, Akademische Verlagsgesellschaft Geest und Portig K.G., Leipzig (1964).

[9] E. Lohr: Vektor- und Dyadenrechnung für Physiker und Techniker, 2. Auflage, Walter de Gruyter Verlag, Berlin (1950).

[10] J.L. Synge and A. Schild: Tensor Calculus, Dover Publications, Inc. New York (1978).

[11] H. Teichmann: Physikalische Anwendungen der Vektor- und Tensorrechnung, 3. Auflage BI-Hochschultaschenbücher 39/39 a, Bibliographisches Institut, Mannheim/Wien/Zürich (1968).

[12] H. Tietz: Lineare Geometrie, 2. Auflage, Vandenhoeck und Ruprecht, Göttingen (1973).

II. Publikationen über Differentialgeometrie

[13] L.P. Eisenhart: An Introduction to Differential Geometry with Use of the Tensor Calculus, Princeton University Press, Princeton (1974).

[14] D. Laugwitz: Differentialgeometrie, 2. Auflage, B.G. Teubner Verlagsgesellschaft mbH, Stuttgart (1960).

III. Publikationen über Kontinuumsmechanik

[15] E. Becker und W. Bürger: Kontinuumsmechanik, B.G. Teubner, Stuttgart (1975).

[16] A.E. Green and W. Zerna: Theoretical Elasticity, 2. Auflage, Clarendon Press, Oxford (1968).

[17] M.E. Gurtin: The Linear Theory of Elasticity, Handbuch der Physik, Volume VI a/2, Springer-Verlag, Berlin • Heidelberg • New York (1972).

[18] D.C. Leigh: Nonlinear Continuum Mechanics, Mc Graw-Hill Book Company (1968).

[19] C.A. Truesdell and W. Noll: The Non-Linear Field Theories of Mechanics, Handbuch der Physik, Volume III/3, Springer-Verlag, Berlin • Heidelberg • New York (1965).

[20] C.A. Truesdell: A First Course in Rational Continuum Mechanics, Acad. Press, New York (1977).

IV Publikationen über Schalentheorie

[21] R. de Boer u.a.: Theorie der Flächenträger mit Anwendung auf die Berechnung von Förderbandtrommeln, Techn. Mitt. Krupp Forsch.-Ber. Band 38, H. 1 (1980).

[22] W. Flügge: Stresses in Shells, Springer-Verlag, Berlin/Göttingen/ Heidelberg (1960).

[23] H. Hansen: Vorspannung von Kreiszylinderschalen, Forschungs- und Seminarberichte aus dem Bereich der Mechanik der Technischen Universität Hannover, S 77/1 (1977).

[24] P.M. Naghdi: The Theory of Shells and Plates, Handbuch der Physik, Volume VI a/2, Springer-Verlag, Berlin • Heidelberg • New York (1972).

[25] H. Prediger: Die Kompatibilität in der Kontinuumsmechanik und in der Schalentheorie, Dissertation, Universität-Essen-GH (1981).

V. Publikationen über Stabtheorie

[26] St.S. Antmann and W.H. Warner: Dynamical Theory of Hyperelastic Rods, Arch. Rational Mech. Anal., Vol. 23 (1966).

[27] J.L. Ericksen and C. Truesdell: Exact Theory of Stress and Strain in Rods and Shells, Arch. Rational Mech. Anal., Vol. 1 (1958).

[28] A.E. Green: The Equilibrium of Rods, Arch. Rational Mech. Anal. 3 (1959).

[29] A.E. Green and N. Laws: A General Theory of Rods, Roy. Soc. London Ser. Vol 293 (1966).

[30] A.E. Green, N. Laws and P.M. Naghdi: A Linear Theory of Straight Elastic Rods, Arch. Rational Mech. Anal., Vol. 25 (1967).

Namen- und Sachverzeichnis

2550996R00147

Printed in Great Britain
by Amazon.co.uk, Ltd.,
Marston Gate.